河海大学重点立项教材

空间分析与模拟基础

［新西兰］高家庆（Jay Gao） 著

王 红 陈跃红 芮小平 译著

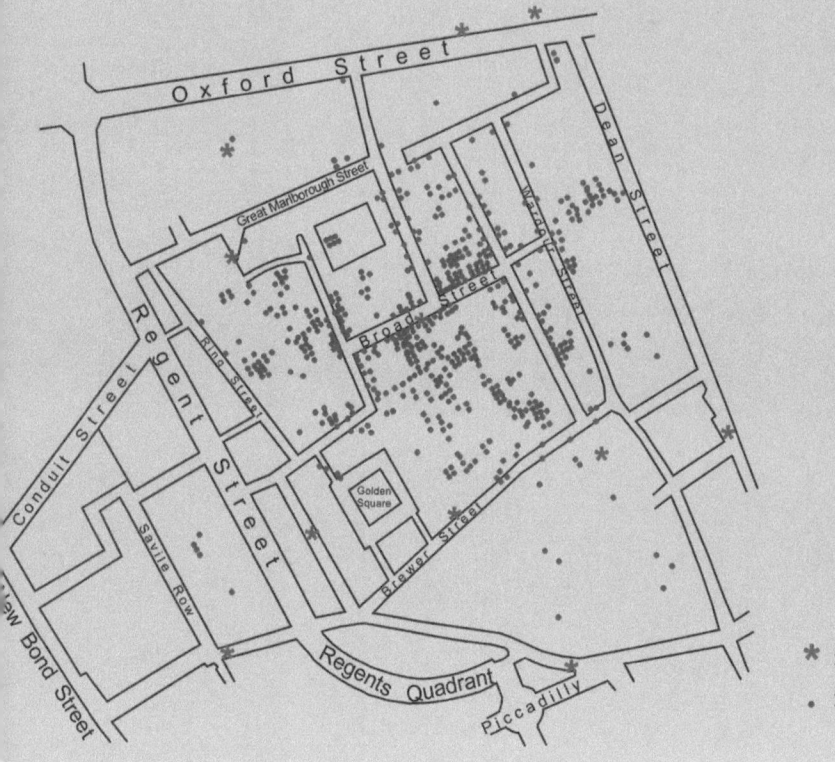

＊ 井
• 霍乱案例

河海大学出版社
HOHAI UNIVERSITY PRESS
·南京·

图书在版编目(CIP)数据

空间分析与模拟基础 /（新西兰）高家庆著；王红，陈跃红，芮小平译著. -- 南京：河海大学出版社，2025. 4. -- ISBN 978-7-5630-9576-6

Ⅰ.P208

中国国家版本馆 CIP 数据核字第 2025KH7739 号

书　　名	空间分析与模拟基础
	KONGJIAN FENXI YU MONI JICHU
书　　号	ISBN 978-7-5630-9576-6
责任编辑	杜文渊
文字编辑	殷　梓
特约校对	李　浪　杜彩平
封面设计	徐娟娟
出版发行	河海大学出版社
地　　址	南京市西康路 1 号（邮编:210098）
电　　话	(025)83737852(总编室)　(025)83722833(营销部)
经　　销	江苏省新华发行集团有限公司
排　　版	南京布克文化发展有限公司
印　　刷	广东虎彩云印刷有限公司
开　　本	718 毫米×1000 毫米　1/16
印　　张	20.25
字　　数	375 千字
版　　次	2025 年 4 月第 1 版
印　　次	2025 年 4 月第 1 次印刷
定　　价	78.00 元

前言

Preface

　　随着计算机技术的飞速发展，地理信息系统（GIS）软件在过去三十年间取得了令人瞩目的进步。它从最初的简单空间数据处理工具，演变为如今能够支持复杂综合分析的强大工具。这一进步不仅推动了 GIS 在高等院校中的广泛教学应用，也提升了公众的空间认知能力。尽管 GIS 在促进空间分析方面发挥了极大的作用，但 GIS 分析并不等同于空间分析。虽然 GIS 分析与空间分析有很多相似之处，但它们并不是同一概念，更不能替代空间分析和模拟。随着利用位置感知设备生成空间数据变得越来越普及，空间分析和时空模拟应用领域也在不断扩大。这既为有效开展这些分析创造了新的机遇，又对如何满足用户日益增长的需求提出了挑战。

　　尽管目前市面上已有大量关于 GIS 分析的教科书，但专门探讨空间分析与模拟的书籍仍然较为匮乏。目前已有几本涉及空间分析和模拟不同主题的书籍出版，但它们只涵盖了这些领域的部分内容，缺乏对这一新兴且迅速发展的研究领域的系统而全面的论述。尤其是在满足高年级本科生和研究生对 GIS 技术专业需求方面，真正全面覆盖该学科的教科书更是少之又少。因此，本书的出版为这一领域的教科书体系提供了重要的补充。与现有教材相比，本书条理清晰、全面系统地探讨了空间分析这一主题，涵盖了多种分析和模拟空间数据的方法。通过学习本书，学生不仅能够掌握多种地理空间数据的分析方法，还能够深入理解如何在不同的计算环境和平台上进行空间分析和模拟。

本书对空间分析和时空模拟的各个主题进行了深入而系统的研究,内容涵盖了空间数据的获取、数字化表示,以及空间汇总分析的技术。本书还特别关注空间性质及其测量方法。书中详细介绍了点、线、面等空间实体的描述性分析、解释性分析和推理分析,还探讨了局部和全球尺度下的空间插值,并包含了预测性空间分析的方法。

本书主要介绍了空间模拟的方法,详细讲解了如何选择模型变量、如何权衡变量的重要性、如何构建和验证模型,以及如何评估模型的准确性。本书紧跟时空模拟的最新进展,深入阐述了元胞自动机和基于智能体的模拟技术。此外,书中还全面探讨了地理空间数据的时间特征及其表示和分析方法。除了理论部分,本书还深入介绍了如何在不同计算平台上实现空间分析和建模的方法,并通过大量实例加以说明。书中附有丰富的图表注释,以简化复杂概念,便于读者比较和理解不同的分析与模拟方法,帮助他们更深入地掌握相关内容。

本书共分为 8 章,内容结构条理清晰。第 1～2 章介绍了空间分析的基本概念,包括空间参考系统、空间实体的属性、空间的定量测度等。奠定了空间度量的基础后,从第 3 章开始深入探讨空间数据与关联性,首先介绍空间数据的获取方法,接着讨论空间关联的概念。第 4 章涵盖了对点、线和面数据的描述性和推断性空间分析,既包括对单独数据的分析,也涉及对数据集整体的分析。第 5 章专门阐述了地统计学与空间插值,详细讨论了趋势面分析法、移动平均法、最小曲率法、克里格法等方法。第 6 章介绍了空间模拟,对模型的开发到验证,进行了全面的讲解。第 7 章则重点讨论空间仿真,其中元胞自动机和基于智能体的模拟是核心内容,通过多个实例说明了如何在不同应用场景中进行时空模拟分析。第 8 章讨论了时间显式空间分析与模拟,涵盖了描述性分析和模拟分析。

本书可作为 GIS 空间分析高年级本科生或研究生课程的主要教材,也可作为空间分析和模拟课程的主要教材。对于已经在低年级课程中获得背景知识的 GIS 学生来说,可以跳过第 2 章中的某些主题。整个教材可在课堂和实验室面授约 40～50 学时(如果学生要独立完成一个项目,可能需要额外的时间)。教师在准备授课材料时,可参考在线 Power Point 资源。分析示例仅供参考,它们旨在展示从实验室实践经验中获得实用技能的可能方法。可用本地数据或学生自己收集的数据代替提供的数据,使分析更贴近实际情况。

目录

Contents

第1章 引言 ········· 001
- 1.1 什么是空间分析？ ········· 001
  - 1.1.1 定义 ········· 001
  - 1.1.2 空间统计 ········· 002
  - 1.1.3 地理计算 ········· 003
  - 1.1.4 地统计学 ········· 003
- 1.2 空间分析有什么特别之处？ ········· 004
  - 1.2.1 历史事件 ········· 004
  - 1.2.2 空间视角的维度 ········· 004
  - 1.2.3 无所不在的应用 ········· 006
  - 1.2.4 预测和探索替代方案的能力 ········· 006
- 1.3 简史 ········· 007
  - 1.3.1 前数字时代和早期数字时代 ········· 008
  - 1.3.2 桌面计算时代 ········· 008
  - 1.3.3 GIS和GPS时代 ········· 009
  - 1.3.4 大数据时代 ········· 010
- 1.4 与其他相关学科的关系 ········· 011
  - 1.4.1 GIS ········· 011
  - 1.4.2 遥感 ········· 012
  - 1.4.3 GPS ········· 013
  - 1.4.4 计算机科学 ········· 014
  - 1.4.5 统计学 ········· 014

1.5 分析目标 ·· 015
  1.5.1 空间关系 ··· 015
  1.5.2 空间格局与结构 ·· 017
  1.5.3 空间过程 ·· 018
1.6 空间分析的类型 ·· 019
  1.6.1 描述性空间分析 ·· 019
  1.6.2 解释/推断性空间分析 ································ 020
  1.6.3 预测性空间分析 ·· 021
1.7 空间分析系统 ·· 022
  1.7.1 ArcGIS Pro ··· 023
  1.7.2 ERDAS IMAGINE ···································· 024
  1.7.3 RStudio ·· 024
  1.7.4 MATLAB ··· 025
  1.7.5 NetLogo ··· 026
复习题 ··· 027
参考文献 ··· 027

第 2 章 空间分析中的空间 ······························· 030
2.1 空间参考系统 ·· 030
  2.1.1 大地水准面和基准面 ································· 031
  2.1.2 全球球面系统 ··· 033
  2.1.3 全球平面系统 ··· 033
  2.1.4 3D 坐标与 2D 坐标的转换 ························· 036
2.2 空间实体的属性 ·· 037
  2.2.1 空间实体的组成 ·· 037
  2.2.2 空间实体的对象视图 ································· 037
  2.2.3 空间实体的场视图 ···································· 039
  2.2.4 空间实体的维度 ·· 040
  2.2.5 空间邻接性和连通性 ································· 042
2.3 空间的定量测度 ·· 043
  2.3.1 距离 ··· 043
  2.3.2 邻近度 ··· 044
  2.3.3 邻域 ··· 045

   2.3.4 离散和聚类 ···················· 047
   2.3.5 方向 ···························· 048
   2.3.6 面积 ···························· 049
 2.4 空间划分与聚合 ···················· 050
   2.4.1 空间划分 ······················ 050
   2.4.2 空间聚合与可变面积单元问题 ······ 053
 2.5 空间镶嵌 ·························· 056
   2.5.1 规则镶嵌 ······················ 056
   2.5.2 不规则镶嵌 ····················· 057
   2.5.3 Delaunay 三角剖分法 ············ 060
   2.5.4 泰森（Voronoi）多边形法 ········ 062
 2.6 基本空间测度 ······················ 064
   2.6.1 均值 ···························· 064
   2.6.2 方差和标准偏差 ················ 065
   2.6.3 相关性 ·························· 065
   2.6.4 均方根误差 ···················· 066
 复习题 ································ 067
 参考文献 ······························ 068

第3章　空间数据与关联性 ················ 069
 3.1 数据与来源 ························ 069
   3.1.1 空间数据 ······················ 069
   3.1.2 属性数据 ······················ 070
   3.1.3 属性数据类型 ·················· 072
 3.2 空间采样 ·························· 074
   3.2.1 采样注意事项 ·················· 074
   3.2.2 空间采样策略 ·················· 075
   3.2.3 空间采样维度 ·················· 079
   3.2.4 采样大小与间隔 ················ 081
 3.3 空间关联与模式 ···················· 082
   3.3.1 空间连续性与模式 ·············· 082
   3.3.2 散点图与空间散点图 ············ 084
   3.3.3 相关系数图 ···················· 086

3.3.4　空间自相关性 ································· 086
　　3.3.5　互相关性 ····································· 087
　　3.3.6　空间分析的尺度 ······························· 090
3.4　空间自相关 ·· 091
　　3.4.1　Geary's C 指数 ································ 091
　　3.4.2　Moran's I 指数 ································ 092
　　3.4.3　示例 ··· 093
　　3.4.4　局部空间关联 ································· 097
　　3.4.5　全局双变量空间自相关性 ······················· 098
3.5　面模式与联合计数统计 ·································· 099
　　3.5.1　面模式与联合计数 ····························· 099
　　3.5.2　联合计数检验 ································· 101
复习题 ·· 103
参考文献 ·· 104

第4章　空间描述与推断分析 ································ 106
4.1　点数据分析 ·· 106
　　4.1.1　点数据 ··· 106
　　4.1.2　点模式基本类型 ································· 107
　　4.1.3　随机模式中的泊松过程 ··························· 108
　　4.1.4　聚集模式的形成 ································· 109
　　4.1.5　离散点模式的度量 ······························· 111
　　4.1.6　最邻近分析 ····································· 112
　　4.1.7　热点分析 ······································· 112
　　4.1.8　点模式的推断性空间分析 ························· 114
　　4.1.9　核密度分析 ····································· 116
　　4.1.10　点模式的二阶分析 ······························ 119
4.2　分形与空间分析 ·· 122
　　4.2.1　线面复杂性 ····································· 122
　　4.2.2　分形几何基础 ··································· 123
　　4.2.3　分形维度及确定 ································· 124
4.3　面数据的形状分析 ······································ 125
　　4.3.1　形状度量的预期特性 ····························· 126

4.3.2 基于外边界的形状分析 ⋯⋯⋯⋯⋯⋯⋯⋯ 127
　　　4.3.3 基于紧凑度的形状分析 ⋯⋯⋯⋯⋯⋯⋯⋯ 128
　　　4.3.4 与标准形状的对比 ⋯⋯⋯⋯⋯⋯⋯⋯⋯⋯ 130
　　　4.3.5 实践应用 ⋯⋯⋯⋯⋯⋯⋯⋯⋯⋯⋯⋯⋯⋯ 131
　4.4 面数据与景观分析 ⋯⋯⋯⋯⋯⋯⋯⋯⋯⋯⋯⋯⋯ 132
　　　4.4.1 研究目的 ⋯⋯⋯⋯⋯⋯⋯⋯⋯⋯⋯⋯⋯⋯ 132
　　　4.4.2 代表性指数 ⋯⋯⋯⋯⋯⋯⋯⋯⋯⋯⋯⋯⋯ 133
　　　4.4.3 FRAGSTATS软件 ⋯⋯⋯⋯⋯⋯⋯⋯⋯⋯ 134
　　　4.4.4 城市扩张的定量应用 ⋯⋯⋯⋯⋯⋯⋯⋯⋯ 136
　4.5 方位分析 ⋯⋯⋯⋯⋯⋯⋯⋯⋯⋯⋯⋯⋯⋯⋯⋯⋯ 137
　　　4.5.1 方位参考系 ⋯⋯⋯⋯⋯⋯⋯⋯⋯⋯⋯⋯⋯ 138
　　　4.5.2 描述性度量 ⋯⋯⋯⋯⋯⋯⋯⋯⋯⋯⋯⋯⋯ 138
　　　4.5.3 图示表达 ⋯⋯⋯⋯⋯⋯⋯⋯⋯⋯⋯⋯⋯⋯ 139
　复习题 ⋯⋯⋯⋯⋯⋯⋯⋯⋯⋯⋯⋯⋯⋯⋯⋯⋯⋯⋯⋯ 142
　参考文献 ⋯⋯⋯⋯⋯⋯⋯⋯⋯⋯⋯⋯⋯⋯⋯⋯⋯⋯⋯ 143

第5章 地统计学与空间插值 ⋯⋯⋯⋯⋯⋯⋯⋯⋯⋯ 145
　5.1 简介 ⋯⋯⋯⋯⋯⋯⋯⋯⋯⋯⋯⋯⋯⋯⋯⋯⋯⋯⋯ 145
　　　5.1.1 空间插值和地统计学 ⋯⋯⋯⋯⋯⋯⋯⋯⋯ 145
　　　5.1.2 区域化变量 ⋯⋯⋯⋯⋯⋯⋯⋯⋯⋯⋯⋯⋯ 146
　　　5.1.3 变异函数和半变异函数 ⋯⋯⋯⋯⋯⋯⋯⋯ 147
　　　5.1.4 半变异函数的结构 ⋯⋯⋯⋯⋯⋯⋯⋯⋯⋯ 148
　　　5.1.5 半变异函数模型 ⋯⋯⋯⋯⋯⋯⋯⋯⋯⋯⋯ 150
　5.2 趋势面分析法 ⋯⋯⋯⋯⋯⋯⋯⋯⋯⋯⋯⋯⋯⋯⋯ 151
　5.3 移动平均法 ⋯⋯⋯⋯⋯⋯⋯⋯⋯⋯⋯⋯⋯⋯⋯⋯ 155
　5.4 最小曲率法 ⋯⋯⋯⋯⋯⋯⋯⋯⋯⋯⋯⋯⋯⋯⋯⋯ 158
　5.5 克里格法 ⋯⋯⋯⋯⋯⋯⋯⋯⋯⋯⋯⋯⋯⋯⋯⋯⋯ 160
　　　5.5.1 普通克里格 ⋯⋯⋯⋯⋯⋯⋯⋯⋯⋯⋯⋯⋯ 160
　　　5.5.2 比较评估 ⋯⋯⋯⋯⋯⋯⋯⋯⋯⋯⋯⋯⋯⋯ 164
　　　5.5.3 简单克里格 ⋯⋯⋯⋯⋯⋯⋯⋯⋯⋯⋯⋯⋯ 166
　　　5.5.4 泛克里格 ⋯⋯⋯⋯⋯⋯⋯⋯⋯⋯⋯⋯⋯⋯ 167
　　　5.5.5 块克里格和协同克里格 ⋯⋯⋯⋯⋯⋯⋯⋯ 168
　　　复习题 ⋯⋯⋯⋯⋯⋯⋯⋯⋯⋯⋯⋯⋯⋯⋯⋯⋯⋯ 169

参考文献 ·· 170

第 6 章 空间模拟 ·· 171
6.1 模拟基础 ·· 171
6.1.1 模型与类型 ·· 171
6.1.2 静态与动态模型 ·· 174
6.1.3 空间模拟 ·· 176
6.1.4 空间分析与空间模拟 ·· 177
6.2 空间模拟的本质 ··· 179
6.2.1 空间模拟的变量 ·· 179
6.2.2 空间模拟的类型 ·· 180
6.2.3 制图模拟 ·· 185
6.2.4 空间动态模拟 ·· 188
6.3 模型开发与精度 ··· 189
6.3.1 特征选择 ·· 190
6.3.2 多重共线性检验 ·· 191
6.3.3 模型验证 ·· 192
6.3.4 模型精度的度量 ·· 193
6.4 空间模拟的注意事项 ·· 195
6.4.1 设置权重 ·· 195
6.4.2 空间模拟与数据结构 ·· 200
6.4.3 空间模拟的平台 ·· 201
6.5 利用 GIS 包进行空间模拟 ·· 204
6.5.1 空间模拟与 GIS 包 ·· 204
6.5.2 GIS 模拟的优缺点 ··· 205
6.5.3 空间模型与 GIS 软件的耦合 ··· 206
6.6 特殊类型的模拟 ··· 212
6.6.1 （空间）逻辑回归 ··· 212
6.6.2 土地利用回归模拟 ··· 213
6.6.3 水文模拟 ·· 216
6.7 空间模拟的三个案例 ·· 219
6.7.1 地震损失估算 ··· 219
6.7.2 滑坡易发性评估 ·· 222

6.7.3　冰川范围估算 225
　　复习题 228
　　参考文献 229

第7章　空间仿真 234
7.1　简介 234
　　7.1.1　空间仿真 234
　　7.1.2　时空动态模拟 235
　　7.1.3　空间显式仿真模型 236
　　7.1.4　空间仿真和机器学习 237
7.2　元胞自动机模拟 239
　　7.2.1　自动机 239
　　7.2.2　环境 240
　　7.2.3　规则 241
　　7.2.4　CA与空间仿真 243
　　7.2.5　CA模型两个示例 243
　　7.2.6　与其他模型集成 246
7.3　基于智能体的仿真 247
　　7.3.1　智能体和地理智能体 247
　　7.3.2　基于智能体的仿真 249
　　7.3.3　规则 251
　　7.3.4　用CA模型还是ABM模型？ 251
　　7.3.5　ABM的设计与开发 253
　　7.3.6　ABM工具包 255
7.4　用于动态仿真的NetLogo 256
　　7.4.1　通用特性 256
　　7.4.2　NetLogo模型的解剖 258
　　7.4.3　敏感性分析 259
　　7.4.4　NetLogo与时空模拟 260
7.5　空间仿真的实例 261
　　7.5.1　野火模拟 261
　　7.5.2　城市扩张仿真 268
　　7.5.3　草地退化仿真 275

复习题 ………………………………………………… 279
参考文献 ……………………………………………… 280

第8章 时间显式空间分析与模拟 …………………… 283

8.1 时间 ……………………………………………… 283
8.1.1 地理中的时间性质 ……………………………… 283
8.1.2 空间、时间和属性 ……………………………… 284
8.1.3 时间聚合与离散化 ……………………………… 286

8.2 时空表示模型 …………………………………… 287
8.2.1 时间-位置路径模型 …………………………… 287
8.2.2 地名词典表示法 ……………………………… 289
8.2.3 快照模型 ……………………………………… 290
8.2.4 时空复合模型 ………………………………… 291
8.2.5 时空对象模型 ………………………………… 292
8.2.6 基于事件的时空模型 ………………………… 294
8.2.7 时空数据的组织和存储 ……………………… 295

8.3 时空数据分析 …………………………………… 296
8.3.1 时间显式与时间隐式分析 …………………… 296
8.3.2 时空关联 ……………………………………… 297
8.3.3 时间切片叠加分析 …………………………… 299

8.4 时间显式时空模拟 ……………………………… 299
8.4.1 扩展半变异函数模型 ………………………… 299
8.4.2 扩散模型 ……………………………………… 301
8.4.3 状态和转换模型 ……………………………… 302
8.4.4 改进的SIR模型 ……………………………… 302
8.4.5 用于时空分析和建模的软件包 ……………… 304

8.5 时空数据和过程的可视化 ……………………… 305
8.5.1 静态地图显示 ………………………………… 306
8.5.2 动画 …………………………………………… 307
8.5.3 模拟 …………………………………………… 308

复习题 ………………………………………………… 309
参考文献 ……………………………………………… 310

第 1 章
引言

1.1 什么是空间分析?

1.1.1 定义

尽管空间分析在地理信息系统(GIS)领域已经被广泛应用了几十年,但要精确地定义它并不容易。在文献中,不同的作者对空间数据分析有不同的定义。Goodchild(1988)将其定义为一套用于生成数据的空间视角的技术。它不同于其他形式的分析,因为分析结果依赖于被分析的特征或事件的位置。它从现有数据集中产生增值产品,否则是不可能实现的。该分析涉及空间实体的位置和属性,或者仅涉及位置本身。这个定义很大程度上倾向于技术角度,包括位置信息和属性信息。Haining (1990)将其定义为"在各种空间尺度上分析'事件'的一套方法和技术,其结果取决于'事件'的空间安排"。在这个定义中,突出的特点是处理规模和空间模式的技术。在分析中纳入尺度,虽然比 Goodchild 的定义更具包容性,但这一定义仍然未能捕捉到空间分析中的新发展,例如比简单的描述性分析更进一步的空间模拟和仿真。

Longley 等人(2015)认为空间分析是一套方法,该方法可以产生随着被分析特征的位置而变化的结果。这一定义与 Haining(1990)的定义几乎相同。基本上,这个定义将空间分析简化为一组具有空间组件的分析工具。美国环境系统研究所(ESRI)的 GIS 词典将空间分析的定义扩展为"通过叠置分析和其他分析技术检查空间数据中特征的位置、属性和关系,以解决问题或获得有用的知识的过程"。这个相当狭隘的定义强调了空间分析的内容及其目标。然而,空间分析领域已经发展到空间模拟和仿真成为空间分析的组成部分，但它们被排除在这个定义之外。

上述所有出发角度、重点和注释各不相同的定义都有几十年的历史。它们已不能充分反映当前的空间数据分析领域。在这本书中，当代空间分析被定义为一系列描述、分析、模拟和预测空间模式的技术和/或可能涉及移动代理的地理现象过程。该分析包括空间统计指标、空间回归与自适应模型、空间动态模型、综合空间统计与空间机制模型、空间复杂系统模型等。空间数据可以是地理参考点、线或区域，用于识别它们的模式和关联，并预测与影响变量相关的属性未知值。这个定义有三个独特的特点：(1) 它相当全面，因为它包括空间数据的性质，即必须具有地理坐标，通过地理坐标，观测数据可以与其地面位置相关联；(2) 它捕捉了实体的空间维度；(3) 它包括空间分析的目的，即描述观测到的空间模式，并预测其未来的值以及模式。这个定义中缺少时间成分。这是因为在描述性空间分析中，时间被假设成不变的，在模型变量的行为随时间变化的空间建模中，时间总是被隐式处理。这个定义中还缺少地理实体的维度。目前，它仅局限于二维现象。在现实中，一些地理现象，如空气污染，本质上是三维的。这种现象仍然可以通过将垂直维度划分为特定的高度带，然后将每个高度带视为单个二维层来研究。可以使用本书中描述的方法来研究它。该属性可以表示为位置和时间的函数，即 Z（东经，北纬，时间）。

上述空间数据分析的定义中隐含着空间分布数学模型、位置模式分析以及时空动态调查和预测的发展。空间分析包含了一系列广泛的技术，这些技术将正式的（通常是定量的）结构应用于主要变量随空间变化的系统。传统上，空间数据分析属于定量地理学领域，尽管生态学、城市研究、交通运输和许多同源学科借鉴了这一领域的发展，并在这一领域发挥了重要作用。反过来，空间分析在其中一些领域的应用丰富和扩展了空间分析的理论。

1.1.2 空间统计

空间分析包含许多密切相关但没有确切定义的术语，其中之一是空间统计。在 ESRI 的 GIS 字典中，它被定义为"一种在数学计算中使用空间和空间关系（如数据的距离、面积、体积、长度、高度、方向、中心性或其他空间特征）的统计方法。空间统计用于各种分析类型，其中包括模式分析、形状分析、表面建模和表面预测、空间回归、空间数据集的统计比较、统计建模以及空间交互的预测。空间统计的类型包括描述性统计、推理性统计、探索性统计、地统计和计量经济统计。"

这个定义包含了空间分析。此外，它还进一步阐明了空间分析的确切任务。

根据这一定义，空间统计将统计方法应用于空间数据的分析。研究对象是空间实体的拓扑、几何或地理特性。因此，传统统计分析的所有工具都可以用来分析这些实体的空间分布、模式、过程和关系，而无须任何修改。空间统计与空间分析的不同之处在于，它关注的是地理现象属性的统计性质。这些分析可以是描述性的、推断性的、探索性的，甚至是地统计学的。这个定义中缺少的是空间模拟和仿真。因此，空间分析的内涵比空间统计更为广泛，空间统计侧重于对空间现象的定量描述和探索。

1.1.3 地理计算

地理计算这个术语由 Openshaw 和 Abrahart（1996）提出，并在 20 世纪 90 年代中期开始广泛出现在学术文献中。它指的是应用计算技术来解决空间问题，包括空间数据和空间模拟结果的存储、分析和可视化（ESRI 的 GIS 字典）。这个定义强调使用计算机和计算环境进行空间分析。它代表了计算机科学和空间分析的结合。这个定义特别适合那些需要大量内存和中央处理器（CPU）的空间分析。因此，地理计算不同于空间数据分析，因为后者有更广泛的范围，包括空间模拟和仿真，而地理计算旨在开发方法来分析和建模一系列高度复杂的、通常不确定是否依赖于 GIS 的问题。随着空间数据分析领域的发展，地理计算已经扩展到包括主成分分析、K-均值聚类分析、卫星图像的最大似然分类、机器学习决策树、用于识别模式和卫星图像数据分类以及挖掘海量地理参考数据来获取知识的神经网络。其中一些甚至没有空间组成部分，仅因为输入是二维层面的便被认为是空间的。因此，地理数据的空间成分在地理计算中并不是很突出。

1.1.4 地统计学

地统计学是一门应用统计学方法分析空间数据的学科。它是应用统计学的一个特殊分支，最初由法国数学家和地质学家乔治·马瑟隆（Georges Matheron）于 1963 年提出。该空间分析方法子集旨在定量或统计地描述空间实体的观测属性。地统计学刚开始发展时，只应用于采矿业（例如，估计矿石储量）。直到 20 世纪 90 年代，随着地理信息系统等先进空间分析系统的出现，以及数字形式的空间参考数据的广泛可用性，地统计学才得到迅速发展和广泛应用。在一般的地理学中，特别是在空间分析中，地统计学可以被视为应用于地理数据（例如带有空间成分的数据）的统计学的一个特殊分支。自提出以来，地统计学已被广泛应用于石油地质学、水文地质学、海洋学、地球化学、地质学、地理学、林业、环境控制、景观生态学、农业（特别是精准农业），甚至医学等不同学科的广泛空间数据分析。如今，它在自然科学的更多领域得到了更广泛的应用，包括土壤科学、水文学、气象学和环境科学。所有这些领域的共同之处在于，使用的数据都有一个空间成分，被分析的变量在一定的空间范围内是可预测的，Davis(1986)称其为准统计，因为这些数据不满足经典统计学的某些要求。例如，对于价格昂贵且空间分布高度受限的石油钻井来说，数据独立性是不可能得到保证的。

1.2 空间分析有什么特别之处？

1.2.1 历史事件

空间分析早在19世纪中期就开始被应用了。一个著名的空间分析案例是由一位名叫John Snow的医学专业人员进行的，他对空间数据的分析是由1854年伦敦西部西敏市苏活区的霍乱暴发引发的。数百人感染霍乱并在暴发期间死亡。Snow医生怀疑这些人是因为饮用了受污染的水而感染了这种疾病，于是在会诊时，他询问了病人的住址，之后他在一张纸质地图上标出了他们的住址（图1.1）。这张地图显示，大多数感染患者都位于宽街（Broad Street）水泵附近，在空间上聚集在这个水泵周围。然后，他建议附近的居民不要喝这个水泵抽的水，因为他认为这个水泵抽的水已被附近感染霍乱的居民的粪便污染了。瘟疫很快就得到了控制，Snow无意中成为了流行病学家的先驱，他是已知的第一个手动绘制感染病例分布图并利用空间分析来挽救生命的人。尽管他使用的方法以今天的标准来看相当原始，但空间分析的本质多年来几乎没有改变。在这种情况下，它是对两组空间参考数据的简单叠加分析：感染患者的分布和水泵的分布。虽然我们现在不再面临同样的霍乱污染风险，但由于不同的原因，空间分析与以往一样重要和有效。

1.2.2 空间视角的维度

人类生活在空间中，一举一动都发生在空间之中。因为所有的现象都是空间相关的，所以从空间角度来看待它们比从其他角度更有洞察力。事实上，如果没有空间分析，社会就无法顺利运行。例如，主干道上的交通事故会使整个城市的交通陷于瘫痪，我们必须知道这个地点的位置，并寻找其他路线，使车辆远离受影响地区，并提醒等候的驾驶人注意不可预见的变化，以避免交通挤塞和延

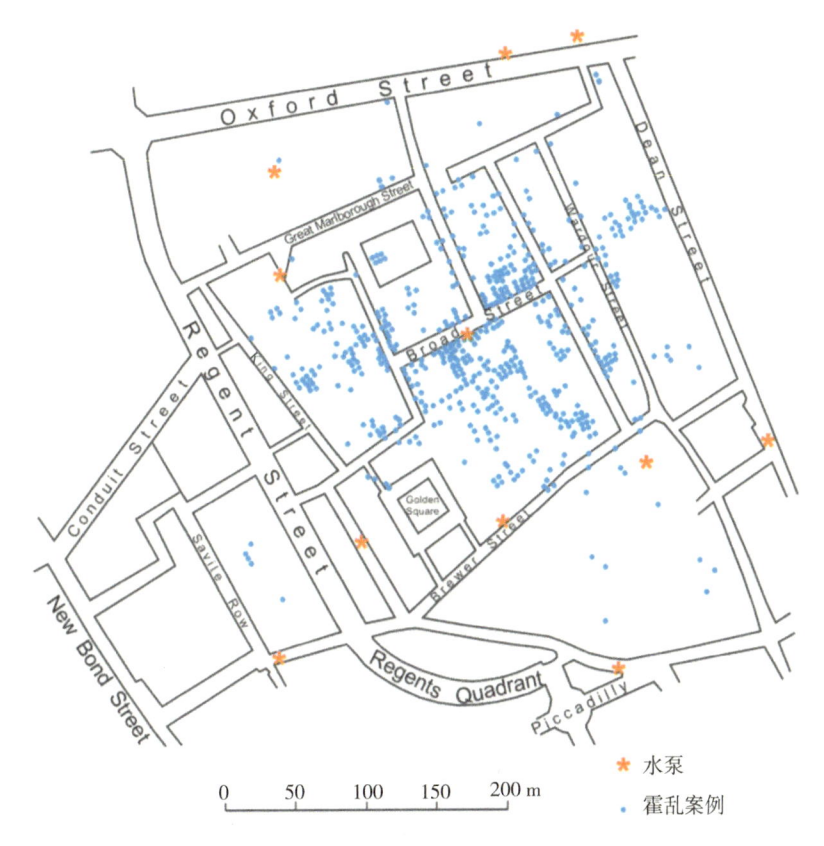

图 1.1 1854 年霍乱爆发时，伦敦西部西敏市苏活区霍乱感染患者与水泵位置的空间分布图（此图根据 John Snow 博士手绘图而重绘）

误。通过交通事故的空间分布与道路网络的关系，可以查明高度危险和事故易发地点，从空间角度分析这些地点，可以帮助我们查明事故易发原因，在这些地方实施补救措施，减少人员伤亡和财产损失，并在未来合理设计更安全的交通基础设施。除了空间位置，空间关系对我们的健康甚至幸福也至关重要。通过对大量病例的缓冲分析和相关性分析，可以建立生活在输电线附近与癌症发病率之间的联系，鉴于这种联系，可以谨慎地将居民区划分在远离输电走廊的区域，以尽量减少暴露于电磁辐射的风险。

我们生活在一个不断变化的时代，其中一个影响全人类的因素是气候。随着全球气候变暖，海平面将上升，这将淹没低洼的基础设施，威胁到沿海居民的安全。不可避免的是，一些海拔略高于当前海平面的沿海居民点在不久的将来会面临被海水淹没的风险。空间分析可以帮助我们确定那些面临风险的地区，以便采取建造防波堤等积极的应对措施，减轻可预见的不利影响。这种早期规划的行动可以在以后挽救生命并降低损失。

1.2.3 无所不在的应用

无论人住在哪里，都有一个空间成分。空间与人的日常生活有着内在的联系。空间决策嵌在人参与的每一个与移动相关的活动中。无论是开车上班还是参加重要的商务会议，人都需要在复杂的城市空间中穿行。对人空间流动性的分析可以揭示人的集体行为（例如早高峰通勤时间）和交互（例如乘坐不同的交通工具上班），关于人集体行为的空间知识可以最大限度地减轻人的行为的负面后果，比如避免交通堵塞。不仅是交通发展可以从空间分析中受益，许多科学家工程师等依靠空间分析来解决不同学科面临的问题，包括社会科学家、法医科学家、交通工程师、流行病学家、水文学家、城市规划师，甚至景观生态学家。当流感流行或高传染性病毒出现时，对早期患者的空间格局进行分析可以揭示其如何在人与人之间传播以及通过何种途径传播。这些信息可以帮助我们确定受感染者居住的地方以及他们与谁交往过，这些信息使我们能够更好地查明感染的起源，并追踪患者的流动及其社会接触者，以迅速控制疫情。法医科学家可以从犯罪的空间模式及其与城市设计的关系分析中受益，一个更好的城市设计可以阻止潜在的犯罪者，并降低普通犯罪的可能性，如入室盗窃。城市规划者可能需要了解车辆产生的空气污染物的空间格局，任何由车辆引起的空气污染物浓度异常高的地区，都可能反映城市设计不佳，污染物的扩散受到了阻碍，或者道路网络布局不当，导致交通长期拥堵。同样，景观生态学家可能对行道树的空间变化及其与其他环境变量（如二氧化碳水平）的关系感兴趣，这两个变量的相关性可以揭示树木在吸收车辆产生的二氧化碳方面的能力。

总之，许多领域都可以从空间分析中受益，这些分析可以启发我们对现有问题产生新的见解，也可以为其提供更好的解决方案。随着越来越多的位置感知设备（如支持全球定位系统的移动电话）在我们的生活中得到使用，越来越多的空间数据正在快速地聚集，如此庞大的数据量将促进空间分析发展，并在未知的领域开辟新的应用。

1.2.4 预测和探索替代方案的能力

在空间分析的辅助下，根据邻近观测数据之间的空间关系，可以预测未采样点的空间实体的属性值，这样的预测是非常珍贵的，因为它们可以最大限度地减少样本收集的成本。另外，也可以根据同一地点的若干属性来预测某一地点的值，这种做法通常被称为空间建模。这种建模方法可以通过敏感度分析探索给定输入变量的影响,可以根据过去发生的事情得出研究目标未来将发生什么。例如,根据过去气候变暖的程度,可以划分未来 50 年可能被淹没的沿海地区,这些知识可被前瞻性地用于制定沿海地区的土地利用计划,并适当规划不同的土地利用区域,以尽量减少预期海平面上升的影响。

我们生活的世界相当复杂,涉及不同的过程和相互作用,在每一个过程中,无论是社会、地理还是环境,都有大量的因素在起作用。在大多数情况下,不可能知道过程中个别变量的确切影响,因为它不可避免地与另一个因素或若干因素的影响交织在一起,例如,大风暴引发山体滑坡的程度很难被量化。然而,在空间仿真的帮助下,我们能够通过让该变量变化并保持其他所有变量不变,来隔离该变量的影响,通过在多次仿真中交替变量并迭代改变其值,可以确定这些变量在滑坡过程中所起的确切作用。这种预测能力几乎不可能通过其他任何方式实现,所获得的知识使我们能够对观察结果提出合理的假设。通过空间建模,我们能够模拟活动者与环境的空间相互作用,以评估其对环境的潜在影响。此外,空间模拟可以预测不同场景下变量的变化,例如,草地退化与否取决于放牧强度和外界干扰程度,通过修改放牧强度,可以以"如果……那么……"的形式进行情景分析,并产生能够阐明最佳放牧强度的结果。

1.3 简史

空间分析出现的时间不到 160 年,它的发展过程可以分为四个不同的时期或阶段(表 1.1)。在每一个阶段,计算机技术的进步都极大地促进和简化了空间分析。

表 1.1 空间数据分析发展的四个主要阶段及其主要特性

阶段	年代	特征
20 世纪 80 年代以前	前数字时代和早期数字时代	使用纸和笔,还有大型计算机;空间插值;区域化变量理论
20 世纪 80 年代—20 世纪 90 年代	桌面计算时代	可以使用 SAS 和 SPSS 进行空间统计;复杂空间插值方法出现(例如 Co-Kriging)
20 世纪 90 年代—21 世纪初	GIS 和 GPS 时代	空间数据的爆炸;复杂关系的研究;空间编码与关系;简单的模型;空间分析的商业包的出现;应用简单广泛
21 世纪初至今	大数据时代	有定位功能的小工具无处不在;众包的社交媒体数据;面向对象的脚本;复杂的模型;面向过程的仿真

1.3.1 前数字时代和早期数字时代

前数字时代和早期数字时代主要发生在 20 世纪 80 年代中期之前,当时台式计算机还处于起步阶段,从 20 世纪 60 年代开始的数字革命并没有对数据分析产生明显影响,特别是空间数据分析,当时,空间分析是相当基础、原始和烦琐的,因为它必须使用笔和纸手动进行(例如模拟地图)。这种情况在 20 世纪 60 年代末和 70 年代初地理学的定量革命期间发生了变化,当时统计学被用于分析人口普查数据。在 20 世纪 80 年代末,随着地理信息系统的接受度越来越高,空间分析在数字环境中成为可能。人口统计学家第一次能够用计算机分析郊区收入和预期寿命的分布情况,然而,由于需要通过穿孔卡片输入计算代码,只能以缓慢速度生成粗略的信息。除了计算技术,20 世纪 70 年代末和 80 年代初也见证了数据库及其查询语言的日益普及。数据库使得建立关于某些地理现象的复杂模型成为可能。正是在这一时期,Tobler(1970)提出了地理第一定律,该定律指出:"所有事物都与其他事物相关联,但较近的事物比较远的事物相关性更大。"这一规律奠定了空间依赖性(空间自相关性)的理论基础,它为基于距离的空间分析提供了理论支持,并支持了 Matheron(1971)提出的区域化变量理论。由于这一理论需要复杂的计算,很难用传统计算方式实现,因此直到下一阶段,即接近 20 世纪末,它才得到广泛应用。

1.3.2 桌面计算时代

桌面计算时代从 20 世纪 80 年代中期开始,一直持续到 20 世纪 90 年代中期,在计算机技术巨大进步的推动下,空间分析经历了爆炸性的增长。虽然大型计算机已经存在了几十年,但大多数人都无法使用它们。此外,这种环境下的计算是烦琐和低效的。从 20 世纪 80 年代末开始,微型和迷你计算机,以及后来的个人台式计算机在学术界越来越受欢迎。20 世纪 80 年代中期出现的基于计算机的统计分析软件包,如 SAS 和后来的 SPSS,使社会经济数据的分析得以数字化。由于这些系统主要用于分析通过人口普查统计收集的社会经济数据,因此对空间显式数据的分析非常有限。换句话说,地理数据的非空间部分分析是常态,而数据的空间部分大多被忽视了。

即使使用台式计算机,也不容易进行统计分析,因为计算机操作系统是命令驱动的,而且计算机程序包不方便使用。由于缺乏商业上可用的通用空间分析包,即使是简单的分析也必须通过脚本实现,编码过程缓慢,容易出错,分析结果不能以图形方式可视化。这个时期的数据分析本质上主要是基于统计的(例如非空间的),可能带有一些假设检验。这种情况在 20 世纪 80 年代中期随着微软 Windows 操作系统的出现而改变,该系统允许用户以图形方式与计算机交互。随后,基于 Windows 的计算机软件包简化了数据分析的执行,只需点击屏幕上的几个按钮,就可以进行广泛的分析。然而,由于缺乏明确的空间数据,空间分析并没有蓬勃发展。这种情况直到全球定位系统等位置感知设备和服务的出现才得到显著改善。除了计算机技术的进步,关于空间分析的新理论,如克里格算法(Hawkins and Cressie, 1984),也在这一时期发展起来。

1.3.3 GIS 和 GPS 时代

GIS 和 GPS 时代从 20 世纪 90 年代中期到 21 世纪 10 年代的中期,GPS 和 GIS 经历了快速的发展,在空间分析中发挥了决定性作用。GPS 是一种由 24 颗围绕地球旋转的卫星组成的定位系统,可以同时跟踪来自至少 4 颗卫星的信号,用于对接收器的地面位置进行三角测量。尽管美国政府早在 20 世纪 60 年代就发射了 GPS 卫星,但直到 20 世纪 90 年代初 GPS 被允许民用后才得到广泛的应用。使用安装在车辆上和附着在移动物体上的 GPS 接收器跟踪特征(例如,动物跟踪)可以产生大量的空间参考数据。随着 GPS 在导航和船队管理方面应用的日益广泛,空间数据分析已扩展到时间部分,将空间分析扩展为时空分析的同义词,特别是在运输和移动数据分析方面。

尽管 GPS 的空间参考数据的可用性得到了极大的改善,但直到 20 世纪 90 年代中期,当基于 Windows 桌面的 GIS 系统变得对用户更加友好和强大,空间分析才开始蓬勃发展。地理信息系统代表了从传统纸质地图到数字地图的自然发展,与模拟地图相比,在空间数据分析方面有许多额外的优势。没有确切的记录表明 GIS 这个术语是什么时候出现的,或者是谁创造了它,人们普遍认为 Roger Tomlinson 博士是"地理信息系统之父",他指导了加拿大地理信息系统(CGIS)的开发,该系统使用国际商业机器公司(IBM)大型计算机,用于存储、分析和操作 20 世纪 60 年代加拿大土地清单收集的数据。该系统旨在从土壤、农业、娱乐、野生动物、水禽、林业和土地利用等方面评估加拿大农村的土地能力,最终被学术界所应用。现代地理信息系统的前身包括美国人口普查局在 20 世纪 70 年代和 80 年代与地理基础文件(GBF)相结合的双重独立地图编码(DIME),以及 1990 年拓扑集成地理编码和参考(TIGER)系统的后续版本(Broome and Meixler, 1990)。

除了政府机构开发的基于微型计算机的业务地理信息系统,私营公司和大学也发布了商业地理信息系统包,例如美国环境系统研究所的 ARC/INFO 和克拉克大学的 IDRISI，这两个系统都在个人电脑上运行，能够执行各种空间分析。不同于流行的专门用于图形目的的计算机辅助设计系统，这种地理信息系统针对越来越多的空间分析人员和专业人员，并将空间分析和建模提高到一个新的水平。

1.3.4 大数据时代

从 21 世纪初开始，随着具有 GPS 功能的设备，特别是智能手机和相机的日益普及，空间分析已经发展到大数据时代。这些设备的普遍使用和自动跟踪产生了关于人们行为和运动的"大"数据，并开辟了空间分析和应用的新途径，如车队管理、动物跟踪和人类流动性研究（Jiang et al., 2017）。关于被跟踪特征的时间、位置详细信息几乎可以在瞬间连续获得。掌上移动设备不仅可以为运营商提供空间数据，还可以访问和搜索万维网上的特殊信息，而这些信息过去只能通过台式电脑完成。智能手机不仅能提供人类的时空信息，还能为用户提供在网上搜索到的信息，用户也可以很容易地从社交媒体网站（如 Twitter 和 Facebook）上获得自己想要的信息。它们可以产生大量数据，这样的大数据打开了几年前还无法想象的应用大门，比如识别一个城市中最容易发生车祸的地点及其时间，以及在一天中某个特定时间开车时值得特别注意的车祸现场热点。它们还提供了一个极好的机会来收集和挖掘信息，从而激发用户对人类的集体行为产生新的见解。例如，通过分析人们发送的推文和他们发送推文的地点，可以分析人们对自然灾害的反应，比如 2011 年的新西兰基督城地震。然而，有意地挖掘这些数据可能需要复杂的脚本。在执法方面，那些戴上具有 GPS 功能的手环的居家拘留者可以被跟踪，他们的行踪可以被远程实时监控，通过对佩戴者监视器传输的信号进行分析，可以很容易地掌握佩戴者的时空行为，并检测是否违反了保释条件。

也是在这一时期，专门定制的计算平台和软件被开发出来并得到普及，例如用于分析空间数据的 R 脚本语言（和包），以及用于空间仿真的 NetLogo（见第 1.7.5 节）。尽管两者都与大数据没有直接联系，但确实可以利用它们更轻松地进行空间分析，特别是由于它们的用户友好性，缺乏经验的分析人员能够轻松地学习如何模拟空间过程。这种系统的出现意味着越来越多的科学家在进行空间分析。

1.4 与其他相关学科的关系

上述空间分析的历史表明,空间分析的发展不是单独的。我们是否能够进行某种空间分析,以及在何种程度上进行空间分析,最终都取决于其他相关的学科,这些学科要么提供空间分析所需的数据,要么提供空间分析的媒介,要么提供空间分析的理论基础。这些学科主要包括但不限于 GIS、遥感/图像分析、GPS、计算机科学和统计学(表 1.2)。

表 1.2 空间分析与五个相关学科的关系

学科	与空间分析的关系
GIS	空间数据供应者;用于进行常规矢量数据操作和分析;用于构建空间模型的工具
遥感/图像分析	栅格数据(例如土地覆盖和数字高程模型数据)供应者;栅格数据分析与建模平台
GPS	确定空间数据的空间分量,快速更新现有空间数据
计算机科学	简化空间分析和建模的复杂软件和算法;实现空间分析的强大工具
统计学	空间实体属性计算;空间分布模式的假设检验

1.4.1 GIS

GIS 是一个功能强大的系统,可以存储、检索、分析、整理数据,并以图形方式将结果可视化。作为一种计算机系统,GIS 擅长管理、操作和分析空间参考数据,自然地,GIS 与空间分析紧密结合。事实上,我们可以进行什么样的空间分析,以及它是否容易实施,都取决于地理信息系统的功能和能力。可以毫不夸张地说,如果没有地理信息系统,几乎就没有空间分析,原因有三点:

(1) GIS 可以有效地将空间数据以地图格式表示。最初,大多数空间数据本质上是经过二次加工的,是将已有的模拟地图数字化得来的。相比之下,有限的点数据是使用 GPS 接收器收集的。后来,地理信息系统数据库增加了容易获得的卫星图像,可以使用地理信息系统在空间领域进行分析。

(2) GIS 提供了一个环境,用于整合不同来源的空间参考数据,并提供分析功能,通过这些功能可以实现复杂的分析和建模。在早期,大多数空间分析仅限于单一类型的数据,很少集成不同来源的数据,利用地理信息系统,可以方便地整合和利用多种来源的数据进行空间分析。

(3) GIS 能够将分析结果即时可视化,甚至可以制作动画来说明空间现象的空间过程,如滑坡和野火在地表的蔓延过程。除了在 GIS 中以地图形式可视化外,分析和建模的结果还可以与其他特征叠加,以便在实际分析之前探索它们之间的潜在关系,允许对结果的图形显示进行合理性评估,并提供线索,说明如何改进模型或分析中的参数设置,以产生更现实和更理想的结果。

各种空间数据都可以存储在 GIS 数据库中,可以任意检索。GIS 是实现大多数空间分析和建模的理想平台,原因有三:

(1) GIS 数据库包含空间分析所需的全部数据。这些数据能以栅格或矢量形式存在,并可以从一种形式转换为另一种形式。该平台能够非常有效地将不同来源的数据按照逻辑组织成层,这些层对某些空间分析来说是必不可少的。除了存储和整合数据外,地理信息系统还提供有效的数据输入方法,包括从其他数字系统输入数据。GIS 还擅长为空间分析进行数据预处理,如数据投(重建)影、重新缩放(聚合)和缓冲,所有这些处理的共同点是改变数据的空间范围,同时对其属性进行最小的更改。因此,这类不涉及其属性分析的纯粹的空间运算,不在本书讨论范围之内,不再赘述。

(2) GIS 具有强大的分析能力,可以简化某些类型的空间分析。例如,GIS包含常见的空间分析工具,通过单击几个按钮就可以执行空间分析。广泛的功能可用于实施各种空间分析,包括空间插值、邻域、分区和表面分析。在这些分析中,本书只涉及插值,因为其他分析不同时涉及空间部分和专题组成部分。特别值得注意的是 ArcGIS 的空间建模能力,其允许在一个操作中输入多个层来对预测变量建模,而不需要中间结果。由于所有层都被统一到相同的坐标系统,ArcGIS 允许建模以最快的速度完成,该操作可以通过脚本实现使用不同文件或不同参数的重复运行。当然,特定的分析任务可以在一些独立的包中实现,运行涉及多个系统的分析和来回更改数据格式以避免数据兼容性问题。此外,地理信息系统在处理非常庞大、复杂的数据和提供计算机制图和建模方法的综合方面起着重要作用。

(3) GIS 还包含一套强大的工具,用于对数据进行统计分析,并推导出空间建模的因变量及其解释变量之间的关系。此外,还可以将一些独立的软件作为扩展集成到 ArcGIS 中,例如 Patch Analyst 作为 ArcGIS 的扩展(参见第 6 章)。这种集成消除了数据转换的需要,因为所有 GIS 生成的结果都可以直接分析。

1.4.2 遥感

遥感作为一种数据获取手段,是具有正确地理参考的图像和非图像栅格数据的重要来源。这些数据可以是机载的,也可以是航天的,但总是最新的,重返周期可以是几天甚至是几个小时。因为卫星和飞机上的传感器非常善于获取最新的图像数据，所以它们对于定期更新 GIS 数据库至关重要。通过进一步处理，这些数据可以转化为一些空间分析所需的有用信息，例如在某些空间分析和建模中所必需的详细土地覆盖信息可以由遥感数据迅速产生。实时、详细的土地覆盖信息在森林火灾风险建模、流域水力建模、景观生态学中的栖息地质量评估等应用中至关重要。事实上，遥感数据在所有需要土地覆盖信息的应用领域中都是不可或缺的。此外，遥感图像还可以作为地面事实，与建模或模拟结果的准确性进行比较，以分析建模的准确性，或者在结果不可靠的情况下，可以指导模型参数的修改。激光探测和测距（激光雷达）等非图像遥感数据在需要高程相关信息的各种空间分析和建模中也是不可或缺的，例如在地震中与地表形态相关的产沙量建模。最后，一些遥感数据处理和分析系统，如 ERDAS IMAGINE，具有特殊的内置功能，能够相对容易地在栅格环境中进行某些类型的空间分析和建模。例如，ERDAS 中的 ModelBuilder 模块通过对不同类型遥感数据派生的栅格层进行叠加分析，可以轻松地进行制图模拟。

1.4.3　GPS

GPS 能够在任何给定时刻定位地球表面的任何地方，甚至是空中的位置。该系统在定点和沿线收集数据方面表现出色，这与待定位地点的物理可达性是必不可少的。虽然 GPS 本身不能进行任何空间分析，但它对空间分析仍然至关重要，主要有三个有价值的方面：

（1）这种主要定位技术可以将不同来源的数字地理位置转换至同一系统，如果没有这种技术，就不可能在涉及多源数据时对其进行空间分析。GPS 可以为地物生成通用坐标，即为了统一不同来源的数据所采用的地理基准和坐标系。

（2）GPS 在野外数据采集中是必不可少的，但仅靠 GPS 采集目标变量的属性值是完全不够的。GPS 可以引导我们到达样品采集地点，并告知我们样品是否已经从预定位置采集完毕。收集到的样品的坐标可以通过放置 GPS 接收器来确定，通过这些坐标，我们能够将现场观测到的属性值与同一位置的其他变量的值联系起来。通过收集的位置数据，可以将采样点的属性值与卫星图像上相应的光谱或辐射特性相关联，如果在现场收集了足够数量的数据点，则可以建立两个变量之间的统计关系，借助这种关系，可以将卫星图像转换为显示采样变量空间分布图，从而将基于点的观测扩展到整个研究区域。这种空间视角可以揭示所研究变量的空间格局（如草地生物量），并允许定量估计其属性值（如地面总生物量）。

(3) GPS有助于在现场对分析结果进行验证。在GPS的引导下,我们可以导航到现场的检查点,并将模拟结果与现场相同或相应位置的实际观测结果进行比较。它们的一致程度可以表明建模的可靠性。

1.4.4　计算机科学

如今,一些在空间分析中不可缺少的数学计算,如空间插值中确定权重所用的多线性方程求解,都是无法人工进行的,更不用说复杂的空间模拟和仿真了,因此可以选择使用计算机,它已普遍应用于包括空间分析在内的所有科学研究中。如今,计算机已经渗透到我们生活的方方面面,以至于没有它们我们就无法正常工作,空间分析也是如此。毫不夸张地说,没有计算机科学,就没有空间分析。某些类型的计算非常复杂,以至于没有计算脚本的帮助就不可能进行。我们可以进行的数字化空间分析类型和分析的难易程度完全取决于我们使用的计算机包及其功能。正如第1.3节所讨论的那样,我们毫不怀疑空间分析直到数字时代才真正腾飞。计算机技术的进步使空间分析发生了革命性的变化。直观、交互式图形驱动的计算机操作系统已被开发出来,能够简化空间分析和建模的实施。功能强大的计算机软件包已经可以执行几乎所有类型的空间分析,除了计算机硬件和软件包,几种脚本语言(如JavaScript、Python和R)也被用于运行特殊类型的前沿领域的空间分析,如流行病学中的传染病扩散建模、景观生态学中的森林火灾建模和社会学中的人群行为建模。脚本语言在运行复杂的建模和实现现有系统中是宝贵且必不可少的。强大的计算软件能够利用精美的设计和动画将分析和时空模拟结果进行实时可视化,这对于将分析和建模的结果有效地传达给更广泛的受众和利益相关者至关重要。

1.4.5　统计学

统计学与上述学科的不同之处在于,它既不提供空间分析所需的数据,也不作为执行或简化空间分析和建模的平台。相反,统计信息和理论可以指导某些类型的空间分析(如推理性分析),规定合理分析的类型(如单变量或多变量回归),并为某些分析的适当性(如数据独立性和随机性)提供理论支持。如果没有对基本统计学的良好理解,或者没有基础理论的指导,一些空间分析可能会有缺陷,结果可能会产生误导。统计学可以被视为(推理)空间分析的核心或灵魂。这是因为在很大程度上,空间分析只是代表统计在空间领域的扩展。因此,统计分析中的任何要求都同样适用于空间分析。统计学对于推断性空间分析不可或缺,在这种分析中,经过某种统计检验后,假设可以被拒绝,也可以在一定的置信度上被接受,概率和数据分布的知识在对数据的空间特性(例如点分布的随机性)进行推理检验时是很有价值的。基本的统计知识对于理解空间分析中的常用术语是至关重要的,掌握扎实的统计学知识对于正确地解释分析结果是很重要的,特别是对于所产生结果的概括。因此,要进行合理的空间分析,必须具备足够的统计知识和良好的计算能力。

1.5 分析目标

正如第1.2.3节所讨论的那样,尽管空间分析的应用领域非常广泛,但令人惊讶的是,空间分析的目标在范围和数量上相当有限。事实上,空间分析的主要目标或要素只有三个,即空间关系、空间格局与结构和空间过程。

1.5.1 空间关系

空间关系是指一个空间实体相对于另一个空间实体的位置,或同一地理参照系统中一组实体的空间排列,它们可能具有相同的性质,也可能具有不同的类型,这些实体可以是点、线性或面特征(图1.2),也可以是它们的组合。当一大群空间实体存在于空间中时,它们之间可以形成各种空间关系,如彼此邻近和邻接。一个特定的邻近关系是最邻近距离,如离医院(点)最近的高速公路(线)。除了相邻之外,空间关系可以是接壤、落入(如湖中的岛屿)、重叠(如森林边界由道路组成)(图1.2),在接邻情况下,空间关系是在两种空间实体之间形成的:一个线性特征包含一个区域特征。点与面之间也可能存在空间关系。同一类型特征之间的空间关系可以描述为分散或紧凑,甚至是聚集或随机,对于线性特征,关系可以是相交和平行(图1.2),典型的多边形空间关系可以描述为重叠、围合和邻接。如此多样化的空间关系需要大量的空间分析方法来研究,它们可以产生一系列的空间分析指标。这些空间关系中哪一种是分析的对象取决于空间分析的目的。

不同拓扑维度的空间实体之间的典型空间关系也对如何在空间上分析它们产生影响(表1.3)。并不是所有的空间关系在现实中都同样普遍,其中一些会更频繁地被分析。在六种可能的关系类型中,点-点关系、点-面关系和面-面关系是最常被分析的。例如,分析点-点关系以确定通勤长度和持续时间,如从住宅到最近的公交车站,此外还分析学校周边居民的空间分散程度,以尽量减少学生的通勤时间。相比之下,线-线关系和线-面关系是最不常分析的,因为它们只与需要不同分析方法(如网络分析)的狭窄应用领域(如水文学)有关。

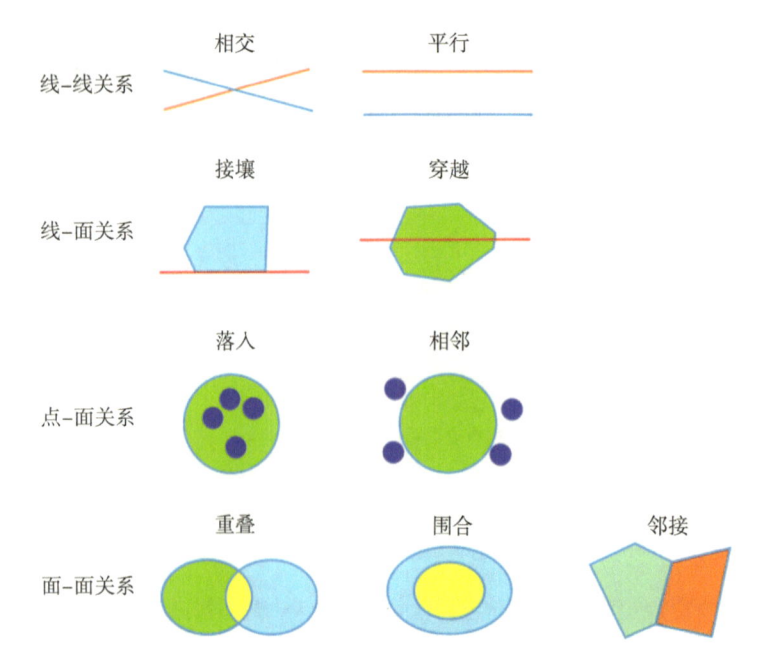

图 1.2 不同维度空间实体之间的典型空间关系

表 1.3 不同拓扑维度空间实体之间的主要关系及其空间分析类型

实体 1	实体 2	例子	空间分析对象
点	点	住宅和学校之间的距离	最邻近距离,聚集
点	线	加油站到最近的高速公路之间的距离	最邻近距离
点	面	郊区的学校数目;一个城市的感染病例数量	落入
线	线	河流和高速公路的关系	相交、平行
线	面	缓冲区内的路段;湖面上一座桥的长度	穿越
面	面	城市地区中的绿地;与湖泊相连的森林	重叠,邻接

通常分析点-面的关系来确定密度,例如郊区的房屋数量、人口密度和城市不同郊区的学校分布,这些资料可以显示学校的空间分布是否均衡,以及是否存在因人口增长而造成的分布差距。实际上,面-面关系是点-点关系的延伸,通常用于分析人口普查数据,以确定两个因素之间的关系,如社会经济衰退和身体健康/预期寿命。在流行病学中,也可以通过分析来研究绿地比例与一定空间范围内的呼吸道疾病病例之间的空间关联。

必须指出的是,上述所有空间关系及其应用都适用于以矢量格式表示的空间实体。在栅格格式中,空间关系在对象层面上是不存在的,所有的空间实体都是统一大小和形状的网格单元。因此,它只能发生在两个变量之间,如植被覆盖和海拔(图1.3)。这种空间关系具有全局性和空间异质性,并且需要进行统计分析。实体(或对象)之间的空间关系和空间变量之间的空间关系需要不同的分析方法。

图1.3 一个变量(植被覆盖)与另一个变量(海拔)之间的空间关系
(Patterson,2002)

1.5.2 空间格局与结构

空间格局是指一组具有相同或不同特征的空间实体在空间上的排列或分布。格局意味着某种独特的、有规律的重复或相同实体的出现(图1.4)。空间格局可以分析点、线性或面特征,公共点格局被描述为聚集的、随机的或分散的。空间格局不容易定量分析,因为所有格局都涉及一些不容易量化的几何性质。相比之下,将观察到的格局与一些标准格局进行比较以评估其性质(例如聚集或分散)相对容易,也可以测试观察到的格局是否符合统计上的标准格局。

空间结构是指实体或特征的空间组织,或它们在空间上的分布方式,大多数空间现象都没有明确的结构,只有城市区域的功能实体相互联系。在生态学中,它指的是群落的空间组织和分布。在具有空间结构的群落中,距离近的群落的组成更相近。空间结构不同于空间关系,空间实体之间存在着这样或那样的联系,空间结构在空间分析中研究较少。

图 1.4 夜间卫星图像展示的美国西北部居民点的空间格局
（来源：https://worldview.earthdata.nasa.gov/）

1.5.3 空间过程

空间过程被定义为一种现象或空间实体在一个区域或从一个点上的时间演化或空间运动，如丛林大火的蔓延、种子的传播、城市扩张和瘟疫的传播。一种流行的瘟疫可以在同一城市从一个郊区传播到另一个郊区；来自汽车的空气污染物可以沿着主干道扩散到附近人口密集的居民区；一场野火可以从火点蔓延到整个山坡。所有这些空间过程的共同之处是时间成分或属性随时间的变化，这些过程可以在几秒钟（如森林火灾）到几十年（如城市扩张）的时间范围内进行研究。研究的目标空间过程可能与空间范围随时间不断变化的同一变量有关（如空间扩散），也可能与同一位置在多个时间的属性有关（如空间变化）。前者只涉及一个空间变量（属性），其空间范围可能扩大或缩小，如城市蔓延。后者意味着多种状态之间的移动和转换，例如，种子散布到一个空地上后可能会遭遇杂草的入侵，在景观生态学建模中将裸露的地面变成植被覆盖，在空间上，新入侵的地点可能不会连续地与现有的植被斑块毗邻。一种传染病在空间上可能从一个郊区扩散到同一城市的另一个郊区，它类似于火灾在景观中的传播，只是所有新的感染病例都是点实体，而火灾烧毁的区域是面性质的。某个物种对栖息地的入侵则介于两者之间，它可以被视为同一类种子在一定距离上的传播，或者如果所有的种子被不加区别地处理，它可以被视为区域范围的变化。在这种情况下,最终结果可能是多边形的,它代表了特定入侵物种(如金雀花)栖息地的空间范围变化。

与空间关系和空间格局相比,对空间过程的理解和研究更具挑战性,因为如果它们发生的时间很长(例如几个世纪),几乎不可能验证分析和建模的结果。因此,最好通过仿真来研究空间过程如何演变,其中某些参数或变量可以保持不变,以便考察其他变量变化的影响。如果一些所需的输入是未知的或不可能在现场获得的(例如莎草的克隆生长速率),那么只能为它们假设一个值并通过情景分析来研究过程。

1.6 空间分析的类型

就分析的性质而言,空间数据分析和建模可分为三类:描述性空间分析、解释/推断性空间分析和预测性空间分析。每一类都有自己的目标、合适的分析方法、特点和对特定类型数据的适用性(表1.4)。

表1.4 空间分析的常用方法及其主要特点

分析类型	主要特点/任务	示例
描述性空间分析	生成表示程度或状态的定量指标	栖息地形状、树木密度和主要风向
解释/推断性空间分析	从样本中制定和检验关于总体特征的假设	流域内树木的空间分布;犯罪对城市设计的依赖性
预测性空间分析	邻近观测中未采样位置的值的估计	根据有限数量的观测预测空气污染物浓度的空间分布

1.6.1 描述性空间分析

描述性空间分析的目的是利用分析工具提出一个定量的衡量标准或产生指标,以描述一个空间实体或其与其他实体的关系,例如多边形的形状及其与最近相邻多边形的距离。描述性空间分析也可以量化一组实体的空间模式,它的分析结果都是真实的且可被复现的,可以帮助回答关于空间实体的问题。以森林火灾为例,描述性分析结果可能与景观中被烧毁面积的比例、被烧毁斑块大小的均值和标准偏差、被烧毁斑块占森林总面积的比例、被烧毁斑块的形状以及与其他被烧毁斑块的距离有关。这些结果只是提供了一个数值来表明烧伤斑块的特质。将结果联合起来,可以反映出燃烧影响和强度的大致情况。通过空间量化,可以比较不同森林火灾的影响。

常见的描述性空间分析可以使用现有的基于微软 Windows 的计算系统进行，在将空间数据转换到正确的格式之后，只需单击几个按钮就可以轻松实现分析，在一个会话中可以计算大量的指标。然而在解释描述性空间分析的结果时必须谨慎，特别是当给定的定量方法和空间属性之间没有一一对应关系时，例如，分形维数的相同定量值可以与许多形状相关联。描述性空间分析的主要限制是，单一的定量值无法完全反映一个实体的整个空间属性，而这个实体在本质上是空间的(如二维的)。一些空间实体在空间或几何上是如此复杂，以至于不能用一个数字来真实或准确地衡量。

1.6.2 解释/推断性空间分析

解释性空间分析试图解释一个事件的发生，其中可能是许多因素在起作用，或者一个变量如何影响另一个空间。与解释性空间分析密切相关的是推断性空间数据分析，其目的是检测数据的空间属性及其空间格局(Haining et al.,1998)。解释性空间分析的两个非常重要的组成部分是：提出关于一个事件的空间属性的假设和评估空间模型以适应观察结果。例如，可以通过解释性空间分析来研究所考虑的因素或变量对森林火灾蔓延的重要性。推断性空间分析可以实现对空间模型的评估，它试图测量分布的性质或观测值与某些标准观测值的偏差，分析的重点是空间实体，特别是一组点或多边形的空间格局和几何属性，而不是它们的属性值。它可以通过测试观测数据是否符合标准的分布模式(如随机分布或聚集分布)来阐明观测数据的空间排列。解释性或验证性空间分析的核心是检验关于空间模式和关系的假设，如何制定一个关于空间模式或过程的假设取决于它的性质。例如，关于森林火灾的假设可以从燃料、气候条件、土地利用和地形的角度来制定，在测试中将观察到的模式与某种作为基准的标准分布进行比较，根据测试结果决定该假设被接受或者被拒绝。推断性空间分析可以用于对空间关系、空间模式和空间过程的分析。例如，我们可以测试一个点模式是否随机，或者观察到的空间关系是否显著。但是，解释性空间分析和推断性空间分析之间的区别并不总是那么明确。例如，入室盗窃事件的空间模式研究既可以是解释性的，也可以是推断性的，这两个术语在这种情况下可以互换使用。

解释性空间分析和推断性空间分析都面临着与数据采样相关的相同问题。对于解释性空间分析，数据必须在空间上取样。在现实中，收集的样本可能是空间相关的，这违反了传统的非空间数据分析的假设。推断性空间分析的障碍是，在用收集的分析样本揭示人口情况时，数据实际上可能代表整个人口。样本本身也是人口,所以没有必要推断这些样本所来自的人口的性质。与描述性空间分析类似,解释性空间分析和推断性空间分析都只能探索或描述空间模式和空间关系,而不能研究空间过程。这项任务必须依赖于预测性空间分析,它可以在给定的一组条件下预测未来会发生什么。

1.6.3 预测性空间分析

顾名思义,预测性空间分析是对在空间上不存在(空间预测)或目前不存在(时间预测)的值进行估计或对属性值进行明确。空间预测是在定义的邻域内,根据其附近观测值估计属性值,这通常被称为空间插值,其中仅对一个变量(例如降水量)根据附近观测值预测其在不同位置的值,而不涉及其他变量,预测值几乎不随时间变化,因此在这种预测分析中不存在时间成分。

空间预测分析也可以指从同一地点的贡献变量中估计出某一地点的新属性值,如滑坡风险。这类风险与地形、土壤、地表覆盖、底层岩性和外部事件(如降水和地震)有关,所有这些因素以不同的方式对风险产生影响,确切的影响仍不得而知。同样未知的是如何在估计中综合各个变量的影响,这种预测分析通常被称为模拟或仿真,能够预测未来的模式和关系。空间模拟或仿真善于通过保持所有变量不变来研究空间过程,能够预测将来会发生什么。因此,它们比简单的空间预测更强大和灵活,因为该预测方法可以预测因变量的时空行为,还允许修改自变量,以便运行场景分析。空间仿真不像简单的空间预测分析那样产生一个确定性的结果,而是可以根据"如果……将会……"格式的输入变化产生时间序列结果。然而,对时间预测的验证并不那么容易,因为未来将发生的事情仍然未知,一种常见的做法是对过去发生的事情进行建模,然后将建模的结果与当前的现实进行比较。

在这三种类型的空间分析中,时间预测分析是最复杂和最难实施的,因为它通常涉及更多的变量,其中一些变量很难或不可能参数化。构建模型、初始化模型参数值和验证建模结果也是一项艰苦的工作,这个主题非常复杂,将在单独的一章(第 7 章)中进行讨论。

图 1.5 总结了三种空间分析类型之间的时间关系,在所指出的五种分析中,最基本的并且总是首先进行的是描述性空间分析。只有从观测到的数据推导出空间指标之后,才有可能分析其中一个变量与其他变量之间的关系,基于计算出的指标,可以制定关于其分布的假设。因此,通常在描述性空间分析之后进行解释/推断性空间分析。预测性空间分析,特别是空间模拟和仿真,必须以过去发生的事情为基础,因此只有在描述性分析之后才能进行。单变量空间预测分

仍然可以从描述性分析中受益,例如,空间自相关的值可以揭示预测的准确性。在预测性空间分析之后,还可以对预测的残差进行描述性空间分析,以检验它们是否具有空间相关性。也可能需要推断性空间分析来建立因变量与其解释变量之间的关系,所建立的关系可用于预测空间分析,甚至可重复使用,如基于人口规模和城市面积之间关系的城市增长模拟。因此,预测性空间分析总是在最后进行,前面是描述性分析甚至是解释性分析。

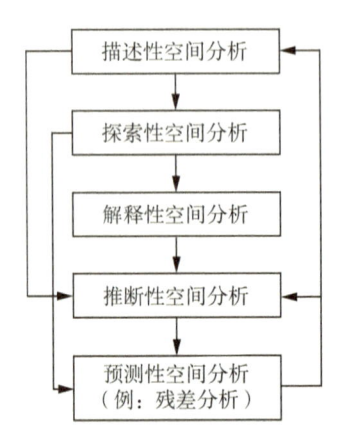

图 1.5 不同类型空间分析与正常分析序列的关系

1.7 空间分析系统

空间分析和建模可以在许多计算环境或平台中进行,其中一些是商业上的软件包,提供出色的技术支持,而另一些是开源的,由用户自己开发,无法提供完整和可靠的用户支持。一般来说,商业软件包比开源平台更容易在网上或从用户社区寻求帮助。其中一些计算系统可以执行全面的分析,而另一些则是为特定的应用领域而设计的(表 1.5)。就功能而言,大多数系统允许进行基本的空间分析,一般来说,更加常见的空间分析可以在更多的平台上实现,反之亦然。选择哪种系统是个人偏好的问题,然而,最复杂的分析或建模必须依赖于定制的系统。这么多成熟的系统允许用户更容易、更高效地实现空间分析。

表 1.5　执行空间分析和建模的主要计算系统(环境)的比较

系统	主要功能	限制
ArcGIS Pro	矢量数据分析的全面功能；集成来自多个来源的数据	有限但不断扩展的栅格数据分析能力；仅适用于建模
ERDAS IMAGINE	栅格数据分析的全面功能；基本栅格建模	难以纳入非空间数据；分析矢量数据的能力有限
RStudio	适用于各种分析和建模；灵活	难以学习；显示功能有限；数据准备困难
MATLAB	满足细分领域的分析；可以使用用户开发的工具箱进行常规分析	不能建模；无用户支持；取决于开放源代码的可用性
NetLogo	时空动态建模	由于与其他系统的接口有限，无法合并外部层；仅能基于场景仿真

1.7.1　ArcGIS Pro

　　ArcGIS Pro 是一个用于分析和显示空间参考数据的桌面计算机系统。它是一个基于 Windows 的、图标驱动的 GIS，主要用于分析矢量数据，同时近年来栅格数据分析功能也在日益扩展和改进。对于许多分析人士来说，由于 ArcGIS Pro 存在的时间最长，开始于 20 世纪 90 年代初，因此它是进行空间分析的默认选择和首选系统。首先，作为一个基于矢量的系统，ArcGIS Pro 擅长分析点、线和多边形数据，它包含一套用于处理空间参考数据的功能(图 1.6)。一些标准功能与数据兼容性转换有关，例如栅格到矢量的转换和数据投影转换，以及改变枚举单元，从中得出统计汇总结果，并以表格和图形形式进行可视化。数据可以通过运行空间操作来进行预处理，包括分割、合并(连接)、联合、相交和缓冲。大多数这些空间操作的特点是对输入的所有层进行不加区别或相同的处理，不考虑空间变化，它们只操纵处理空间数据的空间组成部分，没有通用和明确的目标。因此，空间数据库的这些空间操作将不再作进一步讨论。

图 1.6　用于矢量数据空间分析的 ArcGIS Pro 面板

相反，讨论将集中在 ArcGIS Pro 的空间建模能力上，在这方面，它支持有效的数据输入方法，包括从其他数字系统导入。此外，它还支持替代的数据模型，特别是连续空间变化的模型，并使用有效的空间插值方法在它们之间进行转换。ArcGIS Pro 的另一个建模能力是空间统计分析，它能够在多个分析和建模系统之间传输数据。

ArcGIS Pro 在整合来自不同来源的数据方面特别强大，这对于运行需要大量因素输入的空间建模非常重要。ArcGIS Pro 可以执行一系列标准的几何运算，以及空间插值和表面分析。它拥有一套优秀而强大的空间分析工具，然而，当涉及空间建模时，标准包的容量可能有限，这种能力可以通过使用 Python 编写必要的操作脚本来扩展。

1.7.2 ERDAS IMAGINE

ERDAS IMAGINE 是一个专门用于对图像和地形数据（包括 LiDAR）进行广泛分析的计算机系统，通常用于多光谱领域。ERDAS IMAGINE 对空间分析最有价值的贡献是通过分析卫星图像和激光雷达高程数据提供当前土地覆盖信息，这些数据在某些基于栅格的空间分析（特别是在景观生态学）中是必不可少的。ERDAS IMAGINE 在处理栅格数据方面非常出色，但处理矢量数据的能力有限，它的空间分析功能仅限于栅格数据的空间过滤（如多数过滤）和数据转换（如主成分分析）。ERDAS IMAGINE 的另一个重要功能是 ModelBuilder，它允许制图建模中多个图层的堆叠或相互覆盖。此外，它的描述性空间分析功能非常有限。

1.7.3 RStudio

RStudio 是一个开源编程环境，这个非政府平台包含数百个由不同用户开发的工具或功能，其中包含一些与空间分析相关的工具或功能。使用 RStudio 可以执行的空间分析的类型和种类完全取决于脚本的复杂程度，除了自己编写脚本之外，RStudio 还包含一个全面的例程库，只需进行少量的修改即可使用。更重要的是，许多用户已经编写了各种各样的脚本，并且这些脚本在世界各地的空间分析社区中自由共享。对于基本的空间分析，例如空间自相关计算和地理加权回归分析，用户可以下载和修改通用脚本，以完全适应给定应用程序的目的和分析需求。然而对于复杂的、基于场景的分析，可能需要进一步投入时间和精力来生成复杂和具有鲁棒性的脚本。

到目前为止，R 语言已经通过不断改进集成开发环境（RStudio）实现对许多空间分析的执行。事实上,已经有一本书专门讨论了这个主题(Bivand et al.,2013),其中详细介绍了如何使用 R 语言执行地统计学。尽管在商业 GIS(如 ArcGIS Pro)中可以很容易地实现相同的分析并能提供更好的可视化功能,但 R 语言分析点数据的空间格局的能力值得关注(见第 4 章)。此外,RStudio 还包含针对疾病传播执行空间插值和时空建模的功能。

在所有 R 语言函数中,有两个与空间分析特别相关的功能:sp(spatial 的缩写)和 spatstat(spatial statistics 的缩写)。前者是一个特殊的工具,提供了处理点、线、多边形和网格的类和方法,它可以更容易地与现有的地理信息系统包进行接口连接和地理参考数据交换,包括对坐标(重新)投影的支持(如果没有启动 spatstat,这些功能无法得到适当的定义,可能将不可用)。spatstat 是一个优秀工具,可以运行点模式的探索性和推断性分析,也可以将模型与观察到的模式拟合,以测试其分布。

RStudio 的主要缺点是它是命令驱动的,所有的空间分析都必须通过代码来执行。尽管使用 RStudio 编写脚本更加容易,它提供了提示以避免排版错误和不正确的表达式,并且这个脚本环境在运行空间分析方面提供了高度的灵活性,但是编程经验有限的用户可能会发现很难掌握它。与 ArcGIS Pro 等商用 GIS 系统相比,RStudio 并没有很好的显示功能,当需要将分析结果可视化时,要通过一系列烦琐的命令来指定显示参数,如颜色、大小、形状、范围和要显示的属性。因此,新手用户会发现使用 R 语言进行空间分析相当缓慢,至少一开始是这样。

1.7.4　MATLAB

MATLAB 是"矩阵实验室"的缩写,是由 MathWorks 公司开发的具有符号计算能力的多范式编程语言和计算环境。除了矩阵操作,它还能够绘制函数和数据、实现算法和创建用户界面。虽然 MATLAB 不是专门为执行空间分析而设计的系统,但近年来,许多作者为此目的进行了广泛的探索,他们制作了一些可用于执行某些空间分析(表 1.6)的工具箱。在这些工具箱中,spatialCopula 是一个耦合的空间分析工具箱,包含用于分析空间参考数据的实用工具,如参数估计、空间插值和可视化(Kazianka,2013)。TopoToolbox 包含各种用于空间和非空间数值分析的 MATLAB 函数(Schwanghart and Kuhn,2010)。这个灵活、用户友好且代码可免费获取的工具箱,为水文学家和地貌学家提供了一种分析数字高程模型(DEM)数据的工具,它重点关注了物质通量和商业水文建模软件包中缺乏的水、沉积物、化学物质和营养物质等空间变量。它的改进版本

TopoToolbox2,提供图形用户界面,允许视觉探索和 DEM 交互(Schwanghart and Scherler,2014)。相比于之前的版本,TopoToolbox2 运行速度更快,内存效率更高,并奠定了在 MATLAB 中构建水文和地貌模型的框架。

Arc_Mat 是另一个基于 MATLAB 的空间数据分析工具箱,用于基本地形测绘和探索性空间数据分析(Liu and LeSage,2010)。它能够以图形方式生成空间数据的探索性视图,如直方图、Moran 散点图、三维图、密度分布、平行坐标等,还能够通过广泛的空间计量经济学工具箱功能执行空间数据建模。TecDEM 是一个用于水文分析和建模的工具箱。它可以从全球 DEM、流域网络和子盆地中提取构造和地貌信息,生成形态测量图,计算等基线、切口、排水密度和表面粗糙度等流域参数,并绘制盆地拟合图(Shahzad and Gloaguen,2011a)。它还可以确定流向、对溪流进行矢量化、划定汇水区的边界、标记 Strahler 顺序、生成流剖面、选择节点,以及计算凹凸度、陡峭度和 Hack 指数(Shahzad and Gloaguen,2011b)。其中一些功能在现有的 GIS 分析包中不能直接使用,因此必须单独运行。

表 1.6 公开可用的 MATLAB 空间分析和建模工具箱的比较

工具箱	主要用途
Arc_Mat	解释性空间分析;可视化
spatialCopula	空间内插
TecDEM	地形分析;流域网和子流域的提取
TopoToolbox2	地形和水文分析和建模

1.7.5 NetLogo

作为一个面向对象的编程环境,NetLogo 能够对涉及移动代理的各种空间现象进行模拟和仿真。他们可以在建模者的某些规则或指令下漫游建模空间。该系统在运行预测性时空模型,探索代理的微观行为与代理相互作用所产生的宏观空间格局之间的联系,探索代理与环境之间的联系等方面功能强大。在仿真中,使某些环境参数保持不变,可以将一个变量的影响与其他变量的影响分离开来。这个强大的软件包不仅可以模拟一个过程的净结果,还可以在需要时模拟这个结果是如何从增量逐步模拟中出来的。

这个免费的开源系统最初是由 Wilensky 编写的,并在伊利诺伊州埃文斯顿市西北大学的互联学习和计算机建模中心进行了扩展、改进和修改。它可以在图形环境中运行,其中某些全局变量的值可以使用屏幕上的按钮输入,其他变量的值也可以通过点击和拖动分数条来改变。通过这种方式,分析人员不必修改脚本本身。同时也可以通过右键单击按钮获得文本指定值。参数值更改的便利性对于运行灵敏度分析和基于场景的分析至关重要。此外,变量可以通过开关打开或关闭,这个特性在运行某些缺少变量的场景分析时非常方便。如果建模结果是空间尺度的,则可以在屏幕上以图形方式实时显示,或者利用折线图显示建模结果的统计概要。如果结果显示得太快,可以在脚本中插入刻度,使其在每更新一次或者每增加一次的时候显示。

NetLogo 是一个用户友好的仿真包,易于学习和使用。它带有完备的 PDF 格式的用户手册。那些对时空模拟或仿真没有太多经验的用户可以阅读一些章节或文档中包含的示例,以成为合格的建模者。

复习题

1. 在您看来,空间建模(模拟)是否应该包含在空间分析的定义中?为什么(不)?

2. 虽然地理计算、空间统计和空间分析在定义上彼此接近,但有些分析任务是它们各自独有的。用一个例子来说明每个定义,用另一个例子来说明空间统计和空间分析是相同的。

3. 什么样的空间关系使 Snow 医生相信宽街水泵是罪魁祸首?如何用现代空间分析方法推导出这一结论?

4. 预测和探索替代方案的能力是否仅限于空间仿真?那空间分析和空间模拟呢?

5. 将空间分析的历史划分为四个时代的共同标准是什么?哪一个是最重要的?

6. 在空间分析的三个目标中,哪一个最容易量化?哪一个是最容易想象的?

7. 与空间建模不同,空间分析总是得出非空间的结果,您在多大程度上同意或不同意这种说法?解释一下。

8. 在您看来,描述性空间分析和预测性空间分析之间的关系是什么?

参考文献

Bivand R S, Pebesma E, Gómez-Rubio V, 2013. Applied spatial data analysis with R[M].

New York: Springer.

Broome F R, Meixler D B, 1990. The TIGER database structure[J]. Cartography and Geographic Information Systems, 17(1):39-47.

Davis J C, 1986. Statistics and Data Analysis in Geology[M]. 2nd ed. New York: John Wiley & Sons.

Goodchild M F, 1988. Towards an enumeration and classification of GIS functions[C]//International Geographical Information Systems Symposium, AAG, Falls Church, Virginia. 66-77.

Goodchild M F, 2018. Reimagining the history of GIS[J]. Annals of GIS, 24(1):1-8.

Haining R, 1990. Spatial data analysis in the social and environmental sciences[M]. Cambridge: Cambridge University Press.

Haining R H, Wise S, Ma J, 1998. Exploratory spatial data analysis in a geographic information system environment[J]. Journal of the Royal Statistical Society Series D: The Statistician, 47(3):457-469.

Hawkins D M, Cressie N, 1984. Robust kriging—a proposal[J]. Journal of the International Association for Mathematical Geology, 16:3-18.

Jiang S, Ferreira J, Gonzalez M C, 2017. Activity-based human mobility patterns inferred from mobile phone data: A case study of Singapore[J]. IEEE Transactions on Big Data, 3(2):208-219.

Kazianka H, 2013. SpatialCopula: A Matlab toolbox for copula-based spatial analysis[J]. Stochastic Environmental Research and Risk Assessment, 27:121-135.

Liu X J, LeSage J, 2010. Arc_Mat: A Matlab-based spatial data analysis toolbox[J]. Journal of Geographical Systems, 12:69-87.

Longley P A, Goodchild M F, Maguire D J, et al., 2015. Geographic information science and systems[M]. 4th ed. New York: John Wiley & Sons, 17:517.

Matheron G, 1971. The theory of regionalized variables and its applications[R]. Fontainebleau: the École Nationale Supérieure des Mines de Paris.

Patterson T, 2002. Bryce 5 Tutorial: How to Drape a Satellite Image Onto a DEM[J]. Journal of the Brazilian Computer Society:18-25.

Schwanghart W, Kuhn N J, 2010. TopoToolbox: A set of Matlab functions for topographic analysis[J]. Environmental Modelling & Software, 25(6):770-781.

Schwanghart W, Scherler D, 2014. TopoToolbox 2—MATLAB-based software for topographic analysis and modeling in Earth surface sciences[J]. Earth Surface Dynamics, 2(1):1-7.

Shahzad F, Gloaguen R, 2011a. TecDEM: A MATLAB based toolbox for tectonic geomorphology, Part 1: Drainage network preprocessing and stream profile analysis[J]. Computers & Geosciences, 37(2):250-260.

Shahzad F, Gloaguen R, 2011b. TecDEM: A MATLAB based toolbox for tectonic geomorphology, Part 2: Surface dynamics and basin analysis[J]. Computers & Geosciences, 37(2):261-271.

Tobler W R, 1970. A computer movie simulating urban growth in the Detroit region[J]. Economic Geography, 46(Supplment):234-240.

第 2 章
空间分析中的空间

为了在空间上进行分析,所有数据必须记录其地理坐标。坐标本身可以显示空间观测的位置,一组坐标可以揭示一个实体的形状、多个实体之间的邻近度,以及一组空间实体的分散度。这个空间成分对空间分析非常重要,因此必须在讨论空间分析之前讨论它。为了使本章内容长度适中,这里只呈现二维空间。本章还将讨论如何在二维空间中表示不同的空间实体,因为数字表示的格式可以对它们执行的空间分析类型具有决定性影响。本章还将介绍一些与空间分析有关的重要术语,以及一些空间的定量测量。接着还将介绍空间划分和空间聚合,这是所有空间分析人员都必须经常处理的两个棘手问题。本章最后一节专门定义了与统计学和空间数据分析的准确性有关的四个基本术语。这些定义将为后面各章的讨论奠定坚实的基础。

2.1 空间参考系统

所有空间数据都包含两个基本组成部分:属性和位置。属性部分描述空间实体的性质,在大多数情况下,它是空间分析的目标。位置部分是指观测的位置。只有将这两个部分正确地联系起来,才能对属性数据进行空间分析,得出的分析结果才是合理的。某些情况下,位置部分可能是空间分析的唯一目标,例如形状、长度和空间分布。在不同数据拥有多个来源的情况下,所有数据的空间组成部分必须标准化为一个共同的参考系统。两种主要的用于校准所收集的空间样本位置的系统分别是局部系统和全球系统。由于目前收集的数据通常使用 GPS 进行定位,而 GPS 通常使用全球系统进行定位,因此在空间分析中很少使用局部系统。局部系统仅用于空间仿真,将在第 2.1.3 节的全局系统之后进行讨论。

2.1.1 大地水准面和基准面

对于大多数空间数据,利用其水平坐标足以进行空间分析和建模,然而,对于地形数据,必须有第三个维度来表示高度。与可以从一个任意选择的原点开始参考的水平距离不同,垂直地形必须以普遍接受的基准为参照。地球表面形状极不规则,世界各地的地形在空间上各不相同[图2.1(a)],这种不规则形状的表面很难描绘,因此必须使用大地水准面来建模。这个模型不考虑风和潮汐的影响,描述了地球表面在重力和地球自转影响下的形状。当表面被水覆盖时,它是一个想象出的表面。对于地表,它受地形起伏影响呈现不规则状。由于地球自转的长期影响,赤道半径比极地半径长,因此这样一个表面不能精确地用数学方法描述为球体。而椭球体模型克服了这一困难,它被定义为一个数学上可描绘的表面,接近大地水准面,即更真实的地球表面。由于椭球体相对简单,通常用作参考曲面,以计算坐标、转换不同系统之间的坐标[图2.1(b)]以及确定高度。如果使用GPS接收机,任何地面位置的垂直高度(称为正高)都垂直于该椭球面进行测量(图2.2)。

(a) 大地水准面和地球表面、椭球面的关系

(b) 大地水准面(红色实线)和椭球面(黑色虚线)的高度参考

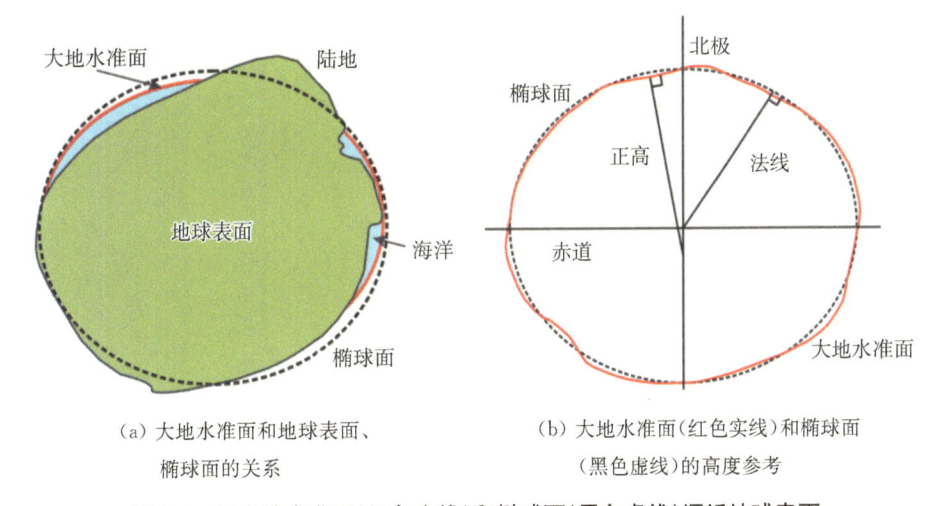

图2.1 用大地水准面(红色实线)和椭球面(黑色虚线)逼近地球表面

用于近似地球表面的椭球体的两个不均匀半轴(a 和 b)的值随着大地测量系统的不同而变化(图2.3)。在WGS84(World Geodetic System 1984,高度的标准参考系之一)中,长半轴 a 和短半轴 b 的值分别为 6 378 137.000(m)和 6 356 752.314(m)。这种常用的垂直参考系与GPS的参考系完全兼容,因为它

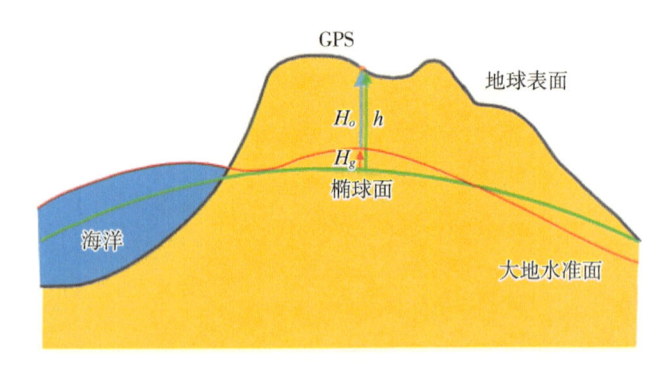

图 2.2 大地水准面高度(H_g)、椭球面高度(h)与正高 H_o 的关系:$h = H_o + H_g$

的原点与 GPS 的原点一样以地核为中心。除了这个普遍、流行的系统,许多其他系统也被不同的国家使用,例如新西兰大地基准面(NZGD)。它是专门为新西兰开发的,与固定在地球上的 WGS84 坐标系不同,新西兰这片形状独特的地块在澳大利亚和太平洋板块的影响下不断移动和变形,这种构造影响导致坐标不断变化。NZGD 有几个版本,其中一个被称为 NZGD2000,它是使用 1980 年大地测量参考系统(GRS80)的大地水准面,长半轴 a 的值为 6 378 137(m),扁率($1/\varepsilon$,ε 为偏心率)的倒数为 298.257 222 101。

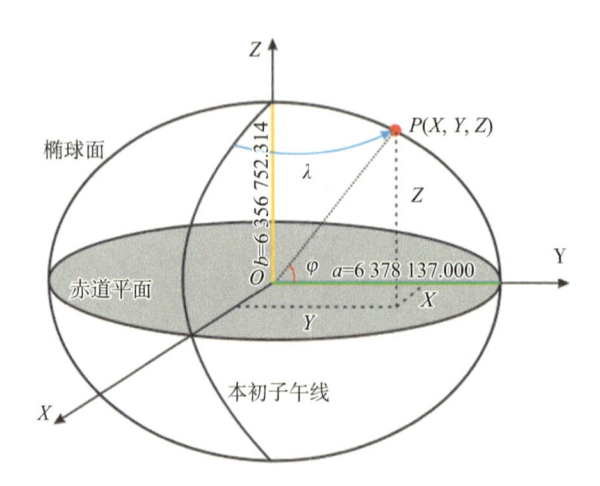

图 2.3 WGS84 坐标系中点 P 的角坐标(φ,λ)和度量坐标(X, Y, Z)

当使用多层空间数据进行分析或建模时,除了水平坐标,在分析前还必须对其大地基准面进行标准化。这对分析高程数据尤其重要,因为使用不同的大地基准将直接导致高度的差异。

2.1.2 全球球面系统

全球球面系统是一种用于参考地理位置的三维坐标系统,它与 GPS 具有内在的兼容性,需要一对坐标(φ 代表纬度,λ 代表经度)来参考地球表面上的任何点。在这个系统中,地球从赤道到极点被划分为南北两个半球,纬度范围从 0°N 到 90°N 或 0°S 到 90°S(图 2.3)。地球也被分为东西两个半球,经度基于格林尼治天文台的本初子午线,从 0°E 到 180°E 或 0°W 到 180°W。虽然这种以角度表示的全球系统不涉及任何扭曲,但使用起来很麻烦。因为我们需要考虑南北半球和地球表面的曲率,所以任何两点之间距离的简单计算都非常复杂。因此,在空间分析中很少使用这种角坐标系。相反,所有曲面三维系统中的坐标都在数学上转换为平面坐标系中的坐标。空间分析中平面坐标的规范表示是(东经,北纬,高度)或(X,Y,Z)。

2.1.3 全球平面系统

全球平面或 2D(二维)坐标系统使用一对从原始 3D(三维)球面投影出来的水平坐标指代一个位置。在投影过程中,地球的一些几何属性不可避免地会被扭曲,如距离、方向(方位)、形状和面积。尽管为了坐标转换已经发明了大量的投影,但它们还会受到某种形式的扭曲。在各种可用于坐标投影的方法中,最常用的是通用横轴墨卡托(UTM)投影,在这种投影中,球体首先与一个平坦的圆柱体平面相交[图 2.4(a)],然后将该圆柱体旋转 90°[图 2.4(b)],并展开形成二维表面。与所有投影一样,UTM 投影也有其自身的扭曲,只有与地球相交的大圆(即所谓的中心子午线)投射到平面表面后长度没有任何畸变。

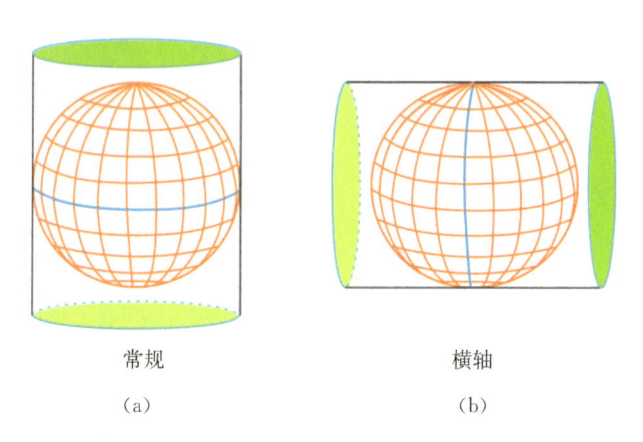

常规
(a)

横轴
(b)

图 2.4 在通用横轴墨卡托投影中将地球的三维表面转换为二维平坦表面

可以采取一些措施将几何畸变抑制到可接受的程度,即大多数情况下可以忽略。一种有效的抑制畸变方法是将全球三维表面划分为纵向区域,单独并系统地投影每个区域(图 2.5),其中区域越小,它们弯曲的 3D 表面就越能近似为平面的 2D 表面,如果该区域足够小,则有可能将畸变限制在给定标准的可接受水平内。在 UTM 投影中,地球被划分为 60 个区域,其中每个区域 6°,在投影到全球二维系统时,每个区域的中心子午线位于 3°。此外,通过将投影表面限制在 84°N 至 80°S 之间,可以最大限度地减少几何畸变。与所有坐标系一样,通过将区域原点向西移动 500 000 m,所有 UTM 投影坐标都呈现为正值(图 2.5)。所有区域都可以通过经度坐标前的区域前缀清楚地识别出来,使用公式(2.1)将比值四舍五入到最接近的整数后,可以很容易地从经度确定这个区域前缀。当它们跨越多个区域时,需要从所有经度坐标中删除该区域标识符。

$$Zone = longitude/6 \tag{2.1}$$

对于南半球的坐标,纬度坐标被人为地增加了 10 000 000 m,以确保所有坐标都为正值(图 2.6)。在进行全球尺度空间分析时,需要考虑到在不同半球呈现坐标的这种惯例,以避免坐标的参考不一致。在投影到平面系统后,所有的 UTM 投影坐标都是公制的,可以很容易地计算距离、面积和方向。尽管计算结果会受到 3D 到 2D 转换过程中产生的畸变的影响,但这种畸变可以忽略,因为它们太小,且不会对计算结果产生任何明显的影响(例如 GPS 记录的坐标本身的不确定性造成的误差可能比这些失真高得多)。

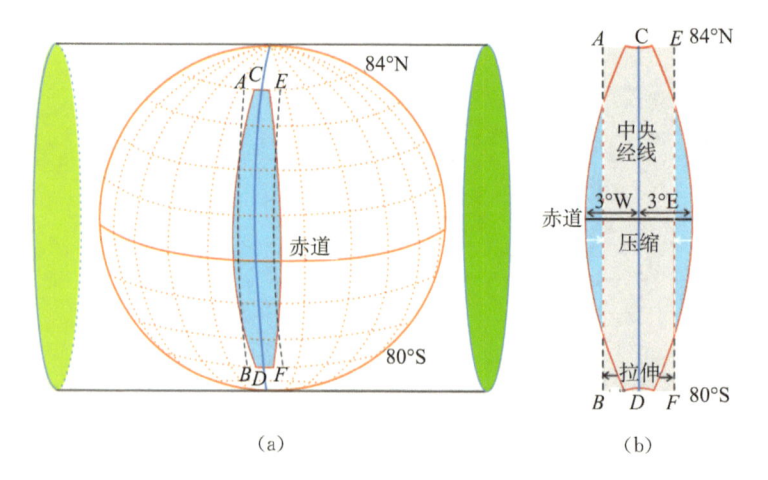

图 2.5 将子区域内的 3D 曲面(例如 6°)(左)投影到均匀宽度的圆柱体表面(右)

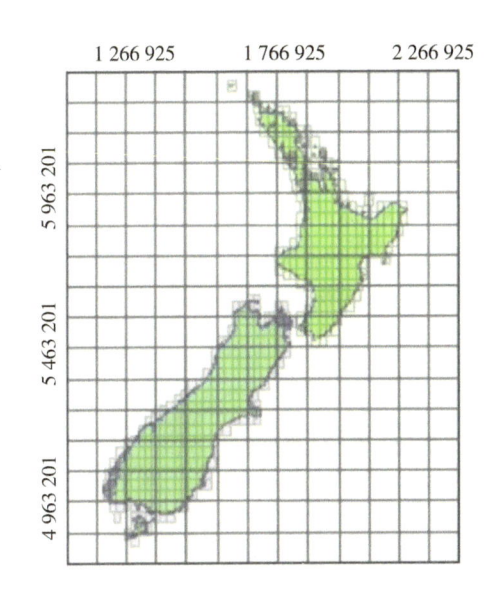

图 2.6　一个新西兰的投影平面坐标系统的例子

全球系统适用于大部分空间分析,但不适合用于局域尺度的空间分析和建模,因此,这里有必要简单介绍一下局部坐标系。与所有平面坐标系一样,局部参考系是笛卡尔坐标系的修改版本,有两个轴,分别表示东经、北纬[图 2.7(a)]。由于原点可以在任何地方(通常是任意设置),因此它是局部的。与全球系统一样,局部系统在左下角有一个假原点,以便使所有坐标都为正值(例如只有笛卡尔系统的第一象限)[图 2.7(b)]。这是因为负坐标在空间分析中不便于

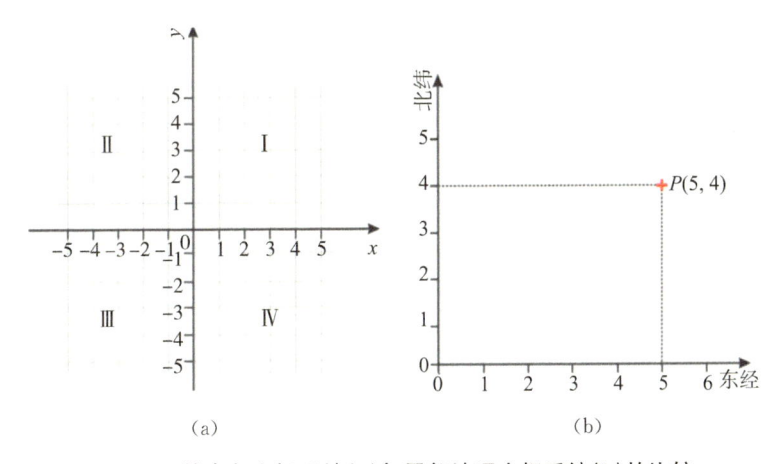

图 2.7　笛卡尔坐标系统(a)与局部地理坐标系统(b)的比较

处理,例如,在利用一对坐标计算两点之间的距离时,它们到底是应该彼此相减(都是正的)还是相加(一个坐标是正的,另一个坐标是负的),这取决于符号。对于栅格数据,例如扫描照片、卫星图像和DEM,这个局部坐标系有一个稍有不同的版本。在这种情况下,原点位于左上角,垂直轴向下递增,而不是通常的向上递增。由于不可能将所有输入层转换为通用的系统,局部坐标系在大多数空间分析中都没有用处,并且难以处理。因此,除非绝对必要,否则最好使用全球系统作为所有地理空间数据的参考。

2.1.4　3D坐标与2D坐标的转换

当从数据记录器下载GPS获取的空间数据时,可以相对容易地将输出数据保存在平面坐标系中,从而与已保存的其他地理空间数据所使用的坐标系一致。但是,当只有角坐标可用时,需要将它们转换为度量格式。用(φ,λ)表示的角测地坐标转换为(X,Y,Z)度量坐标(图2.3)的数学转换可以用以下公式完成:

$$\begin{cases} X = \left(\dfrac{a}{\sqrt{1-(\varepsilon\sin\varphi)^2}} + h\right)\cos\varphi\cos\lambda \\ Y = \left(\dfrac{a}{\sqrt{1-(\varepsilon\sin\varphi)^2}} + h\right)\cos\varphi\sin\lambda \\ Z = \left[\dfrac{a(1-e^2)}{\sqrt{1-(\varepsilon\sin\varphi)^2}} + h\right]\sin\varphi \end{cases} \quad (2.2)$$

式中,ε为椭球的偏心率$[\varepsilon^2 = (a^2-b^2)/a^2]$,$a$和$b$分别为地球的长半轴半径和短半轴半径。

许多在线系统可以很容易地实现上述的转换方程。当只有几对坐标需要转换时,可以在网站 www.earthpoint.us/Convert.aspx 手动完成转换,该在线系统允许以度分秒(DMS)或十进制度数表示的经纬度坐标转换为其他各种坐标(图2.8)。当需要转换大量坐标时,可以使用批处理模式。或者以纬度或经度为单位的坐标可以作为点输入到ArcGIS中,并保存为点形状文件,保存的文件可以"投影"到软件支持的任何系统。

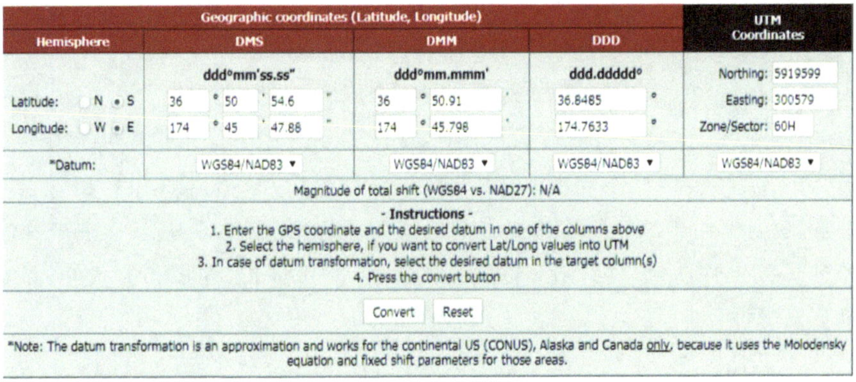

图 2.8　在线坐标转换界面截图

2.2　空间实体的属性

2.2.1　空间实体的组成

空间实体或对象存在于向各个方向延伸的三维连续空间中,待分析实体的完整属性可表示为

$$(E, N, ht, Z, T) \tag{2.3}$$

式中,E(经度)和 N(纬度)表示与 X 和 Y 相同的水平位置;ht(高度)表示其高于参考大地基准面的高度。这三个参数定义了点特征或面(如多边形)特征质心的三维位置。当分析对象仅为平面二维空间时,ht 自动变为零并被排除在考虑之外。Z 是给定位置的属性,实际上,它可以是(E, N)的函数,即该属性是一个随空间变化的值。在所有的空间分析中,无论是不是分析的目标,Z 总是存在的,T 表示观察或测量实体属性 Z 的时间。在几乎所有的空间分析中,时间都被视为不变的或切片的。在时间片分析中,时间被视为一个特殊的组成部分,因为相同的分析被重复多次,每次都有一个唯一的 Z 值,然后在指定的时间间隔内输出多个结果。只有在不可避免地涉及时间变化的动态仿真中,时间才被明确地视为一个额外的维度。

2.2.2　空间实体的对象视图

数字化表示空间实体有两种基本方式:对象视图和场视图(图 2.9)。在对象视图中,空间被看作是连续的,物体无论是点、线还是面都是清晰可识别的[图2.9(a)]。点实体表示为一对没有形状、面积或周长的坐标。线性实体由一串坐标表示,其中任意两对相邻的坐标用一条直线相连。线性实体有长度、形状和弯曲度,但没有面积,线的弯曲度可以用来表示它的复杂性。面实体同样用一串坐标对表示为直线,唯一不同的是,第一对坐标和最后一对坐标相同,表明一个区域被直线包围。面实体在 GIS 中通常被称为多边形,在景观生态学中被称为斑块,它们在三类物体中具有最全面的空间属性,除了周长、面积和形状外,面实体还具有紧凑性。

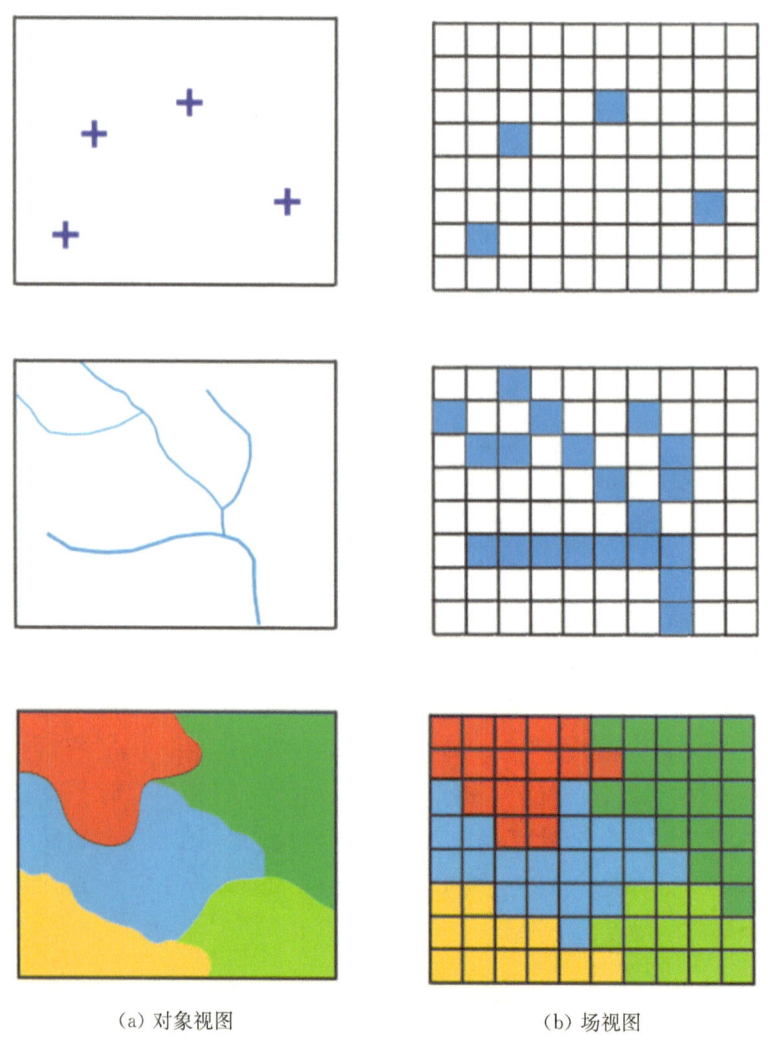

(a) 对象视图　　　　　　　　　　(b) 场视图

图 2.9　特征表示的对象视图(a)与特征表示的场视图(b)的比较

对象视图的表示是紧凑的，因为只有在实体存在的地方才需要坐标。然而，如果研究对象的属性（如高程）在空间上是连续变化的，则某些类型的空间分析很难用对象（矢量）数据来实现。在这种情况下，必须首先进行广泛和密集的计算，以估计没有观测值的点的值，这种在程序后台内插会大大降低分析速度。因此，最好通过栅格化将矢量数据转换为栅格数据，在这个过程中只需要阐明单元格大小。对象视图的另一个缺点是需要在所有空间实体及其组成元素之间规定拓扑关系（如归属、邻接性、连接性等）。然而，拓扑信息的好处是能够搜索和空间查询数据（表2.1）。

表 2.1　空间实体的对象和场视图的比较及其在空间分析中的最佳用途

项目	对象视图	场视图
表示的内涵	连续二维空间，位置明确；可以通过具有多个列的表格表示一个层中多个属性	由相同大小和形状的规则网格组成的离散二维空间；位置隐式；每层一个属性
表示的精度	精确，对象可见	粗糙，精度受制于网格单元的大小；没有对象，只有不同属性值的像素
数据量	紧凑，开销大	体积大，效率低，并且受网格单元大小的影响
更新难易	复杂（空间组件和属性必须同时更新）	简单（只需要关注相关层）
最佳用途	空间不连续的实体（如道路）；描述性分析；某些类型的建模需要精确的几何属性	连续的空间变化属性；空间建模

2.2.3　空间实体的场视图

根据场视图的表现，空间被认为是由大小、形状和方向一致的规则网格组成的，没有任何孔洞。点表示为单个单元格，线表示为单元格串，面表示为单元格数组[图2.9(b)]。由于不存在实体或属性值没有变化的地方（例如高程变化很小的平坦表面）的数据仍然被保留，因此这种表示是粗糙和低效的。在这种栅格表示中，实体位置是隐式的，因为它不存储在数据库中。相反，只存储原点的坐标，因为单元格大小是已知且统一的，其他所有单元格的坐标都可以从它们与原点的相对位置推断出来，例如从原点出发的行数和列数。单元格的主题属性由单元格值表示。栅格数据可以表示虚面或实面（如地形），对于那些空间变化的变量，如土壤湿度、温度和空气污染物浓度，这种视图的表现形式是最好的。将新的可用层添加到数据库的过程中并不会影响已经存储的任何其他层，因此可以很容易地进行数据更新。

然而,这种场视图的表现形式完全无法进行空间搜索和查询(例如找到附近的观察点),因为世界被认为是由没有任何对象的详尽网格阵列组成的。表示的准确性受到所采用的单元格大小的影响,较小的单元格允许保留精细的细节,但可能导致数据集过于庞大。由于每个单元格只允许有一个值,因此需要多个层来表示同一空间实体的不同方面。例如,需要一层表示海拔,另一层表示土壤有机质含量。尽管存在这些限制,但在某些类型的空间分析(特别是建模)中,场视图的表示仍然很受欢迎。此外,它与卫星图像具有内在的兼容性,可以作为一些空间分析的有效输入。

2.2.4 空间实体的维度

在世界的对象视图中,三种基本类型的对象有其独特的拓扑维度。点实体是在特定地点(如消防栓、学校和银行分行)的0D(零维)观测,可以很容易地在现场用GPS接收器定位,它们是最简单的空间实体,只需要一对坐标。河流和道路等线性实体是1D(一维)特征。它们可以用GPS定位。面实体属于2D观测,最常见的二维数据是通过人口统计区块列举的社会经济属性,例如人口普查基本单位的人口。没有关于最小枚举尺寸的规范。在某些类型的空间分析中,有必要将2D实体转换为3D实体,例如人口密度在空间上的可视化。人口密度本质上是地域性的,为了使其可视化,将枚举单元的质心视为对属性值进行采样的点,这样就可以绘制出人口密度在空间上连续分布的地图。

区分不同空间实体的拓扑维度对空间分析具有重要意义。不同拓扑维度的数据决定了可以对其进行的空间分析类型(表2.2)。例如,点数据通常在分析中被集体处理,分析单个点是没有意义的。相反,线性空间实体可以单独分析。例如可以对河道进行分析,以揭示其几何特性,如长度、弯曲度和分形维数。举几个例子,线性实体的属性可以是河流的径流量和纳污量,道路的交通负荷,以及沿途的空气污染浓度。对线性数据的分析(通常是通过网络分析)远不如对平面数据的分析常见。就像线性实体一样,2D面数据可以分析单个多边形或一组多边形,以及更多的参数,包括形状、大小、紧凑性、邻接性和邻近性。它们还是景观生态学中常用的分析对象,如土地利用斑块和栖息地。大多数分析可以是描述性的或推断性的,一般来说,空间实体的拓扑维数越高,可以对其执行的空间分析类型就越多。

表 2.2　空间实体的拓扑维度及其可执行的空间分析类型的比较

维度	实体	案例	可执行的空间分析类型
0	点	学校、树木、坠机地点、污染物浓度、车辆、土壤 pH 和湿度	模式、密度、最邻近距离、依赖性
1	线	断层线、风向、道路网络	长度、弯曲度、分形维数、方向分析
2	多边形	栖息地、土地覆盖、人口普查单位、三角形表示的地表、汇水区	面积、形状、紧凑性、密度、空间邻接性和邻近性、多样性、均匀性、并置、格局分析

如果对面数据进行集体分析，描述性空间分析度量可能包括空间实体几何属性的平均值和标准偏差。这种分析在景观生态学中尤其重要，因为更大的面积(例如栖息地大小)可能表明在景观中更占优势。对于一组面实体，在研究动物迁徙行为时，连通性和障碍性是两个最重要的特征。两者都是指从一个多边形(patch)到另一个多边形的物理可穿越性。如果两个多边形相连，则它们之间没有屏障，动物可以毫无困难地穿越它们。分离通常是由自然特征(例如河流和高山)和基础设施(例如高速公路)造成的(图 2.10)。在数字土地覆盖层中，屏障被表示为不同属性的多边形。

图 2.10　由自然特征(如河流)或人工建造的基础设施(如高速公路)造成的生态屏障

最后值得一提的是，面区域可以相互重叠(取决于它们的性质)，特别是那些具有某些共同成分的区域(例如由两个以上的土地覆盖组成的多边形；重叠的栖息地)。如果森林和灌木两种类型的植被都有几维鸟栖息,那几维鸟的栖息地(多边形)就可以与这两类多边形重叠。某些基本的空间分析,如不同属性的多层(土地覆盖图和几维鸟栖息地图)叠加,可以获得关于几维鸟栖息的首选土地覆盖类型这一有用信息,以便在保护这些土地覆盖物方面做出更多努力,确保该物种的长期生存。

2.2.5 空间邻接性和连通性

空间邻接性通常适用于多边形实体,等价于点特征的最短距离或最邻近距离。当两个多边形共享一个公共边界时,无论边界有多短,它们在空间上都是相邻的。如图2.11(a)所示,多边形A、B和C之间有一个共同的边界,因此被认为是相邻的。此外,多边形C与其他四个多边形相邻,多边形A和D没有共同的边界,因此不是相邻的。空间邻接性的概念对某些类型的空间分析很重要,因为它代表着相互作用和影响。当两个多边形没有共同边界时,它们不会相互作用,也不会相互影响。在景观生态学中,两个栖息地以两个多边形表示,只有当它们彼此相邻且两者之间没有任何生态屏障时才可以穿越。空间邻接性对空间格局分析也很重要,如果相同特性的多边形彼此靠近,它们将形成空间集群模式。相反,如果它们彼此相距很远,它们就会形成分散的图案。

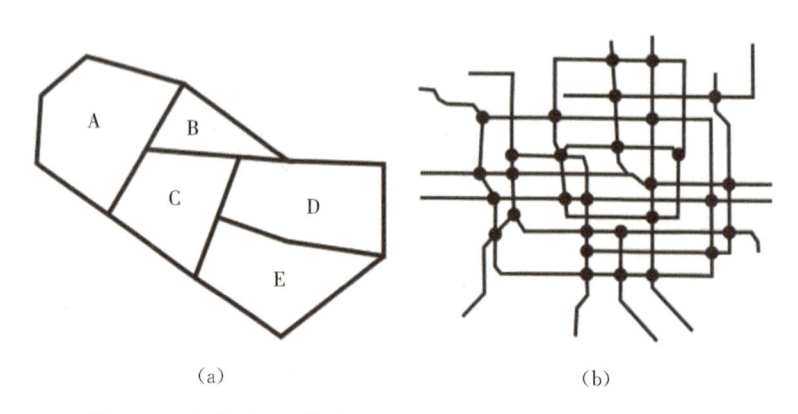

(a)   (b)

图 2.11　多边形之间的空间邻接性(a)和地铁线路的连通性(b)

必须注意的是,空间邻接甚至空间相交并不总等同于空间连通性,空间连通性意味着两个相邻实体之间的联系,因此一个人可以从其中一个实体穿越到另一个实体。如图2.11(a)所示,多边形A和多边形B可能相邻,但在城市居民区中,如果被作为断面边界的铁丝网隔开,则多边形A和多边形B可能不相连,在这种情况下,不可能在它们之间相互移动。即使多边形A和多边形B是同一类型的空间,如果被铁丝网隔开,它们也不被认为是连接的。在分析线性空间实体,特别是道路运输网络时,连通性尤其重要。如图2.11(b)所示,部分地铁线路在空间上可能相交,但并不总是连通的,这意味着乘客不能从一条线路换乘到另一条线路。连接也可以发生在高速公路和本地道路之间,它们之间必须有一个交会处来连接交通,例如从高速公路到当地道路或街道的出口匝道。连通性在路线选择和流量建模中起着重要作用,如果道路交会处因维修而暂时关闭,最短的路线可能无法通行。和邻接一样,连通性也意味着互动和影响,如果两条道路不相连,它们的交通量不会相互影响。默认情况下,河道总是在相邻的河道之间连接(例如一级和二级河道),但河道本身可能被大坝断开,导致上下游之间的水文断开。在区域流域尺度的水力模型中,这种不连通性必须考虑在内。

2.3 空间的定量测度

在空间分析中,常常需要推导一组空间实体的空间度量。在这些度量措施的基础上,可以检验和拒绝假设。经常被计算和使用的空间度量包括距离、邻近度、邻域、离散和聚类、方向和面积。

2.3.1 距离

距离是所有空间度量中最重要和最基本的组成部分之一,根据距离可以推导出更复杂的空间度量。距离可以用多种方式定义,常用的一种是欧几里得距离(欧氏距离),这是指两个物体(点甚至面)之间的最短距离,用直线表示[图2.12(a)]。这个距离是从两个点的坐标计算出来的,即

$$D = \sqrt{\Delta E^2 + \Delta N^2} = \sqrt{(E_B - E_A)^2 + (N_B - N_A)^2} \tag{2.4}$$

式中,E和N分别代表东经、北纬坐标。图2.12中的A和B指的是涉及的两点。这个距离概念也适用于多边形(例如两个城市之间的距离),一般从它们各自的质心进行测量。

必须指出的是,即使欧几里得距离非常直观且易于计算,但在两点之间没有可穿越的道路网络的情况下,欧几里得距离可能与地面上的物理距离没有任何关系。另一种测量方法是曼哈顿距离(Manhattan Distance)[图2.12(b)],其计算方法是将东经和北纬方向的坐标增量相加(公式2.5)。曼哈顿距离是指可通行路线的长度,与欧几里得距离相比,尽管它的计算在数学上要简单得多,但计算时间更长,也更复杂,并且需要额外的道路网络层来进行确定。当人们在城市

地区穿越建筑环境时,这种距离测量比欧几里得距离更现实。

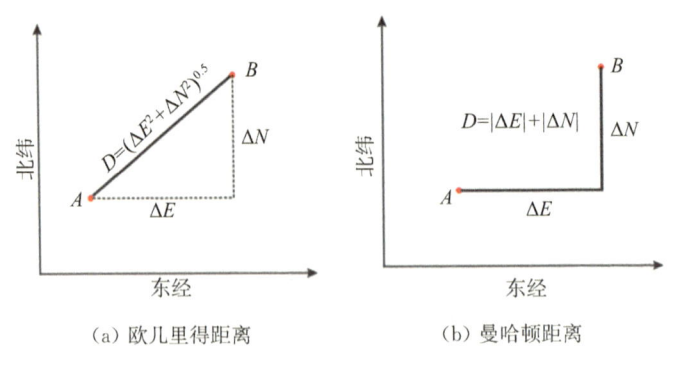

(a) 欧几里得距离　　(b) 曼哈顿距离

图 2.12　空间分析中的距离概念

$$D = |\Delta E| + |\Delta N| = |E_B - E_A| + |N_B - N_A| \qquad (2.5)$$

距离在空间分析中起着重要的作用,因为它有三种不同的内涵:

(1) 它是一种相似性、似然性或邻域(最邻近距离分析)甚至隶属度的度量。正如 Tobler 的地理第一定律所述,两个观测点之间的距离越短,意味着它们的属性值之间的相似性越高,而距离越远,表明它们属于一个群体的可能性越低。

(2) 它表达了一定程度的相互作用和影响(权重)。距离近的观测比距离远的观测有更多的相互作用机会。如果两个物体彼此距离太远,它们可能会完全停止相互作用,在这种情况下,超出阈值的距离不再重要。不再对相邻的观测值产生影响的距离阈值是未知的,因为它可能随所研究的空间变量而变化。然而,除了在地统计学中(将在第 5 章中介绍),距离阈值的概念很少被研究。与相互作用相关的是影响程度。较近的观测值对邻近观测值的影响比远距离观测值的影响更强。

(3) 它表明活动的范围。较短的距离可以表示较窄的移动范围(例如迁移),或者一个以凹点为中心的有限空间范围。当研究对象是生态学分析中的移动动物时,情况更是如此。

2.3.2　邻近度

邻近度是指笛卡尔域中多个空间实体或物体之间的距离(图 2.13),它是由相关实体之间的距离来衡量的。一般来说,那些彼此接近的观测点之间的距离往往很短。缺乏接近性表现为相邻观测点之间有较大的距离,表明观测点是分散分布的[图 2.13(a)]。然而,"接近"并没有确定的距离,尽管存在这种模糊性,但在研究空间相互作用和影响时,邻近度是最有用的。它是空间邻接性的指示,表示邻近观测点对空间相关性的影响程度,那些彼此靠近的观测要素更有可能相互作用[图 2.13(b)]。相反,在较低的强度下,远距离观测要素往往相互作用较少。同样地,那些距离更近的观测结果对彼此的影响更大。因此在空间插值中,那些靠近问题点的邻近观测值在估计其属性值时将更重要。然而,邻近的阈值很少被定义。换句话说,一个相邻的观测要素是否落在邻近区间之外仍然是未知的,超过这个范围,对其他观测要素的影响就停止了。

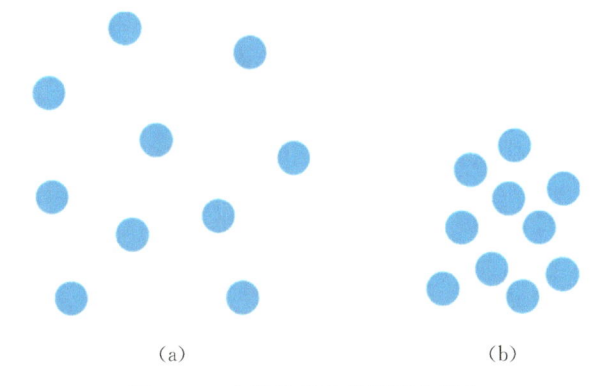

图 2.13 空间分析中的邻近度概念

2.3.3 邻域

在进行某些类型的空间分析之前需要相关邻近观测的信息,例如空间插值。邻域是指空间实体存在或应被考虑的空间范围或区间,它可以用多种方式定义,包括连续性、距离和一般权重。如果一个观测要素与所讨论的观测要素有共同的边界,则它被认为是相邻要素。例如,同一区域的两个麻疹病例可以被视为相邻要素。在表示的对象视图中,邻域可以是基于距离的,由一个半径来定义,使得邻域总是有一个圆形的形状[图 2.14(a)]。邻域也可以通过两个半径定义而变成椭圆形,一个在东经方向,另一个在北纬方向[图 2.14(b)]。圆形邻域意味

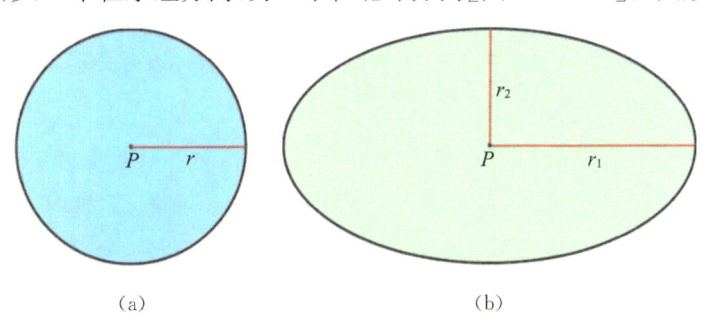

图 2.14 矢量格式中以 P 为中心的邻域

着对所有符合条件的相邻要素应用统一的距离,而椭圆形邻域则由两个距离定义。邻域以所讨论的点为中心,半径长度表示邻域的大小。基于距离的邻域定义是具有包容性的,在定义的空间范围内(例如在圆形、椭圆形内)的所有观测都被认为是相邻的,因此,它们将对有关观测产生影响。

然而,这种基于距离的邻域定义仅适用于表示的对象视图。在描绘的场视图中,邻域的定义更为复杂,因为它涉及距离和邻接性。就距离而言,邻域可以通过所讨论单元的周围窗口大小来定义。这个窗口总是方形的,其大小通常是奇数,例如 3×3 或 5×5,中心单元格是目标单元。然而,如果采用基于邻接性的附加标准,则不是该邻域中的所有单元都可以视为相邻要素。邻域分为栅格格式的 4 连通和 8 连通两种类型(图 2.15)。4 连通邻居是紧邻目标单元左侧、右侧、上方和下方的那些单元,它们与所讨论单元的距离完全相同[图 2.15(a)]。除了这些单元外,8 连通邻居还包括 4 个对角线相邻的单元,它们离目标单元的距离比 4 个基本邻居略远[图 2.15(b)]。因此,相邻单元和目标单元之间的距离是可变的。没有规则规定应该采用哪种连通性进行分析,如何选择主要取决于分析者。采用不同连接可能会略微影响分析结果。

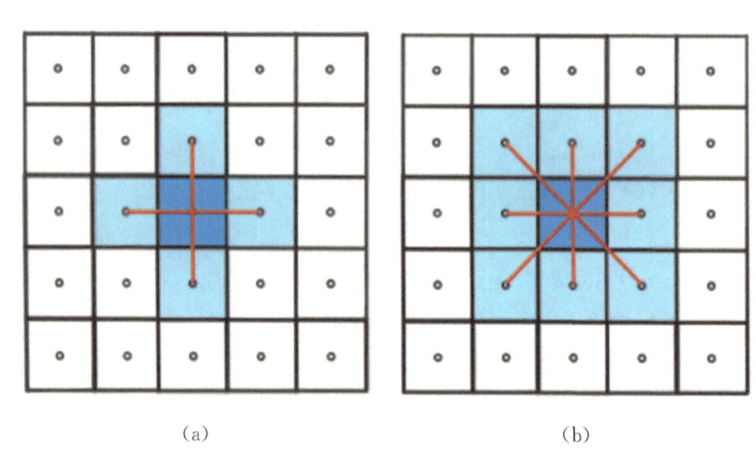

图 2.15 在描绘的场视图中,以目标单元(深色)为中心的 4 连通型(a)和 8 连通型(b)邻域(浅色)的概念

在基于窗口的栅格形式的空间分析中,邻域概念是至关重要的。例如,在对图像进行空间滤波时,目标像素受到指定邻域内像素的影响,邻域大小对分析结果至关重要。在某些类型的空间分析中,只考虑落在定义邻域内的观测值,因为它们被认为对目标单元产生影响,而落在邻域外的观测值则被忽略。在这种情况下,邻域可以用来划定影响范围。一旦定义了邻域大小,就可以根

据所有相邻要素派生出统计参数,例如众数(对于分类数据)、平均值和标准偏差。

2.3.4 离散和聚类

离散是指观测值在研究区域内的广泛散布。离散分布的特点是同一属性的一组观测要素缺乏紧密性(图 2.16),观测范围非常广,占据了整个区域,且要素间没有明显的间隙。相比之下,聚类指的是某些观测要素的空间分组,这些观测要素彼此之间的距离比另一组的成员更近。离散和聚类类似于同一枚硬币的两面,因为缺乏聚集则表现为分散,反之亦然。因此,两者都可以由相邻观测要素之间的距离来定义。如果所有的观测要素都广泛分散,并且最近的邻居之间的距离大致相等,则称它们的分布是均匀离散的[图 2.16(a)]。如果距离是不完全一致的,那么分布模式表征为随机离散[图 2.16(b)]。相比之下,聚集离散的特征是观测要素之间距离差异巨大。如果它们中的一些倾向于彼此靠近,且比另一个空间群的成员远得多,那么它们就被称为块状离散[图 2.16(c)]。和单个观测要素一样,当团块分散到大部分可用空间时,他们也可以是离散的。

(a) 均匀离散　　　　　(b) 随机离散　　　　　(c) 块状离散

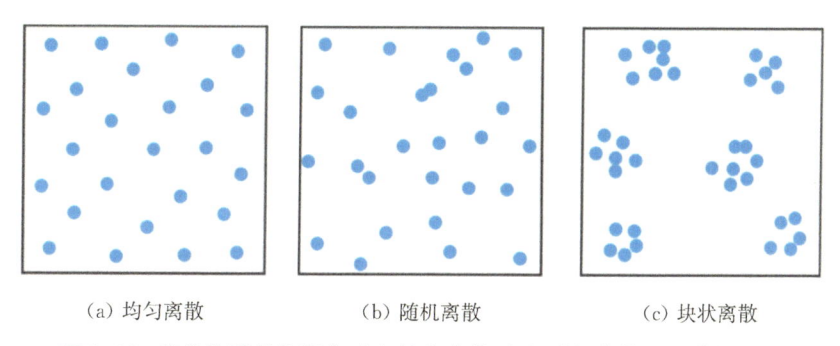

图 2.16　离散和聚类的概念:(a) 均匀离散;(b) 随机离散;(c) 块状离散

空间离散和空间聚类在现实中都具有很强的主观性。它们只是连续空间分布中的两个极端,其标准根据情况有所不同,因此没有明确的阈值来区分它们。保守的标准会产生更多的聚类,而宽松的标准会导致所有的观测结果落在一个聚类中。然而,离散的程度可以用空间密度来衡量,离散的观测密度较低,而聚类分布往往导致局部密度较高。离散或聚类分布的形成可能是由不同的物理过程造成的。例如,种子在景观中的均匀分布可能是一个均匀环境造成的结果。森林中团状分布可能与树木种子有关,这些种子不受风和水的影响,所以它们落在离母树很近的地面上。

2.3.5 方向

方向指的是物体移动或前进的方向或方位。它也可以指一个静止的特征或现象所面对的方向,如斜坡方向。因此,方向通常与线性特征或地形表面有关。在前一种情况下,它指示物体移动的方向,例如河道中的水从上游流向下游,空气污染物沿主导风向从污染源向附近浓度较低的区域扩散。在这两种情况下,方向都是以磁北为起点沿顺时针确定的。运动方向由局部坐标系中起始和结束位置的相对性决定:

$$\theta = \tan^{-1}\left(\frac{\Delta N}{\Delta E}\right) = \tan^{-1}\left[\frac{N_2 - N_1}{E_2 - E_1}\right] \tag{2.6}$$

式中,E_2 和 N_2 表示终点的经度坐标和纬度坐标,定义与式(2.1)相同;E_1 和 N_1 表示起点的经度坐标和纬度坐标。与式(2.4)不同的是,方向的确定需要区分起点和终点,如果两者混合计算,结果可能完全相反。必须注意的是,计算方向仅适用于对象视图(例如矢量坐标)。

在场视图(例如栅格)中,方向是由在定义的邻域中观察到的网格单元的高度确定的。对于地形面来说,它指的是坡度正对的方向或坡向。确切的方向取决于所定义的邻域中所有单元之间高度的相对性。在 8 连通性邻域中,有 9 个主要的、离散的方向,一个表面可能面对:东、东南、南、西南、西、西北、北、东北和 0(处于同一水平面)(图 2.17)。在 4 连通性邻域,这一数字降至 5。通过比较 4 个基本方向之间的高程差异,可以使这种离散的方向表达更加精确,并使用两个最大的邻接差异来推导最终方向或方位角[式(2.7)]。这个方程适用于 ΔH_E 和 ΔH_N 具有相同符号的情况。当它们的符号相反时,通过考虑哪个是正的,哪个是负的,使得方位角增加 90°或 270°:

$$Azimuth = \frac{180}{\pi}\tan^{-1}\frac{\Delta H_E}{\Delta H_n} \tag{2.7}$$

无论与之相关的空间特征的性质如何,方向都是唯一的,因为它必须有一个预先确定的参考方向,而且其范围限于 0°~360°。这种空间度量没有像距离那样被广泛研究。它在地理学中的常见应用领域包括运输(例如旅行方向)、水文学(例如渠道的流向和斜坡上的地表径流)、气候学(例如风向)、地貌学(例如斜坡方向)、灾害(例如火山熔岩流动方向)和海洋学(例如洋流环流方向),在生态学中,它可能包括动物迁徙的方向。方向在流域水文空间模拟中起着决定性的作用,地表径流的流向决定了汇水区内地表水汇聚并流入河道的流量,进而影响其峰值流量。

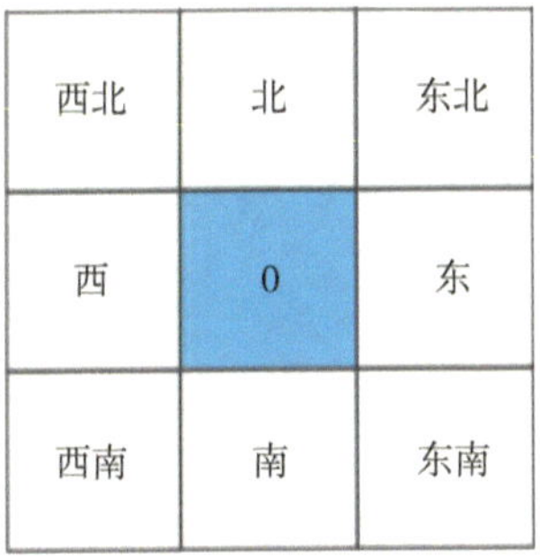

西北	北	东北
西	0	东
西南	南	东南

图 2.17 邻域中的单元(蓝色)在 8 连通性邻域中可能面对的潜在离散方向

2.3.6 面积

面积是指多边形被其周长包围的物理尺寸,被定义为封闭边界包围的内部范围。多边形的空间范围是通过使用多边形的每条边与东经坐标轴形成梯形来计算的(图 2.18)。例如,多边形 $ABCD$ 的面积是用 $DCcd$ 和 $ADda$ 的两个大梯形的面积减去 $BCcb$ 和 $ABba$ 的两个小梯形的面积来计算的。面域数据是人文地理学和景观生态学分析中常用的参数,所有的社会经济数据都在一个区域内被列举出来,比如一个人口普查区。在景观生态学中,面积与土地覆盖或栖息地类型有关。森林、草地和水都是面域特征。多边形的物理大小或面积表示景观破碎化的程度,由许多小面积多边形组成的景观是高度破碎化的代名词,往往只有几个大多边形组成的景观是完整的。面积也可以表示活动的范围,更大的栖息地意味着觅食范围更广。

在空间分析中,面数据分析不像点数据那样常见。然而,面数据可以用更多的方式进行分析,例如对属性数据进行分析,以及对空间多边形进行单独和集体分析,对集体面积属性数据的分析可以揭示其分布的空间变化。通过分析多边形之间的空间关系来确定它们的格局(如聚落格局)。如果面域观测要素在空间上相邻,则可以通过消除其共同边界来合并它们,以实现特定的目标。例如,为了保持匿名性和隐私性,在一个小的人口普查单位区域内统计的属性数据通常通过组合相邻的多边形来形成一个更大的多边形,从而汇总到一个更通用的级别。如何组合这些多边形以形成合理而有意义的区域是空间分析中的一个棘手问题。这个问题非常复杂,将在第 2.5.2 节进行详细讨论。

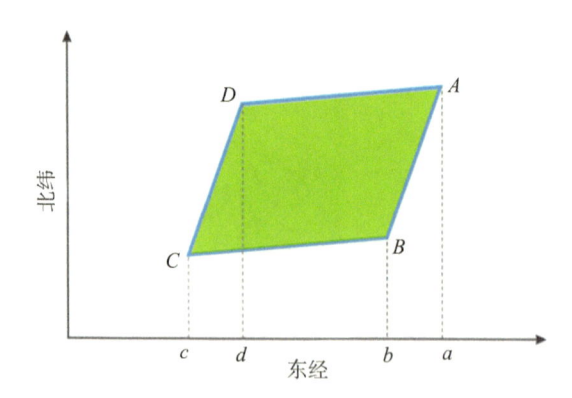

图 2.18　面积(由连接的边包围获得)示意图

2.4　空间划分与聚合

实际上,将一个大的地理区域分区或划分为若干较小的单位是相当普遍和必要的,这是因为每个小的单位或分区更易于管理。这种操作通常被称为空间分析中的空间划分或城市规划中的分区。这些操作的实施满足了不同的需求。例如,市政当局可能需要将其管辖区域划分为若干学区,以便让生活在特定街道的学生知道他们应该上哪所学校。一个城市可以划分为若干区域,以下放行政责任(例如在不同的日期收集生活垃圾),划定管辖边界(例如地区当局的领土),并促进服务的提供(例如在同一邮政编码区域内递送邮件和包裹)。同一个城市也可以被划分成不同的警区,这样一个特定的警察局就可以知道其职责的空间范围。空间划分对社会经济数据的收集也至关重要,特别是人口普查数据,其中一个大的区域被划分为许多人口普查单元。同样,在地缘政治中,一个国家可能被划分为几十个选区,从这些选区中选出一位候选人,代表他或她的选民进入议会。空间划分对空间分析非常重要,因为它决定了如何收集和列举空间数据,进而决定了如何对分析结果进行解释。

上述所有分区应用都面临着相同的问题,即如何正确地将空间划分为小单元。与空间划分相反的是空间聚合或合并空间相邻的观测单元,以便在更大的多边形上统计属性。下面的讨论将首先阐述空间划分,然后是空间聚合与可变面积单元问题。

2.4.1　空间划分

空间划分的定义是将连续的欧几里得空间划分为不重叠的区域,以便于数据统计和资源的最优配置。空间划分是由于我们生活和工作的空间相当广泛，缺乏连续性，如果把整个空间当作一个单元来对待，管理难度难以想象。只有通过合理的划分，才有可能实现资源和责任的公平分配。空间划分除了满足多种需求外，也有其自身的要求和准则，这里提供三个例子来说明不同的用途，包括调整学校区域边界[图 2.19(a)]、市区住宅发展的分区[图 2.19(b)]和人口普查数据收集[图 2.19(c)]。在学校分区中，通过区域划分来决定居住在一个区域的所有学生应该就读的学校。在城市住宅开发中，必须将一大块土地划分成适合建造住宅的小块土地，一个城市可以被划分为密集住宅区和低密度发展区。在人口普查中，一个城市区域可能被划分成许多小单位，然后可以从每个小单位收集样本[图 2.19(c)]，这样的空间划分有利于数据的采集、统计和后续的数据分析，有时还能保证所采集数据的空间代表性。

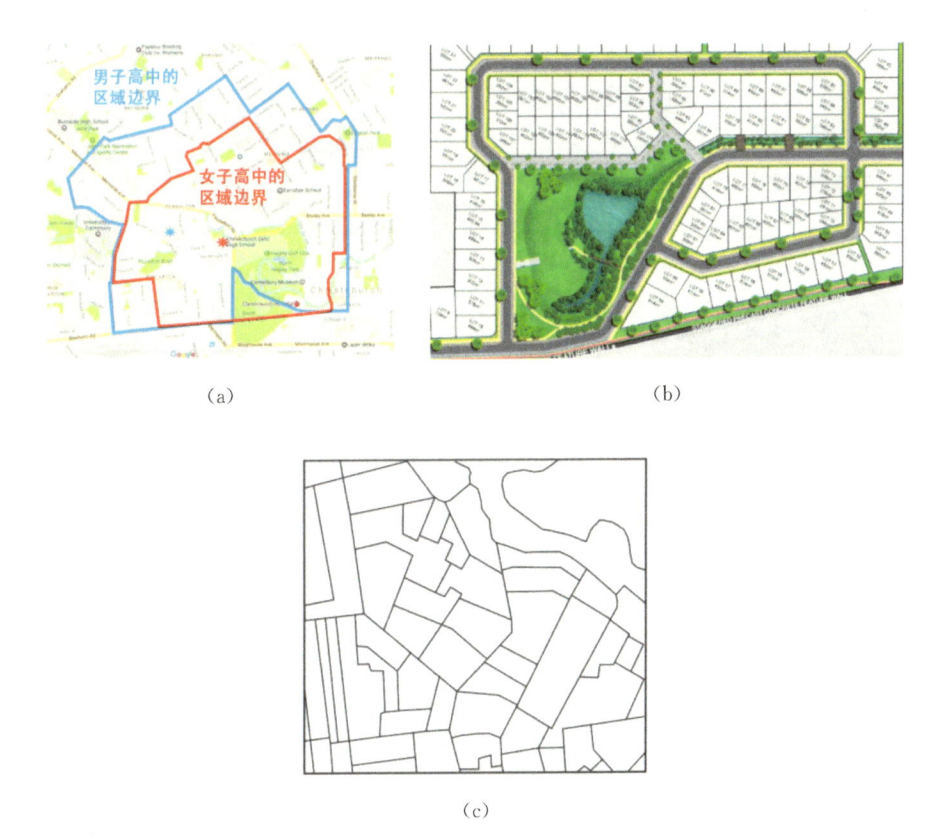

图 2.19 空间分区的三个例子：(a) 由于人口增长，调整新西兰基督城女子高中的区域边界，使其与男子高中的区域边界相接；(b) 市区住宅发展的分区，其中平面空间被划分为大小大致相等的非重叠多边形；(c) 人口普查单元，将区域划分为若干小单位，以方便数据管理和统计

尽管空间划分无处不在,且意义重大,但令人惊讶的是,并没有规则来规定如何适当地划分空间。缺乏具体和可重复遵循的准则意味着分割的结果可能是不完美的、不令人满意的,有时甚至是有争议的。这是因为每种类型的空间分区都有自己独特的要求和特殊需求,例如分区的大小和形状,以及它们的连通性(表2.3)。在学校分区的案例中,最重要的是汇集区,因为每所学校受学校面积、通勤距离影响,只能招收一定数量的学生。在城市住宅分区的案例中,最优先考虑的四个特殊因素是:大小、形状、连通性和可达性。每个划分的单元应该足够大,以允许在其中建造住宅,最小部分的尺寸参照当地规划法规规定。所有细分的地块还必须有相似的大小,并且是规则的(最好接近正方形),这样才适合建造住宅。所有划分地块必须与道路或街道相连,以方便通行,还要能让车辆(包括消防车和医疗救护车)进出,以便投递邮件、收集家庭废物以及进行紧急疏散和响应[图2.19(b)]。他们还必须能够从街上行驶到所有建造的住宅,因此,大致正方形的部分必须尽可能多地与细长的道路区域连接,以减少为居民提供服务的成本。

表2.3 空间分区在三种应用中的比较

案例	学校分区	住宅地划分	人口普查单元
分区目的	资源分配	创造宜居空间	便于数据收集与统计
要求	公平的学生人数(名单)	均匀的物理大小、形状	平等的人口
额外注意事项	学校面积,学生通勤距离	连通性、可达性	维护共同的邻里
划分原则	容量匹配,汇聚区大小,主题一致性	地理一致性	物理边界或普遍接受的自然屏障
时间稳定性	边界可能定期调整	如果地块面积足够大,可以进一步细分	由于人口增长,某些单元可能会分开或定期调整其边界

然而,这些要求并不适用于普查单元,因为人口在空间上的分布并不均匀,因此普查单元的实际规模可能随着人口密度不同而产生很大变化。只要每个普查单元的居民人数大致相同(例如主题一致性),分区普查单元的形状和大小就不是主要问题。不过,普通社区必须以普查单元的名义保留下来,应努力避免将一个共同的区域划分为不同的人口统计区块。

如何最优地划分空间是一个微妙的问题,它具有深远的影响。例如,一个国家选区的划分可能会影响哪个候选人最终赢得选举。缺乏可遵循的规则,以及缺乏令人满意的区域边界,可能导致分区极具争议性,比如在美国大选中对种族和社会经济多样化社区的划分。这是因为在人文地理学中,分区的界限可以是人为的(如高速公路和道路),甚至可以是无形的(如电话区号)。相比之下,在自然地理学中,不同区域可以用具体的物理边界(例如分水岭)来划分,在这种情况下,可以更容易地实现合理的分区,且不会引起争议。除分水岭外,河流或山脉也可以是分割空间的边界。

如果在人文地理学的所有空间划分中有一个必须遵守的普遍规则,那就是最大限度地实现主题或空间上的一致性。主题一致性意味着所有划分的区域都包含大致相同数量的主题。当分割的空间影响容量(例如学校分区中的学籍)或工作量公平(例如警察分区)时,主题一致性是重要的考虑因素。主题一致性的缺点是分区的界线必须随人口的增长而定期调整,有时随着人口的增长,必须拆分现有区域以创建更多网格块或选区。相比之下,空间一致性更容易实现,因为被分割的空间是停滞的、静态的,一旦指定了最小尺寸,就要对分割的多边形的形状进行一定的调整。空间一致性是城市住宅地块分割的首要问题,根据分区规定,所有分割地块必须具有相似的大小。

2.4.2 空间聚合与可变面积单元问题

与空间划分相反,空间聚合是指针对空间相邻的观测单元(如共享边界的多边形),通过合并所有多边形的属性值并消除它们的共享边界,从而将它们合并成一个大的观测单元的过程。在合并过程中,消除相邻多边形之间的公共边界导致聚合空间数据中的多边形更少但更大,它实际上是一个数据概括的过程。空间聚合通常是针对社会经济数据进行的,这是由于在向公众发布之前需要保护人口普查对象的匿名性和隐私。与空间划分相同,聚合的适当水平或程度没有明确的规定,通常采用的标准是汇总单元的最小规模,例如人口为 50 000 人(主题一致性),或城市分区的最小物理面积为 450 m^2。可以肯定的是,随着更多相邻的小多边形被合并成更大的多边形,汇总的数据就越不详细,同时,感兴趣的属性也在更大的范围内被概括。

值得注意的是,并非所有用于空间聚合的多边形都具有相同的特征或具有相同的类型。事实上,它们可以有不同甚至截然相反的社会经济特征,这在地缘政治学中造成了一个严重的问题,即如何从作为选区的不同人口统计区块中形成一个种族和社会经济同质的多边形,以免偏向于某些类型的候选人。这不是一件容易的事,也是当代美国地缘政治面临的一个颇具争议的问题。

空间聚合通常是针对一个区域上的属性数据进行的。如第 1 章所述,空间分析的目标之一是研究空间格局,某些类型的格局只有当观测结果在空间上聚合之后才会出现或变得明显。由于没有明确的规则规定相邻的空间实体应该如何合并,所以同一属性可以有不同的模式,这取决于相邻的多边形是如何合并的。在对人口普查数据的许多分析中,使用的面积单位(区域对象)是任意的、可修改的,并受制于数据汇总者的想法。这就引出了 Openshaw(1984)最初观察到的可变面积单位问题(MAUP)。后来,Fotheringham 和 Wong(1991)用面积单元数据提出了强有力的证据,证明了多变量分析的不可靠性。这个问题隐含着两个相关的概念:缩放和分区。缩放是指合并多边形的物理大小,或者映射单元的大小对所描述属性的影响(图 2.20)。随着越来越多的小多边形被合并,合并结果中保留的多边形也越来越少,导致所描述属性的表示从局部尺度转移到大尺度,规模随着聚合水平的提高而增加。尺度对空间分析非常重要,这个问题将在第 5 章地统计学中着重讨论。因此,相同的现象可能有截然不同的模式,这取决于空间聚合的水平,以及对各种规模的概括程度。

(a) 选举分区(EDs),研究区内有 11 个

(b) 查点区(EAs),研究区内有 56 个

(c) 小区域(SAs),研究区内有 237 个

可变面积单位问题(MAUP)
研究区:都柏林塔拉特
2011年住房空置率

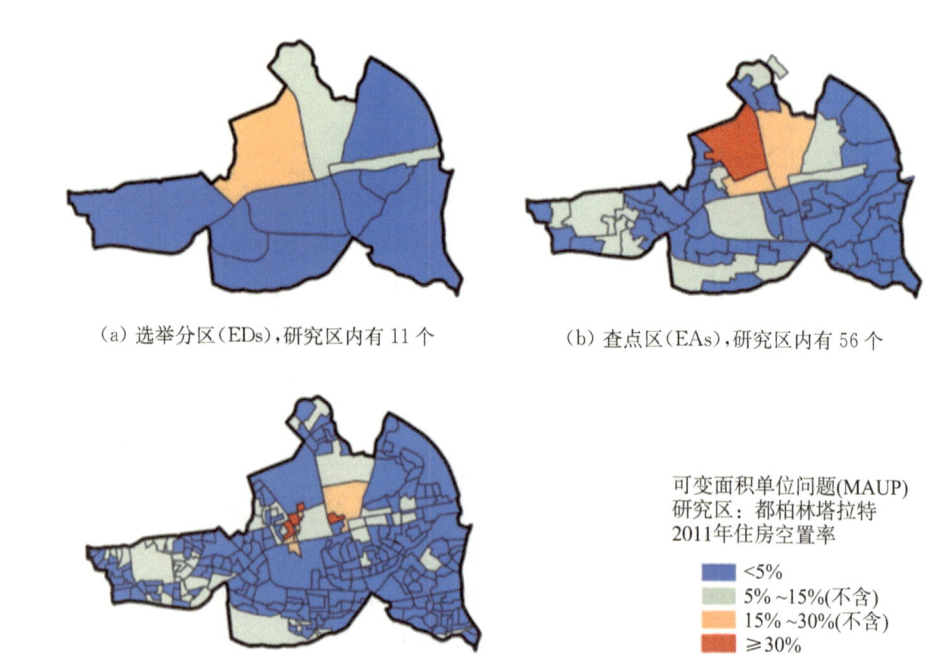

■ <5%
■ 5%~15%(不含)
■ 15%~30%(不含)
■ ≥30%

图 2.20　在三个尺度上绘制的 2011 年都柏林塔拉特住房空置率
(Kitchin et al., 2015)

区划是指将相邻的多边形聚集到类似的物理尺寸的方式,因此所有合并的多边形都有类似的尺度(Openshaw,1977)。上一节所讨论的缩放问题与分区效应不同,因为最终的概括模式是基于相同数量的、大小大致相同的多边形(图2.21)。如果空间划分是完美的,那么多边形之间的差异最大,而多边形内部的差异均匀,这将减少聚合偏差,也会避免在只合并相似值的多边形时产生伪模式。当然,通过相邻多边形的不同合并方式,同一属性也会形成不同的空间格局。

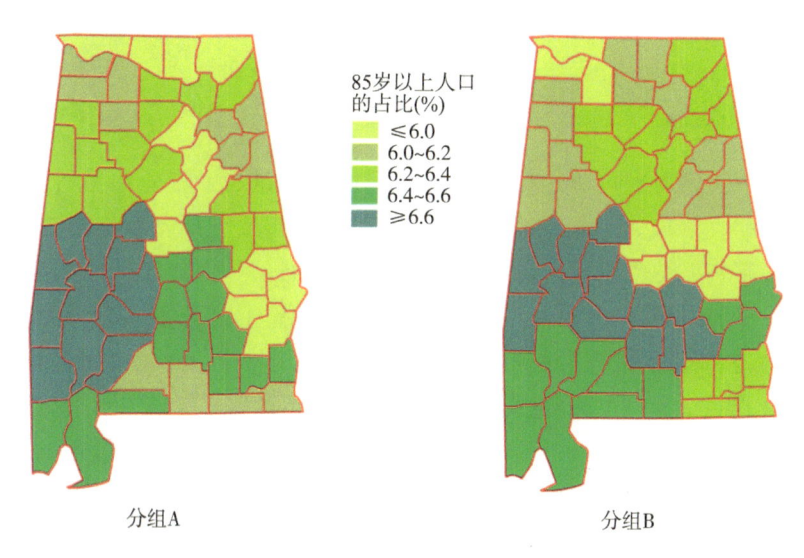

图2.21 可变面积单元问题中分区对综合空间格局的影响比较

在缩放和分区的共同作用下,同一地理现象呈现出不同的空间格局,其中一些空间格局是不真实的,如果将属性值截然不同的多边形组合在一起,它们可能会产生误导(图2.22)。Monmonier(1996)针对视觉化现象的多变性写了一本书。尽管MAUP在文献中得到了广泛的认可,但在实践中却很容易被忽视,这可能是因为没有简单的解决方法。最好的处理方法是在多个尺度上进行相同的分析,以确定最合适的尺度,同时要记住,所研究的属性甚至可能在同一研究区域的这个尺度上发生变化。在这种情况下,MAUP可以作为一种分析工具,以便更好地理解空间异质性和空间自相关性。如果两个变量的高值接近(即空间自相关性为正值),则它们的相关性很可能通过聚集而增强,相反,如果高值或低值在空间上是分散的(即低空间自相关),这种观测值的分组将减弱MAUP的效果。

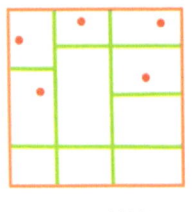

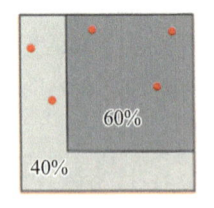

　　　　(a) 观测数据　　　　　(b) 具有相同值的多边形聚合　　　(c) 不同值的多边形聚合

图 2.22　汇总某病例的空间邻接多边形所形成的空间格局

2.5　空间镶嵌

　　上一节提到的空间划分发生在大范围内，主要是为了资源分配和方便社会经济数据的收集和统计。空间划分也可以在局部尺度上进行，被称为空间镶嵌。空间镶嵌是将二维空间划分为非常小的块状物的过程，例如规则的网格单元或晶格（Laurini and Thompson，1992）。系统划分的空间由形状均匀（在某些情况下尺寸均匀）的小区域或单元组成，可以在这些小区域或单元内枚举观测值。空间镶嵌通常是作为一个准备步骤来表示一个表面，无论是物理的还是抽象的，这种表示方法旨在数据量减少的情况下实现最大的准确性。与空间分区不同，空间镶嵌总是遵守一定的规则，因此无论谁执行分区，镶嵌的结果都是可复制的。不同镶嵌法之间的唯一区别是分割的空间是由规则格子还是不规则格子组成，这是由数据格式（例如矢量或栅格）决定的。

2.5.1　规则镶嵌

　　在规则镶嵌中，空间被划分为正方形、三角形或六边形的规则格子，它们的大小都是相等的（图 2.23），因此所描述的属性值可以在统一的空间间隔内使用。在这些可能的格子中，由于其旋转不变的形状，正方形是最常见的构建块，它们还使所研究的区域具有整齐而笔直的边界。然而六边形格子在某些情况下不能一直保证明确的界限，因此远不如方格常见。在所有规则的镶嵌中，水平和垂直方向的观测都是以恒定的间隔进行的，就像网格、DEM 和图像一样。实际上，规则的镶嵌是将点数据（例如特定位置的高程）转换为面数据（如在一个范围内的单元格值）的过程。对于所有类型的栅格数据，尽管由于数据冗余的普遍存在，规则镶嵌存在效率低下的问题，但它们还是空间建模中最好用的方法。

(a) 正方形格子　　　　　　　　　　(b) 六边形格子

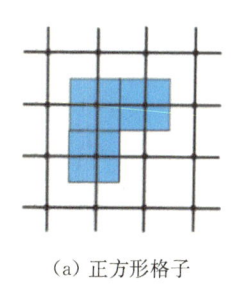

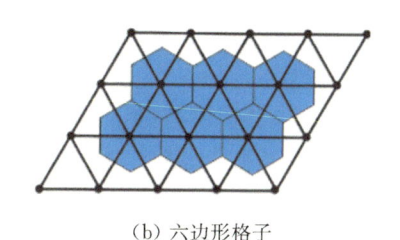

图 2.23　以规则镶嵌的方式将空间划分为格子的案例

2.5.2　不规则镶嵌

在不规则的镶嵌中，镶嵌的单元大小不同，但形状相似。最常见的形状是三角形，因为它很简单。三角形的大小随所表示属性的变化而变化。不规则三角网（TIN）是一种特殊的不规则镶嵌，它是一种用来表示表面的矢量数据，在这种镶嵌中，空间被分割成大小不一的不规则三角形网络（图 2.24），表面由一系列连续、不重叠的三角形表示，相邻的三角形共享共同的边界和顶点。这种镶嵌适用于表示角状地形，用法是将顶点定位在关键的地形位置，例如山脊上的山峰和凹坑。顶点的密度随表面的规律性而变化，对于平坦的地形，它可能减少，而对

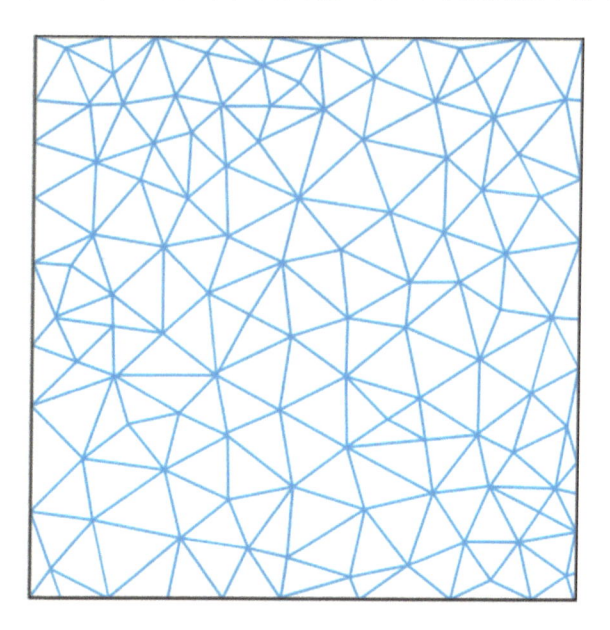

图 2.24　由不同大小和方向的三角形组成的网络

于高度不规则的表面，它可能增加。TIN 具有与常规镶嵌相似的表示精度，但减少了顶点数量，同时它采用可变顶点之间的距离，可以实现更高的效率。

在使用 TIN 表示地形时，只捕获对表面形貌至关重要的点，并且任意两个相邻点都用直线段连接起来，三个相邻的点相连形成一个三角形。因此，表面由捕捉特殊点、线（边）、多边形（三角形）处高度的点或节点表示。在每个三角形中，表面被假设为平坦的（例如表面是光滑的，并且忽略其内部的所有变化），它被近似为一个平面，但是从一个三角形面到相邻三角形面的过渡是有角的，因此该模型无法捕捉三角形内的局部变化。与所有矢量数据一样，TIN 是一种有效的表示曲面的方法。

然而，尽管 TIN 具有较高的表示效率，但由于与所有矢量数据一样，必须维持较大的每点开销，效率会被削弱。这个开销阐明了不同三角形之间的拓扑关系，表示的准确性取决于表面的性质，以及三角形的大小和形状，如果捕获了表面所有的关键点，则可以获得较高的精度。此外，通过保留特殊的地形特征，如表面上的山脊、溪流和过渡点，可以提高表示的准确性（图 2.25）。其他的线可能包括分水岭、海岸线，甚至断层线，使用这些附加的线作为三角形边缘，可以在 TIN 中保留关键的地形特征。尽管 TIN 模型通常是通过消除 DEM 中不重要的网格单元，进而由规则网格构建的，它依然是地形的规则网格镶嵌的一个重要替代方案。

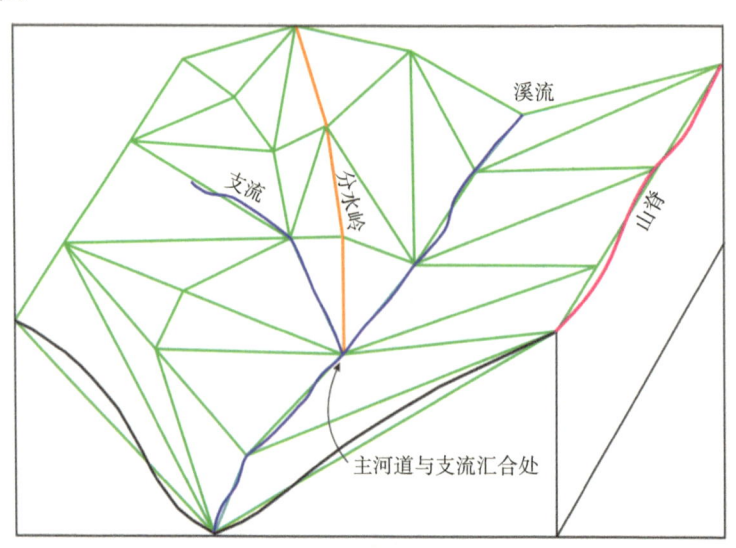

图 2.25　表示地形的 TIN 法

尽管 TIN 结构紧凑,但在空间建模中却有很大的障碍,即所研究的属性值只能在一定的间隔内可用。另一方面,在 TIN 中有规则间隔的点上估计属性值非常耗时,比如高度和坡度必须从三角形的切面上单独插值。因此,对于复杂的空间模拟,其运算速度大大降低,这也导致了 TIN 不像网格 DEM 那样常用。TIN 不太受欢迎的另一个原因是 TIN 格式的数据很少,因为它们必须从其他数据源构建,如沿等高线采样的高程数据(见第 3.2.2 节)、来自 GPS 数据的点高,甚至激光探测和测距(LiDAR)点云数据,所有这些都可以通过空间插值转换为规则网格 DEM(将在第 5 章介绍)。

从网格 DEM 生成 TIN 涉及三个关键组成部分:(1)保留哪些点;(2)如何将保留的点连接成三角形;(3)如何对每个三角形内的表面进行建模。其中,最后一个问题是最容易回答,并且已经解决了的。由于每个三角形内的表面都被视为一个平面,因此保留的点必须是相当关键的,这样才能捕捉到表面的信息。一个点是否应该保留在 TIN 中,取决于它对准确表示的重要性,这主要是根据它相对于其邻近单元预测的高度来判断的。该操作在一个 3×3 单元格的窗口内迭代实现。假设两者之间的表面光滑,计算出一对相对高度的平均高度或四个高度的平均高度(例如从相邻两个高度插值得到的高度),再与观测高度 H 进行对比(图 2.26)。将观测高度与预测高度($H_1 + H_2$)/2 之间的差异与预定义的容忍阈值进行比较,单元格只有在"显著"(例如差异超过允许的阈值)时才被保留(图 2.26),否则将被删除。迭代这个过程,直到点数或显著性达到预先确定的限值,最终所有保留的点都对 TIN 表示的表面有很大的贡献。

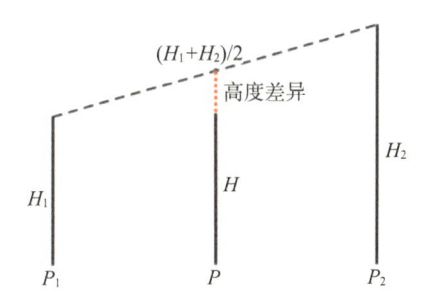

图 2.26 去掉 P 点后产生的高度差异(红色虚线)

2.5.3 Delaunay 三角剖分法

在构建的 TIN 中，使用 Delaunay 三角剖分法将保留的顶点组成三角形，其中形成的三角形网络必须满足两个条件：空圆特性；最大化最小角特性。第一个特性是要确保每个圆由三个顶点组成，并且每个这样形成的圆的内部不包含任何其他保留的顶点（图 2.27）。第二个特性是要确保三角剖分中所有构造的三角形的最小角度最大化（Tsai，1993），该准则有效地保证了所构造的三角形尽可能是等角或等边的。当然这只是理想情况，因为三角形边的相交总会由不准确的坐标引起一定程度的不确定性。如果两条边相交的角度接近 90°，则这种不确定性最小，但如果它们以小锐角（例如<30°）或大钝角（例如>120°）相交，则不确定性会不成比例地放大。

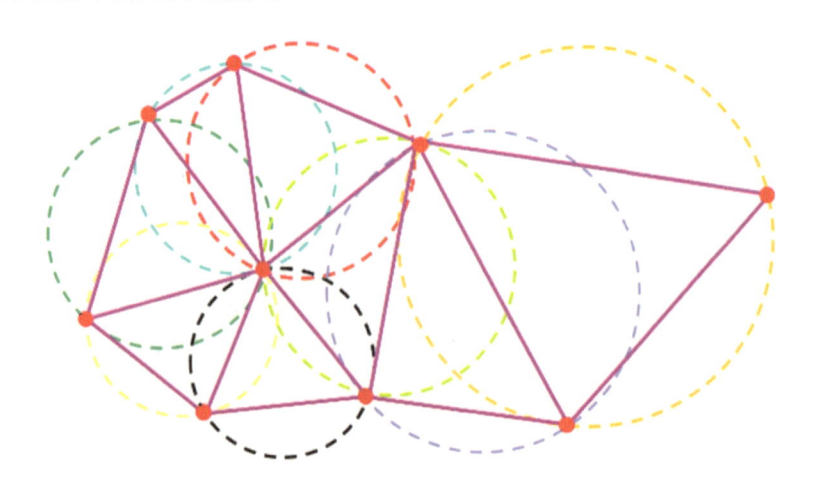

图 2.27 Delaunay 三角剖分法形成的三角形网

为了满足第二个标准，必须进行一些试验连接，并将所有得到的连接相互比较（图 2.28），只有达到角度之和最大的一个连接方法被保留（例如图 2.28 中的最后一个连接）。

Delaunay 三角剖分法可以用几种方法来实现。一些常用的方法是分治法、增量插入法和三角网法。在分治法中，整个平面数据集被递归地分成两个不相交的子集，直到每个子集包含不超过四个点，并对它们进行三角剖分（Lewis and Robinson，1978），这些子三角剖分以自下而上、广度优先的方式递归合并形成最终的三角网。在增量插入法中，将包含所有保留数据点的初始 Delaunay 三角网建立为一个超级三角形或多边形（Lawson，1977），并向其中添加新的三角形，

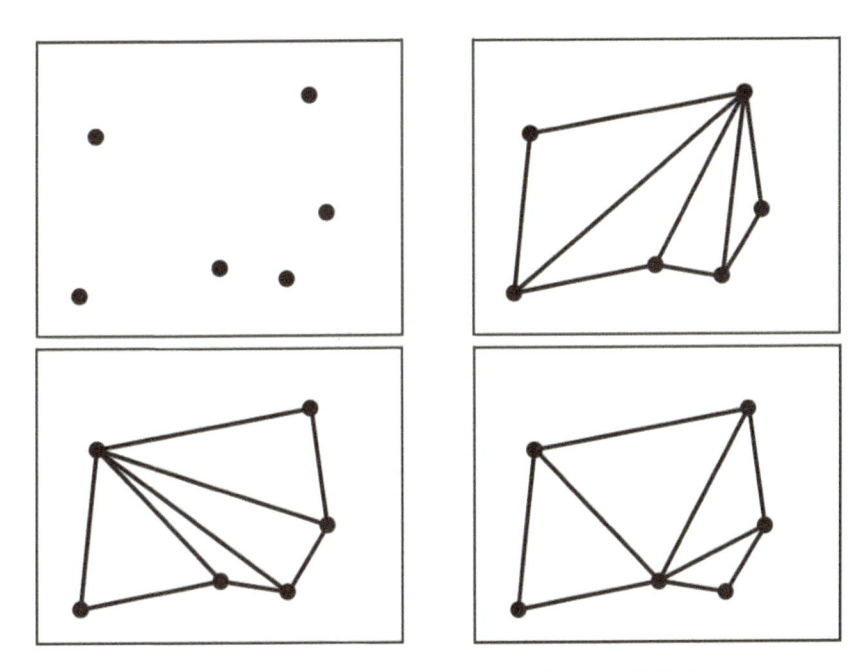

图 2.28　六个顶点组成四个三角形的三种可能做法

构建的三角形网络可以通过约束的局部优化程序进行优化(Dwyer，1987)。在三角网增长法中，任意选择一个点，然后搜索离它最近的两个邻点，一旦找到，将这两点连接起来形成一个 Delaunay 三角形边，再利用构造 Delaunay 三角剖分的准则搜索第三个顶点。迭代此过程，直到处理完所有数据点。

在保留的点被成功三角化后，生成的三角形网络可以用来构建 Voronoi(也称为 Dirichlet)多边形或泰森多边形，其中每个顶点作为多边形的质心，每个多边形只包含一个顶点(图 2.29)。

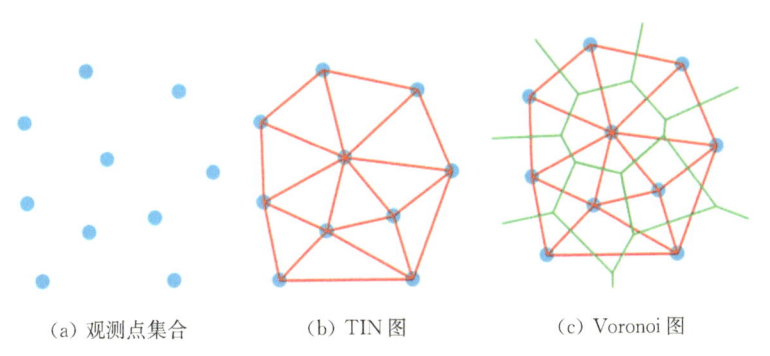

(a) 观测点集合　　　　(b) TIN 图　　　　(c) Voronoi 图

图 2.29　观测点集合(a)之间的关系：Delaunay 三角剖分法形成 TIN (b)与 Voronoi 图(c)

2.5.4 泰森(Voronoi)多边形法

与上述所有不涉及任何外部输入的空间划分不同,泰森多边形法是一种将空间划分为多个区域的方法。实际上,这种划分确定了每个观测要素的影响范围或领域,也称为其汇聚区。泰森多边形法将基于点的观测扩展到一个区域,而不是将基于多边形的观测转换为使用质心的点观测。将二维空间划分为不同大小和形状的无重叠、不规则形状的多边形,这些多边形被称为 Voronoi 多边形或泰森多边形(Boots,1986)。划分后的空间由唯一的、连续的、能穷举空间的多边形组成,它们的形状都是凸的,虽然有些多边形不被其他多边形所包围,而是被研究区域的边界所包围(图 2.30)。近端区域是通过连接两个最近的观测点的细分线或 Delaunay 三角形边缘形成的。这些平分线形成了泰森多边形的边缘,每个三角形的三条平分线的交集形成了一个多边形顶点,相邻多边形顶点的顺序连接形成一个泰森多边形。每个多边形只包含一个点,该点到所有多边形边界的距离是最短的。对于平面上 n 个标记点的集合 S:

$$S = \{p_1, p_2, \cdots, p_n\} \tag{2.8}$$

式中,p_i 是 S 中的一个点,它与平面上的所有位置 x 相关联,这些位置点 x 与 p_i 的距离比 S 中的任何其他点 $p_j(i \neq j)$ 都更近。泰森多边形的创建基于 x 到 p_i 的欧几里得距离,或者 $d(x, i)$:

$$p_i = \{x \mid d(x,i) \ni d(x,j); i \neq j\} \tag{2.9}$$

一旦构建,泰森多边形可以有许多应用。空间分析中最常见的应用是确定点和区域之间的关系,例如居住在某区域的儿童应该上哪所学校。在这个应用中,已知的点是学校,利用学校点构建泰森多边形以识别它们的汇集区,所有生

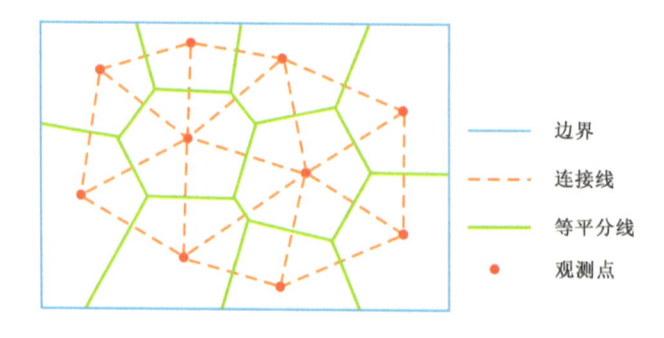

图 2.30 从已知点形成泰森多边形

活在泰森多边形中的学生都应该就读于同一多边形所包围的学校,因为在这种情况下他们的通勤距离最短。另一个应用的例子是交通事故受害者的住院治疗。在假设所有其他条件相同的情况下,可以利用泰森多边形确定病人应该被送往哪家医院距离最近。在这两个例子中,空间分区问题演变为空间配置问题,即识别属于给定多边形的点。在给定的多边形上分配观测要素时,应使成本最小化或使容量最大化以降低操作成本。

泰森多边形的另一个非常重要的应用是计算一个地区的降水量。在气候学中,雨量计的位置在空间上彼此分散,由于每个气象站可能有不同的影响范围,因此对所有站点数据取平均值来得出一个城市的平均降水量是不准确的。需要考虑每个雨量计的影响面积,这个面积可以用来权衡每个站的观测降水量读数,计算公式如下:

$$P = \frac{\sum_{i=1}^{n} p_i \cdot a_i}{\sum_{i=1}^{n} a_i} \tag{2.10}$$

式中,a_i 代表第 i 个泰森多边形的面积;p_i 为降水量读数。如图 2.31 所示,将同一泰森多边形的降水量视为均匀分布,而多边形边界上的降水量读数突然变

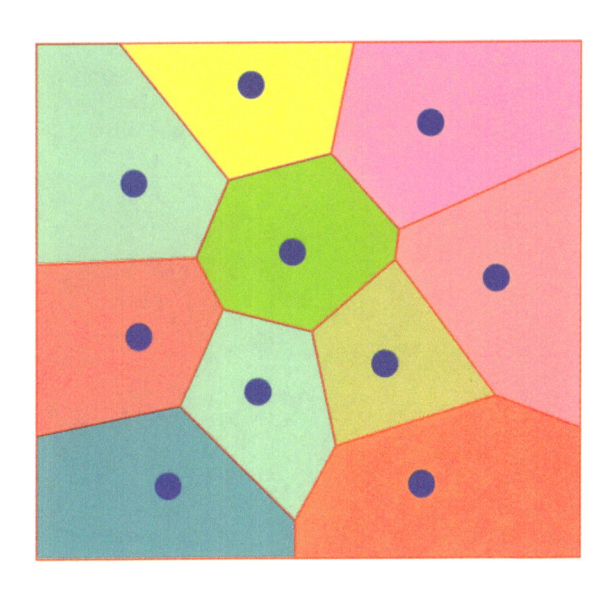

图 2.31 使用泰森多边形将点观测扩展到面观测

化,因此其属性值在空间上不是连续变化的。如果在研究区域内有足够数量的雨量计,则可以使用空间插值使降雨读数的离散分布转变为连续分布。

2.6 基本空间测度

在随后的章节中,有几个统计学术语将被频繁使用,因此本节对它们进行介绍,特别是它们在空间分析中的含义以及必要性。以下讨论包括均值、方差、标准偏差、相关性和均方根误差。

2.6.1 均值

在统计学上,均值是所有观测值的平均数的同义词,它是通过对所有观测值求平均来计算的。首先将所有观测值相加,然后将总和除以观测值个数 n 来实现[式(2.11)],这个平均数也被称为一组观测值的算术平均值或数学期望。在空间分析的背景下,均值是对一组点观测值的集中趋势的度量[图 2.32(a)]。对于一串坐标对表示的多边形边界,所有坐标的平均值表示多边形的质心[图 2.32(b)],即

$$\overline{X} = \frac{1}{n} \sum_{i=1}^{n} x_i \quad (2.11)$$

均值可以用于计算距离和面积。在空间分析中,平均距离是一个有用的参数,它能表示点数据的密度和多边形之间的接近度(例如从一个多边形质心到另一个多边形质心的距离)。

(a) 一组观测值的集中趋势　　(b) 多边形质心

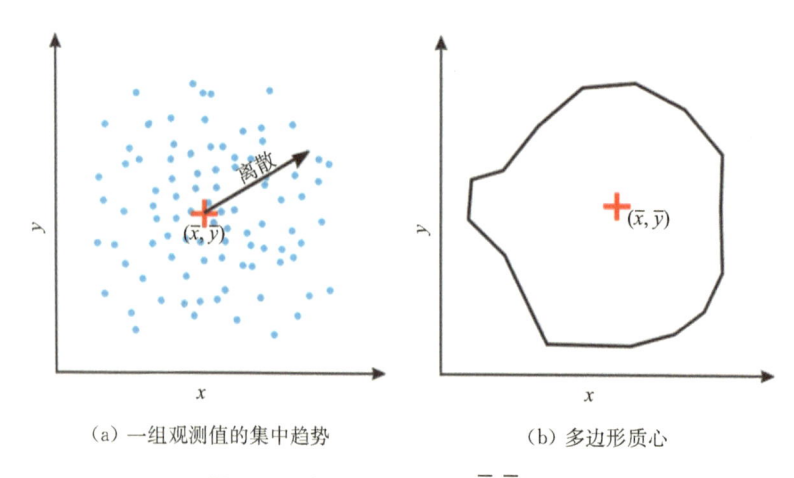

图 2.32　空间分析中均值 $(\overline{x}, \overline{y})$ 的含义

2.6.2 方差和标准偏差

与均值相似,方差也是集中趋势的度量,它用于衡量所有观测值($Z_i, i=1, 2, \cdots, n$)与其平均值$\overline{Z}$的偏差[式(2.12)]。方差小表明这些观测值彼此高度相似,它们在空间分布上相当紧凑;反之,方差大则表示所有的观测值变化大,表明它们在空间上广泛分布或离散。标准偏差是指一组观测值偏离均值的趋势,计算方法为平均方差的平方根[式(2.13)],它几乎与方差相同,只是它是由观察要素数量调整的,因此所有的标准偏差都是直接可比较的。一个大的标准偏差可能是由观测值的不相似引起的。如果地理坐标的标准偏差较小,说明所有观测值在空间上非常接近,分布倾向于聚类,相反,较大的标准偏差表明观测值在空间上相距较远或具有较大的空间离散度。

$$\sigma = \frac{1}{n} \sum_{i=1}^{n} (Z_i - \overline{Z})^2 \tag{2.12}$$

$$\sigma \text{ 的标准偏差} = \sqrt{\frac{1}{n} \sum_{i=1}^{n} (Z_i - \overline{Z})^2} \tag{2.13}$$

2.6.3 相关性

相关性是指一个空间变量的属性值相对于另一个空间变量的属性值的可预测性。如果一个变量的行为可以预测另一个变量的行为,或者其中一个依赖于另一个,那么它们就被认为具有相关性。因此,相关性表示一定程度的可预测性和/或依赖性。能引起另一个变量变化的变量称为自变量,其值随自变量变化而变化的称为因变量,这两种变量之间的相关性可以用不同的方法来计算,比如Pearson 和 Spearman 方法。Pearson 相关系数在数学上表示为

$$r(\rho_{xy}) = \frac{\text{cov}(x,y)}{\sigma_x \sigma_y} = \frac{\sum x_i y_i - \dfrac{\sum x_i \sum y_i}{n}}{\sqrt{\sum x_i^2 - \dfrac{(\sum x_i)^2}{n}} \sqrt{\sum y_i^2 - \dfrac{(\sum y_i)^2}{n}}} \tag{2.14}$$

式中,x_i和y_i分别为变量x和变量y的第i个观测值。Pearson 相关系数的值在-1.0到1.0之间,必须注意的是,该系数仅衡量两个变量之间的线性相关性[图2.33(a)]。线性相关是指所有的观测值都遵循一个明确的趋势或非常接近

一条直的趋势线。如果所涉及变量的性质是已知的,由自变量"解释"的变化部分也是已知的,通常表示为 R^2(变量2)。有时这两个变量可能呈指数或对数关系[图 2.33(b)],在这种情况下,经过数据的适当转换后,仍然可以使用式(2.14)计算它们的 Pearson 相关系数。在计算两个变量之间的相关系数之前,最好先绘制它们的散点图(图 2.33),直观地评估它们之间的相关性,避免出现错误。

式(2.14)利用实际观测值计算相关性。实际上,也可以使用观测值的秩。在这种情况下,相关性被称为 Spearman 秩相关性,这是 Pearson 积矩相关系数的非参数版本。当值本身具有高度不确定性时,使用排序顺序(例如第一、第二、第三等)优于使用实际值,Spearman 相关系数可以显示两个排名变量之间的关联强度和方向。

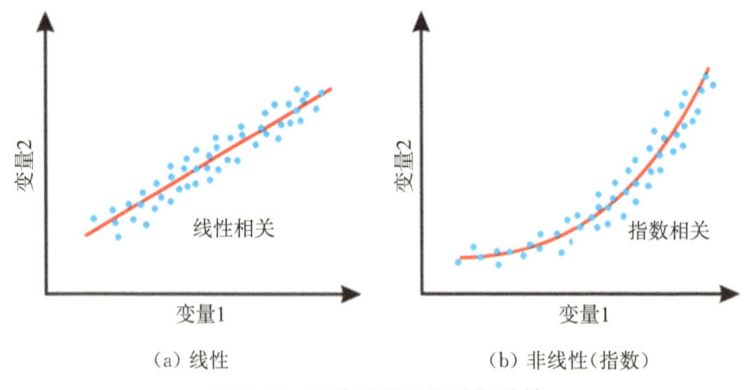

图 2.33 两个变量之间的相关性

最后必须强调的是,两个变量之间的相关性仅仅表明它们相互关联,并不能保证这种关系总是因果关系。即使存在因果关系,也需要仔细研究这种关系,以确定哪个变量是原因,哪个变量是结果。计算相关性相对容易,但对计算出的相关性的适当解释需要慎重。

2.6.4 均方根误差

在空间分析中,均方根误差(RMSE)是对同一位置的预测值和实测值之间一致性的统计度量,它通常用于评估基于一些评估点(n 个)的空间内插和建模结果的质量,并提供关于衍生结果的准确性指示。计算方法如下:

$$RMSE = \sqrt{\frac{\sum_{i=1}^{n}(Z_i - \hat{Z}_i)^2}{n}} \tag{2.15}$$

式中，Z_i 为给定位置上第 i 个评价点的观测值；$\hat{Z}_i$ 为同一位置的预测值；n 为使用的评价点总数。为了使计算的 $RMSE$ 具有统计可行性，n 不应低于 30。数学上，这个公式与式(2.13)非常相似，区别在于该式将观测值与预测值进行比较，而不是与均值进行比较。$RMSE$ 是表示空间插值等空间操作精度的重要非空间指标，它在统计上和数量上表示插值结果与观测值的偏差。较小的 $RMSE$ 表明预测值与观测值非常接近，相反，较大的 $RMSE$ 误差是插值结果中很大程度的不确定性的同义词。然而，没有关于 $RMSE$ 的标准，它是否可被接受高度依赖于空间分析(例如承担多少风险)和空间分析的目的。由于 $RMSE$ 只是一个绝对值，它没有提供对差距的大小或相对性的看法，这可以通过用百分比表示相对于平均属性值的 $RMSE$ 来弥补。在评价估算精度时，除 $RMSE$ 本身外，还应注意残差的空间分布、同一位置实测值与估计值的差异及其空间格局。一个好的估计模型应该产生空间不相关的残差，如果在某些区域聚集了较大的残差，应该进行额外的处理以纠正这种情况。

复习题

1. 理论上，所有空间数据都应参考全球系统，使用 GPS 进行分析。为什么在某些必须使用局部系统的情况下，这是不实际的或不必要的？

2. 在空间分析中，所有的空间层都必须参照同一坐标系。您在多大程度上同意或不同意这种说法？

3. 如何在空间上引用空间数据与分析结果无关。这一说法对还是错？

4. 虽然空间实体的场视图远不如对象视图，但为什么它仍然广泛应用于空间分析？

5. 在任何地理空间数据的五个组成部分中，哪一个在哪种分析中最常被分析？

6. 空间邻接性在空间分析中的意义是什么？

7. 距离与邻近、邻域和聚类的关系是什么？

8. 空间邻接性与邻近性在哪些方面不同？

9. 如何在景观生态学中研究面域？

10. 您认为空间应如何适当划分，以适合不同的应用需要？

11. 如果空间实体在研究区域内均匀分布，那么可变面积单元问题会发生什么？

12. 就分割空间而言，空间划分和空间镶嵌的主要区别是什么？

13. Delaunay 三角剖分和泰森多边形之间的关系是什么？比较和对比由泰森多边形和不规则镶嵌表示的同一表面的主要特征。

14. 在空间分析中，标准偏差和均方根误差的主要区别是什么？

参考文献

Boots B N, 1986. Voronoi (Thiessen) Polygons[M]. Norwich: Geo Book.

Dwyer R A, 1987. A faster divide-and-conquer algorithm for constructing Delaunay triangulations[J]. Algorithmica, 2(1): 137-151.

Fotheringham A S, Wong D W S, 1991. The modifiable areal unit problem in multivariate statistical analysis[J]. Environment and Planning A, 23(7): 1025-1044.

Kitchin R, Lauriault T P, McArdle G, 2015. Knowing and governing cities through urban indicators, city benchmarking and real-time dashboards[J]. Regional Studies, Regional Science, 2(1): 6-28.

Laurini R, Thompson D, 1992. Fundamentals of spatial information systems[M]. London: Academic Press.

Lawson C L, 1977. Software for C^1 surface interpolation[M]//Mathematical software. London: Academic Press: 161-194.

Lewis B A, Robinson J S, 1978. Triangulation of planar regions with applications[J]. The Computer Journal, 21(4): 324-332.

Monmonier M, 1996. How to lie with maps[M]. Chicago: University of Chicago Press.

Openshaw S, 1977. Optimal zoning systems for spatial interaction models[J]. Environment and Planning A, 9(2): 169-184.

Openshaw S, 1984. The modifiable areal unit problem[M]. Concepts and Techniques in Modern Geography.

Tsai V J D, 1993. Delaunay triangulations in TIN creation: an overview and a linear-time algorithm[J]. International Journal of Geographical Information Science, 7(6): 501-524.

第 3 章
空间数据与关联性

3.1 数据与来源

3.1.1 空间数据

空间数据有两个基本组成部分：属性和位置。空间数据地理要素是指收集属性数据的位置，它还可以指收集的属性数据的空间范围。对于多边形数据，这些数据可能涉及获取单元的边界，以及点和线性特征的实际坐标。空间数据可通过多种方式获取，具体取决于其拓扑维度（表 3.1）。如果点的数量较少，通常使用定位设备如 GPS 数据记录仪收集点数据，如果要收集大量点数据，则使用 LiDAR 扫描仪。后者特别适用于在区域范围上获取密集点。所有配备 GPS 的数字个人助理也能够以与 GPS 相似的方式获取点数据。虽然数字地形图也是点数据的一个来源，但由于其性质是次生的，并且容易出现地图不准确的情况，因此通常不使用数字地形图。除了收集点数据外，GPS 也是一种可以快速收集线性数据的方法，只需要在捕获线性数据的沿线性特征行驶的移动车辆顶部安装 GPS 接收器。区域数据通常是从卫星图像和属性地图中收集的，尽管仍然可以使用 GPS 获取此类数据，但不如收集点数据和线性数据有效，尤其是在山区和交通不便的地区。此外，一些政府单位，如国家统计局，可能会发布有关人口普查数据的边界图和行政边界图。无论其来源如何，所有空间数据都必须以适当的比例尺与所需的投影进行适当的地理参考，并保持合理的最新状态。更重要的是，它们必须与属性部分相关联，才能发挥作用。

3.1.2 属性数据

属性数据与地理实体的性质相关。它们可以是社会经济的、物质的和环境的。大多数社会经济数据都是二手数据,主要由相关政府机构收集(表 3.2)。其中,一种重要的收集数据的方式是人口普查,它收集的社会经济数据可以追溯到几十年甚至上百年前。人口普查数据一般每隔五年或更长时间定期进行更新。一般的社会经济数据,特别是人口普查数据,都是以不同的形式列举的,最常见的是网格块或人口普查轨迹。网格块级数据通常不会向公众发布,而是将它们在空间上聚合到更一般的级别,以在公开发布之前保持匿名性和隐私性。各地相关部门负责收集并确保其质量,因此空间分析员对这些数据无能为力。在大多数情况下,这些数据都只看表面价值,很少考虑数据的准确性和完整性。使用这些二手数据的最大优势在于,它们大部分是免费的,并且已经收集了几十年,因此它们是纵向研究的理想选择。然而,在使用这些数据时,必须注意数据的实时性和规模,因为有些数据,特别是人口数据,可能很快就会过时,甚至在几年内也会过时。实时性并不仅仅意味着数据是最新的,这也意味着在同一分析中使用的所有数据必须具有实时性。若所使用的属性数据实时性较差,会导致分析或建模的结果错误。

表 3.1　不同拓扑复杂度空间数据获取方法的比较

数据类型	举例	主要收集方法/数据来源
点	学校位置、采样点、高程	GPS(有限数量)、激光雷达(大量收集)、数字个人助理
线	道路、溪流、边界	GPS
区域数据	土地覆盖、人口普查区域	卫星图像、属性地图、人口普查地图

表 3.2　空间分析属性数据主要来源的比较

数据类型	来源	优点	缺点
人口普查(社会经济)	各地相关部门	经过研究的长期数据,全面、详细	经过几年,人口普查数据可能会过时
犯罪	当地警察局	数据是最新的、详细的和准确的	时间上具有随机性、波动性
交通	当地交通管理局	已知特定道路沿线的交通水平,已知交通事故点	不同来源的交通数据可能具有不同的格式、时间尺度和精度

续表

数据类型	来源	优点	缺点
健康	卫生部门或私人医疗保健提供者	容易收集传染病数据,可在全国范围内获得	数据是碎片化的,缺乏统一的健康数据平台
污染	生态环境部门	数据是精确的、已知的,可以是长期和连续的	采集设备可能具有不同的精度,空间分布可能不平衡,数据可能会临时聚合
调查问卷	调查参与者	个人数据是已知的	可能不具有代表性,成本高昂,数据聚合至关重要
GPS	实地调查	准确的位置信息	易出错,需手动获取,取决于站点的可达性

除实时性外,人口普查数据在用于纵向研究之前还需要仔细审查,因为人口普查区块的边界范围可能已经改变,因此需要进行细微调整,以将一些观测值标准化到一致的空间范围。除人口普查数据外,各政府机构已经收集了许多特殊统计数据。例如,移民和国际旅游数据可以从当地边境管制局获得,犯罪统计数据可以从当地警察局获得。如果数据是在位置级别收集的,则需要应用与位置匹配的地理编码。通过这种应用,位置信息被转换成能够以图形方式显示和可视化的坐标。然而,有关犯罪地址等敏感信息的数据通常汇总到区域一级,即使这些原始数据包含了特定的地点和位置。常应用到空间分析的另一种重要数据类型是交通事故。这些数据与犯罪数据非常相似,只是它们是由不同的政府单位(如交通运输部门)收集和保存的。大多数交通数据也是点数据,可能需要进行地理编码才能正确分析。

在上述社会经济数据收集案例中,卫生部门、私人医疗保健提供者收集与流行病学感染和卫生保健相关的数据时需特别注意,由于此类数据与个人相关,患者信息保密或数据隐私保护是数据收集和使用的主要问题。在分析此类数据时,必须遵守数据安全和保护患者隐私的道德规范。相比之下,环境质量数据,如在各气象站点收集的空气污染物信息,可从生态环境部门获得。在使用此类数据之前,最好检查数据是否带有坐标信息,以及是否带有数据收集时间信息。

相关部门、机构通常不会系统地收集土壤 pH 和养分含量等物理数据,因为这些数据是由用户驱动的。空间分析员必须自己收集此类数据。对于特殊类型的统计数据,如人们对自然灾害的看法,必须设计专门的调查问卷,以征求调查目标参与者的答复。问卷中的问题应简洁、明确、易于理解,不使用专业术语。

如果答案为多项选择格式,则提供的选项应不重复。如有必要,必须对问卷内容进行解释并保持问卷一致性。对于部门特殊的调查,调查人员需要事先获得道德标准审核批准,然后才能进行调查问卷的分发。问卷样本可以尽可能广泛地分发,但应始终具有代表性。还可以在线上传问卷,并征求更广泛社区的回应。然而,这种数据收集方式可能不够科学合理,因为只有能够使用计算机的人才能参与调查。收集数据的过程中不允许识别个人的隐私信息。无论何时,个人成为研究的目标(例如案例分析),都应采用匿名方式来保护研究对象的身份。可以根据一个共同的标准来描述一组观察结果,例如面积、时间和社会经济状况。最后,将收集的数据用于事先明确说明并告知调查参与者的目的之外的其他用途是不道德的,甚至是违法的。

3.1.3　属性数据类型

所有属性数据必须按以下四个量表中的一个进行列举:名称、顺序、间隔和比率。名称数据是仅确定身份或不同的数字(代码)。名称数据的常见示例包括土地覆盖代码、学生学籍号、电话区号和电话号码。在这四个量表中,名称数据是最普遍和不精确的。它们可以是分类的,甚至是二元的。无论其确切形式如何,所有名称数据都无法显示重要性、顺序或相对等级,因此比较名称数据是毫无意义的,除非其目的是确定差异,例如从一种类型到另一种类型的土地覆盖变化,或在分类级别进行比较,例如给定类型土地覆盖变化的数量。顺序数据则更具规范性,因为它们表示相对重要性或建立顺序,如高、中、低收入或严重、中等和轻微污染,但不表示顺序之间的差异,如最好的学生、最优秀的学生、第二高分等。因此,顺序数据的实际值并不重要,只有顺序或排名才重要。顺序数据信息比名称数据更丰富,但这两个量表本质上都是定性的。因此,无法对其进行进一步的处理或分析。

间隔数据是指在一定范围内表示的数字,例如多个水平的悬浮泥沙浓度($80\sim90$、$90\sim100$、$100\sim110$ mg·L^{-1})。因此,数字之间的差异(间隔)是有意义的,即使数字刻度不一定从零开始或可以任意设置零(例如温度)。此类数据的另一个很好的例子是表示地形的等高线间距,如 $90\sim100$ m。在分析高程等间距数据时,必须注意使用的高程参考系统或大地基准,因为同一点的确切高度可能会随之变化,因此,在同一分析中,对于不同来源的地形数据,必须采用共同的基准。某些算术运算,如减法和加法,可以对间隔数据进行有意义的运算,但不能进行除法运算。

比率数据是一个属性的数值或定量表现,如人口密度(例如,55 人/km^2),通常通过两个变量(例如,本例中的人口和面积)计算得出。比率数据有一个绝对零值,比率之间的差异是有意义的。由于存在一个共同的基准(如0),所有比率数据都可以直接进行有意义的比较。然而,必须注意的是,间隔数据和比率数据之间的差异可能不像在某些情况下讨论的那样明确。

理解这四种列举尺度之间的差异很重要,因为它们直接决定了可以对其进行合理的空间分析的类型。只有某些类型的分析可以使用给定尺度的列举数据(表3.3)。虽然可以分析四个尺度中任何一个尺度上表示的属性数据,但不能不加区别地对其进行分析。事实上,列举规模越普遍,可以对其执行的空间分析类型的限制就越大。例如,名称数据(例如,基于卫星图像得到的土地覆盖图)可以在基于邻域关系的分析中进行空间过滤。在图像的后分类处理中,如果树木像素被城市像素包围,则可以将其认定为城市像素。此外,名称数据也可用于空间建模。例如,网格单元可能代表被健康植被覆盖的牧场,如果长期过度放牧,它可能会退化为贫瘠土地。如果有足够的时间让植被在没有外部干扰的情况下再生,这个裸露的地面像素可以演化到草地。在四个尺度中,比率和间隔数据是空间分析中限制性最小、分析量最大的,尤其是在描述性分析中。然而,仍然可以对所有四个尺度上列举的空间数据进行推理分析。在这种情况下,分析的目标是空间部分,而不是属性值,例如森林中的松树是否遵循空间聚集分布,以及对房价进行类似的分析,以探索富裕区域是否在空间上聚集。

表3.3 属性数据的列举尺度与允许的空间分析类型之间的关系

列举尺度	示例	描述性空间分析	解释性空间分析	预测/推断性空间分析
名称	土地覆盖、退化与演化	否	否	是,就像在模拟中一样,但不是值
顺序	严重降解、中度烧伤、轻度污染	否	是	是(例如,社会经济贫困社区是否聚集)
间隔	等高线间隔90~100 m	是	是	是
比率	人口密度、污染物浓度	是	是	是

珠穆朗玛峰 → 高程范围 → 地球上最 → 地表
8 849 m   8 830~8 870 m   高海拔

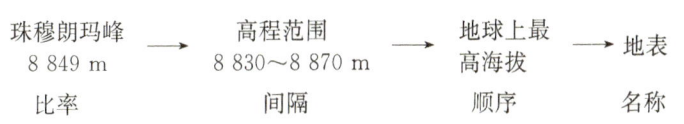

比率   间隔   顺序   名称

图3.1 属性数据的四个主要量表及其关系示例

在正常情况下，四个列举量表之间没有关系。然而，在某些特殊情况下，在允许进行任何类型的空间分析之前，可能需要将数据从一个比例尺转换为另一个比例尺。例如，一个城市在空间上是不是按种族划分出来的，可以通过将区域不同种族人口的百分比转换为有序尺度来研究。四个量表之间的转换是单向的（图 3.1）。例如，珠穆朗玛峰的最高峰海拔 8 849 m；由于测量不准确，其实际高程范围为 8 830 m 至 8 870 m（间隔）；不管确切的海拔高度是多少，它都是地球上的最高海拔；山顶位于常年积雪覆盖的陆地区域（名称）。随着图 3.1 中从左到右的概括程度上升，关于空间实体的细节越来越少。但是，这种相反方向的转换是不可行的，因为它是从概括到具体的。

3.2　空间采样

在空间分析中，由于研究区域范围巨大或必须收集的数据量巨大，因此很难对整个人口进行研究。解决该困难需要空间采样。这是一种直接确定现场某些选择性和代表性位置的属性值的方法（例如，测量土壤 pH）。对要研究的属性进行定量测量。通过对所收集数据的分析，如果样本量足够大，就有可能得出对人口的无偏估计。尚待解决的问题是如何设计采样方案以及应收集多少样本。空间采样不同于传统的非空间采样，因为所采用的采样方案必须考虑采样点的位置和分布。本节将涵盖与空间采样相关的所有事项，包括采样策略、要采集的样本数量及其分布，以及采样单元的空间维度。

3.2.1　采样注意事项

抽样是从已有的样本中选择，而采样则是收集不存在的样本。两者不可互相取代。在许多研究领域，必须对地面进行采样，以便于进行数据分析和建模。例如，必须为不符合任何全球坐标系的地理参考遥感图像和航空照片选择地面控制点。需要样本来评估由卫星图像生成的土地覆盖图的准确性。样本对于建立其地面特征与相应位置卫星图像上的地面特征之间的经验关系也至关重要，以便可以将点观测特征转换到空间分布。总之，在实地收集数据时，空间采样是必不可少的。除了满足产生无偏样本的通常要求外，空间采样还有专门的方法和要求。也就是说，它必须能够以尽可能低的成本收集足够数量的空间代表性强的样本。必须在要收集的最少样本数量和这些样本的充分代表性之间达成平衡。通过在整个研究区域采集样本，可以实现较强的空间代表性。这样的策略可以保证所有可能的值都被收集的样本捕获到并表示在其中。还应事先考虑现场的可达性。在难以接近的地点(如沼泽地中间)采集样本很不方便或不可能实现。如果与研究目标相关，样品的垂直分布也需考虑，例如在研究山脉植被分布时。同样，在取样设计中也需要考虑植被分布的坡面。在研究土壤养分和水分的空间分布时，样本深度是另一个需要考虑的因素，因为两者都随深度而变化。

3.2.2 空间采样策略

传统上，随机采样和系统采样这两种主要方法都适用于空间采样。此外，还可以对空间采样进行聚集或分层(图 3.2)。随机采样是指在整个研究区域内采集的样本没有任何偏差或偏好[图 3.2(a)]。这种取样策略对于确保所采集样本的科学客观性非常重要。也就是说，对所收集的样本没有偏好，并且具有地域代表性。然而，如果相关属性不是随机分布在空间中，这可能导致收集样本数量不足。例如，森林不是随机分布的，采样点通常位于靠近交通基础设施的平坦地区；高山草甸中的裸露斑块在空间上也不是随机分布的(图 3.3)。在这种情况下，随机采样很有可能导致采集的样本数量不足。另一种方法是系统采样，这意味着在水平和垂直方向上以固定间隔收集样本[图 3.2(b)]。因此，一旦给定研究区域的固定采样间隔，就可以确定采样点的数量。与随机采样类似，系统采样不能保证最终选择足够数量的样本(例如，在预先确定的采样地点，草地可能相当健康，而不是被剥蚀)。减少采样间隔可以增加采样点的数量。然而，仍然不能保证预先指定的采样点能够在现场使用并适用于现场。例如，同一物种的树木可能位于山脉的某些斜坡上，采样点可能位于道路沿线。在这两种情况下，最好使用聚集采样策略对他们进行采样，在这种策略中，某些样本是在更接近彼此而不是其他聚集的区域采集的。一旦识别到采样目标，则在其附近或分区样方采集更多样本[图 3.2(c)]。这种方法可以提高采样效率。然而，仍不确定应采集多少类，也不确定每个类中要收集的样本数量。

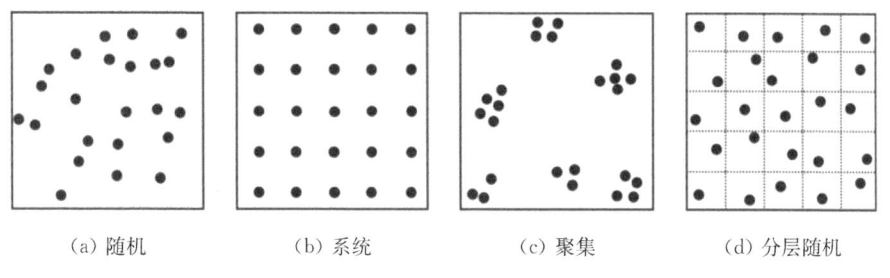

(a) 随机　　　　(b) 系统　　　　(c) 聚集　　　　(d) 分层随机

图 3.2　四种常见的空间采样方法

图 3.3　退化草地中裸露斑块和啮齿动物洞穴的空间分布

所有这三种采样方法都面临着同样的问题，即是否可以收集足够数量的样本。因此，必须重复相同的取样过程，以能够在样本不足的情况下添加更多样本，这不仅会减慢取样过程，还可能增加采样成本。一个可以克服这个限制的方法为分层采样[图 3.2(d)]。实际上，对采样区域进行分层与采样无关。将整个研究区域划分为若干形状和大小均匀的子区域，这只是采样的准备步骤，然后从每个子区域随机采集特定数量的样本。换句话说，只有当它与前面讨论的三种采样策略中的一种相结合时，它才有效。每个子区域内的样本分布可以是随机的，也可以是聚集的，这取决于它与哪种采样方法相结合。如果与随机采样相结合，分层随机采样可确保所收集的样本广泛分布于整个研究区域，因此具有地理代表性。类似地，分层采样可以与聚集采样相结合，从选中目标的子区域收集大量样本，但如果没有目标或已经收集了所需数量的样本，则可能无法从其他子区域收集样本。

除了这种地理分层外，还可以通过属性分层收集样本，在属性分层中，通常随机选择有事先定义属性值的样本数量。这样的属性分层可以保证选择具有预定值的样本。哪种采样策略最优取决于采样的目的。例如，在评估遥感卫星图像数字分析生成的土地覆盖图的属性准确性时，必须为每种类型的土地覆盖随机选择足够数量的样本点，纯粹通过随机采样很难做到，属性分层随机采样将是选择样本的最佳选择。

上述讨论的采样策略是通用的，因为它们缺乏任何规定的目标，因此它们可能不适用于某些特定情况，例如从数字等高线采样高程以构建 DEM。在这种情况下,等高线(即高程)的位置和分布是已知的。最好沿已知高程且沿具有相同值的同一等高线对点进行采样(图 3.4)。这种采样策略称为目的性采样,是指沿着预先存在的线路采集样本。在目的性采样中,通过跟踪地形图上的等高线来采集采样点。这实际上与沿样带取样完全相同,只是这些线已经存在,而且很少是直的。由于须跟踪所有等高线以实现精确的表示,采样密度将自动与地形的复杂性联系起来。对于垂直变化更大的地形和更复杂的等高线(例如,更高的曲率),采样的点更多,反之亦然,因为表示平坦地形垂直起伏所需的等高线很少。采样间隔可沿曲率较低的等高线进一步延长(图 3.4)。目的性采样还有另一个优点,即沿同一等高线采样的所有点都具有已知且相同的高度,因此无须估计所有采样位置的高程。

无论采用何种确切策略,采样方法都应尽量减少偏差,最大限度地提高客观性。它们都面临一个共同的采样精度问题,可以通过将样本或由其构建的曲面与一定数量点的地面实况进行比较来评估。对两组高程之间的差异进行统计分析,并用 $RMSE$ 表示。正如预期,影响采样精度的最重要因素是采样间隔(表 3.4),其次是高程采样中地形表面的复杂性(例如,平缓与崎岖)。如果将采样转换为常规栅格,则转换方法也会影响精度。根据表 3.4,目的性采样能够比系统采样更准确地表示地形,尤其是在 DEM 的大网格尺寸下。无论要表示的地形的复杂性如何,即使采样点少得多,目的性采样都是可行的。

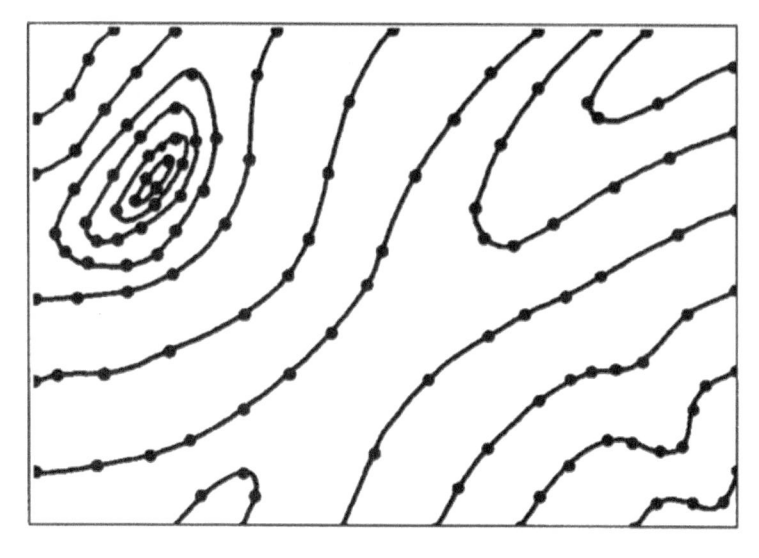

图 3.4　沿等高线收集高程的目的性采样(Gao,1995)

表 3.4　利用目的性采样点构建 DEM(50×50)的精度比较,然后进行
空间插值和系统采样(无插值)(Gao,1995)

分辨率(m)	地形类型	目的性采样 RMSE（克里格法）	目的性采样 RMSE（移动平均法）	目的性采样 采样点数量	系统采样 RMSE	系统采样 采样点数量
48	崎岖	4.46	5.48	905	9.40	625
48	平缓	3.21	4.73	622	7.62	625
24	崎岖	2.04	2.99	1 809	3.35	2 500
24	平缓	1.62	2.26	1 866	3.33	2 500

例如,对于平缓的地形,目的性采样在保留了 1 866 个采样点并使用克里格法的情况下,$RMSE$ 为 1.62 m,仅是使用系统方法采样的 2 500 个点获得的 3.33 m 的约一半。但不可否认的是,目的性采样点只能在空间插值的帮助下转换为规则网格,这不可避免地会给插值高程带来不确定性。即便如此,使用移动平均法($RMSE=2.26$ m)生成的最终 DEM 仍然比使用系统采样点($RMSE=3.33$ m)构建的 DEM 精确约三分之一。随着空间插值计算机软件的广泛使用,应广泛采用目的性采样基于等高线构建 DEM。因为所收集的样本都有一个明确的海拔高度,目的性采样比系统采样更准确。换句话说,它们具有高度的确定性。另一方面,系统采样可能涉及采集没有明确高度指示的样本。因此,在通过空间插值从附近轮廓值估计高度时引入了一定程度的不确定性。

除了上述经典采样方法外,文献中还提出了其他更具创新性的策略,如自适应或渐进采样(Thompson and Seber,1996)。在这种采样策略中,生成并使用有关采样数据的信息来持续指导后续采样(Stein and Ettema,2003)。因此,采样方案在采样期间不是固定的,而是在已经采样的基础上不断演变。它包括两个步骤：

(1) 采样区域被划分为多个连续块。每个区块被进一步整齐地划分为相等数量的非重叠图。因此,每个地块由四个相邻地块包围。在采样期间,为绘图制定了一个数值标准。

(2) 如果随机选择的地块符合标准,则将对其四个相邻地块进行采样。该策略不同于上述所有方案,因为该程序适用于现场观察到的总体值。自适应采样的一个非常常见的应用是数字摄影测量过程中检查采集的高度。如果在空间上变化不大,则采用较大的采样间隔。通过这种方式,仍然可以使用较少数量的样本捕获高程的空间变异性,因为所选数据点将已收集样本的估计值的均方误差降至最低。

3.2.3 空间采样维度

空间采样维度是指采样点或采样单元的拓扑维度。基本上,有两种基本类型的采样单位:点和面。在这两种样本中,点样本比面样本更常见(图3.5)。在现场,应在某个点还是在面上采集样本,完全取决于待采样属性。如果属性在每个给定点(如土壤、pH、有机质含量、海拔等)都是可见的,则默认选择点采样。点样本可以在研究范围内随机分布[图3.5(a)]。在研究海岸沙丘的形态时,点采样策略并不适用,因为即使样本量足够大,采集的样本数量也不一定能够捕捉沿特定方向的真实变化。在这种情况下,通常采用横截面取样。

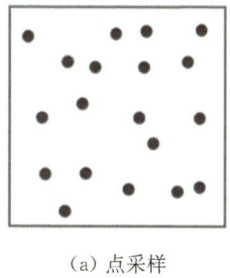

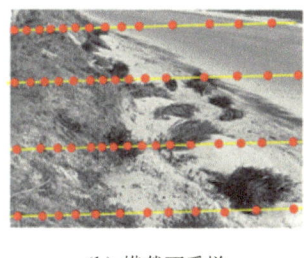

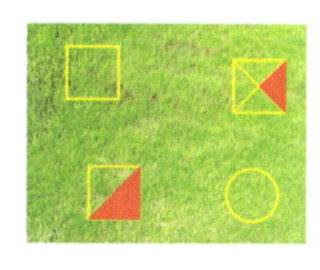

(a) 点采样　　　　　　(b) 横截面采样　　　　　　(c) 面采样

图 3.5　采样单元的常见尺寸

为了生成沙丘形态的可靠表示,必须沿多个方案确定的位置的平行样带采样高程,所有样带均垂直于海岸线[图3.5(b)]。这些一维样本可以很好地揭示海滩形态的变化。沿着每个样带,以不同的间隔采集样品。正如预期的那样,每个样带上的样品数量应与表面复杂性成比例,在样带高度可变的部分采集更多样品。

然而,当涉及采样属性时,其值仅在空间聚合单位可用,如植物生物量、植被覆盖和碳储量,点采样是完全不合适的。采样装置必须扩展到一个区域或地块,即面采样[图3.5(c)]。此外,如果要将现场采样属性与其在由覆盖地面区域的像素组成的卫星图像上的光谱特性相关联,则必须进行面采样。在这种情况下,采样点的光谱特性总是记录在一个正方形区域上。事实上,这种空间采样适用于所有区域聚合变量,例如各种社会经济数据,人口、收入甚至犯罪率都必须在社区或地区层面上进行收集。与点采样相比,面采样需要更长的时间才能完成,而且更具主观性,因为结果会随采样区域的大小而变化,尤其是当要采样的属性在空间上高度可变时。采样区域始终为方形,可以在两条对角线的帮助下方便地划分为多个子区域[图3.5(c)]。这种划分对于研究植被生物量随时间的变化非常有用。例如,生物量可以第一年在采样区域的四个子区域中的其中一个采集,然后下一年在剩余的三个子区域中的任何一个采集。

除了费时费力之外,面取样也可能具有破坏性,例如,刈割草地以确定其地上生物量。为了尽量减少破坏并加快取样,选择适当的样方尺寸至关重要。样方面积小意味着野外工作少,因为可以很快完成草地刈割,结果也更可靠。然而,太小的样方可能不具有代表性。另一方面,一个大的样方可能更具代表性,但所需的实地调查数量可能是原来的数倍。因此,必须在样地规模和代表性之间达成平衡。至于什么是最佳样方大小,没有明确的答案,因为它取决于将对收集的样本进行什么处理。如果它们与图像光谱特性相关,则绘图大小应与需要分析图像的像素大小或空间分辨率相匹配。然而,如果所研究的属性在空间上是一致的(例如,它与尺度无关),那么实际的样方大小可能并不重要。

对采样图的方向没有明确规定,但样本的定位应为图的质心。此外,必须随机收集样本,这对于社会经济数据来说可能是不可能的,因为必须收集每个单元的数据。因此,必须谨慎对待某些空间分析结果,因为数据不是独立的(例如,在一轮中选择一个样本并不能排除在下一轮采样中选择该样本)。在样地采样中,将一个圆或一个环随机抛向空中,然后在环降落的地方进行采样。这样,可以保证空间采样的随机性和独立性。这样的采样数据允许在没有任何限制的情况下进行推断性空间分析。

一旦找到样本,首先收集属性数据(如生物量),然后用 GPS 记录样本位置。对于样地采样,应记录样地的质心,作为所采集样本的位置,也可以对其进行空间分析。GPS 接收机具有不同的功能和精度级别。无论使用何种 GPS 模型,通常在平均后,固定采样点的定位精度应非常高,尤其是在坐标进行差异校正的情况下。应通过重复记录位置并取平均值,尽可能准确地定位样品。如果采样的属性将与其在遥感图像中的光谱特性相关联,并且即使在较短的空间范围内,属性值也会发生剧烈变化,则这一点尤其重要。采集样本的位置不准确可能会导致原来位置采样属性值匹配到相邻像素的相应图像属性。不可避免地,原来位置样品与卫星图像上相应光谱值之间的不匹配将导致不可靠的结果。典型的位置精度过去约为 $3\sim5$ m,但现在可以在差分校正后精确到亚米级。通过对记录的数据进行过滤,可以实现更精确的定位,但如果空间分析中使用的其他地理空间数据的空间分辨率较为粗略(如大约 3 m),则可能不会带来明显的变化。在最坏的情况下,原来采样点的定位精度不应超过所用图像的空间分辨率。

3.2.4 采样大小与间隔

样本量是指要采集的样本数量或体积。这是一个需要考虑的重要采样因素，因为小规模的样本没有足够高的置信度。另一方面，超过必要规模的样本量将导致在现场和实验室处理所收集样本的高昂和不必要的费用、精力和时间。因此，选择最佳样本量至关重要。关于最佳样本量，没有普遍的标准，这取决于观察结果和研究领域。为了在统计上可行，理想情况下，应至少收集 30 个样本。然而，这个简单的最小值并没有留下任何验证的空间，所以实际值可能会大于这个值。较大规模样本量的缺点是采样时间过长、成本较高，以及对采样目标的破坏更大，如通过将草修剪到地面的高度来确定植被生物量。在这种情况下，较小规模的样本量意味着对研究目标的破坏较小。只要允许，应采用尽可能大的样本量，因为它提供了在后续数据分析中舍弃记录不完整或质量可疑的样本的灵活性。

合适的样本规模与两个统计参数有关，即总体数量（N）和所需的精度水平（误差幅度，e）。前者是指观测总量，在空间采样中通常是未知的。后者是一个百分比，表明采集的样本能够反映总体数量的程度。较小的误差幅度意味着样本在给定的置信水平下更接近整个群体。理论样本量（n）可使用科克伦公式计算：

$$n = \frac{Z^2 p(1-p)}{e^2} \tag{3.1}$$

式中，Z 表示置信水平，可在正态分布 Z 值表中找到；p 表示具有所需属性的总体（估计）部分；e 以十进制形式表示（例如，3%＝0.03）。例如，在 90% 的置信水平下，$Z=1.65$，如果 $p=0.6$，则：

$$n = 1.65^2 \times 0.6 \times (1-0.6)/(1-0.90)^2 = 65.34$$

如果考虑总体数量（N），则需要对式（3.1）进行如下修改：

$$n = \frac{\dfrac{Z^2 p(1-p)}{e^2}}{1+\dfrac{Z^2 p(1-p)}{e^2 N}} \tag{3.2}$$

因此，较大规模的样本量有助于减少误差幅度。实现更高的置信度意味着在现场收集更多的样本。

与样本大小相关的另一个因素是样本间距。在系统采样中，整个采样区域采用均匀间距，采样间距与样本量严格成比例。然而，在所有其他空间采样方法中，间距在空间上是可变的。理论上，样本间距应随所研究属性的变化而变化。

因此，在高度可变的区域内，样品应相互靠近，反之亦然（图 3.6）。在第 3.2.2 节中介绍的各种空间采样策略中，系统采样具有固定的间距，并且不如目的性采样，因为待采样属性在采样点可能没有指示值。相比之下，目的性采样允许采样间隔变化，而沿同一等高线的所有采样点都有一个指示值。这种采样策略符合这样的要求，即在从等高线采样高程时，采样间距或间隔应随地形复杂性而变化。它可以通过单位面积高程的标准偏差来测量。最终，采样间隔影响地形表示的准确性（Gao，1998）。如果通过采样点的密度进行修改，则 $RMSE$ 与采样间距呈线性关系，而采样间距不会随地形复杂程度显著变化（图 3.6）。构建的 DEM 的精度是采样间隔（SI）和采样点的密度的函数。采样间隔还影响从高程导出的地形变量。

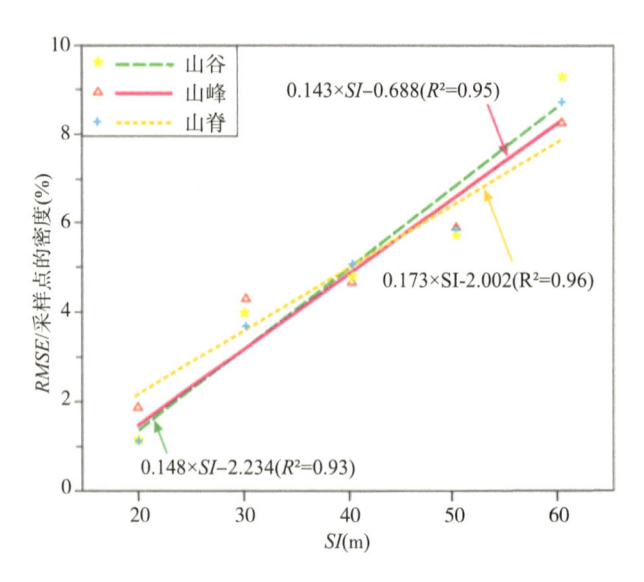

图 3.6　三种类型地貌单元的采样间隔在不同 DEM 精度下与采样点的密度之间的关系（修改自 Gao，1998）

3.3　空间关联与模式

3.3.1　空间连续性与模式

空间分析的主要目标之一是研究变量属性的空间变化。空间变异性可以被视为空间连续性或空间离散性。空间连续性是指空间中属性值的逐渐和连续变化，通常是二维的［图 3.7（a）］。连续性是一个术语，通常用于描述以比例表示的基于点的属性,例如地形。所描绘的属性在现实中可能是有形的,例如地形表面。它也可能是无形的(例如,气溶胶浓度和人口密度),甚至是虚构的(例如,滑坡风险)。在这两种情况下,属性在空间上都是连续的和变化的。如果可以从靠近属性的观测值预测其在采样点处收集的值,则可以说属性的行为遵循某种连续性。如果属性值的行为可预测(例如,没有任何突然的变化),则称其为局部连续。连续曲面可以表示为其位置或其到参考点的距离的函数。属性值仅在一定范围或距离内以高度可预测性逐渐变化。因此,相距较远的观测值在属性值上的差异比相距较近的观测值更大。换言之,连续性指的是属性值的更改,而不是采样的位置。连续属性可以比不连续属性被更可靠地预测。

与空间连续性相反,空间格局是指具有相同或相似属性值的观测值的总体空间安排或分布[图3.7(b)]。通常用于描述基于区域的标称(例如分类)和顺序数据(表3.5)。常见的空间格局可能是指土地利用模式和聚落模式。如果在特定地点采集现场样品,比如采集空气污染物,它们不能用于研究空间格局。为了使其符合条件,必须将属性值转换为序号或标称刻度。这是因为为了研究其空间模式,属性必须在多边形内不变或具有恒定值,而不是在特定点。相邻多边形之间的属性值跳跃且不连续。如果在透视棱镜贴图中显示属性,则它们将显示为不同高度的棱镜。然而,空间连续性和空间格局之间的差距会随着一些基于点的观测而缩小,例如悬浮在大气中的气溶胶和颗粒物。在分析它们的空间模式时,分析的目标是点的位置而不是其属性值。

(a) 空间连续性 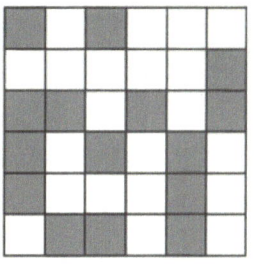　　　　　　　(b) 空间格局

图 3.7　空间连续性与空间格局的比较

表 3.5　空间分析中空间连续性与空间格局的比较

项目	空间连续性	空间格局
采样维度	基于点的	基于面的
属性比例	间距/比率	名称/顺序

续表

项目	空间连续性	空间格局
分析性质	预测性、定量、限制性较小	描述性、定性、有一定限制性
推理分析	否	是
分析准确性	已知	不相干的
参考模式	不需要	必要的
可视化	透视曲面	棱镜/分级统计图

在进行差异分析时，区分空间连续性和空间格局非常重要。空间连续性是利用地统计学进行预测性空间分析的基础。分析是定量的，分析的准确性也可以量化。相反，空间模式通常通过描述性或推理性空间分析进行研究。例如，可以使用特殊的统计信息对空间模式进行量化，例如基于流行的 Moran's I 统计信息的空间自相关。常用的描述性空间分析方法，如最邻近分析法和 K 函数，都可以用来研究空间格局。此外，还可以测试空间模式，看看它们是否服从某种分布（见第 3.5.1 节）。这些方法都适用于使用所有数据的全局空间自相关。然而，当数据显示存在一些局部聚集时，Moran's I 统计可能并不完全有效（Ord and Getis，1995）。

3.3.2 散点图与空间散点图

散点图可以揭示一个变量与另一个变量的关联（图 3.8）。散点图是说明观测值分布的图表，通常有两个轴。如果两个变量的散点图遵循一条整齐的趋势线，则它们被称为高度相关或相互关联。在以单一变量或属性为研究目标的空间分析中，必须修改散点图的定义。它是指该变量在一个位置的属性值与其相邻位置的属性值之间的关系。在空间领域，散点图变为空间散点图（h 散点图），或用间距 h 分隔的一对观测值之间的属性值分布图，即向量 t 与 $t+h$ 的散点图（图 3.9）。向量 h 仅仅意味着在某些方向上的分离，但没有规定实际的方向。因此，可以对栅格网格单元的观测值进行水平、垂直甚至对角配对。观测值的配对可以在多个方向上进行，从而从同一数据集生成多个 h 散点图。由于 h 散点图是在特定方向上以一定距离分隔的所有可能观测值的属性值配对的结果，因此它随两个空间参数（距离和方向）而变化。它在研究属性在空间中的行为是否可预测时特别有用。

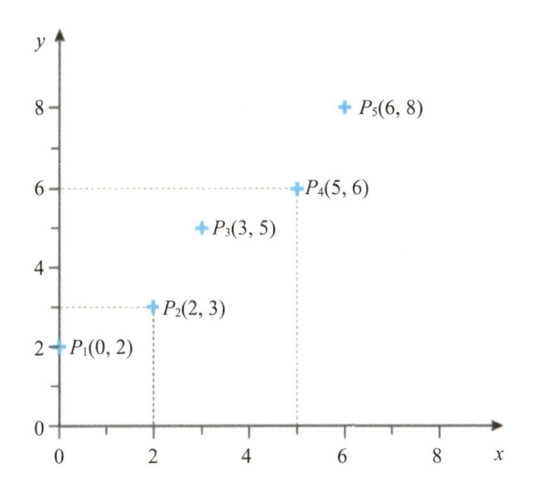

图 3.8 散点图揭示了一个变量 x 与另一个变量 y 之间的关系

如图 3.9 所示，随着间隔 h 的增加，成对观测值的数量减少。此外，随着 h 的升高，成对观测值的观测属性值与虚线 1∶1 趋势线的偏差越来越大，这表明相邻观测值之间的关联变得松散。与所有散点图一样，h 散点图能够揭示同一变量在不同分离或尺度下的相关性。

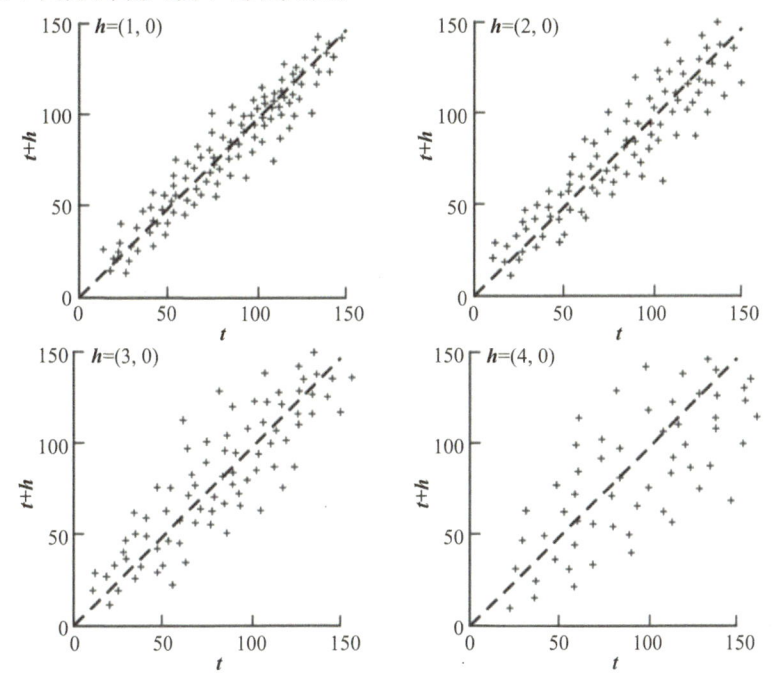

图 3.9 h 散点图的概念

3.3.3 相关系数图

相关系数图是"相关性和图表"的一个重要缩略。相关系数图是 $|h|$ 的函数,显示了相关系数随分离的变化。其横轴表示分离的绝对值 $|h|$,不考虑其方向,其纵轴显示了 0 到 1 之间的相关系数 $p(h)$(图 3.10)。相关系数图以图形方式说明了属性值与其相邻观测值之间的相关性是怎样随着间隔的增大而减小的,这正好证实了 Tobler 提出的地理学第一定律。距离较近的观测值比距离较远的观测值在属性值上的相似性更高。相关系数图是在不涉及方向的情况下表明相关系数和 h 之间关系的另一种方法。

必须注意的是,图 3.10 仅说明了使用式(2.14)计算的简单线性相关系数或 Pearson 积矩相关系数。该线性相关系数的理论值范围为 -1.0 至 1.0。值 1.0 表示完全相关(例如与自身相关),而 -1.0 表示正好相反(例如否定)。在某种程度上,这种相关性仅表示同一属性在不同位置的空间关联。这并不意味着它们之间存在依赖关系(例如,位置 A 的高程不取决于位置 B 的高程),也没有因果关系(例如,位置 A 处的高海拔不会导致位置 B 处的高海拔)。

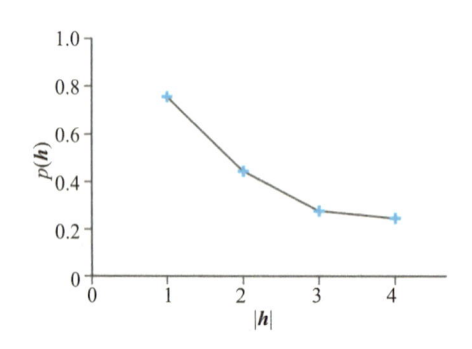

图 3.10 显示相关系数随分离度 $|h|$ 变化的相关图

3.3.4 空间自相关性

空间自相关性也称为序列相关性。自相关是指同一变量的相邻观测值之间的相关性,这些观测值在空间或时间上分离,例如在同一位置但在不同时间(如交通流量和河流流量)的单变量观测值之间的成对相关性。在空间分析中,它被称为空间自相关或同一属性在邻域内不同位置的相关性(图 3.11)。它比简单的自相关要复杂得多,因为它涉及的方向是多维的。如上所述,空间自相关可能随间距和方向而变化。换句话说,它随空间尺度的变化而变化。

空间自相关在空间分析中有三个独特的内涵：

（1）它是空间分布的定量度量或指数。变量的高空间自相关意味着它具有较高的空间连续性和可预测性。

（2）它可被用来探索观察到的模式形成的潜在因素。通过对观测到的空间自相关与同一地区其他变量的相关分析，可以确定它们之间的空间联系。更密切的相关性表明与该因素的关联可能性更高。

（3）它可用于预测属性值在新位置的出现（概率），如在空间插值中。如果属性在空间上高度自相关，则可以从相邻观测值预测可靠的新位置的值。

图 3.11 规则网格上二进制观测的空间自相关概念

由于空间自相关是方向性的，因此在一个方向上的相关性可能比在另一个方向上的相关性更强，这种现象称为各向异性。它是指空间自相关随方向的变化。各向异性通常是由环境引起的，例如影响气流的地形。因此，较高海拔处的温度受地形引起的大气湍流影响较小，其与较低海拔处更接近地球表面的温度相比，具有更高的空间自相关性。同一纬度的气温之间的相关性比沿纵向梯度的气温之间的相关性更为密切。同样，与不同深度的水温相比，浑浊的湖中相同深度的水温在空间上的相关性更为密切。如果相关性不随方向变化，则称为各向同性。例如，在局部比例下，残丘的曲面高程表现为各向同性。

3.3.5　互相关性

互相关性是指在时间或空间上连续的两个观测序列的相关性。时间互相关性是指度量时间序列在不同时间相同属性的相似性或变化。时间序列数据分析在现实生活中得到了广泛的应用。例如，时间互相关系数可用于匹配在多个水文站观测到的水文图[图 3.12(a)]。多个水文图的结合可以显示洪水从一个站点流向下一个站点所需的时间。同样，通常进行时间互相关分析可以匹配多个位置的地层剖面。它可以揭示它们之间的沉积时间落差。在这两种情况下，通过一系列计算可以得到匹配的互相关系数,其中两个数据集中的时间序列观测值每次都会移动预定的时间间隔。当互相关系数达到最大值时,达到最佳匹配。实现这种匹配的偏移量是两个时间序列观测值之间的时间延迟。因此,时间互相关是一维的,因为系数仅随时间变化。互相关系数和时间偏移的幅度称为交叉相关图。它说明了相关系数如何随时间延迟而变化。

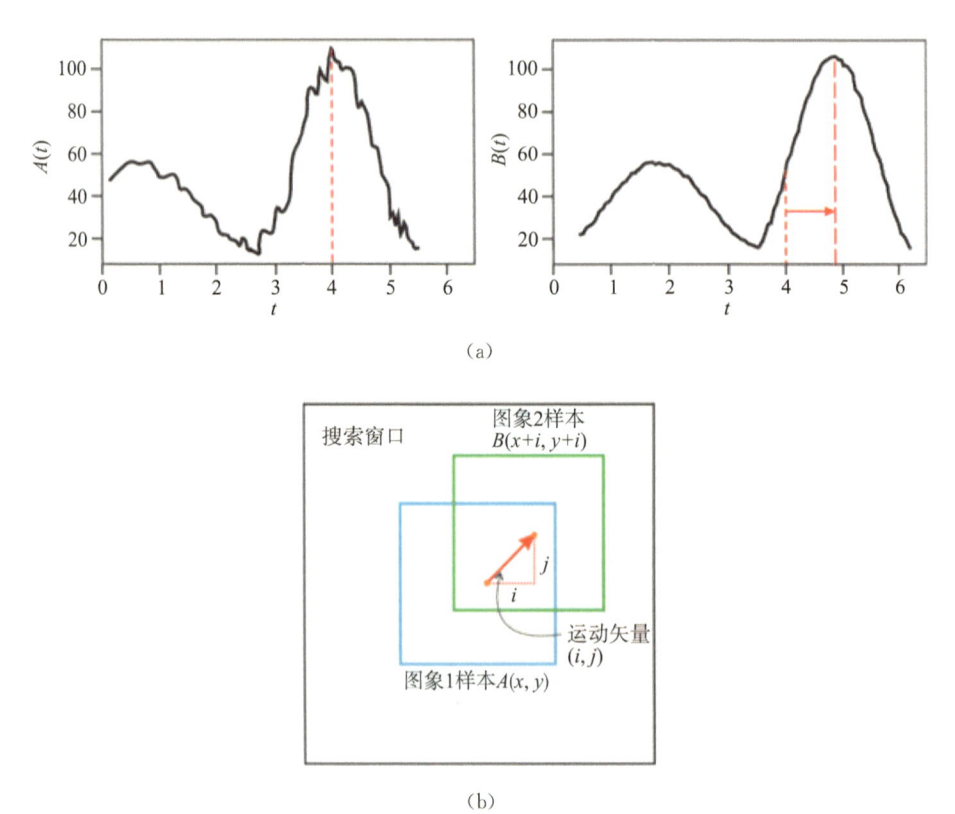

图 3.12　时间(a)和空间(b)互相关的比较

空间互相关涉及同一区域的两个空间变量,例如卫星图像,它们被一定时间分隔,因此它们的互相关是位置相关的。它测量了位置 A 处一个变量与位置 B 处另一个变量的属性值的相关性。两幅图像可能不覆盖相同的空间范围,但必须包含一个公共子区域。在该搜索窗口内,计算两个子图像之间的互相关系数[图 3.12(b)]。其中一幅图像可能覆盖比另一幅图像更大的空间范围,这使得能够在第二幅图像移动的窗口中搜索相同的目标特征。每当任一图像在任何方向上以任何幅度轻微移动时,它们的空间互相关都会相应地改变。匹配到互相关系数最大的移动位置。使用公式(3.3)计算:

$$\rho(i,j) = \frac{cov[A(x,y), B(x+i, y+j)]}{\sqrt{var[A(x,y)] \cdot var[B(x+i, y+j)]}} \quad (3.3)$$

其中,

$$var[A(x,y)] = \sum_{x=1}^{I} \sum_{y=1}^{J} [A(x,y) - \overline{A}]^2 \quad (3.4)$$

$$cov[A(x,y), B(x+i, y+j)] = \sum_{i=1}^{I} \sum_{j=1}^{J} [(A(x,y) - \overline{A})(B(x+i, y+j) - \overline{B}(i,j))] \quad (3.5)$$

式中,I 和 J 分别表示搜索窗口的行数和列数;i 和 j 是计数器;$\overline{A}$ 和 $\overline{B}(i,j)$ 分别表示搜索窗口中第一个和第二个图像(变量)的平均属性值,分别移动了 (i,j)。

  空间互相关比时间互相关复杂得多,因为两个变量都必须是空间的。它们的互相关系数不仅随位移的大小而变化,还随位移的方向而变化。如图 3.12(b)所示,必须事先指定搜索窗口。它的大小没有限制,当然,它必须足够小,以确保始终可以找到两个层共用的搜索区域。实际面积必须与待搜索特征的物理尺寸(例如涡流)相配。相比之下,搜索的实际范围更容易确定,因为它取决于两个变量或图层之间的运动幅度,或者目标特征的移动速度。如果图层是图像,这也取决于它们的时间间隔。此搜索窗口通常在所有可能的方向和所有可能的位置上移动。在每个位置,基于搜索窗口计算两个变量之间的空间互相关系数。可以生成空间(滞后)相关图来显示不同滞后情况下的相关系数。

  与时间互相关计算一样,在某些情况下,用于计算空间互相关的两个变量也是隐式时间序列。它们可以覆盖相同或大致相同的地面区域,但时间不同,例如,在探测滑坡距离时,受滑坡影响区域(前后)的多时相卫星图像。空间互相关主要应用于多时相卫星图像的运动监测。它还可用于识别特征的运动矢量,例如地震后滑坡的运动(Peppa et al.,2017)。其他常见应用包括从相隔 12 小时或更短时间的时间序列卫星图像中检测海洋环流模式(速度和方向)(Gao and Lythe,1998)。通过匹配搜索窗口中所有可能的行和列,可以找到两幅图像具有最大空间互相关的位置。第二个图像相对于第一个图像的方向和幅度表示运动矢量。从初始搜索位置找到最大互相关系数的位置表示运动的距离,而它们的方位表示运动的方向。

  另一个应用领域是数字摄影测量,其中需要相对定位多个重叠的立体航空照片,以实现三维查看,称为图像内部方向。在此应用中,照片通过其最大互相关性自动匹配。尽管从两个稍微不同的角度拍摄,两张照片稍微旋转或具有不同的比例,但因为这两张照片是在几秒钟内拍摄的,涵盖了相同的地面区域。所有这些应用都基于一个假设:彼此间隔很短的所有图像中搜索的相同特征仅平移移动,在其任何区域内没有任何变形,即使这两幅图像的尺度可能略有不同。只要违反此假设,检测到的移动图像的质量就会降低。

3.3.6 空间分析的尺度

在不同的语境中,尺度可能有着截然不同的含义。在地图学中,地图比例尺只是指地图上的长度或距离与其在地面上的实际距离或长度的比率。本节中的尺度是指收集到的观察值的区域范围,而不是其属性值的等级。尺度与空间数据有着内在的联系,如果不考虑尺度,所有收集的数据以及通过空间分析得出的结果都是没有意义的。尺度在三个方面很重要:

(1) 要分析的数据内容包括尺度。某些数据,尤其是现场收集的数据,是基于点或面的。如果将生成的结果推广到整个研究区域,则必须注意其空间分布。

(2) 如果由粗略空间分辨率的卫星图像生成,则尺度可以是区域性的,甚至是全球性的。

(3) 尺度对于理解某些地理现象背后的过程至关重要,并对分析结果产生深远影响。

尺度影响同一变量的空间行为,从而影响其空间自相关,这是尺度相关的,甚至可能是方向相关的。当然,如果分析变量在空间上是可变的,那么空间分析的结果取决于尺度。在局部范围内,它可能是可预测的,但在更大范围内,它的可预测性会下降。如果对收集的面积数据进行聚合,则空间聚合会影响数据的规模和属性的自相关性,MAUP 就是证明。在更高的空间聚集水平上,尺度的增加将泛化属性值的局部变化,使景观均匀化,并导致更密切的自相关。因此,在一个尺度上观察到的自相关可能不同于在另一个尺度上观察到的自相关。

由于某些过程尺度可能不会与收集的数据的尺度相同,因此在报告空间分析结果时,必须确认收集数据的尺度。它们可能随数据分析的尺度而变化。数据分析的结果主要适用于收集和分析数据的尺度。应谨慎对待从一个量表到另一个量表的任何结果概括,因为这可能导致误导性结论。如果推测到另一个尺度,就有可能成为生态(推理)谬论的受害者(Openshaw,1984),因为在一个尺度上运行的同一过程可能与在另一个尺度上运行的过程完全不同。这一问题十分复杂,所以有学者根据这个主题写了一本书(Zhang et al.,2014)。

3.4 空间自相关

可以使用 Geary's C 指数和 Moran's I 指数对空间自相关进行定量测量,这两种方法都适用于在一个区域内按类别或名称列举的属性,例如通过人口普查收集的社会经济数据。

3.4.1 Geary's C 指数

Geary's C 指数也称为 Geary 的邻接比(Geary,1954),Geary's C 指数被用于测量基于面积的观测值的自相关。尽管其适用于一维和二维数据,但使用以下公式分析得出 Geary's C 值始终是二维数据:

$$Geary's\ C = \frac{(n-1)\sum_{i=1}^{n}\sum_{j=1}^{n}w_{ij}(z_i-z_j)^2}{2\sum_{i=1}^{n}\sum_{j=1}^{n}w_{ij}\sum_{i=1}^{n}(z_i-\overline{z})^2} \tag{3.6}$$

式中,w_{ij} 是指面积单元 i 和面积单元 j 之间属性值的相似度权重,如果相邻,$w_{ij}=1$,否则为 0,因此该比率是从共享公共边界的观测单元计算得出的;z_i 和 z_j 分别表示面积单元 i 和 j 的属性值;n 表示面积单元总数;$\overline{Z}$ 是它们的平均属性值;$\sum_{i=1}^{n}\sum_{j=1}^{n}w_{ij}$ 表示共享边界的相邻区域单元之间的边界总数,对于一对多边形,它等于 2。

Geary's C 值始终为正,允许的最大值大于 1。较低的值表示空间上图案较均匀。$C<1$ 或 $z<0$ 表示高值和/或低值的空间聚集。高值和低值之间没有区别。显著小于 1 的系数表明正空间自相关性越来越强,而显著大于 1 的系数表明正空间自相关性越来越弱(图 3.13)。负空间自相关(例如,$C>1$ 或 $z>0$)表示棋盘模式或竞争。

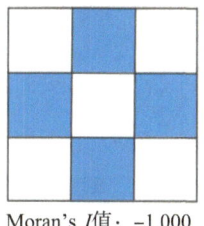

Moran's I 值: -1.000
Geary's C 值: 1.800

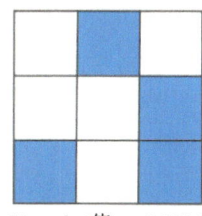

Moran's I 值: -0.362 5
Geary's C 值: 1.200

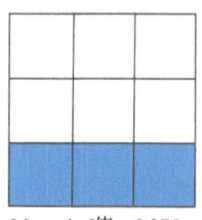

Moran's I 值: 0.375
Geary's C 值: 0.500

图 3.13 基于三种空间分布类型的 Moran's I 值与 Geary's C 值的比较

3.4.2　Moran's *I* 指数

Moran(1950)设计的 Moran's *I* 指数是测量空间自相关的另一种方法。与 Geary's *C* 指数类似，它还通过权重考虑相邻观测值之间的相互作用。计算如下：

$$Moran's\ I = \frac{n \sum_{i=1}^{n} \sum_{j=1}^{n} w_{ij}(z_i - \overline{z})(z_j - \overline{z})}{\sum_{i=1}^{n} \sum_{j=1}^{n} w_{ij} \sum_{i=1}^{n} (z_i - \overline{z})^2} \tag{3.7}$$

式中，n 表示由 i 和 j 索引的空间实体总数；z_i 表示第 i 个观测单元的值；$\overline{z}$ 表示所有观测单元的平均值；w_{ij} 表示二进制空间权重矩阵或观测值 i 和 j 之间的相互作用强度，如果它们间有共享边界，$w_{ij}=1$，否则为 0。

式(3.6)和(3.7)具有相同的分母。利用 Geary's *C* 指数和 Moran's *I* 指数计算属性值的差异或与观测值进行比较时彼此不同。在 Geary's *C* 中，计算差值的是成对观测值。如果两个相邻多边形共享一个公共边界(栅格点阵数据仅考虑 4 连通性邻域)，则会计算其属性值的差异。在 Moran's *I* 中，通过从所有观测单元的平均值中减去相应观测单元的属性值来计算差值。在这两种计算中，权重都是基于邻接关系，而不是 Tobler 提出的地理学第一定律中所述的基于距离的。为共享边界的任意两个观测值指定值 1 或 0。这两者可以通过以下方式进行修改：将权重 1 分配给与所讨论的观测值保持一定距离的所有观测值，或将值 0 分配给超过该距离阈值的所有观测值。

图 3.13 比较了三种空间模式的 Moran's *I* 值和 Geary's *C* 值。Geary's *C* 为 0.5 对应于 Moran's *I* 指数为 0.375，或 Ceary's *C* 为 1.2 相当于 Moran's *I* 指数为 −0.362 5。Moran's *I* 有不同的含义，取决于其值，范围从 −1.0 到 1.0。所有 Moran's *I* 指数根据所展示的空间格局可分为两类，>0 和 <0(表 3.6)。正的空间自相关值[Moran's *I* > −1/(n−1) 或 $z>0$]表明高值和/或低值的空间聚集，而不区分高值或低值，或类似的区域平滑模式。较小的系数值表示空间独立、不相关的模式。一个小的负空间自相关[Moran's *I* < −1/(n−1) 或 $z<0$]显示了一个不同的、对比和不相关的随机模式。值 −1.00 表示棋盘格模式或竞争模式。因此，其含义不如 Geary's *C* 精确，Geary's *C* 值与 Moran's *I* 值变化趋势相反。高 Geary's *C* 值和低 Geary's *C* 值之间的区别是不明确的，因为它与 Moran's *I* 值具有相反的符号，Moran's *I* 指数衡量全球空间自相关，而 Geary's *C* 指数对局部尺度空间自相关更为敏感。

表 3.6　Geary's C 值和 Moran's I 值的比较以及显示的空间模式

Geary's C 值	Moran's I 值	显示的空间模式
$0<R<1(0,1)$	$>0(0,1)$	类似的区域化、平滑、群集
1	$<0(-1,0)$	独立、不相关、随机
>1	$<0(-1,0)$	不同、对比、棋盘格

3.4.3　示例

本例将分析 2021 年 4 月新西兰北岛社区传播的某种病例的空间自相关,包括利用 Geary's C 指数和 Moran's I 指数。信息是从新西兰卫生部网站(www.health.govt.nz)获取的,按地区卫生委员会($n=15$)分类,见图 3.14(a)。

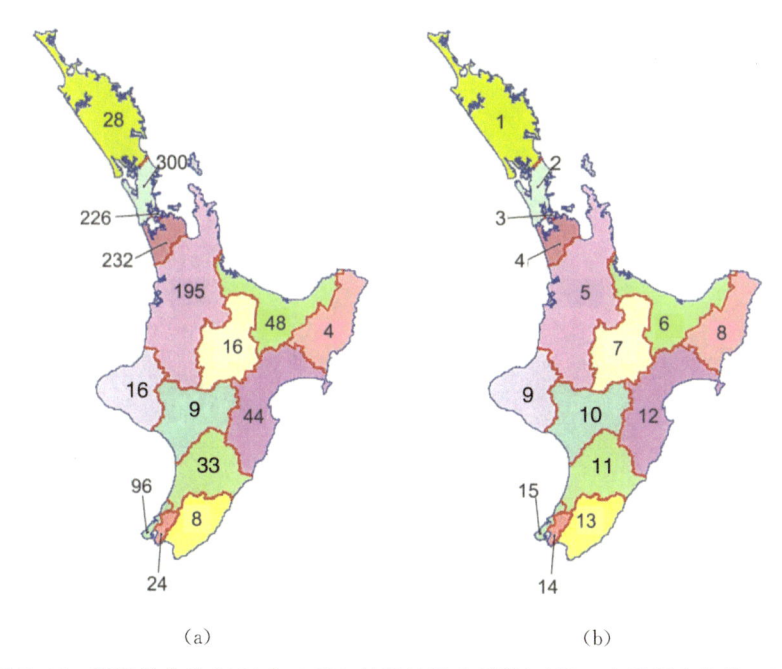

图 3.14　新西兰北岛 2021 年 4 月各地区某种病例数(a)及卫生委员会的编码(b)

为了便于手工计算,必须对地区卫生委员会的所有多边形进行编号[图 3.14(a)]。为计算 Geary's C 值做准备的第一步是计算后(表 3.7,第 2 列)将卫生委员会的病例数与所有地区卫生委员会的平均数之差平方($\bar{z}=85.17$)。然后将所有观测单位的平方差相加。下一步是计算一个区域值与所有区域的平均值之间的差值,乘以相邻区域的差值,然后将所有差值乘积相加(例如表 3.7 中各行的和)。

表 3.8 中说明了计算 Moran's I 值的步骤，其中省略了卫生委员会病例数与所有地区卫生委员会平均数之差的平方，因为它与表 3.7 中的第二列相同。计算相邻健康委员会之间的病例数差异并求平方后，按委员会求和：

$$Moran's\ I = \frac{15 \times (70\ 896.30 \times 2)}{2 \times 23 \times 140\ 446.93} = 0.33 \tag{3.8}$$

Geary's C 值和 Moran's I 值的计算结果都显示感染病例的数量在空间上是聚集和相关的。这一相关性的解释是，感染者与邻近人群中未受感染的其他成员的互动比与远处人群的互动更为密切。在计算 Geary's C 值和 Moran's I 值时都没有考虑观测单位的物理大小，即使权重出现在计算公式中，该权重仅表示邻接，与根据观测单位的大小对其进行加权无关。因此，这两种计算的一个潜在改进是，通过相关多边形的大小与所有多边形总面积的比率来加权。该权重反映了一个事实，即并非所有观测单元（多边形）都具有相同的大小，并且它们对自相关有不同的影响。如图 3.14 所示，如果所有观测值具有相同的面积，则结果与该权重不相关。

表 3.7　准备计算 Geary's C 值时相邻区市政案例的差平方 ($\bar{Z}=85.27, n=15$)*

编号(病例数)	$(Z_j-\bar{Z})^2$	数值 2	3	4	5	6	7	8	9	10	11	12	13	14	15	行总计
1(28)	3 279.47	73 984.00†														73 984.00
2(300)	46 110.40		5 476.00													5 476.00
3(226)	19 805.87			36.00												36.00
4(232)	21 530.67				1 369.00											1 369.00
5(195)	12 041.40					21 609.00	32 041.00		32 041.00	34.60						85 725.60
6(48)	1 388.80						1 024.00	1 936.00				16.00				2 976.00
7(16)	4 797.87									49.00		784.00				833.00
8(4)	6 604.27									784.00		1 600.00				1 600.00
9(16)	4 797.87									784.00						784.00
10(9)	5 816.61										576.00	1 225.00				1 801.00
11(33)	2 731.80											121.00	625.00	81.00	3 969.00	4 796.00
12(44)	1 702.94															0.00
13(8)	5 970.14													256.00		256.00
14(24)	3 753.60														5 184.00	5 184.00
15(96)	115.20															0.00
总计	140 446.91															184 820.60

* 矩阵是对称的,表中只显示了一半。该表是对称的,只列出了矩阵的上半部分,因此行和行的总和需要乘以 2。
† $(28-300)\times(28-300)$。

表3.8 单个区域的案例数减去相邻区域之间的平均数的差平方，为 Moran's I 值计算做准备[*]

数值	2(300)	3(226)	4(232)	5(195)	6(48)	7(16)	8(4)	9(16)	10(9)	11(33)	12(44)	13(8)	14(24)	15(96)	行总计
1	−12 297.59[†]														−1 229.59
2		30 220.14													30 220.14
3			20 650.27												20 650.27
4				16 101.54											16 101.54
5					−4 089.40	−7 600.86		−7 600.86	−8 369.00						−27 660.12
6						2 581.34	3 028.54				1 537.87				7 147.75
7									5 282.74		2 858.40				8 141.14
8											3 553.60				3 353.60
9									5 282.74						5 282.74
10										3 986.21	3 147.27				7 133.48
11											2 156.87	4 038.47		−561.00	5 936.54
12															0.00
13													3 02.20		4 733.87
14													4 733.87	−657.60	−657.60
总计															79 153.76

[*] 该表是对称的，只列出了矩阵的上半部分，因此行和的总和需要乘以2。

[†] (28−85.27) × (300−85.27)。

3.4.4 局部空间关联

可以使用两种方法研究局部尺度上观测值之间的空间关联。

第一个是 Getis 和 Ord(1992)提出的 G_i 和 G_i^* 统计。它可以评估变量 x 是否存在空间关联。G_i 是距离的函数,计算如下:

$$G_i(d) = \frac{\sum_{j=1}^{n} w_{ij}(d) x_j}{\sum_{j=1}^{n} x_i} \quad (i \neq j) \quad (3.9)$$

式中,w_{ij} 是一个二进制值为 0 和 1 的对称权重矩阵,其中对于给定 i 观测点的距离 d 范围内的所有观测值,w_{ij} 为 1,对于 d 以外的所有其他观测值,w_{ij} 为 0;分子计算 d 范围内的所有 x_j 之和,不包括 x_i 本身,$i=j$ 时记为 $G_i(d)$;分母计算除 x_i 之外的所有 x_j 之和。$G_i(d)$ 能够通过与变量 X 相关的值之和来测量观测值的聚集或集中程度。通过将观测到的 $G_i^*(d)$ 与位置 i 范围 d 内的一组值进行随机比较,可以确定观测值是否在空间上集中。在正态分布假设下,衡量空间自相关的 Z 分数可以计算为

$$Z_i = \frac{G_i(d) - E[G_i(d)]}{\sqrt{var[G_i(d)]}} \quad (3.10)$$

式中,$E[G_i(d)]$ 是预期值,计算公式为

$$E[G_i(d)] = \frac{W_i}{n-1} = \frac{\sum_j w_{ij}(d)}{n-1} \quad (3.11)$$

$var[G_i(d)]$ 是 $G_i(d)$ 的方差,计算如下:

$$var[G_i(d)] = E(G_i^2) - E^2(G_i) = \frac{1}{\left(\sum_j x_j\right)^2} \left[\frac{W_i(n-1-W_i)\sum_j x_j^2}{(n-1)(n-2)}\right] + \frac{W_i(W_i-1)}{(n-1)(n-2)} - \frac{W_i^2}{(n-1)^2} \quad (3.12)$$

式(3.9)~(3.12)假设二进制权重为 0 或 1。对于非二进制权重,它们的格式将变得更加复杂。虽然矢量数据通常用于计算 d,但它也可以从栅格数据中导出。在这种情况下,d 基于栅格尺寸。Z_i 的符号可以表示相关性的方向(即正或负)。较大的正 Z_i 值表明,在点 i 的 d 范围内的观测值高于平均值。

第二种方法是 Anselin 在 1995 年提出的空间关联局部指标(LISA)统计。它有多种用途，如测量空间异质性、检测局部集群和评估单个观测的影响。通过将空间关联的全局度量分解为观测特定的组件来确定有影响的观测。LISA 统计必须满足以下两个要求：

(1) 给定观测值的 LISA 表示观测值周围具有相似值的显著空间聚集程度。

(2) 所有观测的 LISA 总数与全球空间关联成比例。

这一系列指标包括局部不稳定性、局部伽马、局部 Moran's I 和局部 Geary's C。这些指标的全球版本和本地版本之间的唯一区别是距离(d)。在本地版本中，只有在观测值 i 的 d 范围内的观测值才用于推导。LISA 统计数据可能被解释为局部非平稳区或热点的指标，这让人想起 Getis 和 Ord(1992)的 G_i 和 G_i^* 统计数据。然后使用单个观测值对全球统计数据的影响来识别"异常值"，如 Anselin 的 Moran 散点图(Anselin,1995)：

$$I_i = \frac{N(X_i - \overline{X})\sum_{j}^{N}W_{ij}(X_j - \overline{X})}{\sum_{i}^{N}(X_i - \overline{X})^2} \quad (3.13)$$

式中，I_i 表示分区 I 的局部 Moran's I 指数，它表示分区 I 的观测值与其相邻区域之间的相似程度。I_i 有四种关键排列：高-高、低-低、高-低和低-高。最后两个组合分别表示热点和冷点。

3.4.5 全局双变量空间自相关性

Moran's I 和 LISA 都适用于研究同一变量在全球或本地不同位置的相关性。在实践中，识别两个变量(如车祸地点和道路布局)的空间自相关性，以探索道路设计如何影响交通事故，是非常有用和必要的。这可以通过使用全局双变量空间自相关来实现，它可以量化两个变量之间的空间相关性(Matkan et al., 2013)。该分析有助于我们确定城市地区的碰撞危险位置(图 3.15)。

用全局二元 Moran's I 统计量或 I_{kl} 可以量化两个全局变量 x_l 和 x_k 之间的空间相关性：

$$I_{kl} = \frac{z_k w z_l}{n} \quad (3.14)$$

式中，n 表示观察次数；w 表示行标准化空间权重矩阵，非相邻观测值为 0，相邻观测值为 1；z_k 和 z_l 计算如 $z_k = \frac{x_k - \overline{x_k}}{\sigma_k}$ 和 $z_l = \frac{x_l - \overline{x_l}}{\sigma_l}$。本质上，两者都是标

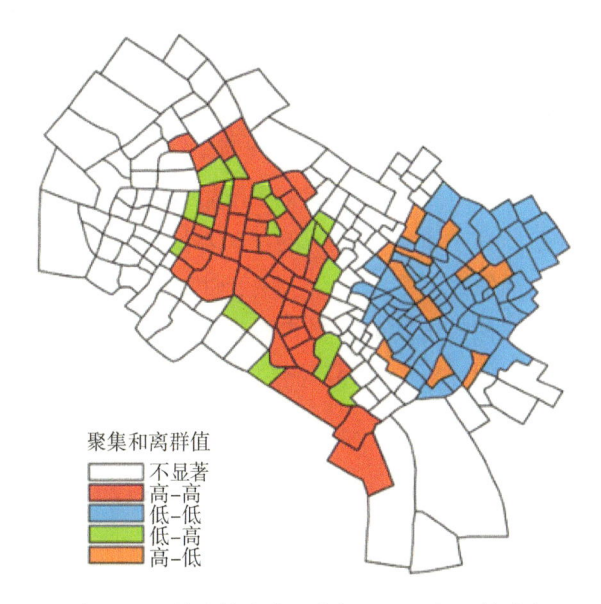

图 3.15　2007—2008 年伊朗马什哈德市市区车祸 LISA 地图(修改自 Matkan et al.,2013)

准化的,平均值为 0,标准偏差为 1。

除了确定道路布局对交通事故的影响外,I_{kl} 还可以有其他应用,例如考虑局部地区地形引起的降雨空间变化。它类似于空间互相关,因为计算中涉及两个变量。它们必须具有完全相同的空间范围。在计算之前,必须对这两个变量进行标准化。局部双变量 LISA 可以表示为

$$I_{kl}^i = z_k^i \sum_j w_{ij} z_l^j \tag{3.15}$$

它测量位置 i 处变量 l 与相邻位置 j 处变量 k 的平均值之间的线性关联。全局双变量空间自相关的变化是时间-空间自相关,适用于同一变量,但在不同的时间。

3.5　面模式与联合计数统计

3.5.1　面模式与联合计数

关于具有连续分布的两个空间变量的空间模式,可以提出许多问题。例如,事故多发点是否与道路布局有关? 这个问题的答案可以通过比较观察到的模式与一些标准(参考)模式的联合计数统计得出,例如空间均匀分布和随机分布(图

3.11)。联合计数统计能够检测两个变量之间的空间相关性,这两个变量的属性值是在名称(分类)尺度上的面积单位上展示的。它涉及的是它们的空间分布模式,而不是属性本身的空间模式(图3.16)。此外,研究的名称属性值可以是二元的,例如草地斑块中是否存在杂草,或者健康草甸覆盖的地面是否已被剥蚀。适用于联合计数分析的二元属性的其他示例包括盗窃的性质和疾病的流行率(受影响与未受影响)。它也可以是分类的,涉及几个属性,如蒿草、杂类草和植被类型的杂草。在二进制数据下,联合计数统计与观察到的"存在"单元格属性值和"不存在"单元格属性值之间的连接数以及随机分布中的理论连接数有关。联合计数是指具有相同属性值的相邻观测单元的数量。

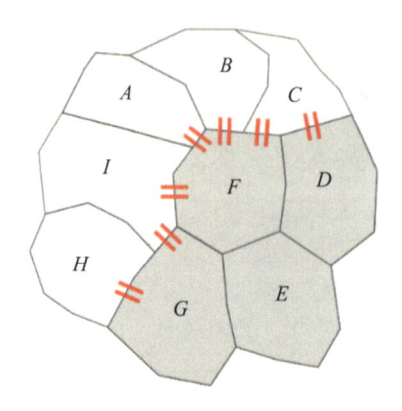

图 3.16 基于多边形的二进制属性的空间分布

有两种方法可以解决本节开头提出的问题,即如何计算名称变量的出现次数并进行 χ^2 检验,或比较共享边界的成对多边形。后者称为联合计数统计。与 χ^2 检验相比,联合计数统计产生的信息量大得多,包括三种类型的统计参数,即 Z-Score 值指示 J_{ab}、J_{aa} 和 J_{bb} 中每一个自相关的接近度。其中 J_{aa} 和 J_{bb} 两个分数分别测量变量 a 和变量 b 的正空间自相关,J_{ab} 衡量两个变量之间的空间自相关性。计算如下:

$$Z_{\text{obs}} = \frac{O_{PA} - E_{PA}}{\sigma_{PA}} \tag{3.16}$$

式中,O_{PA} 代表观察到的接头数;E_{PA} 是理论随机分布下的预期接头数或连接数;σ_{PA} 表示预期联合计数的标准偏差。其中 E_{PA} 计算如下:

$$E_{PA} = \frac{2CPA}{n(n-1)} \tag{3.17}$$

式中，C 表示观察单元或多边形之间的连接总数；P 表示"存在"多边形的数量；A 表示"不存在"多边形的数量；n 表示多边形的总数（$n=P+A$）。

σ_{PA} 计算如下：

$$\sigma_{PA} = \sqrt{E_{PA} + \frac{\sum V(V-1)PA}{n(n-1)} + \frac{4\left[C(C-1) - \sum V(V-1)\right]P(P-1)A(A-1)}{n(n-1)(n-2)(n-3)}} \\ -E_{PA}^2 \tag{3.18}$$

式中，V 表示相邻多边形的数量；$\sum V$ 表示所有相邻多边形的总和。

3.5.2 联合计数检验

进行联合计数检验的程序相当复杂，包括许多步骤。初步步骤是计算相邻多边形的数量，并在邻接的二元矩阵中表示结果，0 表示非邻接，1 表示邻接（表3.9），与表3.7和3.8非常相似，只是实际值均应为1。如果将研究区域划分为一组网格单元，则查找相邻观测值的任务会容易得多，因为每个单元由四个相邻单元包围。对于形状不规则的多边形，所有多边形都需要编号，以便于识别（图3.16）。这些多边形分为两种类型：共享边界的多边形（1）和不共享边界的多边形（0）。它们通过其唯一标识进行区分，并计算每种类型多边形的数量，然后构造1和0的空间矩阵（1=相邻；0=不相邻）（表3.9）。它的大小是一个等于多边形数（n）的正方形矩阵。在表3.9中，V 代表每个多边形的相邻观测数，连接总数（$C=16$）是相邻总数（32）的一半。联合计数测试的实际实施包括三个步骤。

表3.9 邻接矩阵显示共享边界的多边形

	A	B	C	D	E	F	G	H	I	求和
A	0	1	0	0	0	1	0	0	1	
B	1	0	1	0	0	1	0	0	0	
C	0	1	0	1	0	1	0	0	0	
D	0	0	1	0	1	1	0	0	0	
E	0	0	0	1	0	1	1	0	0	
F	1	1	1	1	1	0	1	0	1	
G	0	0	0	0	1	1	0	1	1	
H	0	0	0	0	0	0	1	0	1	
I	1	0	0	0	0	1	1	1	0	
V	3	3	3	3	3	7	4	2	4	32(2C)
V-1	2	2	2	2	2	6	3	1	3	
V(V-1)	6	6	6	6	6	42	12	2	12	98

步骤1：根据依赖性的零假设，使用随机空间分布的式（3.17）计算"存在"多边形 P 和"不存在"多边形 A 或 E_{PA} 之间的理论连接数（C）：

$$E_{PA} = \frac{2CPA}{n(n-1)} = \frac{2 \times 16 \times 5 \times 4}{9(9-1)} = 8.889 \qquad (3.19)$$

步骤2：使用方程式(3.18)计算随机空间分布(理论)E_{PA}数量的标准偏差σ_{PA}：

$$\sigma_{PA} = \sqrt{8.889 + \frac{98 \times 5 \times 4}{9 \times 8} + \frac{4(16 \times 15 - 98) \times 5 \times 4 \times 4 \times 3}{9 \times 8 \times 7 \times 6} - 8.889^2}$$
$$= \sqrt{8.889 + 27.222 + 45.079 - 79.014} = 1.475 \qquad (3.20)$$

步骤3：计算观察到的联合计数$O_{PA}(\sum C_{PA})$，并使用Z统计量检验随机分布和观测分布之间差异的显著性。

两个观察到的分布之间的相似性或其中一个分布对另一个分布在一般或特定方面的依赖性可以分别使用两种类型的测试来确定，即双边检验或单边检验。前者提出的问题是，"存在"多边形的空间分布是否与随机多边形显著不同。无效假设$H_0:O_{PA}=E_{PA}$(面积模式是随机的)；替代假设$H_1:O_{PA} \neq E_{PA}$(空间模式不是自相关或依赖的)。

单边检验更进一步检查观察到的"存在"多边形在空间分布上是否明显"分组"或"分散"。在测试中，替代假设表示为$H_1:O_{PA}<E_{PA}$或者$O_{PA}>E_{PA}$。表3.10给出了计算和测试的所有步骤，使用了两个示例：首先是聚集模式，然后是分散模式。

表3.10 理论相依分布多边形群的Z检验

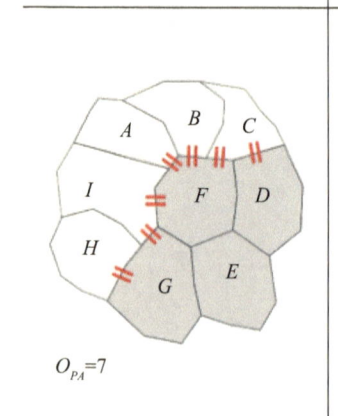

观察到的分布	理论相关分布
$O_{PA}=7$	$Z_{\text{obs}} = \dfrac{O_{PA} - E_{PA}}{\sigma_{PA}} = \dfrac{7 - 8.889}{1.475} = -1.281$ $\alpha = 5\%$(双尾分布)的双边检验 $H_1:O_{PA} \neq E_{PA}$ $Z_{\text{test}-0.025} = -1.960$ $\lvert Z_{\text{obs}} \rvert < \lvert Z_{\text{test}-0.025} \rvert$ 因此，H_0被拒绝。观察到的空间模式与随机分布没有显著差异。 $\alpha = 2.5\%$的单边检验 $H_1:O_{PA}<E_{PA}$ $Z_{\text{test}-0.025} = -1.960$ $Z_{\text{obs}}(-1.281) > Z_{\text{test}-0.025}(-1.960)$ 因此，H_0不能被拒绝。观察到的分布明显不同于随机分布，且分布倾向于聚集(分组)。

观察到的分布	理论相关分布
$O_{PA}=11$	$Z_{\text{obs}} = \dfrac{O_{PA} - E_{PA}}{\sigma_{PA}} = \dfrac{11 - 8.889}{1.475} = 1.431$ $\alpha = 5\%$（双尾分布）的双边检验 $H_1 : O_{PA} \neq E_{PA}$ $Z_{\text{test}-0.025} = -1.960$ $\|Z_{\text{obs}}\| < \|Z_{\text{test}-0.025}\|$ 因此，H_0 不能被拒绝。观察到的空间模式与随机分布没有显著差异。 $\alpha = 2.5\%$ 的单边检验 $H_1 : O_{PA} > E_{PA}$ $Z_{\text{test}-0.025} = -1.960$ $Z_{\text{obs}}(1.43) > Z_{\text{test}-0.025}(-1.960)$ 因此，H_0 不能被拒绝。观察到的空间模式与随机分布显著不同，其分布倾向于分散。

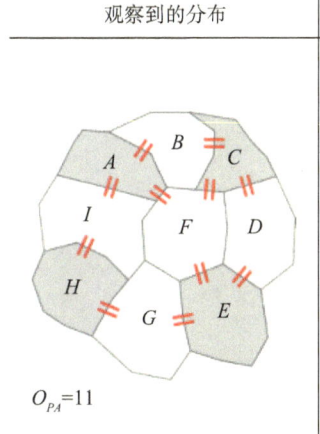

如表 3.10 所示，在第一个示例中，分布与双边检验中的随机分布没有显著差异。在单边检验中观察到的分布与随机性显著不同，其模式倾向于聚集（分组）。在第二个例子中，观察到的分布与双边检验中的随机分布没有显著差异，但与单边检验中的随机分布有显著差异，图案倾向于分散。

复习题

1. 在您看来，哪种类型的数据实时更新更具挑战性，是空间数据还是属性数据？并解释。

2. 讨论 GPS 在获取属性数据中的一般作用。

3. 分别用一个例子来说明在四个列举尺度中每一个尺度上记录的属性数据所允许的空间分析类型。

4. 空间采样可以在 2D 或 3D 中进行。讨论为什么三维空间采样比二维采样更难在空间上具有代表性。

5. 虽然点采样很容易实现，但在某些应用中，它必须被采样样方所取代。为什么？讨论采样时应如何确定样方大小。

6. 在构建 DEM 时，影响样本密度的主要因素是什么？

7. 通过比较和对比，分析随机采样、分层采样和集群采样的利弊？点采样、分层采样和样地采样之间的关系是什么？

8. 尽可能多地收集样本的优点和缺点是什么？

9. 在您看来，哪一个更容易分析，空间连续性还是空间格局？请解释。

10. 定义 h 散点图。它可以揭示属性的哪些空间特性？

11. 比较和对比空间自相关和空间互相关。每个人都能实现哪些具体目标？

12. 什么是生态谬论，应该如何避免？

13. 比较 Geary's C 和 Moran's I。两者的临界限制是什么？

14. 互相关和全局二元空间自相关之间的主要区别是什么？

15. 比较和对比空间自相关和联合计数统计在空间格局分析中的作用。

参考文献

Anselin L, 1995. Local indicators of spatial association—LISA[J]. Geographical Analysis, 27(2):93-115.

Gao J. Comparison of sampling schemes in constructing DTMs from topographic maps[J]. ITC Journal, 1995(1):18-22.

Gao J, 1998. Impact of sampling intervals on the reliability of topographic variables mapped from grid DEMs at a micro-scale[J]. International Journal of Geographical Information Science, 12(8):875-890.

Gao J, Lythe M B, 1998. Effectiveness of the MCC method in detecting oceanic circulation patterns at a local scale from sequential AVHRR images[J]. Photogrammetric Engineering & Remote Sensing, 64(4):301-308.

Geary R C, 1954. The contiguity ratio and statistical mapping[J]. The Incorporated Statistician, 5(3):115-146.

Getis A, Ord J K, 1992. The analysis of spatial association by use of distance statistics[J]. Geographical Analysis, 24(3):189-206.

Matkan A A, Shahri M, Mirzaie M, 2013. Bivariate Moran's I and LISA to explore the crash risky locations in urban areas[J]. N-Aerus, 14:1-2.

Moran P A P, 1950. Notes on continuous stochastic phenomena[J]. Biometrika, 37(1/2):17-23.

Openshaw S, 1984. Ecological fallacies and the analysis of areal census data[J]. Environment and Planning A, 16(1):17-31.

Ord J K, Getis A, 1995. Local spatial autocorrelation statistics:distributional issues and an application[J]. Geographical analysis, 27(4):286-306.

Peppa M V, Mills J P, Moore P, et al., 2017. Brief communication:Landslide motion from cross correlation of UAV-derived morphological attributes[J]. Natural Hazards and Earth System Sciences, 17(12):2143-2150.

Stein A, Ettema C, 2003. An overview of spatial sampling procedures and experimental design of spatial studies for ecosystem comparisons[J]. Agriculture, Ecosystems & Environment, 94(1):31-47.

Thompson S K, Seber G A F, 1996. Adaptive Sampling[M]. New York:Wiley-Interscience.

Zhang J X, Atkinson P, Goodchild M F G, 2014. Scale in spatial information and analysis [M]. Boca Raton:CRC Press.

第 4 章
空间描述与推断分析

在实践中,经常需要对点和多边形的空间分布提出一个定量度量,以便它们可以在数量上相互比较,即使这个定量度量本身可能并不完美,例如热带气旋的形状和新城市化的郊区。这种量化可以揭示某些因素在观察到的模式形成中的重要性。此类量化指标的推导通常在描述性空间分析中进行,其目的是将量化值附加到单个观察或一组观察实体上,并生成关于它们的描述性信息(包括其空间模式),识别不寻常或有趣的特征,区分偶然观察和重要观察,并提出关于它们的假设(Haining et al.,1998)。描述性数据分析也称为探索性数据分析,可以扩展到空间数据,其分析可以实现与非空间探索性数据分析相同的目标,还可以对数据的空间分布和评估空间模型提出假设。分析的目标可以是点、线、多边形,甚至是方向。除了必须进行集体分析的点和方向外,分析中的观察值数量可以是一个或者多个。本章阐述了如何对这些数据进行描述性和推断性分析。

4.1 点数据分析

点数据分析的目的是量化点特征之间的空间关系,并测试它们在整体上是否服从某种空间分布。点数据分析早在 20 世纪 50 年代末和 60 年代初就开始了,但由于缺乏合适的计算机软件,直到 20 世纪 80 年代中期才开始流行(Gartall et al.,1996)。20 世纪 90 年代初,随着地理信息系统(GIS)的出现,地理参考点数据以数字形式广泛可用,分析结果几乎可以马上通过图形实现可视化。

4.1.1 点数据

点数据是在特定位置收集的最常见和最简单的空间数据类型。除了这些地点的主题属性外,还记录了坐标。随着GPS设备的普遍使用,可以以前所未有的轻松方式收集点数据。点数据通常在广泛的研究区域中收集,从公安(例如,入室盗窃地址)、交通(例如,车祸地点)、自然灾害(例如,地震震中)和生态(例如,树木和森林火灾的位置),甚至到流行病学(例如,感染传染性病毒的病例)。这些点有一个共同点,即它们被限制在水平坐标的二维平面空间中,即使它们可能位于斜坡上。点模式分析通常不考虑位置的高程或高度。所有点要素都分布在称为研究区域的实际边界内。每个观察点都可以视为一个事件。一次可以分析的点数没有限制。这些点可能具有相同的性质,如交通事故(如单变量),也可能具有不同的性质,如不同物种的树木(如多变量)。

所有点观测均视为没有限制的拓扑。但是,根据比例,某些面要素也可以点格式表示。例如,在全球范围内,单个城市可以表示为点,即使它们是局部范围内的区域实体。为了绘制图表,必须说明在一个地区(如人口普查单位)上列举的人均收入的空间分布情况,可以考虑在每个人口普查单位内的特定点进行观察。在将基于区域的观测值转换为点数据的过程中,区域的质心通常被视为观测点,虽然人们普遍理解并接受属性值是在整个城市范围内收集的。研究区域的大小与点分布的空间范围相同。此多边形包含所有要分析的点,它可以是任何形状,但通常没有孔。

点模式分析的研究对象是点的集合及其相互间的空间关系。点数据的空间特性可以分为两个等级,一阶和二阶。前者简单地描述了预期平均值或平均值的空间变化,或相邻点(如最邻近点)之间的距离。二阶分析旨在描述不同区域点的协方差(或相关性),并试图了解空间格局和观察整个区域的"趋势"。

4.1.2 点模式基本类型

相同类型的点可以以多种方式在空间上分布。可以与观察到的模式进行比较的三种不同模式是随机(完全空间随机)、均匀和聚集(图4.1)。与随机空间采样类似,随机模式意味着分布的随机性[图4.1(a)]。某些地方的高浓度点可能就在低浓度点旁边,所有这些都是完全不可预测的。随机点分布的形成是缺乏外部控制或完全同质空间的表现。雨滴就是一个很好的随机点分布的例子。图案均匀意味着点分布的均匀程度,整个空间由以几乎固定距离分隔的点占据[图4.1(b)]。必须注意的是,均匀分布与系统分布不同,因为一点相对于另一点的方向具有一定的随机性。均匀模式通常是某种外部干预的结果。例如,在果园中以固定的距离种植幼树,将在以后形成均匀分布的树木格局。

(a) 随机　　　　　　　(b) 均匀　　　　　　　(c) 聚集

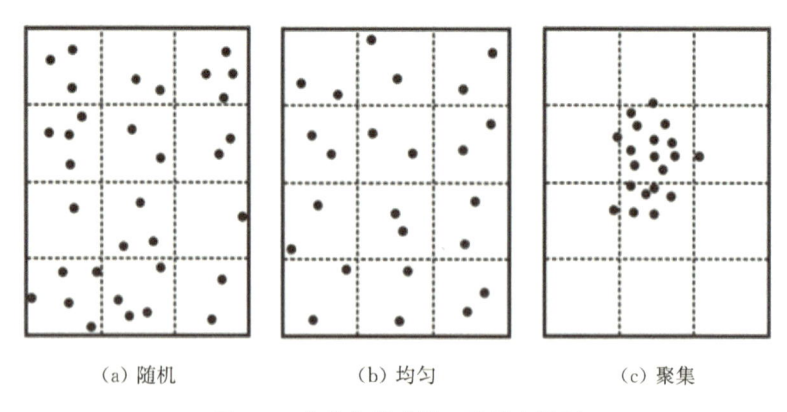

图 4.1　点分布模式的三种基本类型

聚集模式的特点是，一个位置内的一些点彼此之间的距离比空间中允许的距离更近，从而在二维空间中形成空隙[图 4.1(c)]。在图 4.1 所示的三种模式中，聚集模式是最难定量定义的。这种模式可以由许多空间过程形成，例如在天然森林中，成熟树木的后代离母植物非常近，种子在那里掉落并发芽。当存在多个集群时，对于一个点应该属于哪个集群或一个集群应该包含多少成员，没有明确的标准。一个常用的判断标准是欧几里得距离，距离越短意味着成员聚集的概率越高。在一个标准下，某些点可能属于一个簇，但如果标准变得更严格，则可以将其分为两个簇。在聚集分析期间，可以将点观测值分组到分析人员指定的一定数量的聚集中。

上述类型的空间模式适用于具有相同身份的点（例如，单变量）。当格式化空间格局涉及两种类型的点实体时，可以将其描述为独立、吸引或排斥（图4.2）。独立模式可以描述为一个随机模式与另一个随机模式的叠加。由于这两个变量在空间分布上都是随机的，因此没有一个变量以任何可预测的方式与另一个变量相关。在吸引的模式中，一个类型的点比另一个群体的成员更接近另一个类型的点以及它们自己类型的成员，它们共同形成聚集模式。在聚集模式中，具有相同身份的点总是靠近自己的集群上，与其他集群中不同身份的成员相距较远。这两个组在空间上从不混合，并且集群之间的距离是可变的。

4.1.3　随机模式中的泊松过程

随机模式可以揭示其形成背后的许多过程。它只能在均匀设置下形成。换句话说，研究区域内的所有地点都有同等的机会接收事件。此外，它还意味着完

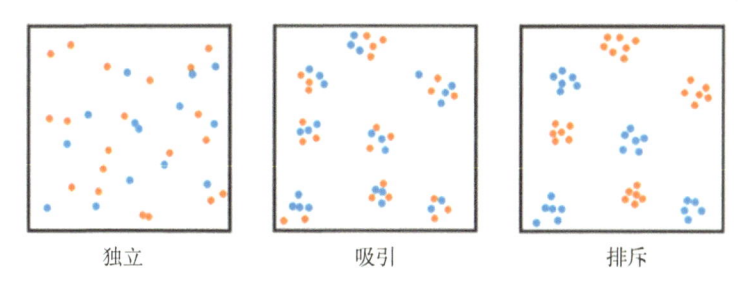

图 4.2　由两种类型的点形成的三种点分布模式

全独立,因为一个点事件对位置的选择不会影响或干扰其他点事件对同一位置的选择。以雨滴为例:一个雨滴落在一个地点并不妨碍或影响另一个雨滴落在同一地点。此外,在某一地点发生事件并不阻止或影响在同一地点发生其他事件。这被称为完全空间随机性(CSR),其中一个事件在任何点的发生都独立于其他事件。每个事件的发生概率与其他事件完全相同,在整个研究领域内发生的可能性是相等的。这意味着研究区域是完全均匀的。

在某些情况下,一个进程仍然可以是随机的,即使接收它的区域是由不同成分组成的,因为这两个完全相互独立。例如,可以将雨滴落在山坡上视为在空间上随机的,但接收雨滴的区域可能被不同类型的植被覆盖,例如树木、灌木、草地,甚至地衣。因此,随机分布不受外部环境的影响。正是大气中雨滴的形成和天气条件共同决定了雨滴空间格局的性质。尽管雨滴可能会在一段时间后对地表覆盖层产生影响,但雨滴落下的地表覆盖层在空间格局的形成中不起作用。

4.1.4　聚集模式的形成

聚集模式通常与农村地区的住宅和森林中的树木有关。这些点特征在空间上结合在一起,形成一个社区或环境多样性。道路是影响住宅聚集的主要因素,而土壤肥力、含水量和养分以及当地环境特征(如坡度方向)都在植物聚集格局的形成中发挥作用。喜水物种可能聚集在湿地周围。聚集模式是对形成的模式产生影响的变量缺乏一致性的表现。如果一个场地已经被一棵树占据,那么它不太可能被另一棵树占据,因为这对植物获取光、水和养分不利。然而,一旦植物在某处建立起来,其后代很可能在附近建立起来,形成聚集模式[图 4.3(a)]。在这种地层中,地形变化也可能发挥作用,因为坡度和方向是水分和能量在景观上重新分布的决定性参数。涉及其他聚集模式的形成可能包括扩散和竞争。短

109

距离的种子传播更有可能导致聚集模式。另一方面,种子传播的距离越长,其空间分布越倾向于随机模式。然而,竞争却并非如此。弱竞争比强竞争会导致更加随机的分布。

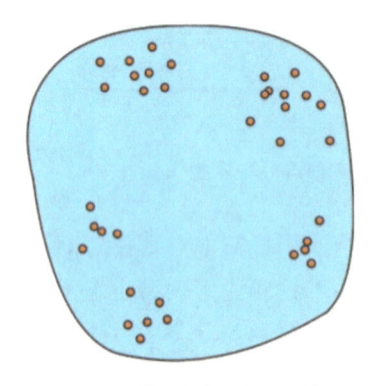

(a) 红杉幼苗的坡度尺度亲子关系　　(b) 地形起伏形成的集水区尺度坡向(Dexter,2007)

(c) 2020 年 1 月澳大利亚大陆尺度丛林火灾(来源:NASA 截屏)

图 4.3　不同空间过程形成的三个尺度上的聚集点模式

除了坡度尺度之外,还可以在流域层面上,甚至在区域层面上进行聚集。例如,如果以栅格数据表示,则面向相同坡度方向的像素可能会聚集在一起[图 4.3(b)]。与澳大利亚野火的空间分布一样,事件的区域聚集可归因于环境的相似性,如大量的干燃料[图 4.3(c)]。澳大利亚东海岸附近的火灾高度集中,可能是由于在炎热干燥的气候下高度可燃的燃料造成的。

当一个聚集模式形成时,可以提出许多问题,以及研究导致其形成的潜在因素。例如,聚集是否仅仅表现出研究区域的先验异质性(例如,阳光照射的斜坡和阴凉的斜坡)？它们是否与地理上感兴趣的其他特定特征有关,例如靠近交通？从统计学上讲，观察到的点模式可以被视为空间过程的结果。可以从数学上描述该模式，以捕获描述点数据分析中形成过程的重要方面。

4.1.5 离散点模式的度量

通过点密度或单位面积的点数量，可以很容易地研究点分散。点密度是点模式的一个重要描述指标，在该指标中，通过指定聚集单元来分析每单位面积的观测数。它定义了邻域，其中所有可用的观测区域都被视为邻域。通过将邻近区域内的观测数量除以其面积，就得出点密度。常用的邻域是一个圆，很容易用半径(r)定义，面积为 πr^2。密度越高表示点之间距离越近，而密度越低表示分散程度越高。然而，这个指标非常粗糙，因为它没有说明这些点是如何分布的，只说明它们的接近程度。

这一缺点可以通过点模式（或点的分散）来克服，点模式可以使用多种方法进行量化。最常用的两种方法是样方法和距离法。样方的形状可以是圆形或矩形。前者倾向于在空间上分散，后者在空间上相邻（图4.4）。在分散样方法中，每次采集样方中包含的点特征数量时，同一样方与分布在研究区域的观测点特征重复和随机叠加。因此，空间被划分为随机、均匀和独立选择的不同数量的样方。因为圆形样方的放置不是互斥的，一个点在其中一个分散样方中并不排除其包含在其他多个样方中，这符合均匀性。即一个样方的位置独立于下一个样方的位置。因此，对于一些重叠样方，相同的点可以分成多个样方[图4.4(a)]。这种方法比相邻样方更科学。

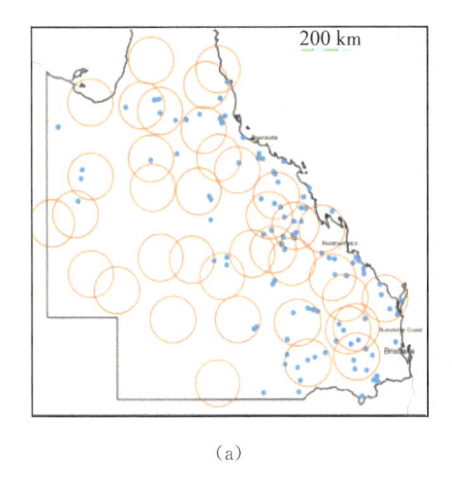

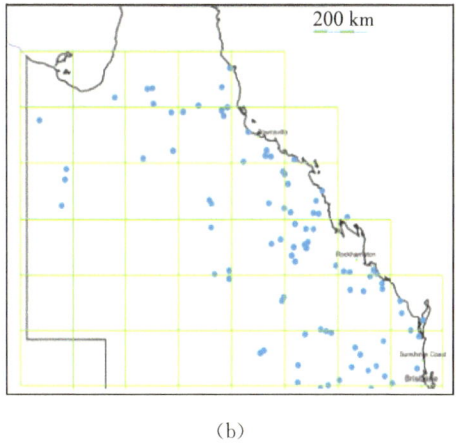

(a)   (b)

图4.4 2021年3月11日前24小时在澳大利亚昆士兰观察到的野火热点点模式分析中使用的分散样方(a)和相邻样方(b)的比较（数据来源：**MyFireWatch**）

111

相比之下，相邻样方法利用覆盖在研究区域上的网格样方[图 4.4(b)]。所有样方的大小、形状和方向都相同，但它们从不相互重叠。这种方法不如分散的样方理想，因为无论网格样方如何放置，点观测只能落在其中一个样方中。如果落入一个样方，则不能同时落入其他样方，这违反了统计学的独立性要求。可以在研究区域重复叠加一组方形样方，然后计算每个样方内的点数。如果网格样方的放置方式不同，则计数结果仍然会有所不同。这种随机性可以通过多次以不同方式重复放置来克服。然而，应避免使用这种方法，因为它不符合某些测试的统计要求。

4.1.6 最邻近分析

在最邻近分析中，基于点与其最邻近之间的距离对点分散进行量化。计算该点到所有考虑的相邻点的距离后，确定其平均值[式(4.1)]，并用于分析所考虑的相邻点分布的紧凑性。最邻近分析要求随机选择与其相邻点之间一定距离内的多个点，前提是每个点都有平等的被选择的机会，并且选择任何一个点都不会影响其他点的选择。

$$d = \frac{1}{n}\sum_{i=1}^{n} d_i \tag{4.1}$$

式中，d 表示平均最邻近距离；n 表示计算中使用的采样相邻点的数量；d_i 表示每个相邻点的距离。

最邻近分析不仅可以分析点数据，还可以分析多边形数据。在后一种情况下，分析的是多边形质心的位置（即多边形被视为点数据）。然而，对两者结果的解释必须有所不同。多边形之间较大的距离可能并不表示分散，因为多边形总是连续的，并且有一个区域。平均距离较大表示多边形尺寸较大，这自然会使相邻多边形的质心间距离更远。当对相同特性的多边形（如森林斑块）进行最邻近分析时，较大的邻近距离可能表明景观不是特别破碎。

4.1.7 热点分析

尽管点密度可以表明数据中存在聚集，但它无法揭示聚集是否具有统计显著性。热点分析可以克服这一限制，这是一种特殊的点数据分析，旨在识别具有统计意义的聚集。热点分析也称为 Getis-Ord Gi* (G-I-star)，它在数据集中相邻事件的空间范围内检查每个事件(Getis and Ord, 1992)。如果高属性值被同样高值的点包围，则会发现具有统计意义的热点。类似地，低值被分组并标识为低值簇或冷点。集群是具有统计意义的热点还是冷点,通过 Getis-Ord Gi* 统计数据进行评估,使用式(4.2)计算:

$$G_i^* = \frac{\sum_{j=1}^{n} w_{ij} x_j - \overline{X} \sum_{j=1}^{n} w_{ij}}{S\sqrt{\frac{n\sum_{j=1}^{n} w_{ij}^2 - (\sum_{j=1}^{n} w_{ij})^2}{n-1}}} \quad (4.2)$$

式中,x_j 表示观测 j 的属性值;w_{ij} 表示观测 i 和 j 之间的权重;n 表示观测总数;$\overline{X}$ 和 S 分别表示所有观测的平均值[式(2.11)]和标准偏差[式(2.13)];与 $G_j(d)$ 类似,G_i^* 是一种 Z 分数统计,其计算已在第 3.4.4 节中给出。

热点分析输出两个统计参数:Z-Score 值(对应变量 Z)和 p 值(图 4.5)。前者表示聚集的强度。Z-Score 值越高,聚集越紧密,反之亦然。Z-Score 值接近 0 表示没有空间聚集。p 值表示空间聚集的概率。高 Z-Score 值和低 p 值的组合表明了一个重要的热点。相反,低 Z-Score 值加上低 p 值表示冷点。

热点分析也适用于点和多边形数据。只有将车辆碰撞点等点数据在空间上聚合到多边形级别后,才能对其进行分析。空间聚合呈现了区域上收集的点观测值属性。适合用于空间聚合的多边形数据的候选对象是人口普查轨迹、行政边界和自定义网格(图 4.5)。所有落入同一网格或同一普查单元的点观测值将聚合为一个值。为了产生可靠的分析结果,每个面积单位的观测数量不应低于 30,低于此值则结果在统计上不可靠。此外,所有没有任何数据(0 或缺失)的观测单位都应排除在分析之外,因为它们可能被错误地当作冷点。

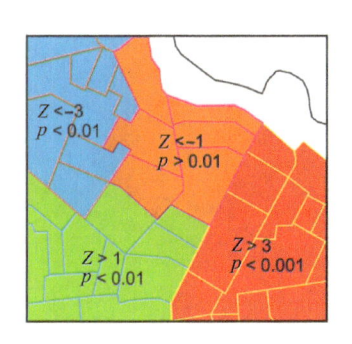

图 4.5 每个观测单元(多边形)热点分析的两个数值输出

热点分析在各个领域都有应用,其中一个领域是交通领域,可以识别容易发生事故的热点,从而揭示道路设计中的缺陷。另一个领域是流行病学,以确定具有统计意义的传染病感染病例群集。已确定的感染热点应得到更多的关注和付出更多的努力,以控制其社区传播。在打击犯罪方面,热点分析可用于识别入室盗窃等案件,以便警方巡逻已识别的犯罪热点,阻止潜在的犯罪者。

4.1.8 点模式的推断性空间分析

推断性空间分析与描述性空间分析的不同之处在于,只有一小部分样本可供分析,其目的是从可用的样本中产生一些有关的信息。通过卡方(χ^2)检验等统计检验,可以推断样本的变化或不确定性,重复相同研究时结果的变化,以及样本是否集体服从某种空间分布。推断性空间分析可以确定总体真实值的合理范围,例如其平均值。推断性空间分析的关键是对零假设(H_0)的统计检验,它假设了一个典型的否定性效应陈述,与替代假设(H_1)相反。替代假设(H_1)首先进行测试。卡方检验用于检验样本在统计上是否以卡方方式分布。所有假设检验都必须涉及两个关键的统计参数,即置信度和 p 值。置信区间表示重复和独立采样产生的样本统计参数代表总体统计参数的水平。通常设置得很高,例如 95% 或 99%。p 值表示在替代假设被拒绝的情况下,产生比观察值更极端值的可能性。如果 $p=0.02$,则表示得到比观察值更极端值的可能性为 2%。

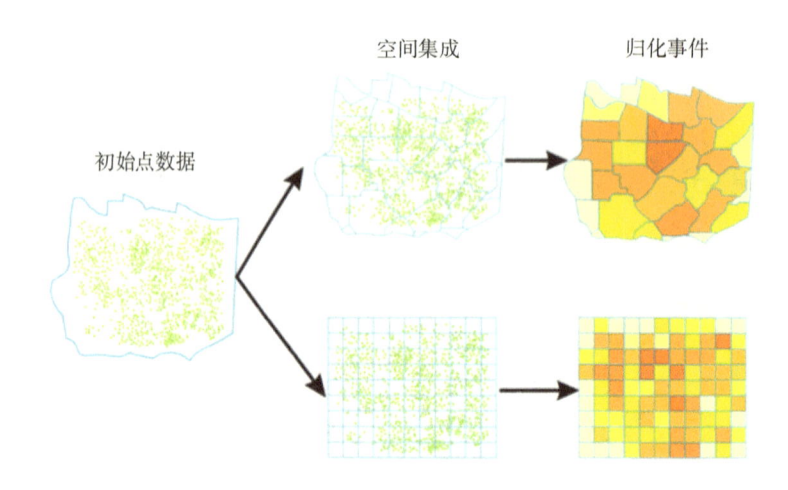

图 4.6 在热点分析之前,使用不规则形状的统计区块(上方)和规则网格(下方)将点数据空间归化到区域中

为了说明如何检验点分布的空间模式是否随机,我们以澳大利亚昆士兰的野火热点为例[图 4.4(a)]。在此示例中,使用分散样方方法来测试热点的分

布,而不是描述它们。总的来说,放置数量总计为 31 个($n=31$),不包括未完全放置在边界内的 7 个不完整样方。样方的数量根据每个样方中包含的野火热点的数量计算(表 4.1,第 2 列)。在 χ^2 检验中,零假设(H_0)表明观察到的模式与 CSR 没有显著差异,替代假设(H_1)指出,观察到的模式与 CSR 显著不同。选择适当的显著性水平 α,通常为 5%,这意味着 95% 的假设是正确的。整个计算过程如表 4.1 所示,主要步骤说明如下。

表 4.1　澳大利亚昆士兰野火热点模式的卡方检验

[1]观察样方数量	[2]观察率 O_i	[3]合并	[4]可能性	[5]预期效率 E_i	[6]合并	[7] $(O_i-E_i)^2/E_i$
0	6	6	0.040	1.237	1.237	18.340
1	7	7	0.128	3.977	3.977	2.297
2	4	5	0.207	6.414	0.222	6.894
3	1		13.308	5.187		
4	4	7	0.179	5.561	9.151	0.506
5	3		0.116	3.590		
6	3	6	0.062	1.934	3.326	2.149
7	2		0.029	0.896		
8	0		0.012	0.366		
9	1		0.004	0.130		
总计	31	—	1.000	30.999	—	28.481

步骤 1:列出每个合格样方中包含的热点数量(表 4.1 第 1 列)。

步骤 2:计算包含第 1 列中显示的每个可能热点数量的样方数量,并将计数放在第 2 列中;如果观测频率低于 5,则聚合所有样方。例如,观察样方数量 2 和 3 被合并,因为每个都包含少于 5 个观察值。这种合并不会改变完整样方的总数(31)。它只会将类别的数量从 10 个减少到 5 个。

步骤 3:计算每个样方的平均热点数量(λ):λ=热点总数量(n)/完整样方数量(k)=100/31=3.226(注:不包括落在海岛上的观测)。

步骤 4:根据方程式(4.3)计算具有 x 个热点的样方的概率 $p(x)$(第 4 列):

$$p(x)=\frac{\lambda^x}{e^\lambda \cdot x!} \tag{4.3}$$

式中 $x=0,1,2,\cdots,9$;$e=2.7183$,因此:

$p(0)=3.226^0/(2.718\ 3^{3.226}\times 0!)=0.040;$

$p(1)=3.226^1/(2.718\ 3^{3.226}\times 1!)=0.128;$

$p(2)=3.226^2/(2.718\ 3^{3.226}\times 2!)=0.207;$

……

$p(9)=3.226^9/(2.718\ 3^{3.226}\times 9!)=0.004。$

步骤5：将步骤4(第4列)中计算的概率乘以观察到的完整样方总数(31)(第5列)，计算出预期频率。例如：0.039 9×31=1.236 9(注：列总数仍为31，与第2列相同；预期效率也以与观察频率相同的方式进行聚合)。

步骤6：使用第7列中给出的公式计算 χ^2 值，然后导出列和(28.481)，例如：

$$(O_i-E_i)^2/E_i=(6-1.237)^2/1.237=18.340$$

步骤7：使用5-1-1=3的自由度(5为合并后的类别数)($\chi^2_{3,0.05}=7.81$)在表4.2中 $\alpha=0.05$ 的显著性水平上搜索理论 χ^2 值。比较观察值和理论值 χ^2。

由于 $\chi^2_{3,0.05}(7.810)$ 小于28.481，H_0 被拒绝。观察到的模式与CSR显著不同。

表4.2 X^2 不同自由度的值和 p 值

自由度	χ^2 值										
1	0.004	0.020	0.060	0.150	0.460	1.070	1.640	2.710	3.840	6.630	10.830
2	0.100	0.210	0.450	0.710	1.390	2.410	3.220	4.610	5.990	9.210	13.820
3	0.350	0.580	1.010	1.420	2.370	3.660	4.640	6.250	7.810	11.340	16.270
4	0.710	1.060	1.650	2.200	3.360	4.880	5.990	7.780	9.490	13.280	18.470
5	1.140	1.610	2.340	3.000	4.350	6.060	7.290	9.240	11.070	15.090	20.520
6	1.630	2.200	3.070	3.830	5.350	7.230	8.560	10.640	12.590	16.810	22.460
7	2.170	2.830	3.820	4.670	6.350	8.380	9.800	12.020	14.070	18.840	24.320
8	2.730	3.490	4.590	5.530	7.340	9.520	11.030	13.360	15.510	20.090	26.120
9	3.320	4.170	5.380	6.390	8.340	10.660	12.240	14.680	16.920	21.670	27.880
10	3.940	4.870	6.180	7.270	9.340	11.780	13.440	15.990	18.310	23.210	29.590
p 值(概率)	0.950	0.900	0.800	0.700	0.500	0.300	0.200	0.100	0.050	0.010	0.001

4.1.9 核密度分析

当太多的点互相重叠时，第4.1.5节中讨论的传统点密度分析会出现问题。如果它们彼此太近，则不可能清楚地了解它们的空间密度[图4.7(a)]。这个问题可以利用点的核密度来避免,也称为核估计。它可以揭示聚集的强度。在核密度估计中,通过计算移动样方或"窗口"内每单位面积的事件数来分析点模式。移动窗口中的点事件根据其与相关点的距离进行加权。该方法能够从点 $\hat{f}(x,y)$ 的样本中得出单变量概率密度的平滑估计[图 4.7(b)]。计算如下:

$$\hat{f}(x,y) = \frac{1}{nh_x h_y} \sum_i^n k\left[\frac{x-x_i}{h_x}, \frac{y-y_i}{h_y}\right] \tag{4.4}$$

$k\left[\dfrac{x-x_i}{h_x}, \dfrac{y-y_i}{h_y}\right]$ 表示核加权函数,其中:

$$h_x = \sigma_x \left(\frac{2}{3n}\right)^{\frac{1}{6}} \tag{4.5}$$

式中,n 表示带 h_x 和 h_y 中包含的点的数量;h_x 和 h_y 分别是 x 和 y 方向上的核带宽;σ_x 表示带宽内所有封闭观测值的标准偏差。

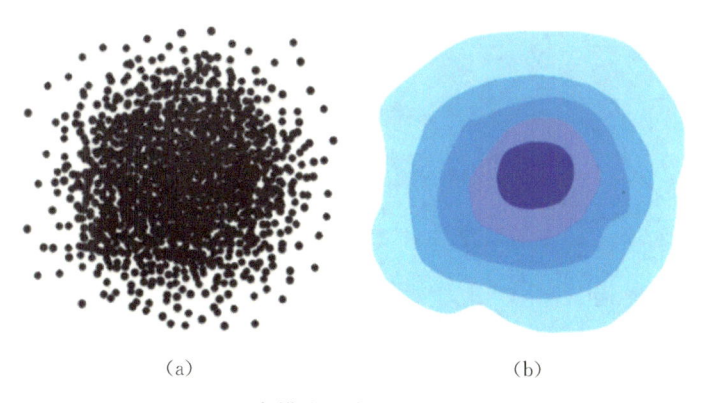

图 4.7 点模式丢失(a);聚集强度(b)

当多个点相互重叠时,核密度估计可以有效地显示空间聚集的程度[图 4.8(a)]。在这种情况下,很难识别单个点。相比之下,如果以轮廓形式表示,则核密度估计能够定量地显示聚集水平和空间模式[图 4.8(b)]。核密度分析成功的关键是选择合适的带宽 h_x 和 h_y(图 4.9)。适当的带宽能够最大限度地保留图案,同时仍然显示聚类型。h_x 和 h_y 实际上是各自方向上的凹凸半径。无论是过于小的带宽还是过于大的带宽都无法真正揭示空间聚集的强度。带宽越大,空间模式的泛化程度越高,核密度估计值会有噪声,真实性越低[图 4.10(a)]。相反,过于保守的带宽可能无法充分显示点分布模式[图 4.10(c)]。

至于如何确定适当的带宽,没有任何规则。在进行分析之前,需要对围绕每个观测值的一系列小"凹凸"(2D 概率分布)进行平均值计算,以得出概率密度的估计值。确定带宽的一种实用方法是在多个带宽上运行分析[图 4.10(b)]。

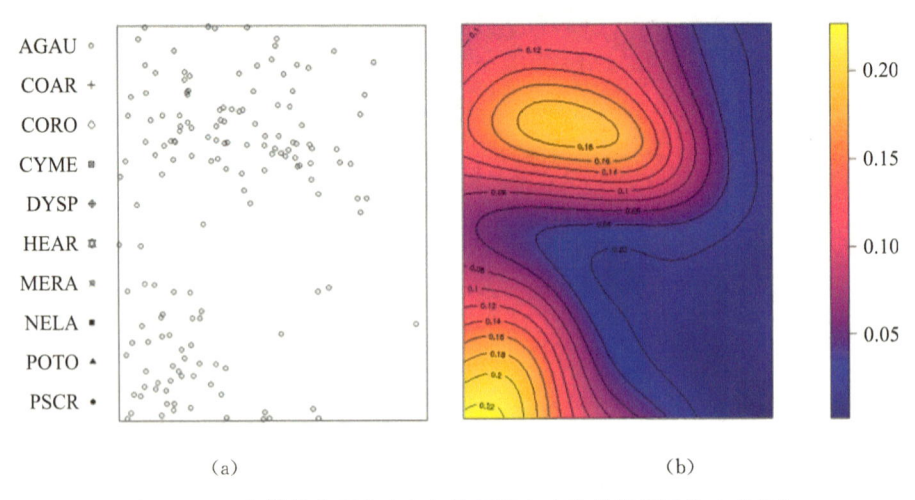

(a)

(b)

图 4.8　贝壳杉的空间分布(a);使用核密度等值线显示的密度(b)

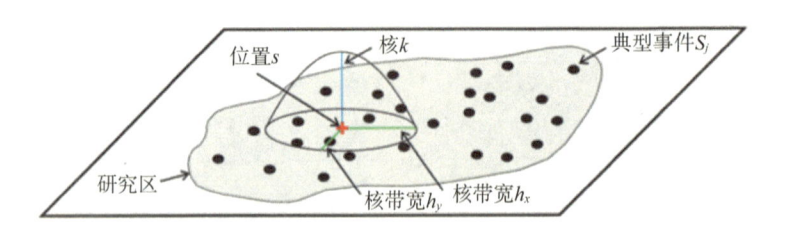

图 4.9　必须指定带宽的位置 s 处点密度的核估计

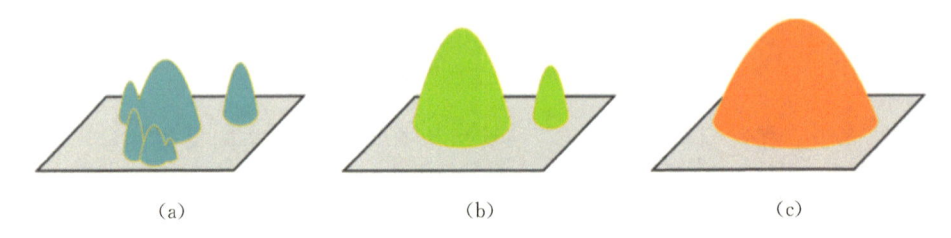

(a)　　　　　　　　(b)　　　　　　　　(c)

图 4.10　带宽对内核密度模式的影响:(a) 带宽过于保守,导致许多小尖峰;
　　　　(b) 合适;(c) 带宽过宽,导致只有一个尖峰。

核密度不同于普通点密度,因为每个观测点周围计算的核密度是基于一个二次公式,最大值位于中心(观测点所在的位置,如图 4.9 中的 s),并且在接近搜索半径时逐渐变为 0(图 4.10),而在普通密度中,相同的值适用于整个搜索邻域,并且密度在空间上是均匀的。

4.1.10 点模式的二阶分析

点数据的二阶分析首先涉及推导观测点模式的函数，然后将其与作为参考或尺度的某种标准模式进行比较，例如最常用的完全随机模型(CSR)。点密度是在不同的距离或范围内计算的，因此它是用于识别相邻点的范围(距离)的函数。计算基于距离的点密度最常用的方法之一是 Ripley's K 函数，这是一种广泛使用的点数据二阶统计量。它需要计算多个范围或距离上的点密度，在此范围内，将观测值的数量与 CSR 分布下的预期模式进行比较。它可以在不同的范围(r)内检测到偏离 CSR 的情况。与 Moran's I 指数类似，它能够生成用户指定尺度下的点分布信息，以及点数据集合的分布信息。由于 K 函数实际上是一种多距离空间聚集分析，用户可以确定分布在不同的分析范围内是分散的、聚集的还是随机的。有了这些知识，就有可能选择一个最佳的尺度来研究感兴趣的现象。Ripley's K 函数表示为

$$\hat{K}(r) = \frac{1}{\hat{\lambda}} \sum_{i=1}^{n} \sum_{j=1(i \neq j)}^{n} \frac{w(S_i, S_j)^{-1} i(\|S_i - S_j\| \leqslant r)}{N, t > 0} \tag{4.6}$$

式中，r 表示步长；N 表示由 r 形成的区域内封闭的点的数量；$\hat{\lambda}$ 表示估算的点密度计算为 N/A（A 为研究区域的大小）；$w(S_i, S_j)$ 表示研究区域 A 内以 S_i 为中心穿过 S_j 的圆的周长部分。

Ripley's K 函数 $\hat{k}(r)$ 描述了 2D 点的分布，这些点的强度(λ)大致固定，但相互独立(例如雨滴)。因此，它可以用来生成关于点模式的概括信息(例如，其分布参数)，验证模式相关假设，甚至可以用模型拟合观察到的分布模式。

$\hat{k}(r)$ 通过方程(4.7)从 $K(r)$ 估算得出：

$$K(r) = E(N_r)/\lambda \tag{4.7}$$

式中，N_r 是范围 r 处的事件数(点)；λ 表示每单位面积的事件数(如密度)。参考分布为 $K_{CSR}(r) = \pi r^2$。如果 $K(r) > K_{CSR}(r)$，则附近有多余的点，并且模式倾向于聚集。如果 $K(r) < K_{CSR}(r)$，则附近发生其他观测结果的可能性较小，表明分布模式较为分散。

Ripley's K 函数曲线能够表明研究点的一般分布模式(图 4.11)。均匀分布的曲线(c)位于底部，而聚集分布的曲线(a)位于顶部。将观测曲线与这些参考曲线进行比较，可以揭示观测点的分布性质。如果观察到的曲线低于预期的

随机分布曲线，则表明存在分散模式。如果它位于随机分布曲线上方，则该分布是聚集的。如果它与预期分布的直线平行，则分布是随机的(图 4.12)。

导出的 $K(r)$ 曲线可能涉及一定程度的不确定性或可变性。不确定性的范围通常通过包络线表示。这是指置信水平，表示为最高值和最低值之间的范围〔例如给定距离处 $K(r)$ 的包络线〕。如图 4.13 所示，包络线在小范围内相当窄，但在大范围内变得越来越宽。

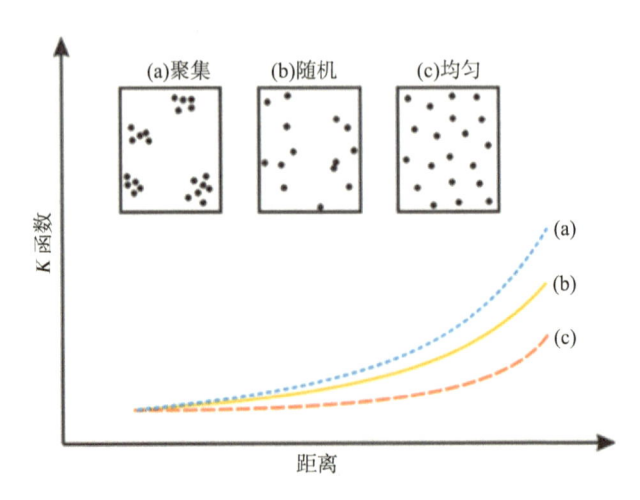

图 4.11　三条 Ripley's K 函数曲线表示三种类型的点分布模式

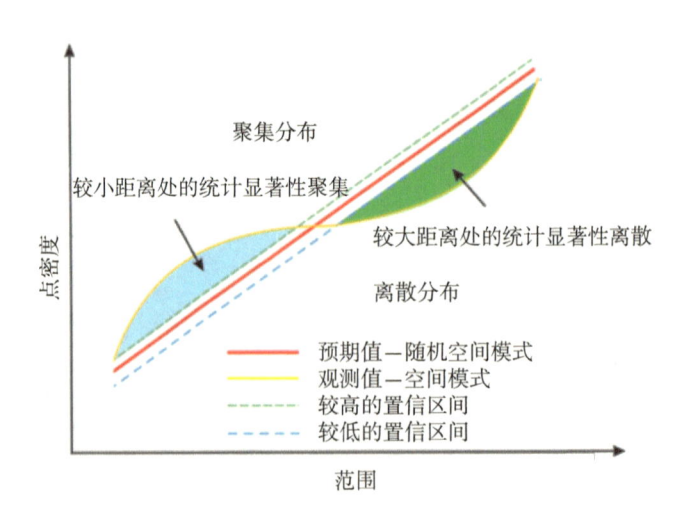

图 4.12　Ripley's K 函数的解释

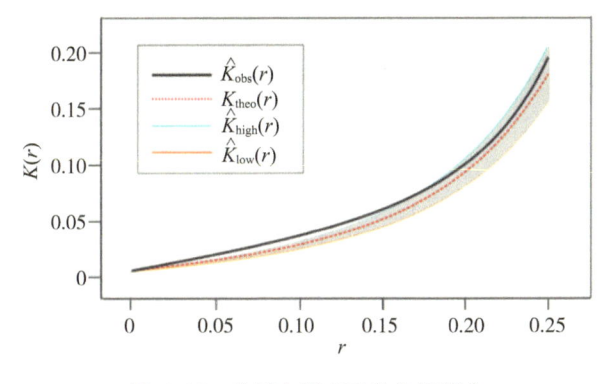

图 4.13 分析点模式时的包络概念

如图 4.11 和 4.13 所示，$K(r)$ 函数曲线是非线性的，这导致很难判断观察到的分布曲线是否与理论分布曲线平行。然而，观察到的点密度曲线与理论曲线在不同范围内的细微偏差，更容易察觉和判断其与理论曲线是否是平行的，如图 4.12 所示。

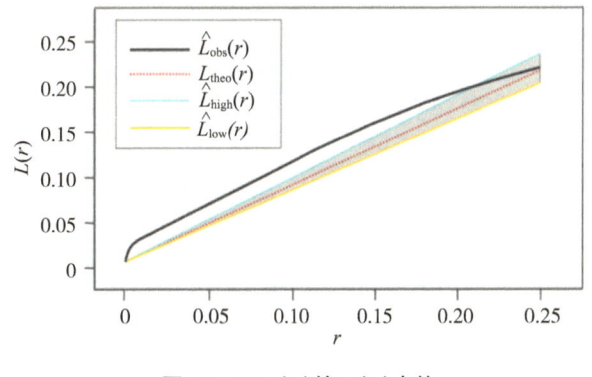

图 4.14 $K(r)$ 的 $L(r)$ 变换

因此，$K(r)$ 已转换为各种线性形式，其中一种是 $L(r)$，计算如下：

$$L(r)=\sqrt{\frac{k(r)}{\pi}}=\sqrt{\frac{A\sum_{i=1}^{N}\sum_{j=1,i\neq j}^{N}k(i,j)}{\pi N(N-1)}} \tag{4.8}$$

式中，A 为面积；N 为点数；r 为范围或距离；$k(i,j)$ 是权重，如果 i 和 j 之间的距离小于 d 时权重为 1，否则为 0。这种变换能够很好地生成一条斜率为 1(45°)的直线，该直线通过原点，因此，通过比较观察到的分布曲线来判断不同范围内点模式的性质要比二次曲线容易得多(图 4.14)。

4.2 分形与空间分析

4.2.1 线面复杂性

在现实中，经常需要量化线性和区域特征。例如，众所周知，河道在低海拔的较低河段更弯曲，但在较高河段更直(图 4.15)。河道的弯曲度不仅可以指示其年龄，还可以指示周围的景观甚至潜在的地质情况。同样，沿海平原的表面几乎是平坦的，而山区可以经历巨大的地形起伏。我们如何比较不同地表起伏度的景观？是否存在一个定量的方法，使线性和区域地理实体之间可以客观地进行比较？这些问题可以通过本节涵盖的许多指数来回答。

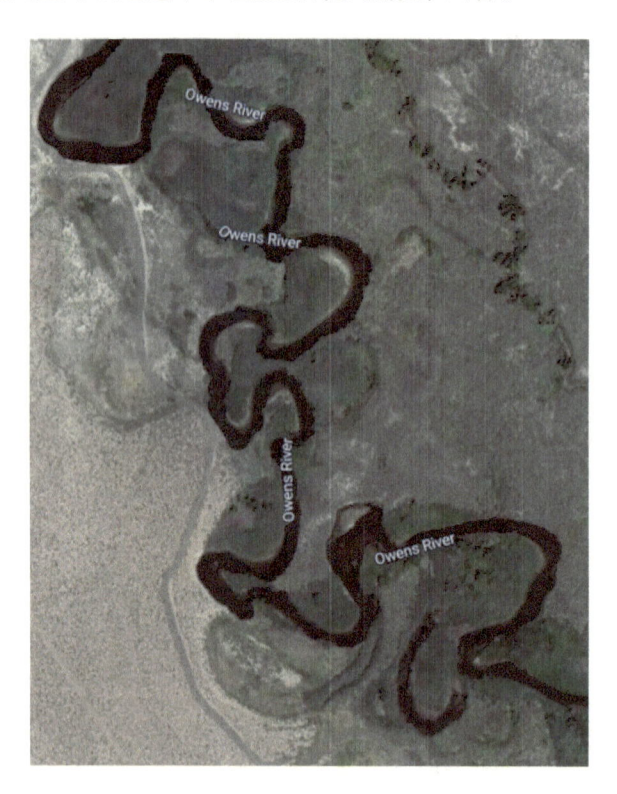

图 4.15 加利福尼亚州欧文斯河弯曲河道(图片来源：谷歌地图截屏)

线性特征的复杂性可以通过最短长度与其实际长度的比率来定义。该比率可以通过起点和终点的直线长度(距离)除以相同两点之间的实际长度(D_{actual})来量化[式(4.10)]。这种计算可以在 GIS 中轻松完成，因为所有线性特征都由许多微小的直线段表示,从这些直线段可以总结出实际长度。比例越小,河道越弯曲。相反,比率越接近1,河道越直,几何结构越简单。在比较中,参考长度是根据两点的平面坐标计算的直线长度或最短欧氏距离(D_{direct})[式(2.4)]。

$$Ratio = D_{direct}/D_{actual} \tag{4.10}$$

虽然推导起来很简单,但这一比率相当粗略,因为它没有表明曲线是如何弯曲的以及在哪里弯曲的。

与线相比,曲面特征的特性更为复杂,难以量化和相互比较。在比较中,常用的参考面是平坦的,没有任何起伏。可以使用高程的标准偏差或其范围来衡量表面起伏。这些参数虽然容易计算,但缺乏明确的含义。例如,如果一个曲面的高度标准偏差是另一个曲面的两倍,那么该曲面的扭曲程度会有多大?事实上,高度或起伏程度的标准偏差并不能帮助我们直观地理解地表变化。解决这一难题的办法在于分形维数。

4.2.2 分形几何基础

分形几何可以定义为一种由在某种程度上与整体相似的部分组成的形状。分形特征的几何或物理结构在所有测量尺度上都可能是不规则形状或碎片,即在某些变换下的尺度无关性或几何不变性,这是理解分形概念的核心。它可以表现为两种基本形式:自相似性和自亲和性。自相似或精确分形意味着一个形状的每个部分在几何上与整个形状相同或相似,无论是统计上还是逐字。换言之,一个空间实体由其自身的 n 个副本组成,并可能进行旋转和平移(图4.16)。在所有笛卡尔坐标系中,每个副本从整体按相同比例缩小。事实上,这种精确的分形以雪花为例,但通常与行为更像自相似分形的地理或空间实体无关。与自相似实体相比,自相似或统计自相似特征更常见于空间实体。换句话说,如果在

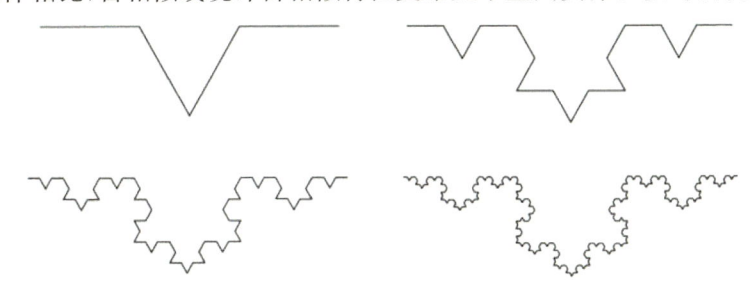

图 4.16 自相似分形图

统计上放大和/或缩小到适当的比例,实体的一部分看起来与整体相似。例如,如果沿不同方向的长度通过不同的因子缩小或增大,则它们似乎是相同的。统计自相似性的例子有地貌学中的海岸线。线性和区域特征的分形维数能够定量地揭示其几何复杂性。

4.2.3 分形维度及确定

分形维数也称为 Hausdorff-Besicovitch 维数,它是一个实数,表示空间实体的不规则程度或复杂性,空间实体在其拓扑维度上可以是线性的,也可以是面状的。线性特征的分形维数可以介于 1 和 2 之间。分形维数为 1 表示它是直的。接近 2 的尺寸表示线是弯曲的,几乎占据了整个二维空间。类似地,曲面的分形维数可以介于 2 和 3 之间,具体取决于其复杂性。分形维数为 3 意味着曲面非常褶皱,几乎填满了整个 3D 空间。因此,分形维数可以真实、客观地反映线性和面状空间实体的复杂性。

分形维数的确定依赖于回归分析,其中步长和长度(面积)的双对数图用斜率表示分形维数的直线拟合。回归分析的拟合优度表明所研究的地理实体是否表现为分形。表 4.3 给出了计算分形维数的一些常用方法。这些方法具有不同的适用性,可能会出现相同的空间实体对应截然不同的维度的情况。在表中列出的八种方法中,只有第一种适用于线性特征,而其余的方法适用于面积特征。在面积算法中,行走分割、变异函数和盒计数方法是非常常用的。变异函数法得出山区的维数为 2.16(Roy et al.,1987),该尺寸几乎与使用行走分割法计算的 2.17 相同。这两个数字都略大于使用盒计数法获得的 2.09。事实上,盒子计数法和面积周长法在海岸线、等高线和岛屿轮廓之间产生了最大的差异(Goodchild,1982)。

数字格式的数据(无论是线性数据还是区域数据)的广泛和容易获得,促进了空间实体分形维度的精确测定。特别是,通过数字高程模型(DEM)在规则栅格上表示表面,可以轻松确定地球表面的分形维度。分形维度可以使用一些计算工具得出,其中一个是 FRAGSTATS(见第 4.4.3 节)。

分形维度在空间分析中的主要用途与地形、多边形和海岸线的量化有关。分形分析已成功用于表征高度不规则的线性特征、各种类型的地貌和城市土地利用(Purevtseren et al.,2018),并用于描述栖息地破碎化和从统计上划定地貌区域(Gao and Xia,1996)。分形分析的一个新应用是模拟具有已知维度的地形,根据该维度可以检验假设。然而,很难将分形维数与地层地貌过程联系起来,因为两者之间没有一一对应的关系。分形分析在对城市群和模式的描述性空间分析以及城市化过程的评估方面取得了更大的成功,如城市形态形成的空间吸收、变化和连续性程度(Frankhauser,1998)。

表 4.3 常用的分形维数估计方法(Gao and Xia,1996)

方法	算法	估计值 D	来源
溪流数和溪流长度定律	$D=\log R_b/\log R_l$ R_b 为分叉比 R_l 为流长比		La Barbera and Rosso,1989
分线法	$L(\lambda)=k\lambda^{1-D}$ λ 为步长 $L(\lambda)$ 为总长度	根据 $\log\lambda$ 绘制 $\log L$ $D=1-B$	Mandelbrot,1967 Goodchild,1980 Shelberg et al.,1982
变异函数	$2\gamma(d)=kd^{4-2D}$ d 为采样间隔 $2\gamma(d)$ 为增量变异函数	根据 $\log d$ 绘制 $\log\gamma(d)$ $D=2-B/2$ 适用于剖面; $D=3-B/2$ 适用于表面	Mark and Aronson,1984 Roy et al.,1987
盒计数法	$N=kl^{-D}$ l 为单元格大小 N 为平均值邻接数	根据 $\log l$ 绘制 $\log N$ $D=-B$	Goodchild,1982 Shelberg et al.,1983
周长面积比法	$A=kP^{2/D}$ P 为估计周长	根据 $\log P$ 绘制 $\log A$ $D=2/B$	Kent and Wong,1982
功率谱	$P(\omega)=\omega^{2D-5}$ ω 为频率 $P(\omega)$ 为功率	根据 $\log\omega$ 绘制 $\log p(\omega)$ $D=(5-B)/2$ 适用于剖面; $D=(8-B)/2$ 适用于表面	Turcotte,1987
三棱柱体	$A(\lambda)=k\lambda^{2-D}$ λ 为步长 $A(\lambda)$ 为总面积	根据 $\text{Log}(step-size^2)$ 绘制 $\text{Log}A$ $D=2-B$	Clarke,1986 Jaggi et al.,1993
大小频率	$N(A>a)=ka^{-D/2}$ $N(A>A)$ 为规模 A 以上的岛屿数量	根据 $\log a$ 绘制 $\log N(A>a)$ $D=-2B$	Kent and Wong,1982

D 为分维;k 为常数;B 为回归线的斜率。

4.3 面数据的形状分析

形状分析希望了解一组二维空间实体的几何特性以及它们之间的空间关系。到目前为止,人类学家已经利用它来量化大猩猩头骨的形状(Harmon,2007)。然而,在本节中,形状分析仅限于平面形式,通常在二维多边形数据上执行,一起分析其中单个实体或一组相似实体。进行形状分析具有重要意义,因为这是为了更好地理解目标形状形成的物理过程的先决条件。例如,几维鸟栖息地的形状可以很好地揭示鸟类觅食活动的空间范围。栖息地形状还可以揭示动物的活动范围及其与环境的相互作用。圆形栖息地可能表示以最小的地形障碍向各个方向移动。另一方面，狭长的栖息地可能是由于存在障碍物（如小溪）造成的。为了便于多边形（栖息地）的比较，需要对多边形的形状进行定量描述，尽管这种量化可能并不完美。

4.3.1 形状度量的预期特性

为了生成可靠的分析结果，导出的形状指数必须满足某些特性，例如唯一性、旋转不变性、尺度不变性、简约性和独立性（Clark，1981）。

（1）唯一性是指唯一形状对应于唯一索引值，反之亦然。这种特性很难实现，因为默认情况下，所有形状都是二维的，很难用数字来量化。因此，一些形状指数（例如，最短半径与最长半径的简单比率）无法满足此特性。

（2）旋转不变性意味着相同的形状应该产生相同的索引值，而不管其方向如何。这在空间分析中很重要，因为同一物体可以在照片或卫星图像的不同方向上被捕获。多边形的形状不随其方向而变化。对于某些多边形，例如几维鸟栖息地，方向是固定的。在其他情况下，多边形可以旋转，例如植物种子的散布区域。每当主导风改变方向时，传播方向可能会改变，导致形状方向不同。只要多边形的形状保持不变，无论其方向如何，其定量描述符都应具有相同的值。这种度量比唯一性更容易实现，因为常用的指数都不考虑方向。

（3）尺度不变性意味着无论捕获或测量空间实体的比例如何，相同的形状都应该具有相同的索引值。如果形状是从不同空间分辨率的遥感图像映射而来，则这一特性尤其重要。它们会导致同一多边形看起来非常大或非常小，具体情况取决于其贴图的比例。比例不变性意味着形状应该是无量纲的。然而，根据所使用的形状指数，无法始终满足此标准。

（4）简约性意味着形状的描述符数量应保持在最小。当然，更多的描述符会增加有关多边形形状的更多信息，但并非所有描述符都同等重要或有效。只有那些最能说明问题的描述符才应该被保留。

（5）独立性意味着无论保留多少描述符，它们都必须相互独立。换句话说，删除其中一个不应影响其他保留的描述符，它们不需要重新计算。

在这五项特性中，前三项比后两项更重要。这些特性都与形状指数的实际值有关。最后两项涉及形状指数本身，而不是形状应如何计算或解释。

到目前为止，多边形形状已使用多种指标进行量化，包括使用多种方法计算的延伸率、圆度比和纵横比。它们分为三大类：基于轮廓、基于紧凑度和与标准形状的比较(表 4.4)。所有形状分析算法都可以分为两类,一类是关注周长还是整个区域,另一类是通过标量测量或结构描述符来描述原始多边形(Pavlidis,1978)。

表 4.4　常用描述性形状指数及其最佳用途的比较

方法	公式	优点	缺点	最佳用途
周长面积比法	$\dfrac{P_{ij}}{2\sqrt{\pi a_{ij}}}$	简单、紧凑	没有关于形状的信息,只是偏离圆形的程度	一组多边形(例如,土地覆盖面片)
基于边界法	傅立叶谐波	稳健、准确	易受噪声和分裂点影响,复杂	无孔的单个形状
轴比率	$R_{\text{short}}/R_{\text{long}}$	简单,易于计算	两个方向的一般形状,不精确	单个多边形(例如,城市形状)
半径平均值	$100\sum\limits_{i=1}^{n}\left\|\dfrac{r_i}{\sum\limits_{i}^{n}r_i}-\dfrac{1}{n}\right\|$	半径偏差(参考形状:圆)	以分割形状的扇区数为准	仅适用于单个多边形
最小-最大比率	$L_{\min}/L_{\max}$	计算简单,测量伸长率	两个主要方向的形状,太粗糙	防雨罩的形状
分形维度	$Ln(p_{ij})/Ln(a_{ij})$	精确指示繁杂形状	计算复杂	单个多边形和集合多边形
基于惯性矩的紧致性	$C_{MI}=\dfrac{A^2}{2\pi I_g}$	能够处理具有孔和多个部分的形状,结果相加	高度复杂	大量多边形的区域化
Gravelius 系数	$GC=\dfrac{P_r}{2\sqrt{\pi A_r}}$	稳健,不受 DEM 网格大小或流域规模的影响	盆地表面积计算复杂	量化自然排水集水区的形状

4.3.2　基于外边界的形状分析

基于外边界的形状分析侧重于形状的轮廓或边界,而完全忽略其内部(例如,是否有孔不会影响量化结果)。这一类别下有两种方法:将二维形状转换为一维边界表示,以及傅立叶半径展开。两者都需要展开外边界并将周长上的离散点表示为极坐标(图 4.17)。展开后,使用傅立叶级数来描述这些点相对容易。外边界的分割发生在任意选择的位置。然后,将展开的外边界曲线分解为一系列谐波相关的三角曲线(例如正弦和余弦曲线)。即使是复杂的形状,也可以通过适当数量的傅立叶系数(谐波)精确描述。傅立叶分析有各种不同的版本,具有不同的复杂性,其中一种被称为快速傅立叶变换。它可以将大量系数减少为每个谐波的两个独立系数。然而,使用此方法进行形状分析的结果在很大程度上取决于轮廓拆分和展开的位置(例如数字化形状外边界或阶段的起点)。

它的计算是大规模和复杂的。此方法仅适用于没有任何孔的单个多边形。

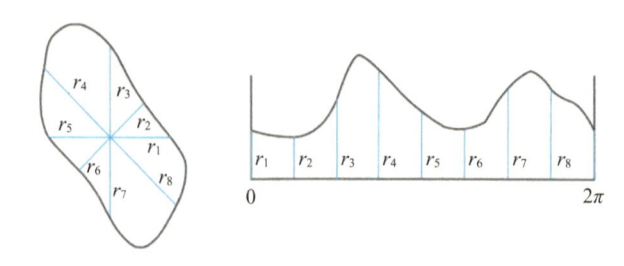

图 4.17 通过在任意选择的起点展开形状来量化形状的外边界提取方法

此外,傅立叶分析方法对捕捉到的形状外边界是否平滑很敏感(Haines and Crampton,2000)。如果它包含大量杂散的高频噪声,那么它们可能会影响甚至破坏分析。另外,傅立叶分析结果对数字化外边界的起始位置非常敏感,这可能会影响结果的正确解释。当外边界上没有明确定义的、生物学上同源的适合作为起点的位置时,这个问题尤其严重。

4.3.3 基于紧凑度的形状分析

基于外边界的度量可以使用易于定义的参考形状,例如圆。之所以选择它作为参考形状,是因为它是最紧凑的,在给定周长的情况下,圆包围的面积是最大的。圆的优势还在于其面积仅取决于一个参数、半径。形状指数可以表示为周长面积比:

$$Perimeter\text{-}to\text{-}area\ shape = \frac{P_{ij}}{2\sqrt{\pi \cdot a_{ij}}} \tag{4.11}$$

式中,P_{ij} 表示第 i 类第 j 个多边形的周长;a_{ij} 表示其面积。无论大小和方向如何,所有圆的周长与面积比都为 1。因此,它们具有尺度不变性和旋转不变性。比率越小,周长包围的面积越小,表明形状越来越细长(图 4.18)。虽然计算起来很简单,但这个比率无法揭示确切的形状。相反,它表明与参考形状的偏差程

图 4.18 基于周长面积比量化形状的外边界提取方法

度。这个比率面临一个很大的限制,因为两个完全不同的形状可以具有相同的比率。因此,它无法满足所需的唯一性特征。

紧凑度比率适用于单个多边形和相同类型的多边形组,例如景观中的森林多边形。当多个多边形是分析的目标时,所有多边形的平均形状指数可以通过求平均形状指数并除以多边形数来计算相同类型:

$$Mean\ shape\ index = \frac{1}{n_i}\sum_{j=1}^{n_i}\left[\frac{P_{ij}}{2\sqrt{\pi \cdot a_{ij}}}\right] \tag{4.12}$$

式中,n_i 是 i 型多边形的总数。利用该平均形状指数,可以定量比较不同类型的多边形或栖息地。

周长面积比的一种特殊形式称为 Gravelius 系数(GC),定义为流域周长与具有相同表面积的圆周长的比率。计算如下:

$$GC = \frac{P_r}{2\sqrt{\pi \cdot A_r}} \tag{4.13}$$

式中,P_r 和 A_r 分别指根据相对分辨率为 r 的 DEM 计算的流域周长和面积。GC 不受 DEM 网格大小或流域尺度的限制,满足所需的尺度不变特征。该形状指数可用于在水文研究中比较流域(Sassolas-Serrayet et al.,2018)。

Li 等人(2013)提出的压实度指数不依赖于周长,而是利用惯性矩(MI)。计算如下:

$$C_{MI} = \frac{A^2}{2\pi I_g} \tag{4.14}$$

式中,I_g 表示多边形质心;A 表示形状的面积。与其他基于紧凑度的形状度量不同,C_{MI} 适用于任何形状的多边形,即使是具有孔和多个部分的多边形,尽管在有孔的情况下确定质心是一个相当复杂且计算密集的操作。MI 值通过 Li 等人(2013)开发的基于梯形的方法计算。这提高了以矢量或栅格数据表示的形状的计算效率。该度量是稳固的,并且计算的形状指数对数字化形状外边界的不确定性不敏感。计算值是稳定的,不随多边形大小和空间分辨率变化,也不随比例变化。这种基于紧凑度的度量尤其适用于涉及大量多边形的区域化问题中的形状分析,例如人口普查数据,其中大量形状需要聚合到几个较大的区域中,因为指数是相加的。每当将新多边形添加到一组现有多边形时,无须重新计算所有多边形的形状指数。相反,可以计算新添加形状的紧凑度,然后将其添加到现有形状指数中。

形状的分形维度同样基于面积与周长的比率(表4.4)。这个方法与其他方法之间的唯一区别在于紧凑度是面积和周长的自然对数变换。维度是两个参数回归方程的斜率。

4.3.4 与标准形状的对比

形状指数周长面积比的细微变化便是平均半径指数,或将其与标准形状进行比较,该指数能够通过将导出的结果与一些已知的标准形状(如圆)进行比较来表示形状。这种由 Boyce 和 Clark(1964)开发的量化形状的径向线方法,专注于在某些代表性方向上外边界与公共参考点的偏差。该参考点通常由多边形质心提供,该质心可以从周长的所有坐标方便地计算出来。通过绘制多条径向线并对其长度进行统计分析,得出绝对偏差,从而确定一般形状(图 4.19)。如果偏差等于 0,则形状将为圆形。平均半径的计算遵循五个步骤:

(1) 确定多边形质心。这可以通过分别平均定义轮廓的顶点的所有水平和垂直坐标来实现。

(2) 从质心到形状周长绘制 n 条等间隔半径,并测量每条径向线从质心到轮廓的径向距离(r_i)。

(3) 将测得的绝对半径除以所有半径之和 $\left(\dfrac{r_i}{\sum\limits_i^n r_i} \times 100\%\right)$ (n 为半径数,图 4.19 中为 16),将其转换为百分比。

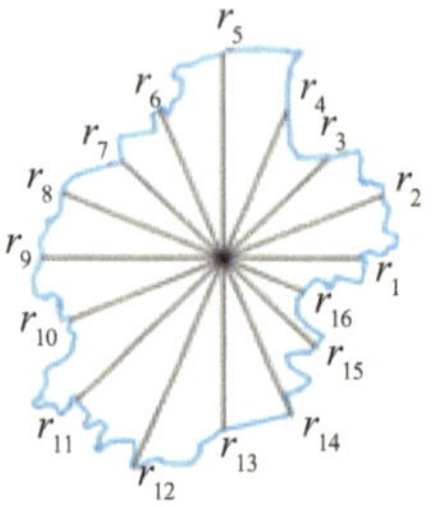

i	r_1	r_2	r_3	r_4	r_5	r_6	r_7	r_8	r_9	r_{10}	r_{11}	r_{12}	r_{13}	r_{14}	r_{15}	r_{16}	$\sum$
r_i	6.7	8.4	7.2	8.7	10.4	8.2	6.9	8.5	8.9	8.1	10.2	11.4	8.7	8.6	6.2	4.2	131.3
$\dfrac{r_i}{\sum\limits_i^n r_i}(\%)$	5.10	6.40	5.48	6.63	7.92	6.25	5.26	6.47	6.78	6.17	7.77	8.68	8.63	6.55	4.72	3.20	100.00
$\left\| \dfrac{r_i}{\sum\limits_i^n r_i} - \dfrac{1}{n} \right\|(\%)$	1.15	0.15	0.77	0.38	1.67	0.00	0.99	0.22	0.53	0.08	1.52	2.43	0.38	0.30	1.53	3.05	15.15

图 4.19 根据 16 个半径分析新西兰奥克兰阿尔伯特山形状的示例

(4) 用 1 除以 n 计算理论平均半径,并用百分比$\left(\frac{1}{n}\times 100\% = \frac{1}{16} = 6.25\%\right)$表示该比率。

(5) 从步骤(4)计算的理论平均半径(%)中减去步骤(3)中获得的观察百分比。

(6) 将步骤(5)中获得的所有绝对差值相加,或:

$$Boyce\ and\ Clark\ index = 100 \sum_{i=1}^{N}\left|\frac{r_i}{\sum_{i}^{n}r_i} - \frac{1}{n}\right| \qquad (4.15)$$

最终结果是测量从参考点(质心)到理论半径的径向长度的变化。圆的值为 0。该度量主要表示形状的紧凑性,但不会显示形状,例如径向长度变化最大的位置。它也没有揭示多边形缩进或凸出的方向,因此无法指示真实的形状。该方法易于实现,计算简单直观,但导出的指数随径向线的数目和方向而变化。该方法适用于必须为凸形状的奇异多边形。否则,给定方向上的径向线可以与周长相交多次,从而在同一方向上产生多个半径。

这种方法的一个更简单的版本是主次比。半径不是 n 个半径,而是在两个关键方向上测量两次:沿长轴的最大长度 $L_{\max}$ 和沿短轴的最小长度 $L_{\min}$。$L_{\min}/L_{\max}$ 的最小-最大比率衡量多边形最短和最长尺寸之间的对比度,或伸长率(Wentz,2000)。它忽略了其他方向的变化。因此,它比 Boyce 和 Clark 指数要粗糙得多。这两者都具有相同的特点,适用于无孔的奇异多边形。

4.3.5 实践应用

到目前为止,形状分析在地理学中得到了广泛的应用,如评估城市化的影响、水文中流域的特征描述、地貌学中冰堆丘和珊瑚环礁形状的量化以及地质构造模式的检查(Wentz,2000)。特别是它被用来量化热带气旋雨盾的形状(Matyas,2007)。热带气旋的定量形状分析可以帮助我们更好地了解各种因素对形成复杂降雨模式的热带气旋的影响。这些指标可能包括周长面积比和最小-最大比。它们能够通过逐步判别分析区分旋风。周长面积比提供了一个简单的风暴密实度测量方法,最小-最大比能够揭示雨盾的形状(圆形与细长)。这些指数可用于模拟降雨强度,并有助于更可靠地预测气旋诱发降雨的空间分布和将发生洪水降雨事件的位置(Matyas,2007)。

在水文学中,通过 GC 测量的排水集水区形状与哈克系数(HAC)相关,并对先前关于集水区长度和面积的研究中发布的数据分散给出了物理意义(Sassolas-Serrayt et al.,2018)。对大范围集水区的分析表明,GC 值作为一个连续体变化,通常在 1.2 和 2.1 之间。在景观生态学中,假设栖息地的形状(如线性、分支、矩形和方形)会影响入侵种群的扩散和数量(Cumming,2002)。同一栖息地的入侵速度会更快,如果其几何形状更复杂,入侵可能最终导致栖息地中入侵物种更丰富。这些发现对修复栖息地的正确设计方案有着深远的影响,因为不仅应注意栖息地的破碎化和连通性,而且还应注意其形状。

4.4 面数据与景观分析

面数据一般与从卫星图像中获得的土地利用和土地覆盖斑块相关。这些多边形数据具有不同的形状和大小,并且方向也不尽相同。其中一些可能共享一个共同的边界,而另一些可能分散在研究区域内。面数据也可以是社会经济数据,在人口普查单位区域内收集。根据其性质,必须先处理一些数据,然后才能进行分析。例如,人均收入必须先依照比率划分为高、中、低三个等级,然后才能检查该变量在空间上是聚集的还是随机分布的。所有多边形都是非重叠的,在空间上是穷尽的,在景观中没有洞,即使某些区域单元可能没有与它们相关的数据(例如,丢失的数据)。面模式分析主要是描述性的,因为会生成一个通用指数来描述所有多边形,或仅描述满足指定标准的某些类型的多边形。不仅可以为面(多边形)形状生成图案,还可以为面(多边形)形状的大小、周长及其与其他相邻多边形的关系单独或整体生成图案。

4.4.1 研究目的

前面,我们讨论了集中于单个面或多边形的空间分析。在本节中,焦点将转移到将多边形作为一个组。统计信息是从所有多边形生成的,或者在多个多边形标识的情况下,从给定类型的多边形生成的。可通过面模式分析解决的一些典型问题,包括:

(1) 如何提出量化指数来描述由多种多边形组成的景观?
(2) 一种景观与另一种景观在数量上如何比较?

可以根据多边形大小及其变化、多边形形状和多边形周长(称为边)、多边形与其他多边形的距离以及多边形与其他多边形的特征进行比较。由于数字格式的多边形数据的广泛可用性,使用现有功能强大的计算机软件包可以很容易地导出分析指标。然而,必须注意对获得的定量结果进行正确的解释,否则就失去了面模式分析的全部目的。

4.4.2 代表性指数

在景观生态学中,并非所有多边形都属于同一类型。这些多边形可以在三个层次上进行研究,即斑块层次、类别层次和景观层次,规模逐渐扩大。斑块又称生态区和生物区,是景观的基本要素。它以矢量格式表示为多边形。在多边形级别,每个面都被视为一个单独的观察或分析单元。因此,第 4.2 节和第 4.3 节中涵盖的所有统计指标也适用于它们,例如形状、分形维度、最邻近距离和紧凑度。然而,其中一些指数可能仅在统计意义上可用(例如,它们适用于所有多边形,而不是单个多边形)。

类别是指具有相同特征或属性值的所有面,例如森林和草地斑块。在类别级别,可以导出与斑块级别相同的指标集。此外,对于一组多边形,可以按多边形面积对导出的结果进行加权。每个多边形对最终结果的影响与其在景观中的优势度成正比,因此大多边形对最终结果的影响比小多边形更大。类别级指数可能包括最大斑块指数、斑块密度、平均斑块大小、面积加权平均边缘对比度和形状指数。由于所有斑块可能具有不同的特性,还可以根据其在类别级别的特性计算其他指数,例如景观相似性和边缘对比度(表 4.5)。

在景观尺度上,所有多边形都被视为同一类的成员,并被联合分析,而不管它们的身份如何。在这里,景观是指由一群相互作用的生态系统组成的成分丰富的陆地区域,这些生态系统在整个研究区域内以类似的形式重复出现。除了上述所有指标外,还可以在这一层面计算更多指标,包括分形维度、景观相似性指数、Shannon 多样性指数、Shannon 均匀度指数(表 4.5)、面积加权平均形状指数[式(4.16)]和传染指数[式(4.17)]。传染指数描述了两个随机选择的相邻多边形具有相同身份的概率。

表 4.5 通常用于描述区域格局的景观水平指标

指标	公式	说明
斑块数量	n	n 为斑块数量
总斑块面积	$\sum a_i / 10\,000$	a_i 为斑块面积(ha)
平均斑块大小	$\sum a_i / n$	a_i 为斑块面积(ha),n 为斑块数量
边缘对比度	$1\,000 \sum e / A$	e 为斑块边缘的总长度(m),A 为总景观面积

续表

指标	公式	说明
平均形状	$\dfrac{1}{n}\sum\limits_{j=1}^{n}\dfrac{P_j}{\sqrt{\pi a_j}}$	P_j 为斑块 j 的周长，a_j 为斑块 j 的面积，n 为斑块数量
分形维度	$2Ln(P_{ij})/Ln(a_{ij})$	P_{ij} 为标识 i 的斑块 j 周长，a_{ij} 为封面标识的斑块 j 面积
景观相似性指数	$100\sum\limits_{j=1}^{n}a_{ij}/A$	A 为总景观面积
面积加权平均形状指数	$\sum\limits_{i=1}^{m}\sum\limits_{j=1}^{n}\left[\dfrac{2Ln(0.25P_{ij})}{Ln(a_{ij})}\dfrac{a_{ij}}{A}\right]$	m 为斑块类型数量，n 为一类斑块数量，P_{ij} 为斑块 ij 周长，a_{ij} 为斑块 ij 面积
Shannon 多样性指数	$-\sum P_i Ln(P_i)$	P_i 为类型 i 多边形 (n) 占多边形总数 (m) 的比例 (n/m)
Shannon 均匀度指数	$-\sum P_i Ln(P_i)/Ln(m)$	m 为不同土地覆盖类型的多边形数

$$Area\ Weighted\ Mean\ Shape\ Index = \sum_{j=1}^{n}\left[\frac{P_{ij}}{2\sqrt{\pi\cdot a_{ij}}}\cdot\frac{a_{ij}}{\sum\limits_{j=1}^{n}a_{ij}}\right] \quad (4.16)$$

式中，p_{ij} 和 a_{ij} 表示具有覆盖标识 i 的斑块 j 的周长和面积；n 表示具有覆盖标识 i 的斑块总数。

$$contagion = 100\left[1+\frac{\sum\limits_{i=1}^{m}\sum\limits_{k=1}^{m}P_i\dfrac{g_{ik}}{\sum\limits_{k=1}^{m}g_{ik}}\cdot\ln(P_i)\dfrac{g_{ik}}{\sum\limits_{k=1}^{m}g_{ik}}}{2\ln(m)}\right] \quad (4.17)$$

式中，P_i 表示景观中斑块类型 i 的比例；g_{ik} 表示斑块类型 i 和 k 像素之间的邻接数；m 表示可能的斑块类型数。此方程式适用于栅格数据。传染指数的矢量版本计算如下：

$$C_u(d) = 1+\frac{\sum\limits_{i=1}^{m}\sum\limits_{j=1}^{m}p_{ij}(d)\ln[p_{ij}(d)]}{2\ln(m)} \quad (4.18)$$

式中，d 表示 i 型斑块和 j 型斑块之间的距离。

4.4.3 FRAGSTATS 软件

McGarigal 和 Marks(1995)设计的 FRAGSTATS 是一个计算系统，用于描

述一般的面格局,尤其是量化景观。该空间格局分析系统能够量化景观结构,并产生一系列全面的景观指标。这种多功能系统几乎可以完全自动运行,只需很少的技术培训即可使用。为了运行空间分析,用户只需勾选每个索引前面的框,以确保在输出中包含计算出的指标(图 4.20)。可以在面级别(矢量版本)或单元级别(栅格版本)导出指标。该系统的出现大大简化了多边形数据的空间分析,因为它可以识别以 ArcGIS 格式保存的空间数据。FRAGSTATS 与 ArcGIS 的完美结合消除了数据格式兼容的必要性。

FRAGSTATS 有两个版本:矢量和栅格。矢量版本称为 Patch Analyst。它接受 ArcGIS coverage 格式或 shape 格式文件,并有助于多边形数据的空间模式分析和面属性的建模(图 4.20)。生成的分析结果以矢量格式保存。FRAGSTATS 的栅格版本称为 Patch Grid,也是 ArcGIS 的扩展。当输入的土地覆盖图为栅格格式(例如,通过图像分类直接从栅格图像生成)时,使用面栅格。它接受各种格式的图像文件,包括 ERDAS 和 IDRISI,以及其他常见的图形格式,如 TIFF 和 JPEG。无须将栅格数据转换为矢量格式。最新版本 4.2 可用于 8 位、16 位和 32 位整数网格。

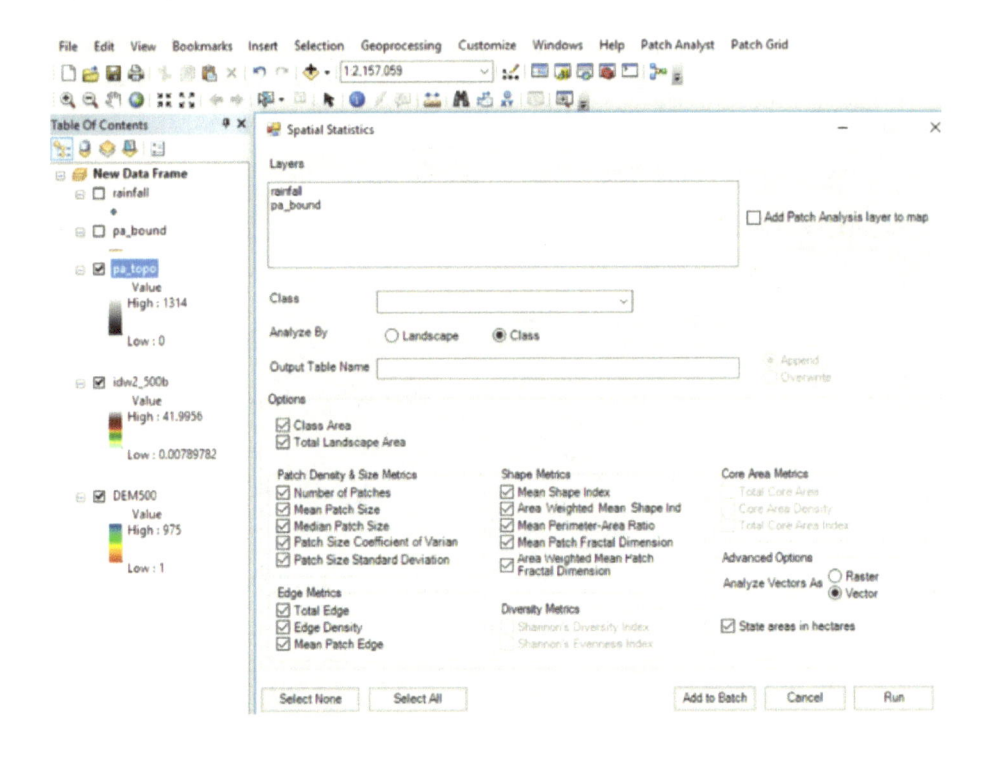

图 4.20 FRAGSTATS 在获得景观、等级和斑块级别的空间指数时的界面

可以在景观、类别和斑块(多边形)级别导出大量结构和功能指标。常见的功能指标包括核心面积、边缘对比度和隔离度。它们能够解释边缘效果的深度。边缘对比度可以显示相邻面类型之间的大小差异。隔离度可以揭示不同类型斑块之间的生态邻域大小和相似性。在运行 FRAGSTATS 之前,分析人员可以选择对景观进行采样,以便在子景观级别进行分析。可使用用户提供的板块(副景观)、均匀板块、移动窗口或随机生成的焦点[窗户(副景观)周围]进行彻底采样。分析员可以指定窗口的大小和形状。还提供了处理缺失数据(例如,栅格输入中的未分类单元格)、背景(已分类但匿名)和边界(指定景观边界外的已分类单元格缓冲区)的方法。

4.4.4 城市扩张的定量应用

城市扩张的定量应用可以模拟不同情景下的城市增长情况(Torrens, 2006)。必须对不同情景下的模拟结果进行定量比较,以揭示其差异。此比较基于多边形数据的导出指标。它们能够精确地描述土地覆盖多边形的模拟模式。通过检查不同斑块类型(例如,城市与非城市)的存在和数量,可以从土地利用构成的角度描述城市化水平。接下来,可以描述空间配置。例如,这些斑块在研究区域内的空间分布情况如何?每种类型的斑块之间是否存在明显的空间聚集?这些问题可以由许多描述性指标共同回答,如传染、周长-面积分形维数(PAFRAC)和穿插并置指数(IJI)。可使用方程(4.17)计算传染指数。较小的传染值表示由大量小而分散的多边形(矢量格式)或网络簇(栅格格式)组成的景观。高传染值表明景观更加紧凑。PAFRAC 测量斑块填充景观的程度(例如,斑块形状复杂度),计算如下:

$$PAFRAC = \frac{2}{\dfrac{N\sum_{i=1}^{m}\sum_{j=1}^{n}\ln p_{ij} \cdot \ln a_{ij} - \sum_{i=1}^{m}\sum_{j=1}^{n}\ln p_{ij} \cdot \sum_{i=1}^{m}\sum_{j=1}^{n}\ln a_{ij}}{N\sum_{i=1}^{m}\sum_{j=1}^{n}\ln p_{ij}^{2} - (\sum_{i=1}^{m}\sum_{j=1}^{n}\ln p_{ij})^{2}}} \quad (4.19)$$

式中,a_{ij} 是指周长为 $p_{ij}(m)$ 的地块 ij 的面积(m^2);N 表示景观中斑块的总数。PAFRAC 的实际测定为基于对数变换斑块面积(a)与对数变换斑块周长(p)的回归关系斜率。

IJI 指数以斑块为基础衡量邻接度。计算如下:

$$IJI = \frac{-100 \sum_{i=1}^{m} \sum_{k=I+1}^{m} \frac{e_{ik}}{E} \cdot \ln\left(\frac{e_{ik}}{E}\right)}{\ln[0.5m(m-1)]} \quad (4.20)$$

式中，m 表示斑块类型的数量；e_{ik} 表示景观中斑块类型 i 和 k 之间的边缘总长度；E 表示景观中边缘的总长度，不包括背景。较高的 IJI 值（例如，接近100%）表明景观中的斑块类型分布良好，彼此之间的邻接度相等，并且所研究的景观具有相对较高的同质性。当面分布不均匀时，它们的 IJI 值将很低，接近0，面类型邻接分布不均衡。

综合考虑上述三个指标，便能全面地描述城市蔓延水平及其空间特性。如表 4.6 所示，一般增长情景中的斑块数量（14 375）是其他两种情景中斑块总数的两倍，这种城市扩张模式将导致由此产生的景观比其他两种增长模式更加支离破碎。这种差异也可以从较小的分维中看出。这种增长模式的传染值几乎与中西部的例子相同，都远低于多中心模式。从这个指数值来看，这种增长模式似乎可以减少城市的扩张。总体增长的 IJI 指数高得多，表明由此产生的城市比其他两种增长模式形成的城市更为均匀。

表 4.6　用于比较三种增长情景下城市蔓延的多边形分形和景观度量（Torrens, 2006）

衡量指标	一般增长率	多中心性	中西部示例
斑块数量	14 375	3 066	3 782
PAFRAC	1.530 5	1.532 1	1.547 9
传染指数(%)	48	65	45
IJI(%)	54.00	37.00	20.15

4.5　方位分析

方位分析在许多应用中起着至关重要的作用，例如在何处安装风力涡轮机以收集风能，在建筑物屋顶安装太阳能电池板以捕获太阳辐射必须以定向数据的结果为指导进行分析，甚至飞机在机场降落也可以从定向数据分析获得的信息中受益。常用的方向数据包括风向和海流环流。它们被称为定向，因为它们指示运动的方向（Schuenemeyer, 1984）。方位也可以是无方向的，仅指示参考方向的方位或方向，例如断层线和坡向的方向。对于无向方位，角度为 θ 的方向与角度为 $\theta+180°$ 的方向相同。这两种类型的方向数据表示方式不同。无向方位数据仅显示方位，没有附加任何大小。它们可以分类表示（例如，北方），也可以连续表示,范围为 0°～360°。相反,定向方位数据必须表示为矢量,矢量长度与运动速度成比例。方位在空间中可以是二维或三维的。一些无向线段(如滑坡滑槽)具有三维方向,而风向和海流方向大多为平面方向。本节仅涉及平面方向,三维方向将被视为二维方向。

4.5.1 方位参考系

正如定位数据需要一个合适的参考系统一样,定向数据(矢量)也需要一个合适的参考系统,以便不同作者的不同研究获得的结果可以直接相互比较。极坐标系中可以方便地表示方向,其中需要两个参数来定义方向向量:(ρ, θ),其中 ρ 表示向量或半径的大小,θ 表示从正东逆时针测量的角度(图 4.21 中的 L 轴)。因此,其潜在值在 0°～360°范围内,0°与 360°相同。在图 4.21 中,绿线表示 B 处径向长度为 $4(r)$ 且角坐标为 $60°(\theta)$。蓝线表示 C 处幅值为 $2(r)$ 且角坐标为 290°的向量。

必须强调的是,该极坐标系仅适用于表示定向数据。对于方向数据,要传递的信息只是方向,而忽略了定量数据(例如滑坡路径长度)。在栅格环境中,它由 3×3 窗口中单元格的相对高度定义(有关详细信息,请参阅第 2.3.5 节)。

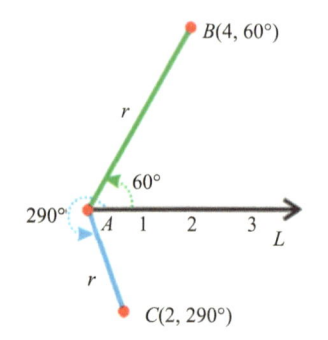

图 4.21　极坐标系

4.5.2 描述性度量

定向方位数据的统计分析方式与任何其他类型的空间数据相同,例如平均值和标准偏差的推导。然而,由于方向观测的可能范围限制在 0°～360°,统计参数的计算具有一定的唯一性。图 4.22 说明了如何将两个方向求和以导出合成向量。每个方向必须投影到东经和北纬两个主要方向。只有具有相同方向的方向向量才能进行算术操作。最终方向由两个主方向上矢量长度之和的比率计算得出。然后计算两个角度的 arctan 作为最终方向。详细计算可表示为

$$X_R = X_A + X_B = \rho_A \cos\theta_A + \rho_B \cos\theta_B \tag{4.21}$$

$$Y_R = Y_A + Y_B = \rho_A \sin\theta_A + \rho_B \sin\theta_B \tag{4.22}$$

$$\rho = \sqrt{X_R^2 + Y_R^2} = \sqrt{(\rho_A \cos\theta_A + \rho_B \cos\theta_B)^2 + (\rho_A \sin\theta_A + \rho_B \sin\theta_B)^2} \tag{4.23}$$

$$\theta = \arctan\left(\frac{Y_R}{X_R}\right) = \frac{\rho_A \sin\theta_A + \rho_B \sin\theta_B}{\rho_A \cos\theta_A + \rho_B \cos\theta_B} \tag{4.24}$$

知道两个方向的和的象限很重要,因为它决定了计算中的符号,θ 必须通过它所属的样方进行适当调整。调整计算方向在象限Ⅰ中为 0°(分子>0,分母>0),在象限Ⅱ中为 90°(分子>0,分母<0),在象限Ⅲ中为 180°(分子<0,分母<0),在象限Ⅳ中为 270°(分子<0,分母>0)。

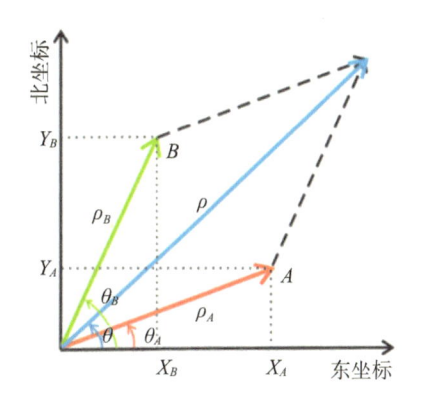

图 4.22 通过添加两个方向 θ_A 和 θ_B 形成的合成向量(ρ,θ)

方向平均值或合成向量 R_0 的方向计算如下:

$$R_0 = \arctan\frac{\sum_{i=1}^{n}\sin\theta_i}{\sum_{i=1}^{n}\cos\theta_i} \tag{4.25}$$

式中,θ_i 指第 i 个方向的角度(向量)。所有方向的方差也是圆形的,计算如下:

$$S_0 = 1 - R/n \tag{4.26}$$

式中,R 表示合成矢量长度($\sqrt{X_R^2 + Y_R^2}$);n 表示计算中使用的方向数。可以使用第 4.1.8 节中介绍的推理分析方法测试方向集合是否随机分布。

4.5.3 图示表达

方位分析的结果可以通过几种方式用图形表示出来。第一种图称为线性直方图(图 4.23)。本质上只是一个普通的、没有包装的圆形直方图,它显示了不同级别分类方向的频率分布。该直方图与普通直方图没有什么不同,只是横轴表示方向。因此,图示方位和实际方位之间没有直接对应关系。例如,240°～270°的扇区不能以图形方式指示实际方向。因此,直观地感知方向分布并不容易。

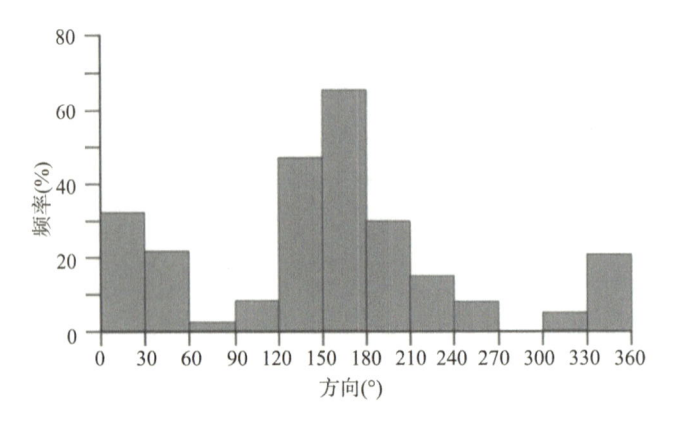

图 4.23　未包装的圆形柱状图

圆形直方图可以有效克服未包装的圆形直方图的限制,其中根据预先确定的方向扇区将数据分组,并用均匀宽度的条形表示,条形长度与所表示的频率值成比例(图 4.24)。由于没有垂直轴,绘制了具有不同值的同心圆,以说明所显示的值大小。因此,条形图往往在较低的值处相互重叠。为了避免严重重叠,在中心画一个空圆,表示参考方向。然而,这可能会导致误解,因为圆形直方图中没有标记方向的空间。假设在给定方向上定向的条形与所描绘的方向同义。因此,圆形直方图相当直观。

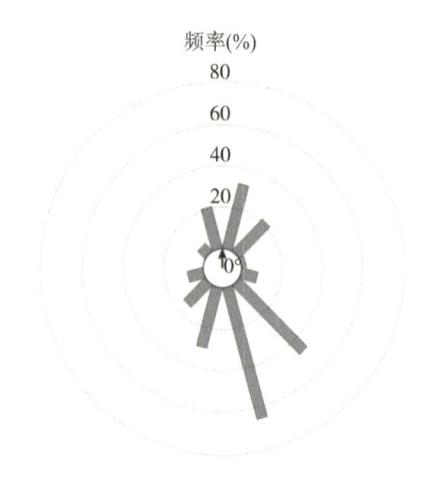

图 4.24　圆形直方图显示了观测值的方向分布

玫瑰图是迄今为止普遍接受的可视化方向结果的形式(图 4.25)。玫瑰图不使用统一宽度的条形图，而是由在单个点上聚合的扇形组成。扇形半径与频率成比例。扇区的面积与其频率的平方成正比。扇形的大小显示在垂直轴上，并带有不同值的标记(图 4.25)，因此，将图表被误解的可能性降至最低。玫瑰图类似于圆形柱状图，因为扇形方向表示所描绘的实际方向。

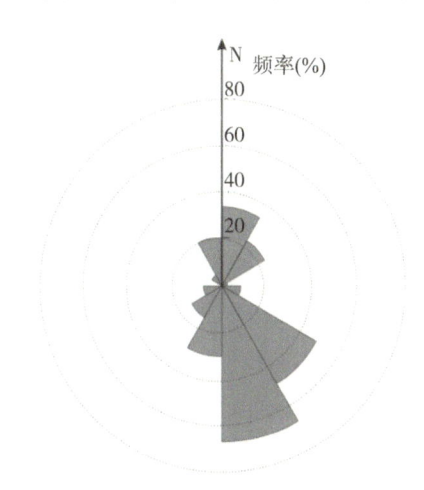

图 4.25 说明图 4.23 和 4.24 所示数据的方向分布的玫瑰图

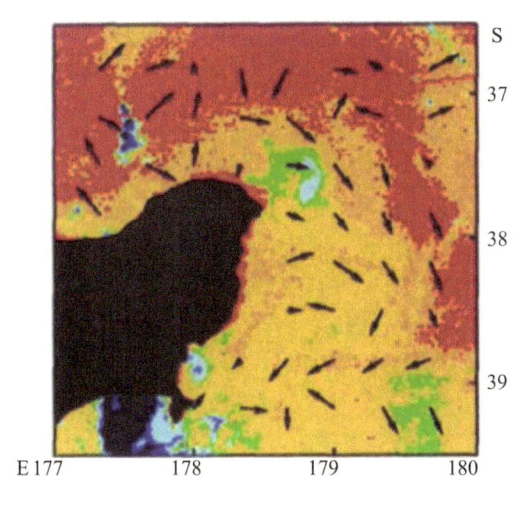

图 4.26 从多时相卫星图像中检测到的新西兰霍克斯湾东海岸附近的洋流方向
(Gao and Lythe,1998)

方向数据分析在其应用中受到高度限制，因为它总是以矢量格式处理一对点。它通常用于气象学中，以确定主导风向以及交通和渠道流的方向。在海洋学中，分析海洋环流的方向对于导航和气候变化建模至关重要(图4.26)。在危险情况研究中，它可用于确定滑坡滑槽和雪崩路径的方向，从而确定最脆弱的地方，并采取补救措施以减少风险。

复习题

1. 可以说，随机、聚集和均匀三种基本空间模式是可互换的。讨论您在多大程度上同意或不同意这个论点。

2. 随机空间模式可以表示环境，也可以完全独立于环境。各使用一个实例来说明此模式是否可用于推断导致其形成的环境。

3. 簇状图案可以在不同的尺度上形成。在局部尺度上聚集格局的形成与在区域或全球尺度上聚集格局的形成有何不同？

4. 比较和对比分析点数据空间模式的常用方法。

5. 热点分析是一种特殊的点模式分析。它在什么意义上是特殊的？

6. 将点数据的热点分析与点模式的推理分析进行比较和对比。

7. 对热点分析和点数据核密度分析进行比较和对比。

8. 点模式的二阶分析与使用联合计数统计的空间模式分析之间的主要异同点是什么？

9. 哪种类型的特征更容易单独或集体量化，区域特征还是线性特征？通过量化揭示其复杂性的基础是什么？

10. 虽然分形维数是一个可以精确表示线性和区域特征复杂性的值，但在其推导过程中通常会遇到哪些问题？

11. 比较和对比多边形形状量化的主要思路，分析为什么没有完美的量化指标。

12. 比较和对比基于外边界、基于紧凑度和基于平均半径的方法中如何使用周长来量化形状。

13. 如果您想用生态学来量化一个景观，您会用什么指数来表示它的破碎化程度？

14. 方向分析在地理学中的常见应用是什么？方向分析中通常导出哪些参数？

15. 比较和对比二维和三维方向分析。

参考文献

Boyce R R, Clark W A V, 1964. The concept of shape in geography[J]. Geographical Review, 54(4):561-572.

Clark M W, 1981. Quantitative shape analysis:a review[J]. Journal of the International Association for Mathematical Geology, 13:303-320.

Clarke K C, 1986. Computation of the fractal dimension of topographic surfaces using the triangular prism surface area method[J]. Computers & Geosciences, 12(5):713-722.

Cumming G S, 2002. Habitat shape, species invasions, and reserve design:insights from simple models[J]. Conservation Ecology, 6(1).

Dexter L R, 2007. Mapping impacts related to the *Senecio franciscanus* Greene:Phase II[R]. Coconino:United States Forest Service, Coconino National Forest.

Davies D K, Ilavajhala S, Wong M M, et al, 2008. Fire information for resource management system:archiving and distributing MODIS active fire data[J]. IEEE Transactions on Geoscience and Remote Sensing, 47(1):72-79.

Frankhauser P, 1998. The fractal approach. A new tool for the spatial analysis of urban agglomerations[J]. Population:An English Selection,10(1):205-240.

Gao J, Xia Z, 1996. Fractals in physical geography[J]. Progress in Physical Geography, 20(2):178-191.

Gao J, Lythe M B, 1998. Effectiveness of the MCC method in detecting oceanic circulation patterns at a local scale from sequential AVHRR images[J]. Photogrammetric engineering and remote sensing, 64(4):301-308.

Getis A, Ord J K, 1992. The Analysis of spatial association by use of distance statistics[J]. Geographical Analysis, 24(3):189-206.

Goodchild M F, 1980. Fractals and the accuracy of geographical measures[J]. Journal of the International Association for Mathematical Geology, 12:85-98.

Haines A J, Crampton J S, 2000. Improvements to the method of Fourier shape analysis as applied in morphometric studies[J]. Palaeontology, 43(4):765-783.

Haining R H, Wise S, Ma J, 1998. Exploratory spatial data analysis in a geographic information system environment[J]. Journal of the Royal Statistical Society Series D:The Statistician, 47(3):457-469.

Harmon E H, 2007. The shape of the hominoid proximal femur:a geometric morphometric analysis[J]. Journal of Anatomy, 210(2):170-185.

Jaggi S, Quattrochi D A, Lam N S N, 1993. Implementation and operation of three fractal measurement algorithms for analysis of remote-sensing data[J]. Computers & Geosciences, 19(6):745-767.

Kent C, Wong J, 1982. An index of littoral zone complexity and its measurement[J]. Canadian Journal of Fisheries and Aquatic Sciences, 39(6):847-853.

La Barbera P, Rosso R, 1989. On the fractal dimension of stream networks[J]. Water Resources Research, 25(4):735-741.

Li W, Goodchild M F, Church R, 2013. An efficient measure of compactness for two-dimensional shapes and its application in regionalization problems[J]. International Journal of Geographical Information Science, 27(6):1227-1250.

Mandelbrot B, 1967. How long is the coast of Britain? Statistical self-similarity and fractional dimension[J]. Science, 156(3775):636-638.

Mark D M, Aronson P B, 1984. Scale-dependent fractal dimensions of topographic surfaces:an empirical investigation, with applications in geomorphology and computer mapping[J]. Journal of the International Association for Mathematical Geology, 16:671-683.

Matyas C, 2007. Quantifying the shapes of U. S. landfalling tropical cyclone rain shields[J]. The Professional Geographer, 59(2):158-172.

McGarigal K, Marks B J, 1995. FRAGSTATS:spatial pattern analysis program for quantifying landscape structure[R]. Portland:U. S. Department of Agriculture, Forest Service, Pacific Northwest Research Station.

Pavlidis T, 1978. A review of algorithms for shape analysis[J]. Computer Graphics and Image Processing, 7(2):243-258.

Purevtseren M, Tsegmid B, Indra M, et al., 2018. The fractal geometry of urban land use: The case of Ulaanbaatar city, Mongolia[J]. Land, 7(2):67.

Roy A G, Gravel G, Gauthier C, 1987. Measuring the dimension of surfaces:A review and appraisal of different methods[C]//Proceedings of the 8th International Symposium on Computer-Assisted Cartography (Auto-Carto 8):68-77.

Sassolas-Serrayet T, Cattin R, Ferry M, 2018. The shape of watersheds[J]. Nature Communications, 9(1):3791.

Schuenemeyer J H, 1984. Directional data analysis[M]//Gaile G L, Willmott C J. Spatial Statistics and Models. Dordrecht:Springer Netherlands:253-270.

Torrens P M, 2006. Simulating sprawl[J]. Annals of the Association of American Geographers, 96(2):248-275.

Turcotte D L, 1987. A fractal interpretation of topography and geoid spectra on the Earth, Moon, Venus, and Mars[J]. Journal of Geophysical Research: Solid Earth, 92(B4): E597-E601.

Wentz E A, 2000. A shape definition for geographic applications based on edge, elongation, and perforation[J]. Geographical Analysis, 32(2):95-112.

第 5 章
地统计学与空间插值

5.1 简介

5.1.1 空间插值和地统计学

空间插值是在没有地面观测的区域估计其属性值的过程。该空间数据分析领域的理论基础是 Tobler(1970)的地理第一定律,这一理论框架开辟了许多空间关系的研究,包括空间依赖性和空间自相关。特别是,它被广泛应用于空间插值,其中非采样位置的属性值会根据其邻近观测值进行估计。由于数据稀缺,空间插值是必要的,因为进行大量观测的成本过高,或者由于随机采样、偏远或不可访问的性质,不可能在期望的位置进行观测。即使数据是空间不规则分布的密集点,如 LiDAR 点云数据,仍然需要通过空间插值将其转换为规则的网格数据。这些数据被转换为规则网格形式后,就可以通过空间分析生成进一步的信息。空间插值可以用几种方法来实现,包括移动平均法、最小曲率法和克里格法。这些将在本章中讨论。

上面提到的一些空间插值是建立在地统计学基础上的,它与基本预测和建模有关,其中预测规则是在统计上根据过去的行为或邻近观测的行为推导出来的。地统计学在预测未采样地点的数值和根据有限数量的不规则间隔观测构造地表方面尤其强大。在某种程度上,它代表了统计学在空间数据分析中的应用。地统计学关注的焦点是观察到的现象如何在特定区域内发生空间变化。与空间统计相比,它的适用性更有限,因为它只能处理区域变量。

5.1.2 区域化变量

一般认为，区域化变量本质上是空间的，它们具有介于真正随机和完全确定之间的属性。换句话说，区域化变量太不规则了，无法用数学方程来描述，但仍然服从某种空间分布，这使得它们的性质可以用数学方法来预测。

变量的属性值在不同位置的相似度是它们的空间接近度的函数。对于同一个变量，两个相距较近的观测值比两个相距较远的观测值更有可能得到相似的值。区域变量在地理和环境科学中的一些常见例子包括海拔、降水、空气污染物、悬浮沉积物、土壤 pH 和斜坡上的水分含量，甚至人口密度。这些变量的分布在空间上都是连续的，但在分布空间中可能存在空洞（如孤岛）。

区域化变量具有以下三个值得特别注意的特征：

(1) 同一变量属性值在不同位置的空间相关性表明空间相邻观测值之间可能存在因果关系，或者仅仅是空间关联。例如，A 点的降雨量可能与 B 点的降雨量非常相似，因为它们彼此非常接近。然而，两个观测值之间不存在因果关系。我们不能说 A 点的高降雨量是由 B 点的丰富降雨量引起的，反之亦然。然而，当研究变量为空气污染物浓度时，两者之间的关系是有因果性的。在这种情况下，A 点的高浓度影响 B 点的低浓度，事实上，在扩散过程中，高浓度和低浓度不可避免地相互影响。

(2) 另一个特性是枚举单元。大多数区域化变量是拓扑维数为 0 的基于点的特征。观测单元也可以是基于线的（道路沿线的交通量和渠道流量）或基于区域的（人口普查区的人口密度）。一些基于直线的观测结果之间可能存在因果关系。例如，一条街道的交通量受到另一条相邻道路或街道交通量的影响。如果附近的一条街道发生交通意外，那么受影响的街道的交通被转移到邻近的另一条街道后，邻近街道将会变得更拥挤。同样，一个人口普查区的人口密度也与另一个人口普查区的人口密度相关。如果一个社区中的一个郊区人口密度很高，那么由于相同的分区规定，它的邻近郊区也可能有类似的人口密度。区域枚举数据在以枚举单元的质心作为观测位置转换为基于点的数据后，仍然可以使用本章介绍的方法进行分析。但是，线性数据不能像点和（或）面数据那样进行分析，它们必须通过道路网络进行分析。

(3) 区域化变量属性的测量尺度可以是名义的、序数的、区间的或比率的（见 3.1.3 节）。在这些尺度中，只有死亡率/生育率和污染浓度等比率数据是定量描述区域变量质量的数值，它们是质量最详细的描述符，可以通过空间插值进行操作。

为了使用本章中介绍的地统计学方法进行分析,区域化变量必须满足以下两个标准(Bárdossy,2017):

(1) 数据同质性:数据应该只涉及一个变量,使用相同的方法和相同的置信水平。

(2) 可加性:由式(2.11)计算出的变量均值应与 $Z(x,y)$ 具有相同的含义。在现实中,有些变量如渗透系数显然不具有可加性。在对它们进行地统计学分析之前,必须将其转换成可加变量。

如图 5.1 所示,一个区域化变量 $Z(x,y)$ 可以分解为三个部分:(a) 与恒定平均值相关的结构分量 $m(x,y)$;(b) 空间相关的随机分量 $\varepsilon'(x,y)$;(c) 随机噪声或残差 ε''。在数学上,它们的关系可以用式(5.1)来描述:

$$Z(x,y) = m(x,y) + \varepsilon'(x,y) + \varepsilon'' \tag{5.1}$$

式中,假设 $\varepsilon'(x,y)$ 和 ε'' 在整个样本区域上具有统一的统计性质,而 $m(x,y)$ 不一定在所有情况下均存在。如果 $m(x,y)=0$,则称为平稳数据。如果不是,则 $m(x,y)$ 被称为漂移数据,表明在数据的空间分布中存在全球趋势。漂移有不同的类型,最常见的是线性漂移和二次漂移。这些将在第 5.2 节中详细讨论。

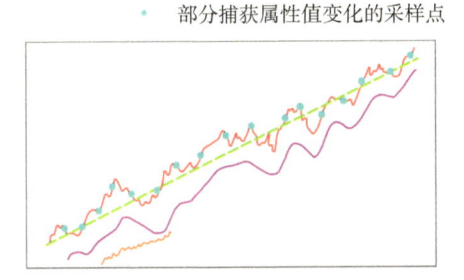

图 5.1 区域化变量的组成

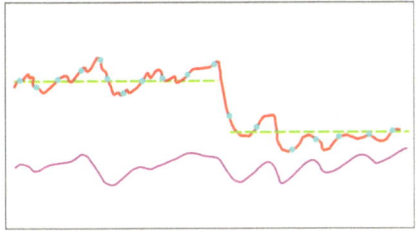

(a) 以恒定趋势变化 (b) 空间相关的随机变化

- 空间不相关的随机变化 ε''
- 空间相关的随机变化 $\varepsilon'(x,y)$
- 部分捕获属性值变化的采样点
- 可能突然改变的结构值

5.1.3 变异函数和半变异函数

为了探索区域化变量的属性值在空间上的表现,从而预测其在非采样位置的值,有必要研究其在空间范围内的方差。经过一定的修改,可以通过修改式(2.12)计算空间方差:

$$\gamma(h) = \frac{1}{2n(h)} \sum_{i=1}^{n} [z(x_i) - z(x_i+h)]^2 \tag{5.2}$$

147

式中，h 为分隔或滞后距离，它定义了以 h 分隔的所有可能的观测值数据对；$n(h)$ 表示间隔为 h 的成对观测的个数，随着 h 的增加，在所有观测值中配对两个观测值的可能性减小（见图 3.9）。由于在任意两个观测值之间可以建立两对（A 和 B，以及 B 和 A），因此这种重复计算必须通过将方差除以 2 来折算；$\gamma(h)$ 被称为半变异函数，说明由滞后 h 分隔的两个相邻观测值之间的方差或均方差。根据式（5.2）的定义，半变异函数具有以下四种性质（Bárdossy，2017）：

- $\gamma(h) \geqslant 0$。
- 当 $h = 0$ 时，$\gamma(h) = 0$。
- $\gamma(h) = \gamma(-h)$。
- 考虑到区域化变量在空间上是连续的（除了孔洞），半方差随着 h 的长度在一定程度上增加。

5.1.4 半变异函数的结构

对于给定的一组观测值，它们的半变异函数图（图 5.2）说明了属性值的可变性在空间上的表现。最初，随着滞后距离（h）的增大，半方差稳步增大。然而，在一定距离之后，它达到一个稳态值，并在最大值附近波动。这张图有以下四个特征：

- 如果 h 很小，$\gamma(h)$ 随 h 的增大迅速增大。
- 如果 h 很大，由于邻近数据点之间缺乏空间依赖性，方差不一定会发生可预测的变化。
- 曲线不经过原点。

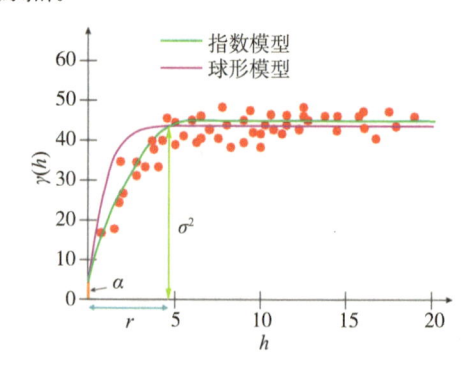

图 5.2 典型的半变异函数的曲线[其中三个参数分别是变程（r）、基台值（σ^2）和块金效应（α）]

- 对于基于面的空间观测，可以通过假设每个多边形的质心为观测点来构建类似的图。

半变异函数曲线有三个关键参数：变程、基台值和块金效应。变程（r）是指方差到达稳态值的滞后距离，距离之所以重要，是因为它表明超过这一空间尺度，邻近的观测就不再对所考虑的观测产生任何影响。在这个范围内所有邻近的观测都符合 Tobler 的地理学第一定律。也就是说，它们越接近，它们的值与所讨论的观测值越相似。σ^2 表示在滞后距离为 r 的区间首先达到的稳态方差。块金效应（a）是指从原点处垂直跃升至极小距离处的方差。理论上，$\gamma(0)$ 在 $h=0$ 时应该等于 0（例如，观测值与自身的比较），但实际上并非如此（见图 5.2）。造成这种差异的原因有两个：测量不准确和被测变量的微观尺度变化，即

$$块金效应＝误差方差＋微方差 \quad (5.3)$$

误差方差是由采样不准确引起的。例如，由于各种原因（如设备不准确），测量的属性值可能会与真实值略有偏差。由于这种不准确性，同一位置的两次测量结果可能在很小的范围内彼此不同。微方差是指变量在小于最小采样距离的尺度上的短尺度变异性或方差。块金效应也可以相对地表达。相对块金效应定义为块金效应与基台值的比值，或 a/σ^2，通常以百分比表示。

由于所有观测值都限定在二维空间，因此可以水平或垂直地形成观测对，这就引出了半变异函数的方向性分析。从方向上看，有各向同性和各向异性两种半变异函数。前者是指不随矢量 h 的方向而只随其长度而变化的半变异函数，即方向对观测到的属性值没有影响。后者表明观测值在一定程度上受到方向的影响，如温度的纬向分布或主导风向的空气污染物浓度。在现实中，各向同性的区域化变量比各向异性的区域化变量更常见。各向异性根据其相对变化幅度和范围可进一步分为几何各向异性和地带性各向异性两类（图 5.3）。几何各向异性意味着基台值仅与滞后距离相关，而与方向无关。换句话说，只要相邻观测值之间的距离不改变，相邻观测值的距离就保持不变。即只随方向变化，而距离不变。地带性各向异性则表现为基台值随方向变化，而变程保持常数（如在 R_y 处）。几何各向异性可以通过旋转各向异性随机函数的椭球体转化为各向同性，然后在必要时进行收缩。该变换由两个参数定义：x 坐标与各向异性（椭圆）主轴之间的夹角，以及最大和最小变异性对应的两个正交范围的比值。

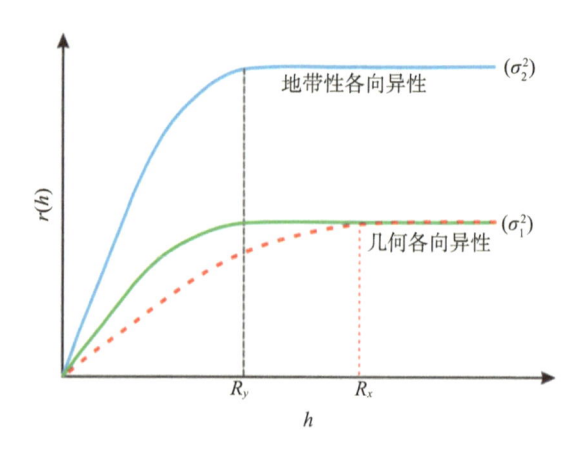

图 5.3　显示地带性和几何各向异性的三条半变异函数曲线

5.1.5　半变异函数模型

观测到的 $\gamma(h)$ 随 h 变化的分布必须用一个理论模型拟合,该模型可以用数学方法描述,然后半变异函数才能用于后续的空间插值(将在第 5.5 节中介绍)。许多理论模型都可以拟合半变异函数的趋势,最常用的是球形模型[式(5.4)]、指数模型[式(5.5)]和高斯模型[式(5.6)]。

$$\gamma(h) = \begin{cases} \sigma^2 \left(\dfrac{3h}{2r} - \dfrac{h^3}{2r^3} \right) \\ \sigma^2 \end{cases} \tag{5.4}$$

$$\gamma(h) = \sigma^2 (1 - e^{-3h/r}) \tag{5.5}$$

$$\gamma(h) = \sigma^2 (1 - e^{3h^2/r^2}) \tag{5.6}$$

式中,r 表示半变异函数的范围;σ^2 表示半变异函数的稳态方差。以上方程均未考虑块金效应,考虑块金效应后,会变得复杂得多。例如,高斯模型可以重写为

$$\gamma(h) = \begin{cases} \alpha + (\sigma^2 - \alpha)\left(1 - e^{-\frac{3h}{2r}}\right) & (h > 0) \\ 0 & (h = 0) \end{cases} \tag{5.7}$$

此外,还有许多其他模型在被使用(例如,圆形和有理二次型),但上述三种模型是最常见的。这三者的线性组合可以构造出更多的模型。这些模型适用于各向同性过程,但在各向异性半变分函数中表现有限。图 5.4 显示了三种模型的差异,其主要区别在于变程和变程内的半方差表现。指数模型在滞后距离

3 以内达到最高方差，超过这个范围后，方差表现不如高斯模型。球形模型除滞后＜1.7 外，一般方差较低。在较长的滞后期，它们之间几乎没有区别。

哪种类型的模型最好？对于这个问题没有简单的答案。将理论曲线与观测到的 γ(h) 分布进行比较，可以直观地判断出适用性更高的模型。如图 5.4 所示，一些模型在 h 较小时可能更准确，而另一些模型在 h 较大时可能更接近分布趋势。无论哪种情况，这三种模型都无法定量地表明拟合精度，因此选择特定的半变异函数模型取决于分析人员的判断。

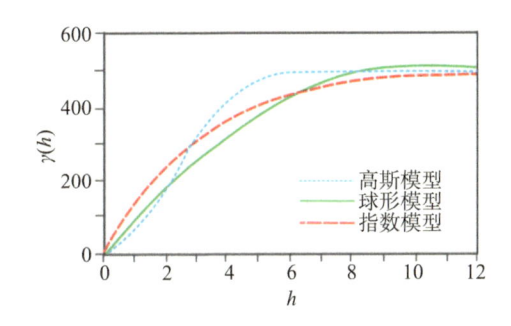

图 5.4　近似半变异函数的三个理论模型的比较

5.2　趋势面分析法

趋势面分析法是一种旨在识别一个变量的属性值在空间上总体变化趋势的分析方法。这个属性值可以被分解成两个部分，由两个尺度上的过程决定(Unwin，1978)。第一部分是大尺度部分，是在空间上平滑变化的一种趋势；第二部分是由随机波动和不准确测量引起的局部尺度变化或残差。因此，第二部分在空间上是不可预测的。趋势面分析可以处理的是第一部分，在数学上，趋势面可以表示为多项式方程：

$$Z(X,Y) = \sum_{i=1}^{n} b_i X^r Y^s + u_i \tag{5.8}$$

式中，$Z(X,Y)$ 为空间变量的属性值，X 和 Y 分别为其在水平(东经)和垂直(北纬)方向的坐标；b_i 为系数；r 和 s 为多项式方程的阶数；u_i 为随机误差或残差，即观测值与拟合趋势值之间的差异。式(5.8)的具体形式随 r 和 s (多项式阶数)而变化。最简单的形式是 $r=0$, $s=0$, $Z(X,Y)=b_0$，即一个不随空间变化的常数。在一阶($r=1$, $s=1$)下，曲面线性表示为

$$Z(X,Y)=b_0+b_1X+b_2Y+u_i \tag{5.9}$$

在二阶($r=2$, $s=2$)下,曲面线性表示为

$$Z(X,Y)=b_0+b_1X+b_2Y+b_3X^2+b_4XY+b_5Y^2+u_i \tag{5.10}$$

随着阶数的增加,多项式方程变得更加复杂,趋势面的曲率也随之增大(图5.5)。然而,无论多项式阶数是多少,所有曲线都只能概括趋势的一般变化,无法反映局部变化的空间。因此,建立的趋势面并没有与所有的原始值精确拟合,这是因为所有的趋势面方程都是通过拟合优度的最小二乘准则原理来求解的,以确定一组最优系数(b_i)。

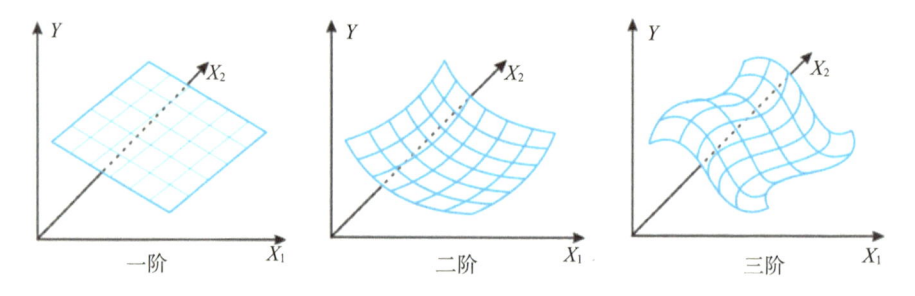

图5.5 趋势面的性质与多项式阶数有关

趋势面通常是基于最小二乘原理的回归分析来建立的,它涉及关于所用数据的三个固有假设:

(1) 所有残差都必须是正态分布,且平均值为0(例如期望为0)。

(2) 空间残差互不相关,这一假设保证了拟合表面的显著性可以被检验。然而在现实中对于大范围的空间数据(如降雨和地形),由于残差总是存在不同程度的空间自相关,这一假设经常被违背。

(3) 它们必须在精确的已知位置以可忽略的误差进行测量,并且它们的数量必须超过多项式阶数,这个假设保证了系数可解。

确定b_i所需的确切数据点数随多项式阶数的变化而变化。例如,求解式(5.9)至少需要3个数据点,求解式(5.10)至少需要6个数据点。必须强调的是,这个数字无法真正表示拟合优度的最小值,因为在任何情况下,即使观察到的属性值是不正确的(例如违反前面提到的假设1),拟合过程仍可以完成。在实践中,有必要使用比这些最小值更多的数据点。

根据回归系数(R^2)判断拟合趋势的可靠性。它表示计算出的趋势的回归平方和与观测值的修正平方和之比,较大的R^2值意味着较好的拟合精度。建

立的趋势面的显著性是通过方差分析（ANOVA）来确定的，可以通过将观测总数分成两部分来实现，其中一部分用于构建趋势面，另一部分用于检验残差。对于已建立的趋势面，至少可以提出四个关于其统计显著性的问题（Unwin，1978）：

（1）总体拟合趋势是否显著偏离零？

（2）$k+1$ 阶的趋势面是否明显优于 k 阶的趋势面？

（3）趋势面上是否存在显著偏离零的系数？

（4）空间上哪些观测值与趋势面拟合较好，哪些拟合趋势需要谨慎处理？

其中一些问题可以根据 f 检验的结果来回答，其中零假设（H_0）表明趋势面方程中的所有系数都等于一个常数（例如趋势是平滑或不存在的），备选假设（H_1）声称方程中的一些系数不为 0，检验中的自由度为 $n-1$（n 为用于建立趋势面方程的观测数）。

一旦建立并经过适当的验证，趋势面可以用来估计在其建立过程中使用的所有观测值的凸多边形内任何位置的值。当数据稀缺且其趋势大于局部随机变化（u_i）时，趋势面分析是空间插值的首选方法。这些数据必须是空间连续的（例如降雨），如果不是这种情况，趋势面分析就不能使用，或者只有在施加了特殊限制（例如在人口密度估计中排除没有人的湖泊）之后才能使用。通过在分析中加入一个额外的地理信息系统（GIS）层，可以将这些漏洞排除在考虑之外。如果数据是在一个区域（例如人口普查区的人口）内枚举的，除非数据是在多边形质心处获得，能够消除观测单元大小和形状变化的影响，否则它们不适合趋势面分析。为了产生一个真实和现实的趋势面，所研究地区必须能被观测值充分代表，特别是在边界附近和角落地区。

趋势面分析的优势在于易于理解，并且可以用低阶趋势面捕获广泛的特征。然而，它在三个方面存在缺点：

（1）已建立的趋势面极易受到输入数据中的异常值的影响。式（5.9）和式（5.10）的解是基于所有观测值都正确的假设。每当这个假设不成立时，软件将尽一切努力在既定的趋势中容纳这个错误，即使该值与组内的剩余值有很大的不同（例如一个离群值）。

（2）在数据覆盖的空间范围之外，结果存在高度的不确定性。换句话说，趋势面分析只适用于所有数据的凸多边形内的观测。因此，趋势面分析不适合预测超出这个空间范围的值（例如外推）。

（3）残差在空间上不是相互独立的。一个较大的残差可能与其他较大的残差相邻。

上述缺点可以用其他空间插值方法来克服,这些方法将在第5.5节中介绍。

表5.1 2011年奥克兰市机动车排放NO_2年均浓度(一、二阶趋势面插值与观测值比较)

单位:$\mu g \cdot m^{-3}$

坐标	观测值	一阶 估计值	一阶 残差	二阶 估计值	二阶 残差
1 753 733,5 919 769	21.48	22.08	−0.60	26.24	−4.76
1 753 071,5 935 353	29.53	28.58	0.95	27.04	2.50
1 755 982,5 924 003	28.81	25.21	3.60	28.29	0.52
1 748 363,5 926 715	30.96	27.66	3.30	28.17	2.79
1 753 733,5 927 310	13.74	25.47	−11.72	27.54	−13.80
1 747 383,5 926 384	15.88	21.58	−5.70	20.43	−4.55
1 742 356,5 926 648	16.23	19.03	−2.81	10.41	5.82
1 747 118,5 912 427	10.63	15.34	−4.71	11.52	−0.89
1 762 041,5 906 461	29.91	20.58	9.33	27.16	2.74
1 774 661,5 896 142	18.55	22.85	−4.30	18.59	−0.05
1 771 460,5 912 361	16.52	28.28	−11.76	19.65	−3.13
1 757 371,5 919 968	46.43	24.11	22.32	28.37	18.06
1 756 246,5 913 022	20.80	20.43	0.37	26.25	−5.45
1 764 382,5 915 073	27.37	25.64	1.73	27.18	0.19
均值	23.34	23.34	0.00	23.34	0.00
RMSE			8.32		6.85

如表5.1所示,共使用了14个观测值来构建一阶和二阶趋势面,但是,它们之间的平均残差相同(均为0),这似乎表明趋势面的阶数对插值结果没有太大影响。然而,仔细检查均方根误差(RMSE)发现,一阶的精度比二阶低近22%,这表明NO_2值并非线性平面分布。在一阶的14个残差中,7个为负,7个为正,残差极值高达22.32,略低于平均浓度23.34,最低为−11.76。在二阶中,这种相对性被逆转,最大正残差降低到18.06,而最大负残差降低到−13.80。此外,负残差在一阶是聚集的,但在二阶是广泛的分散,这种现象可由趋势平面的表面所解释。在NO_2浓度远低于趋势所提示的地区(例如,靠近城市绿地或交通不便的地区),它们都被低估了。相反,用曲面拟合NO_2浓度可以使观测浓度和估

计浓度之间的匹配更紧密,从而产生更低的 $RMSE$ 和更少的低估聚集。因此,二阶趋势面分析在对奥克兰市机动车排放的 NO_2 年浓度的空间分布插值方面优于一阶趋势面分析。

5.3 移动平均法

移动平均是一种空间分析方法,也被称为加权平均和反距离加权(IDW),它主要根据附近观测值的权重估计未采样位置或任何期望位置的值。它通常被定义为与所讨论的相邻观测点的距离的反函数。数学上,内插值可以表示为所有考虑的相邻观测要素的属性值的加权线性组合,或者:

$$Y_p = \sum_{i=1}^{n} W_i Y_i = \frac{\sum_{i=1}^{n} Y_i d_i^{-m}}{\sum_{i=1}^{n} d_i^{-m}} \tag{5.11}$$

式中,Y_p 为待估算点(p)处的属性值;m 为反距离加权的幂;n 为估算中考虑的相邻观测值的个数;d_i 为相邻观测点到 p 的距离。

如图 5.6(b)所示,移动平均插值可以通过以下方式完成:首先使用式(2.4)计算相关点与选择进行平均的邻近点之间的欧氏距离,然后取 $m=1$ 或 $m=2$:

$m=1, Y_p = (138/2.236 + 152/2.693 + 143/1.581)/(1/2.236 + 1/2.693 + 1/1.581) = 143.76$ mm;

$m=2, Y_p = (138/2.236^2 + 152/2.693^2 + 143/1.581^2)/(1/2.236^2 + 1/2.693^2 + 1/1.581^2) = 143.33$ mm。

上述计算很容易理解,因为与远距离观测元素相比,相邻观测元素更有可能与待估算点的属性值共享相似的值。正如 Tobler 的地理学第一定律所述,所有观测值之间的关系与它们的距离成反比。因此,距离较近的邻居对估计的属性值产生的影响会比距离较远的邻居更深远。式(5.11)中的分子是一种标准化 Y_p 的方式,该方法使其在插值后不会人为膨胀。虽然该插值方法的概念直观且易于理解,但面临三个不确定因素:

(1) m 的确切值仍然未知。在实践中,通常取 $m=1$ 或 $m=2$,但这缺乏充分的理论依据。没有一个指南说明哪种选择更好。如果两个分析人员使用相同的数据集执行相同的分析,一个使用 $m=1$,另一个使用 $m=2$,那么两个插值结果将会略有不同,这违反了科学原则,即无论谁在进行分析,结果都应是客观、完全可复制的。如图5.6(a)的例子所示，$m=1$与$m=2$的取值结果差值为0.43 mm。

（2）在插值中应该使用的邻近点数(n)仍然未知。理论上，如果使用更多相邻的观测值，估计值将更加可靠。然而，如果邻近观测要素离 p 太远，这就不成立了，因为它可能对要估计的值没有任何实质影响，所以应该排除在考虑之外。没有理论指导说明在估计中应该考虑的最邻近观测要素的适当数量，在实践中，通常根据经验将其取为10。

（3）这种基于数量或基于距离的最邻近观测要素选择忽略了它们的空间分布。它们可能在某些方向上聚集（图5.7），在这种情况下，基于距离的邻近观测选择将导致不同部分样本的不均匀分布。在某些方向上邻近观测要素的影响可能不存在，而在其他方向上的影响可能被选定的邻近观测过度代表，这可能严重降低内插值的可靠性。在兴趣点处将二维空间划分为四个象限后，通过限制每个方向上相邻点的数量，可以最大限度地减少聚类对预测结果的影响（图5.7）。可以在每个象限选择最大数量的点（例如 $n=5$），这种搜索策略能够最大限度地减少聚类效应，但不能处理数据中的趋势问题。

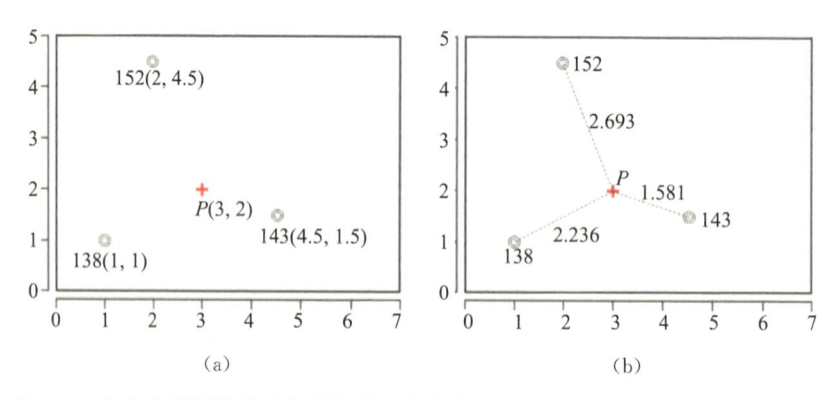

图5.6 三个相邻雨量计的位置及其所录得的雨量读数(a)以及问题点与三个相邻观测点之间的欧氏距离(b)

通过使用基于区域的替代搜索策略，可以克服基于数量或距离的策略在选择邻近观测要素时的局限性，该策略指定了一个邻域，在这个邻域内所有观测值都将被搜索并自动选择。这个搜索区域可以是椭圆形的，有不同的大小和方向（图5.7），椭圆搜索邻域的确切形状取决于可以旋转到不同方向的水平和垂直方向上的指定半径。然而，邻近观测点的适当搜索半径的理论基础仍然没有解决。

式(5.11)中所有的计算都假设 Y_p 在空间上相互独立，但这可能并不总能成立。如果观测中存在平面趋势，直接使用移动平均法将无法处理它。然而，只要

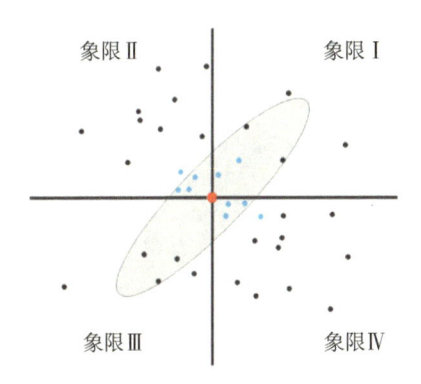

图 5.7 将以待估算点为中心的二维空间划分为四个象限

先对数据进行趋势面分析,就可以解决这个问题,接着,从所有观测数据中减去通过趋势面分析已确定的趋势值。然后,如前文所述,可以对计算出的差值执行常规的移动平均插值处理。

移动平均比较简单且容易理解,然而,插值结果受到权重函数的阶数(m)和所选邻近观测要素的搜索窗口大小的影响,因此容易因数据点聚集而产生偏差。空间插值的精度不能由式(5.11)表示。如果插值结果代表地形表面,则可以对插值的高程进行等高线化和可视化,以表明其合理性,而伪轮廓的存在表明插值不可靠。此外,可以将残差绘制出来,以显示不准确插值的确切趋势和位置。然而,对插值精度的定量度量仍然需要额外的努力,它通常是通过将可用数据集分成两部分来确定。其中一部分称为验证点,被排除在内插之外,它们是为验证插值结果而保留的,通常通过比较这些点的观测值和内插值来评估插值的准确性,并表示为 $RMSE$[式(2.15)]。虽然计算 $RMSE$ 相对容易,但什么样的 $RMSE$ 被认为是可接受的仍是未知数,对于可接受的插值精度,也没有标准。

表 5.2 给出了以趋势面分析为例的全局插值器与以移动平均为例的局部插值器的主要特性比较。前者是一个利用所有观测值的全局多项式方程,一旦建立,这个方程被用于在所有观测要素形成的凸包内的任何位置插入值。因为构造的曲面很少经过原始数据,所以插值的精度较低。如果一个位置不在其覆盖的空间范围内,其内插值会更不准确。局部插值器克服了这一缺陷,仅利用最接近所讨论位置的有限数量的观测值,因此,即使它会受到所使用的邻近观测要素的数量以及它们的选择和加权方式的影响,精度也往往更高。理想情况下,要插值的每个值的位置应该落在所有观测要素的凸包内,即使它稍微落在凸包外,仍然可以达到合理的精度。如果数据中没有任何趋势,插值结果将更加可靠。否则,可以先使用全局插值器检测趋势,然后从所有观测值中减去(表 5.3),再使

用局部插值器对差值进行分析，随后将插值结果添加回趋势中，得出插值的最终结果。

5.4　最小曲率法

最小曲率法是一种特殊的插值法，因为它能够将一组空间观测值插入到必须具有奇数维数的规则网格中。因此，它通常被用来从 LiDAR 扫描仪获取的高程数据中构建数字高程模型（DEM）。该插值器基于位置 (i, j) 处的曲率，表示为 $C_{i,j}$，并且离散二维空间中的总平方曲率表示为

$$C = \sum_{i=1}^{I} \sum_{j=1}^{J} (C_{i,j})^2 \quad (5.12)$$

式中，I 和 J 分别为待构建的 DEM 网格的总行数和总列数。

如果使以下函数等于零，则 C 的和最小（Briggs，1974）：

$$\frac{\partial C}{\partial u_{i,j}} (i=1,2,\cdots,I; j=1,2,\cdots,J) \quad (5.13)$$

需要许多方程来说明相邻网格单元值之间的一组关系，其中每个单元都有独特的关系。在二维空间中，曲率 $C_{i,j}$ 在 (x_i, y_i) 处的最简单近似表示为

$$C_{i,j} = \frac{u_{i+1,j} + u_{i-1,j} + u_{i,j+1} + u_{i,j-1} - 4u_{i,j}}{h^2} \quad (5.14)$$

式中，h 为 DEM 网格大小；u 为多项式函数。上述一般方程仅适用于无边界网格单元。必须对靠近边缘的单元格以及靠近边缘或角落的行进行修改。例如，当 $j=1$ 时（位于网格边界处），则式（5.14）为

$$C_{i,j} = \frac{u_{i+1,j} + u_{i-1,j} - 2u_{i,j}}{h^2} \quad (5.15)$$

边界条件是：

$$u_{i+2,j} + u_{i,j+2} + u_{i-2,j} + u_{i,j-2} + 2(u_{i+1,j+1} + u_{i-1,j+1} + u_{i+1,j-1} + u_{i-1,j-1}) -$$
$$8(u_{i+1,j} + u_{i-1,j} + u_{i,j-1} + u_{i,j+1}) + 20u_{i,j} = 0 \quad (5.16)$$

如果 $j=1$（例如一条边），则上式为

$$u_{i-2,j} + u_{i+2,j} + u_{i,j+2} + u_{i-1,j+1} + U_{i+1,j+1} - 4(u_{i-1,j} + u_{i,j+1} + u_{i+1,j}) + 7u_{i,j} = 0 \quad (5.17)$$

两个方程都是迭代求解的。$u_{i,j}$ 在 $p+1$ 次迭代时表示为

$$u_{i,j}^{p+1} = [4(u_{i-1,j}^p + u_{i,j+1}^p + u_{i+1,j}^p) - (u_{i-2,j}^p + u_{i+2,j}^p + u_{i,j+2}^p + u_{i-1,j+1}^p + u_{i+1,j+1}^p)]/7 \tag{5.18}$$

这些方程的解析要求假定初始值与那些不与网格点重合的网格单元(例如包含观测要素的网格单元)的最近观测值相同,或者是与几个相邻观测值的加权和相同。一旦达到设定的迭代次数或满足指定的最小曲率,该过程就终止。

测量平滑度 $\sum(C_{i,j})^2$ 随 h 和 $C_{i,j}$ 的近似精度而变化。由于线性式 5.14～5.18 是根据最小曲率原理推导出来的,因此在给定的 h 下,内插的网格点表面应该和其他网格点表面一样光滑,甚至更光滑。如图 5.8 所示,尽管等值线间隔被设置在一个相当精细的水平(1 mgal, 1 mgal=0.001 cm/s²),网格处内插值的等值线仍是光滑的,且没有人工痕迹的等值线。因此,最小曲率插值的最佳用途在于创建规则网格 DEM。它能够很好地处理由于观测缺失引起的不确定性,并且能够达到与克里格法(将在 5.5 节中介绍)相当的精度,尽管其精度对 DEM 网格大小非常敏感。然而,沿直线内插的等值线不如一维样条线那样好(Briggs,1974)。

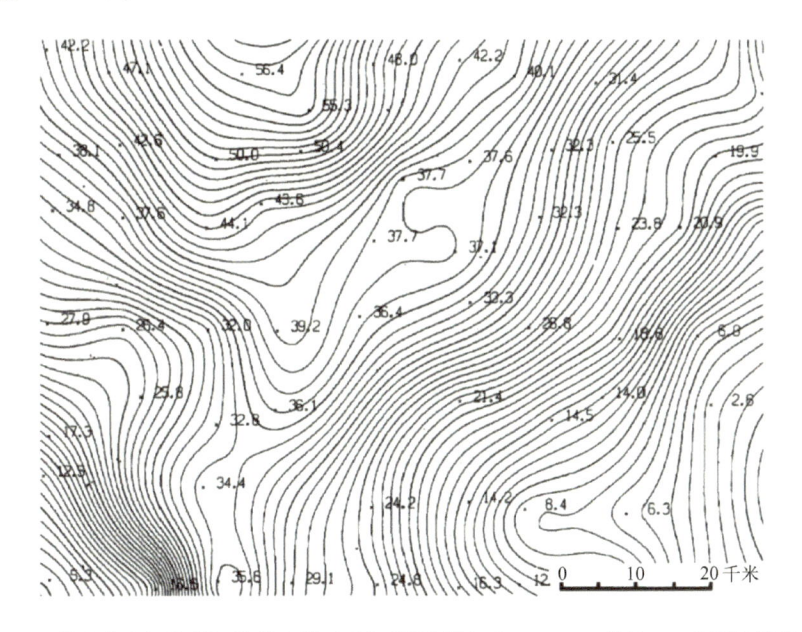

图 5.8　用最小曲率插值获取的等高线重力场(网格间距为 1.85 km;总共 900 个网格进行内插)
(Briggs,1974)

5.5 克里格法

克里格法以地统计学为基础，以南非统计学家和采矿工程师 Danie Krige 的名字命名，他早在 20 世纪 50 年代就开发了地统计学方法(Krige,1951)。从那时起，克里格法就在空间分析，特别是空间插值中得到了广泛的应用。这套插值器基于半变异函数，因此在估计区域化变量方面表现最好。克里格法自诞生以来，已经演变成多种类型，包括普通克里格(OK)、泛克里格(UK)、块克里格和协同克里格。在这些类型中，普通克里格是最常见的，也是理解其他类型克里格的关键和基础。作为一种地统计学的插值器，普通克里格(也称为点克里格)是最好的线性无偏估计方法，"最好的"是因为它的插值残差的方差最小，"线性"意味着估计值是通过相邻观测值的线性加权组合获得的，"无偏"意味着插值的残差均值等于 0。某种特定类型克里格插值器的选择取决于所分析数据的性质。

5.5.1 普通克里格

普通克里格适用于平稳数据(如无显著漂移)，或式(5.1)中 $m(x,y)=0$，它只处理区域化变量的 $e'(x,y)$ 分量，从而假设使用的数据没有结构成分。如果不符合这些情况，那么在进行普通克里格法分析之前必须进行趋势面分析，以识别并消除漂移。然后对平稳残差进行克里格化，将估计残差与漂移相加即可得到最终的插值结果。这整个过程被称为泛克里格。

普通克里格的数学表达式完全类似于加权平均，或者是：

$$\hat{z}(B) = \sum_{i=1}^{n} w_i z(x_i) \tag{5.19}$$

式中，w_i 表示观测值为 $z(x_i)$ 的权重。这个方程类似于公式(5.11)的前半部分，唯一的区别是如何处理 w_i。在克里格法中，特定相邻观测值的权重由相邻观测值的半变异函数而不是通用的距离衰减函数来确定。换句话说，权重是量身定制的，是根据构造的半变异函数为每个相邻观测单独计算的。因此，该方法的计算量相当大。半变异函数可以用局部和全局两种方法构造，局部克里格法意味着半变异函数是由问题点附近观测值形成的子集构造的，在插值过程中必须构造许多这样的半变异函数。克里格法的全局实现意味着所有的观测值都被用来构造一个半变异函数，这个半变异函数被普遍用于确定所有兴趣点的权重，这种实现方式更简单，需要的计算量也少得多。

在数学上,确定权重的方程可以表示为矩阵:

$$\begin{bmatrix} \gamma(Z_1-Z_1) & \gamma(Z_1-Z_2) & \cdots & \gamma(Z_1-Z_n) & 1 \\ \gamma(Z_2-Z_1) & \gamma(Z_2-Z_2) & \cdots & \gamma(Z_2-Z_n) & 1 \\ \vdots & \vdots & & \vdots & \vdots \\ \gamma(Z_n-Z_1) & \gamma(Z_n-Z_2) & \cdots & \gamma(Z_n-Z_n) & 1 \\ 1 & 1 & \cdots & 1 & 0 \end{bmatrix} \begin{bmatrix} W_1 \\ W_2 \\ \vdots \\ W_n \\ \mu \end{bmatrix} = \begin{bmatrix} \gamma(X_1-X) \\ \gamma(X_2-X) \\ \vdots \\ \gamma(X_n-X) \\ 1 \end{bmatrix}$$

(5.20)

式中,γ 代表从构建的半变异函数中获得的半变异值;Z_i 指的是位置 i($i=1$,$2,\cdots,n$)的观测值;X_i 代表第 i 个相邻观测值的位置;X 表示要估计属性值的位置;W_i 指的是第 i 个相邻观测值的权重。这些变量中,只有 W_i 是未知的。式(5.20)中有 $n+1$ 个方程,用于求解 n 个待确定的权重。插入式(5.20)中的最后一个计算,将所有权重之和约束为1,这样在插值过程中就不会人为地夸大估计值,其功能相当于式(5.11)的分母。因此,在前 n 个方程中插入一个松弛变量(μ),以确保所有 n 个计算的权重都是准确且唯一的。

克里格法的工作原理如图5.6(a)所示,就像在所有空间分析中一样,除了观测值以外,所有邻近观测点的水平坐标都是已知的。整个评估过程分为六个主要步骤:

(1) 利用式(2.4)计算每对潜在的相邻观测值之间的欧氏距离,包括从它们的地理坐标(图5.9)估算出数值的位置。

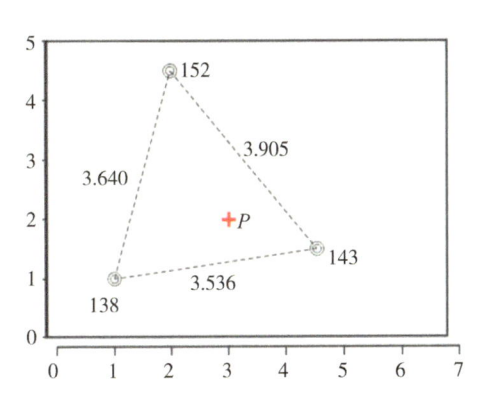

图5.9 克里格法的第一步:计算任意两个相邻观测值之间的距离

(2) 基于 P 附近的所有观测值构造一个半变异函数。由于滞后值(h)的范围较小,故半变异函数近似为线性模型(图5.10)。

(3) 利用步骤(2)构造的半变异函数将步骤(1)计算的相邻观测值之间的欧

氏距离转换为半变异值(图 5.10)。这可以通过画一条垂直于水平轴的垂直线，然后从垂直线与半变异曲线的交点处画一条平行于水平轴的水平线来实现。这条水平线与纵轴的交点表示对应于给定范围的估计 $\gamma(h)$ 值。

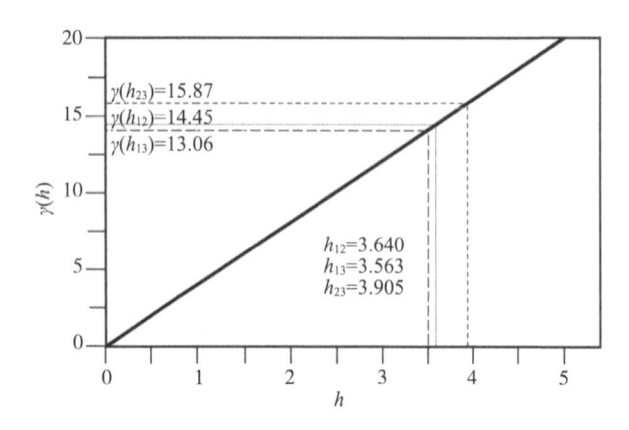

图 5.10 根据 h(相邻观测值之间的距离)从构造的半变异函数中确定半变异值

(4) 将所有的半变异值代入式(5.20)可求出 w_i：

$$\begin{cases} w_1 \times 0 + w_2 \times 14.45 + w_3 \times 13.06 + \lambda = 9.20 \\ w_1 \times 14.45 + w_2 \times 0 + w_3 \times 15.87 + \lambda = 9.92 \\ w_1 \times 13.06 + w_2 \times 15.87 + w_3 \times 0 + \lambda = 6.46 \\ w_1 + w_2 + w_3 = 1.00 \end{cases} \quad (5.21)$$

式(5.21)可改写为矩阵形式：

$$\begin{bmatrix} 0 & 14.45 & 13.06 & 1 \\ 14.45 & 0 & 15.87 & 1 \\ 13.06 & 15.87 & 0 & 1 \\ 1 & 1 & 1 & 0 \end{bmatrix} \begin{bmatrix} w_1 \\ w_2 \\ w_3 \\ \lambda \end{bmatrix} = \begin{bmatrix} 9.20 \\ 9.92 \\ 6.46 \\ 1.00 \end{bmatrix} \quad (5.22)$$

多线性方程组可以用计算机软件迭代求解，结果是：

$$\begin{bmatrix} w_1 \\ w_2 \\ w_3 \\ \lambda \end{bmatrix} = \begin{bmatrix} 0.239 \\ 0.282 \\ 0.479 \\ -1.134 \end{bmatrix}$$

(5) 将计算得到的所有 w_i 代入式(5.19)，得到待估算点(P)的无偏估计：

$$\hat{Y}_p = \sum_{i=1}^{3} w_i Y_i = 0.239 \times 138 + 0.282 \times 152 + 0.479 \times 143 = 144.34$$

（6）依据变量值估计插值结果的不确定性。

与移动平均法不同的是，克里格法允许基于变异值乘以权重来评估估计的可靠性，即

$$S_\varepsilon^2 = \sum_{i=1}^{3} w_i \gamma(h_{ip}) = 0.239 \times 9.20 + 0.282 \times 9.92 + 0.479 \times 6.46 = 8.09 \text{ mm}^2$$

该结果表示待估算点的估计误差平方。

因此，最终结果表示为 $143.34 \pm \sqrt[2]{8.09} = 144.34 \text{ mm} \pm 2.84 \text{ mm}$，待估算点位置的实际值范围是 141.50 mm 到 147.18 mm。

表 5.2 比较了普通克里格法和移动平均法在一些主要属性上的区别。一般来说，普通克里格法克服了第 5.3 节中指出的移动平均法的所有缺陷。例如，不再需要指定距离衰减的阶数。在插值中应该考虑的邻近观测点的确切数量由软件自动决定，那些位于范围之外的观测点被排除在考虑之外。普通克里格法的权重是在没有分析师干预的情况下，客观地从所构建的半变异函数中单独确定的，因此只要使用相同的输入参数（例如在半变异函数曲线和所采用的半变异函数模型中是否应考虑块金效应），所内插的结果是完全可复制的。正因为如此，普通克里格插值法的结果比移动平均法的结果更可靠，更重要的是，普通克里格法能够通过加权的半变异值表明内插值是否可靠。普通克里格法的主要缺点是它的计算强度高，但如今这可以很容易地由强大的台式计算机处理。必须注意的是，两者都是局部插值器，无法处理数据集中的漂移。

表 5.2 移动平均法与普通克里格法主要性质的比较

内插方法	移动平均法	普通克里格法
使用的相邻点数(n)	任意设置	软件根据构造的半变异函数进行判定
搜索邻域	圆形或椭圆形	可变，自动由机器决定
权重	基于通用的反距离函数（$m=1$ 或 $m=2$）；$\sum w_i \neq 0$	基于构造的半变异函数，$\sum w_i = 1$
计算量	适中	大
精度	适中	高

续表

内插方法	移动平均法	普通克里格法
可重复性	否(受限于 n 和 m 值)	是(对于相同的半变异函数参数集,结果可重复)
处理漂移的能力	无	无
结果可靠性	无法评估	可通过 σ^2 评估,精度取决于所使用的半变异函数模型

5.5.2 比较评估

本节将比较评估三种局部插值器:移动平均、最小曲率和普通克里格,包括它们在面对输入数据中缺少高程这一不确定性问题时的处理能力。地形不确定性指的是某一兴趣点的高程可以从邻近点的高程中预测出来的程度,它在山区地形的不同部分分为不同的水平。不确定性在极端高度(如坑和峰)达到最大水平(图 5.11,A),如果输入数据中没有捕获这些极端值,则内插的高程就会有相当高的不确定性,因为它们实际上是从附近较低的高程推断出来的(例如属性值的外推)。沿着山脊的高程的不确定性下降到中等水平,其曲率未知,但沿山脊的高程仍然表现得具有一定可预测性(图 5.11,B)。换句话说,它们在一个方向上是可预测的,但在另一个方向上不太可以预测。位于斜坡中间的高程具有最小的不确定性,因为它们可以从下坡和上坡邻点中以很高的置信度估计出来,特别是当斜坡有一个线性轮廓时(图 5.11,C)。可以将地形不确定性引入沿等高线采样的输入数据集中,方法是分别去除峰顶周围(A)、山脊周围(B)和斜坡中间(C)的 136、127 和 123 个样本点(图 5.11),它们分别占总采样点的 5.11%、3.21%和 7.13%。

在对比普通克里格法与其他两个局部插值器在处理地形不确定性方面的能力时,可以通过使用三个插值器将新创建的数据集(包含在战略位置故意删除的点)内插到 50×50 网格单元的 DEM 中来评估。移动平均法的插值设置包括衰减阶数($m=2$)和最邻近的高程数($n=10$),并在半径为 34.79 毫米的圆形搜索邻域进行搜索,这种搜索策略不考虑邻近点的分布。最小曲率的两个插值参数为曲率(0.005)和迭代次数(500),插值后的 DEM 维数降为 49×49,满足插值要求。在普通克里格实验中,由于被测地形单元是微尺度的,没有表现出明显的方向性,所以采用无漂移的线性半变异函数模型,并且不考虑各向异性。

根据 *RMSE* 结果(表 5.3),随着不确定性水平的提高,三种插值器的插值

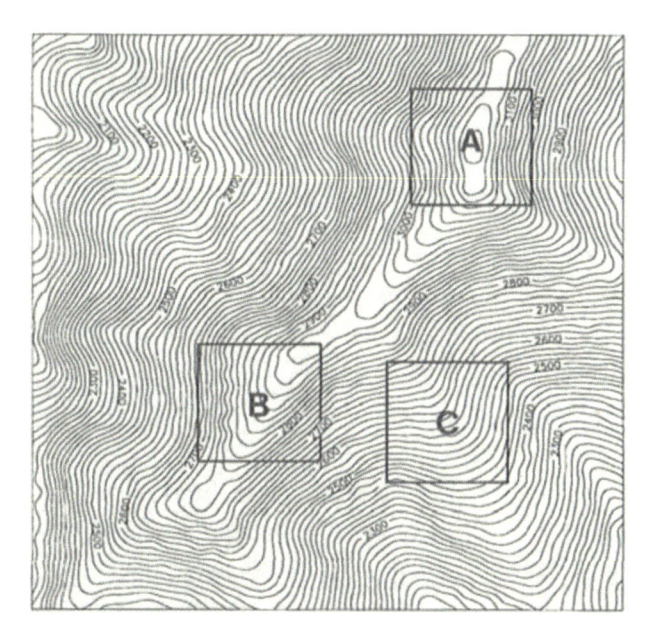

图 5.11　三个地貌位置的地形不确定性程度(A＝峰,B＝脊,C＝斜坡)(Gao, 2001)

能力均有所下降。如果从残差的标准偏差及其平均值分析,也得出类似结论,唯一的例外是某些中等不确定性情况下的绝对值误差较小。在三种插值器中,最小曲率法是处理地形不确定性能力最强的,其 *RMSE* 值通常最低,且小于下一个最小值的一半。相比之下,普通克里格法处理不确定性的能力尚可,其 *RMSE* 仅略小于移动平均法。移动平均法在处理地形不确定性方面表现最差,因为插值的高度直接取决于邻近观测的高度,当不存在邻近观测要素时,就会使用距离较远、高度与问题点不太相似的邻近点,从而导致估计结果可靠性下降。

表 5.3　三种插值器处理观测缺失引起的地形不确定性的比较(Gao, 2001)

不确定性水平	插值器	RMSE（m）	标准偏差（m）	平均(m)	残差数量 <3 m	残差数量 <6.1 m
低(中坡)	MA	16.76	14.57	8.39	103	91
	OK	10.72	8.87	6.07	76	52
	MC	5.19	3.63	3.72	62	34
中等(山脊)	MA	18.08	17.89	−46.37	114	97
	OK	11.82	11.58	−36.31	97	68
	MC	3.82	2.84	−7.97	63	14

续表

不确定性水平	插值器	RMSE(m)	标准偏差(m)	平均(m)	残差数量 <3 m	残差数量 <6.1 m
高(峰或坑)	MA	25.16	12.97	1.08	134	122
	OK	19.58	11.99	−0.34	119	101
	MC	10.32	7.44	−5.75	96	67

注：结果基于插值残差的统计。
等高线间距：6.1 m。
MA——移动平均法；OK——普通克里格法；MC——最小曲率法。

5.5.3 简单克里格

简单克里格法是一种特殊的克里格方法，它用局部均值作为已知的总体均值，因此它也被称为已知均值的克里格法。因为该模型数学公式较为简洁，所以被称为简单克里格。作为无偏估计方法，简单克里格近似于线性回归，它与普通克里格的主要区别有两个方面：

(1) 简单克里格法假设变量或随机函数 $Z(x,y)$ 的均值是已知的，可以将其集成到模型中以改进对某一位置 $Z(x,y)$ 的估计。整个区域内的期望值保持不变，即 $u(x,y)$ 为常数。

(2) 在协方差函数 $cov[Z(x,y),Z(x+h,y+h)]$ 已知的情况下，$Z(x,y)$ 是二阶平稳的。在现实中，简单克里格和普通克里格在精度方面几乎没有显著区别。

在实际中，协方差函数 $C(h)$ 通常是未知的，所以简单克里格法的第一步是估计协方差或相应的变异函数：

$$Z(x,y)=u(x,y)+\varepsilon'(x,y) \tag{5.23}$$

式中，$u(x,y)$ 是已知常数(实际上是未知的)，它的应用也包括五个步骤：

(1) 利用所有数据估计适当的协方差函数。

(2) 从协方差函数中估计滞后距离 h 任意一对观测值之间的协方差。

(3) 利用数据集中的所有观测值估计式(5.23)中 $u(x,y)$ 的均值。

(4) 计算每个采样位置的观测值与均值之差，得到 $\varepsilon'(x,y)$，然后对其应用普通克里格方法，得到无偏的精确值。

(5) 将内插值与步骤(3)中的均值相加，生成所有采样位置的简单克里格预测值。

尽管简单克里格法具有一定简洁性，但其适用性有限，如果超出嵌入式假设的范围,只能导致次优结果(Olea,1999)。

5.5.4 泛克里格

普通克里格不能处理带有漂移的非平稳数据,这一缺点可以通过使用泛克里格来克服。泛克里格将趋势面分析与普通克里格分析相结合,分别处理公式(5.1)中的一个主要组成部分,未知值是通过平滑变化趋势 $m(x, y)$ 和随机残差函数 $\varepsilon'(x, y)$ 的线性组合来估计的。局部趋势(或漂移)是连续的,并且表示一个逐渐变化的表面,可以用数学上的二阶多项式来描述。变化趋势可以通过趋势面分析来确定,随机残差函数 $\varepsilon'(x, y)$ 使用普通克里格处理。除了对 $u(x, y)$ 的处理不同,泛克里格法几乎与简单克里格法相同。在泛克里格中,漂移参数的迭代估计分为五个步骤(Bárdossy,2017):

(1) 指定漂移的类型或多项式的阶数。
(2) 选择理论变异函数 $\gamma(h)$,计算漂移系数。
(3) 按照简单克里格法第(4)步计算残差。
(4) 根据残差构造半变异函数。
(5) 比较理论的和构造的半变异函数,看它们是否相似。如果是,则终止迭代;如果不是,那么用新的拟合实验数据的理论半变异函数重复步骤(2)~(4),直到它们彼此接近。

泛克里格的实现几乎等同于对具有趋势的空间数据集进行移动平均,该操作分为三个步骤:

(1) 对漂移进行估计和去除(相当于趋势面)。
(2) 对平稳残差运用克里格。
(3) 将残差估计值与漂移相结合,得到曲面估计值。

举一个例子,利用主干道被动扩散管监测网络获取的107个观测数据,比较评估了移动平均法、普通克里格法和泛克里格法在估算机动车排放 NO_2 浓度空间分布方面的能力。观测点广泛分布在新西兰奥克兰中部,面积为533.1 km^2(观测点密度:0.2个/km^2)的区域内。在移动平均法中,指定了反距离的2次幂。在普通克里格法中,假设并选择了指数相关结构,用极大似然法确定了均值和方差参数。插值结果以50 m的网格输出,并根据未用于插值的八个固定监测站的观测值对其质量进行评估(表5.4),通过回归系数(R^2)和均方根误差($RMSE$)判断插值精度。此外,还计算了留一法交叉验证(LOOCV)的 R^2 和 $RMSE$ 进行比较。

如表5.4所示,基于 R^2 和 $RMSE$ 指标,移动平均法插值性能最差,其次是普通克里格法,无论使用何种精度标准,泛克里格法都是最精确的插值器。然而,移动平均法和普通克里格法都具有非常相似的精度,而泛克里格法比两者都要准确得多。对 8 个站点残差的进一步检验表明,移动平均法对所有 8 个值都表现出高估,相比之下,普通克里格法与泛克里格法更接近观测值,都只产生一个负残差。在其中 2 个站点,普通克里格法和泛克里格法预测浓度相似,都比观测到的浓度高得多,且比移动平均法预测的浓度高。在外推方面,泛克里格理论比普通克里格理论更为稳健。它比普通克里格法更准确,那是因为它可以处理 107 个数据点中移动平均法和普通克里格法所忽略的任何趋势。所有三个插值器都倾向于高估浓度,这一结果可能归因于验证数据集中的 NO_2 浓度低于插值数据集中的 NO_2 浓度,固定监测站位于远离主要道路的地区,其浓度要高得多。

表 5.4　8 个固定监测站的平均 NO_2 浓度内插至 50 m 网格的准确性比较

(修改自 Ma et al.,2019)　　　　　　　　(单位:$\mu g \cdot m^{-3}$)

监测站	观测值	移动平均法 估计值	移动平均法 残差	普通克里格法 估计值	普通克里格法 残差	泛克里格法 估计值	泛克里格法 残差
1	7.80	10.34	2.54	17.12	9.32	17.76	9.96
2	12.30	19.33	7.03	21.47	9.17	21.35	9.05
3	27.10	45.33	18.23	40.45	13.35	35.01	7.91
4	6.00	32.09	26.09	28.49	22.49	20.67	14.67
5	23.70	30.95	7.25	30.80	7.10	24.89	1.19
6	26.00	42.06	16.06	40.77	14.77	38.30	12.30
7	43.20	48.49	5.29	42.05	−1.15	41.46	−1.74
8	19.90	30.70	10.90	28.99	9.09	29.47	9.57
R^2		0.65		0.69		0.83	
RMSE		13.80		12.29		9.40	
LOOCV R^2		0.30		0.32		0.67	
LOOCV RMSE		8.44		8.26		5.72	

5.5.5　块克里格和协同克里格

上述所有的克里格方法通常被称为点克里格,因为在插值中使用的观测值是在点上获得的,点克里格估计未采样点或网格上的属性值。如果由于全球定位系统(GPS)的不可靠性导致样本的收集具有很高的空间不确定性,则可能需要在一个区域内通过叠加网格对局部观测值进行平均(图 5.12)。所有落在同一网格单元中的观测值取平均值,然后对平均值使用克里格法。通过这种方式,点克里格就变成了块克里格,这是一种广义的克里格法,它利用一个区域的平均值而不是特定点的平均值。同样,块克里格的结果仅适用于面级别,在块克里格法中,矩形块的估计平均值以网格为中心。如前人所述,块克里格法产生的估计值与普通克里格法产生的估计值非常相似(Oliver and Webster, 1990)。虽然块面克里格法可以生成更平滑的轮廓,但它并不是一个完美的插值器(例如,一个区域可能由于其不规则形状而不能被整齐地划分成块)。

协同克里格是普通克里格的扩展,除了在普通克里格中考虑的变量,还考虑了第二个变量(或协变量),这两者通常按以下方式线性组合:

$$\hat{z}_1(x_0) = \sum_{i=1}^{n} \lambda_1^i z_i(x_i) + \sum_{j=1}^{p} \lambda_2^j z_2(x_j) \tag{5.24}$$

式中,λ_1 和 λ_2 分别表示第一个和第二个变量的半变异函数;n 和 p 表示两个数据集中的观测点数量。协同克里格需要计算一个与理论模型拟合的交叉变异函数,就像在普通克里格法中一样,它用于评估辅助变量 1 和协变量的协方差如何随着观测要素中滞后的增加而变化。该函数图还可以揭示协变量的空间结构如何随辅助变量而变化。交叉变异函数可以表征这两个变量是否在空间上相互关联或具有相似的空间结构。

为了使协同克里格函数发挥良好的作用,协变量必须与目标变量密切相关,否则对插值结果的改进很小。这样的结论是基于使用较少的观测值(例如,只有 117 个随机观察值)(Knotters et al., 1995),尚不清楚相同的发现是否仍然适用于大量观测值。

复习题

1. 区域化变量的主要特征是什么? 它在空间分析中通常是如何被利用的?
2. 定义(半)变异函数,解释为什么它在某些空间分析中如此重要。
3. 什么是各向异性? 为什么在空间分析中要将其区分为带状和几何状?
4. 半变异函数在趋势面分析中的作用是什么? 在此基础上,讨论在内插降水空间分布时趋势面分析的准确性。
5. 无论使用何种插值器,在空间插值中保持样本的空间平衡分布都很重要,讨论这是为什么。

6. 基于移动平均法或反距离加权的空间插值的主要问题是什么？提出一些可以克服它们的方法。

7. 与反距离加权相比，最小曲率法的优势和局限性是什么？

8. 比较克里格法和反距离加权法，特别注意前者相对于后者的优势。

9. 泛克里格法、普通克里格法与趋势面分析法的关系是什么？

10. 块克里格法在哪些方面优于普通克里格？

参考文献

Bárdossy A, 2017. Introduction to Geostatistics[M]. Stuttgart: University of Stuttgart.

Briggs I C, 1974. Machine contouring using minimum curvature[J]. Geophysics, 39(1): 39-48.

Gao J, 2001. Construction of regular grid DEMs from digitized contour lines: A comparison of three interpolators[J]. Geographic Information Sciences, 7: 8-15.

Knotters M, Brus D J, Oude Voshaar J H, 1995. A comparison of kriging, cokriging and kriging combined with regression for spatial interpolation of horizon depth with censored observations[J]. Geoderma, 67(3-4): 227-246.

Krige D G, 1951. A statistical approach to some mine valuations and allied problems at the Witwatersrand[D]. Johannesburg: University of Witwatersrand.

Ma X, Longley I, Gao J, et al., 2019. A site-optimised multi-scale GIS-based land use regression model for simulating local scale patterns in air pollution[J]. Science of the Total Environment, 685: 13-449.

Olea R A, 1999. Geostatistics for Engineers and Earth Scientists[M]. New York: Kluwer Academic Publishers: 7-30.

Oliver M A, Webster R, 1990. Kriging: A method of interpolation for geographical information systems[J]. International Journal of Geographical Information Systems, 4(3): 313-332.

Tobler W, 1970. A computer movie simulating urban growth in the Detroit region[J]. Economic Geography, 46(Supplement): 234-240.

Unwin D J, 1978. Concepts and Techniques in Modern Geography Number 5: An Introduction to Trend Surface Analysis[M]. Norwich: Geo Abstracts Ltd.

第 6 章
空间模拟

6.1 模拟基础

6.1.1 模型与类型

模型是对现实中某些特定方面的抽象和简化表示,这些方面对于理解给定应用领域中的问题至关重要。这是因为我们生活的世界是如此复杂,不可能代表它的所有方面。有选择地描述的方面可能是事实,也可能只是无法验证的未知可能(例如,山体滑坡的可能性)。除了描述真实世界,模型还可以用来理解世界是如何变化的,即支撑不断演变的现象的过程,如空气污染物沿着运输走廊的扩散。空间模型是关注被建模变量之间的空间关系和空间依赖关系的模型的子集,它们不同于统计和数学模型,因为它们本质上涉及空间变量,或者至少其中一些是空间变量。空间模型根据使用的标准可以分为多种类型,它们的范围从模型的状态到目的。就制定决策规则的方式而言,空间模型可以是确定性的或随机的,统计的或数学的;就建模的功能而言,可以是描述性的或预测性的;或者就建模空间的性质而言,是异质的或同质的(图 6.1)。

所有的空间模型都可以用数学或逻辑来描述。模型的数学表示在数学装置的框架内捕捉现实,以便更好地探索现实的属性。兴趣变量是其影响因素的一个数学函数,可以是线性的,也可以是非线性的。线性模型表示为所有有关变量的算术求和,非线性模型可以在因变量和解释变量(自变量)之间采用指数函数甚至对数函数的形式。线性模型通常以地理回归模型为例,该模型是根据数据库中所有解释变量构建的因变量;非线性模型在现实生活中非常常见,如降雨径流模型和距离衰减模型。统计模型包含一定数量的统计成分,它们又可分为两类:概率模型和确定性模型。前者至少有一个随机过程由一个或多个随机变量表示,它们的输出也是随机的;确定性模型不包含任何随机变量,对于给定的输入集,输出是唯一的。

描述性模型主要涉及描述以及可能解释由空间分析产生的空间模式,预测模型旨在预测一个空间变量或现象在未来的结果。他们能够确定因变量的空间分布及其涉及因果关系的空间变化。为了使预测模型发挥良好的功能,它必须包括所有适当的基本参数及参数值,以及与被建模的因变量相关的时空变化。预测模型比描述模型更强大,因为它们可以对未来的分布或模式进行预测,而不仅仅是描述已经观察到的情况。

图 6.1 空间模型的主要类型(采用四个标准进行分类)

在描述一个模型时,异质或同质、离散或连续都是指建模空间的特性(图 6.1)。在同质模型中,空间变化被假定为不存在或者在建模尺度上空间被视为内部同质的。与同质模型不同,异质模型的空间可以是连续梯度或环境斑块。在建模过程中必须存在一个表示这种空间变化的额外层,它可以是影响行驶速度的一层阻抗或摩擦,例如交通量或坡度。在连续模型中,空间和时间都被视为连续体;在离散模型中,空间是非连续的,由不重叠的、离散的单元或网格组成。离散模型在栅格环境中实现,其中空间可以一次增加一个像元。

根据构建模型的方式,模型可以分为理论模型和经验模型。理论模型是基于物理的、用数学语言描述的,并且是普遍适用的(Achinstein, 1965)。即用数学方法描述物理模型中因变量和自变量之间的经验关系。然而,由于在空间建模中缺乏有效的参数化和评估先验参数的框架,分布式、基于物理的模型的实际应用较少。相比之下,经验模型如那些通过回归分析建立的模型,依赖于从过去获得的经验和直觉。它们通常适用性较窄,因为它们可能是局部的,特定情况和特定区域(例如,特定于它们所开发的区域)。在应用已知的经验模型时需要谨慎,如果可以忽略外部变化,或者如果模型是用在区域层面收集的数据构建的,那么它们可以是区域性的。因此,需要为每一个未经测试的领域或案例从头建立一个新的模型。美国陆军工程兵团水文工程中心开发了一个广泛使用的水文经验模型,用于预测与降雨事件有关的径流。表示为

$$Q = \frac{\left(P - \frac{200}{CN} - 10\right)^2}{P + \frac{800}{CN} - 10} \quad (6.1)$$

式中,Q 代表径流量(inch[①]);P 代表降雨量(inch);CN 代表空间分布入渗计算的网格曲线数。曲线数字已由美国土壤保持局基于土地利用处理和土壤水文制成表格。该模型在确定暴雨径流时考虑了土地利用、土壤、土地覆盖类型和水文土壤类群。

相比之下,如果半经验模型已经被广泛地参数化,并使用多个地方收集的数据进行校准,例如用于计算树木地上碳储量的异速生长模型,那么半经验模型更适用。这些模型适用于与它们最初开发的区域具有相同或相似特征的区域。

就应用领域而言,空间模型可以是土地利用(如城市扩张模型)、水文(如地下水污染模型)、生态(如野火蔓延模型)、交通和环境(如空气污染物扩散和通用土壤侵蚀模型)。这些模型可以是分层的,如土地利用/运输相互作用模型(Simmonds and Feldman,2011)。他们的目的是了解土地使用(例如,人们居住的地方)与交通的相互作用如何根据交通基础设施和供应影响人们对交通方式的选择。它们是分层的,因为它们是由更低层次的更多模型组成的,该层次可以是基于活动的模型(图 6.2)。

前面提到的所有模型在所涉及的模型元素方面都有所不同。此外,还可以根据待分析数据的维度(单位)来区分模型。如果数据是随线性特征收集的,就可以使用网络模型来研究它们。网络模型擅长将因变量的运动(如流动和积累)用矢量格式进行建模。网络模型已广泛应用于交通运输、河流水利和火灾传播建模中。

前面提到的所有空间模型都有一个共同的特点,那就是它们总是在空间上

---

① 1 inch=0.025 4 m。

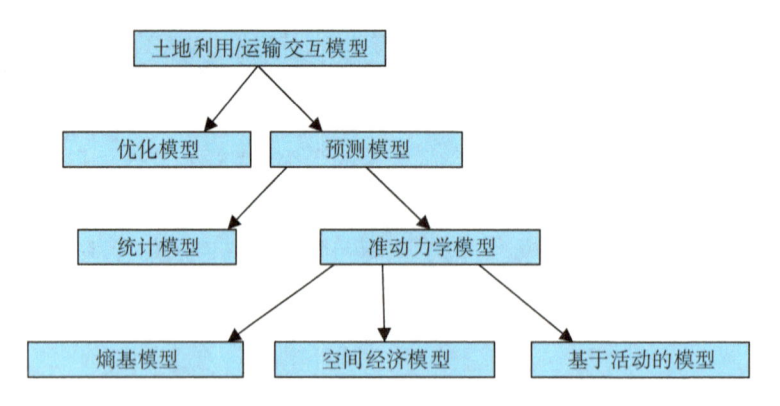

图 6.2 分级土地使用/运输交互模型下的子模型
(Simmonds and Feldman, 2011)

明确的,并且通常在网格环境中实现,网络模型除外。因此,它们具有以下优点：
- 排除了基于规则不可能的机制。
- 它们对于参数测试和在参数值范围内快速识别系统行为的定性变化非常有用。
- 它们很容易实现,具有巨大的灵活性,并提供快速的反馈,以及相对容易的模拟。
- 新出现的现象可以被可视化为一系列网格,这是其他模型无法实现的。

然而,除了时空模型之外,这些模型都没有时间成分。时空模型包含的变量在空间和时间上都是动态的,并且在时间上是显式的,他们擅长探索时变过程或场景。进行时空建模与本章涉及的非时空空间建模不同,将在第 7 章单独介绍。

6.1.2 静态与动态模型

根据因变量的状态,模型可以是静态的,也可以是动态的。静态模型是一种用代数方程描述因变量和一组自变量之间关系的模型。这些模型提供了因变量响应指定输入条件集的"快照"。在静态模型中,因变量不随时间变化,因此无法反映时间维度上的动态过程(表 6.1)。静态模型是定常的,只要向模型提供相同的输入集,就会生成相同的输出。此外,所有静态模型都具有独立于邻域的独特特征:建模变量受相关位置的所有自变量影响,但不受其邻域的影响。相邻位置的值之间可能存在也可能不存在因果关系。例如,一个地方的降雨量不受它的位置或它的领域的影响。相反,一个网格的滑坡可能性取决于它位于哪里。

滑坡破坏的风险要高得多,在滑坡滑槽路径上的一个点,是由移动的碎片以高速下滑造成的。

表 6.1 静态模型与动态模型的主要特点比较

项目	静态模型	动态模型
特点	预测、场景分析	预测性,结果取决于模型运行和初始条件
变量	输入、输出、模型参数	状态、速率、初始条件、多样性(模型、参数、时间增量)
空间相互作用	无	强
训练时间	隐式(快照式)	显式(时间相关和递增)
输出	只取决于输入	取决于输入、时间、之前的运行和初始条件
变量的性质	定常(稳定)	时间变化的和动态的
格式	分类、空间	定量、空间
表示	状态 $= F(I,P)$ I 代表输入;P 代表参数	状态 $= F(I_t, P_t, t)$ I 代表输入或强制函数;P 代表参数;t 代表时间
例子	$$Q = \frac{\left(P - \frac{200}{CN} - 10\right)^2}{P + \frac{800}{CN} - 10}$$ Q 代表径流; P 代表降雨量 半经验: $AGC = 2.7 \times 10^{-3} (CH \times DBH^2)^{1.19}$ AGC 代表地上碳; CH 代表冠层高度; DBH 代表胸高直径	$$\frac{dFa}{dt} = \frac{S^2 d\frac{P}{dt}}{(P+0.8S)^2}$$ $S = 1\,000/CN = 10$ 植被指数增长: $dB/dt = rB(K-B)/K$ K 代表承载力; 内在自然增长率 $(c-m)$; c 代表生长速率常数; m 代表死亡率或衰减率常数; B 代表描述可用植被所处阶段的标量
适用场景	滑坡的可能性预测;预计海平面上升将淹没的地区	火灾蔓延模型;植被退化模型

静态建模的一种特殊情况被称为空间诊断模型,它关注的是时间不变或时间静止(在给定时间静止),但仍然可以随时间变化的现象。因此,因变量在空间上是异质的,但在时间上是稳定的(例如,时间切片)。特定位置或地点的建模价值或潜力由许多变量贡献,这些变量对因变量的重要性可能是可变的。空间诊断模型可以用来研究因变量的空间概率分布、空间邻近性或空间相似性。

静态模型由于缺乏时间成分而无法反映空间过程,而动态模型则具有显式的时间成分,至少有一个自变量具有随时间变化的属性。输出值不仅取决于输入，还取决于因变量本身，如斜坡上累积的地表径流量(表 6.1)。此外，输出也可能受到初始条件以及前一次运行的结果的影响。动态模型中的因变量会在空间或时间上发生变化，一个时间动态模型至少包含一个随时间变化的因素。

6.1.3 空间模拟

空间建模是指一系列的数学或逻辑操作，在这些操作中，一个空间属性(如状态或空间范围)是由一些有影响力的自变量根据其与被建模变量或因变量的关系估计或预测的。建模结果是通过同时考虑多个变量及其相互作用得到的(图 6.3)。对空间建模至关重要的是对过去的经验和行为或与空间行为已知的其他因素的数学关系的了解。自变量和被建模变量之间的关系可以采用数学或统计方程的形式。一般而言，所有的空间建模都必须有空间成分，并关注空间变化，因为至少有一些输入层以地图的形式覆盖了相同的研究区域。

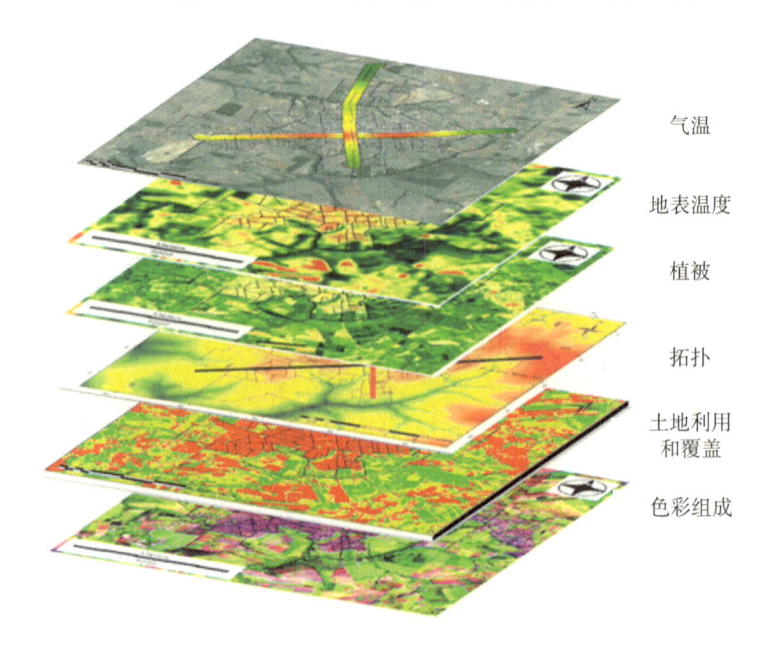

图 6.3 空间建模的概念
(Dorigon et al., 2019)

空间建模可以在单一层次进行，也可以在多个层次进行。多层模型适用于分层或聚集的数据，如学校内的学生、社区内的家庭、城市内的调查对象，或多次观察个人的场合。从社会经济、政治到健康和环境建模，各种领域广泛采用空间模型。在城市地理学中，空间模型被用来预测城市扩张；在环境科学领域，空间模型已被用于模拟空气污染物的空间分布,以及居民在个人和集体的上下学通勤中暴露于这些污染物的情况(Ma et al.,2020);在流行病学中,空间模型可用于演示传染病如何在空间上扩散。

进行空间建模非常重要,因为它可以对空间问题产生新的见解,而这是其他方式无法获得的。它能够预测未来某一空间现象(例如,城市扩张)将会发生什么,从而可以采取积极的措施来控制事件或在其失控之前妥善解决其负面影响。空间建模可以支持一些设计过程,在这些设计过程中,用户可以使用副本进行实验。它还可以对假设情况进行调查。通过空间建模,我们能够了解变化和动态,测试灵敏度和信心。

6.1.4 空间分析与空间模拟

正如前几章所讨论的,空间分析与空间模拟主要有四个方面的不同:

(1) 研究对象不同。空间分析的目标是有形的、可观察的、存在的。相比之下,模拟的目标通常是不可观察的,甚至目前可能不存在。

(2) 被研究的变量的数量是不同的。空间分析通常集中在一个观察集合中的变量。分析结果与被分析变量的数量没有直接关系,也可能需要多个变量来研究它们之间的关系,但分析的结果总是非空间的。在空间建模中,因变量的输出由自变量产生,并且结果总以空间形式呈现。

(3) 产生的结果具有不同程度的可预测性。在空间分析中,无论谁进行分析,结果大多是可复制的(表6.2)。这里不涉及规则,变量的状态也没有变化。只要分析相同的给定输入,就会产生相同的结果,而且都是定常的。它们是简单以及静态的,在时间上只显示一个状态(图6.4)。而在空间建模中,输出不仅取决于其他层网格的影响,还取决于邻近同层网格的影响。输入和输出变量之间的关系可能很复杂,也有可能是未知的。相邻网格之间的空间相互作用是区分空间分析和空间建模的一个强烈特征。然而,它并不总是出现在空间建模的所有类型中(表6.2)。

(4) 输入是不同的。在空间分析中,只输入所需的层数。在空间建模中,除了层本身之外,可能需要更多的分析参数信息,如可变权重、邻域大小、时间增量以及模型运行的次数。

在功能方面,空间分析能够搜索模式和异常,从中可以生成和测试关于其形成的假设,分析能够揭示不可见的东西,并回答"什么"和"为什么",但无法解释观察到的模式是如何形成的。这个问题的解决方案是空间建模,它能够将形式与过程联系起来,进而可以帮助我们更好地理解一个过程是如何形成的。

表 6.2 空间分析与空间建模的主要特性比较

项目	空间分析	空间建模
特点	描述性空间分析，揭示因果关系	预测性空间分析；建立逻辑表达式；评估潜在可能性
功能	回答"什么"和"为什么"的问题	回答"什么"和"如何"的问题
输入	固定的空间层	空间层次、模型参数、领域大小等
空间相互作用	不考虑	可用于空间动态建模
时间	无关（时间稳定）	分析时间切片或增量
输出	固定且可复制，通常为非空间数值	固定且可复制，可能是依赖时间或邻域特性
格式	定量，非空间	分类/定量的空间结果
例子	森林火种分布、河道网络密度、流域几何形态	滑坡的可能性、地下水污染风险评估、流域径流预测、火灾蔓延或城市扩张的动态建模

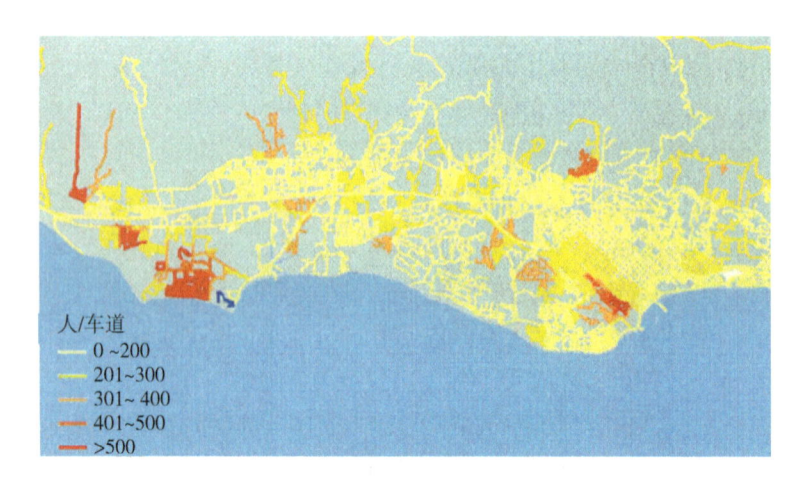

图 6.4 圣巴巴拉公路网承载能力空间分析的一个例子
(Cova and Church, 1997)

空间分析可以作为简单的情景分析来实现，也可以作为在不同的外部条件下重复相同的分析，通过比较结果来识别差异。例如，可以在几种情景下分析预计将被海平面上升淹没的沿海地区，如全球变暖 0.5℃ 和 1℃。这个应用被认为是空间分析，因为结果是所有考虑的变量的数学组合，其中没有一个随时间变化，结果总是可复制的。相比之下，空间建模更为复杂，因为所考虑的因素会随时间而变化。通常,相同的模型会重新运行多次,并且每次运行时间都会增加。当前运行的结果取决于前一次运行的输出。例如,一个地区是否会在森林大火中被烧毁,不仅取决于风向和燃料,还取决于它与起火区域(单元)的距离。一个点可能在前几次运行中是安全的,但可能在之后的几次运行中被点燃。因此,建模的过程和结果都是依赖时间的。

在上述两个极端的例子中,空间分析和空间建模之间的差异是独特而鲜明的。然而,并不是所有的情况都有这样明确的区别。以最佳站点的建模为例,为了确定适合垃圾场的潜在区域,分析了与所考虑的空间问题相关的许多空间变量,例如与道路、含水层和居民区的距离、地形和土地覆盖,任何满足指定要求的区域都是候选站点。这种模型涉及一系列空间叠加分析,被称为垃圾填埋场模型。在这种情况下,空间建模可以被视为涉及多个数据层的复杂空间分析的一个特殊实例。除了这种模糊性之外,随着空间建模变得高度复杂并且需要更多输入,其中一些只能通过空间分析获得,两者正变得越来越不可分割。例如,水文模型需要关于流域参数的信息,而这些信息只能从空间分析中得到。在这个例子中,空间分析为空间建模提供了输入,这两者在同一个系统中都是必不可少的,例如基于单个车辆的交通分析与仿真系统(TRANSIMS)(Smith et al., 1995)。该模型需要在空间建模之前进行空间分析才能成功运行,因为空间分析的结果会作为输入提供给空间建模。如果没有空间分析的结果,就不可能模拟整个城市的交通以及每个人、车辆在交通网络中的逐秒移动。

6.2 空间模拟的本质

6.2.1 空间模拟的变量

空间模型中的所有变量无一例外地分为两大类:独立变量(自变量)和依赖变量(因变量)。自变量,也被称为解释变量,可以是任何类型、空间(如降水)或非空间(如变化率)的性质,取决于所建模的因变量。在空间建模中自变量的数量和类型需要专业知识来确定。若要包含在模型当中,它们必须都直接或间接地影响因变量,即使在某些情况下影响的确切方式可能仍然未知。选择最佳自变量是一个非常复杂的主题,这将在第 6.3.1 节中单独讨论。实际上,一些自变量本身可能是相互依赖的,每一个自变量,如果在本质上是空间的,那它也可能是空间相关的。例如,坡向影响植被分布,因此在模拟坡面滑坡易损性时同时考虑地形和植被可能会导致对同一自变量的重复计算。如何避免这个问题非常复杂,将在第6.3.2节单独讨论。因变量和自变量之间的关系通常是通过回归分析建立的,无论是线性的还是非线性的,都取决于它们之间的绘制关系。在某些情况下,这种关系可能已经通过考虑其他因素(例如流域流量及其参数)而确定,并且可以不加修改地使用。

默认情况下,因变量大多是二维的,形式为$f(x, y)$,在大多数空间建模中都限制在一个曲面上。空间建模中常见的因变量包括滑坡可能性、生境适宜性、森林火灾风险和地震风险。在现实中,模型变量本质上可以是$f(x, y, z)$形式的三维变量,填充整个三维空间,如大气中的空气污染物分布、地表灾害的地下扩散(如含水层中的石油泄漏)、斜坡上土壤水分浓度和pH的分布。3D建模比2D建模更加复杂和具有挑战性,因为大多数地理变量可以很容易地以地图格式表示,而地图格式本质上是2D。这一困难通常通过在多个具有代表性的高度/深度切片上复制相同的建模将3D建模简化为2D建模来解决。

当被模拟的现象随时间变化时,因变量和解释变量都可以有一个时间维度(例如,空气污染物的扩散、地表径流的积累和植物种子的扩散)。如果因变量是时间动态的,则将两个变量的时间变化作为额外的一个维度,因此3D变为4D:$f(x, y, z, t)$。在不同类型的空间建模中,对时间的处理是不同的。在静态建模中,被建模的现象被假定为时间不变的,或者在给定时刻是静态的,但仍然可以随时间而变化,所以时间是隐式的。即使在空间动态建模中,时间也没有得到明确的处理。相反,它会从上一次运行到下一次运行递增。

6.2.2 空间模拟的类型

就被建模现象的性质而言,空间建模可以分为三种类型——静态、预测和探索性(图6.5)——后两种是动态的。静态建模只是按原样处理所有输入变量。静态建模的结果在空间中的每一点(例如,灾害和地震破坏)都是可用的,并且在空间上是可以连续的。因变量在空间上是异质的,但在时间上是稳定的,因为时间没有明确地参与建模。根据建模结果的性质,空间建模分为三类:适宜性建模(选址)、潜在性建模和空间范围建模(图6.5)。第一种方法的目的是提出一个量化指标,表明对特定目的的总体适用性。它同时考虑了许多限制标准,如在哪里设置输电塔、银行分行或垃圾填埋场。如图6.3所示,所有涉及的层都相互覆盖,通常一次覆盖两层。每一层要么被平等对待,要么被赋予一个系数来加权。所有的层都描绘了现实的某个方面,并显示了它在特定给定时间的状态。个别输入层可能需要通过将原始值转换为二进制值进行重新编码,在叠加分析之前,保留1为真(例如,满足条件),0为假。根据指定的标准重新编码的所有层都可以在一个操作中相乘,只有最终输出时值为1的那些单元格满足所有要求,因此是候选单元格。适宜性模型的输出可以是二元的(适合与不适合)或分级的(最适合到最不适合)[图 6.6(a)]。为了更有效地可视化,最初建模的适用性指数表示为连续变化的属性通常被划分成几类(Store and Jokimäki, 2003)。二元适宜性与连续适宜性之间的差异源于输入层的不同处理,如果它们通过重新编码转换成二进制,那么输出将是离散的二进制结果。如果不将影响因素转换成二进制,而是以连续尺度表示,则所得到的适宜性将是连续的。为了确保叠加分析准确,所有栅格层必须具有相同的空间分辨率,并且必须被投影到相同的坐标系中,并基于相同的地理基准。

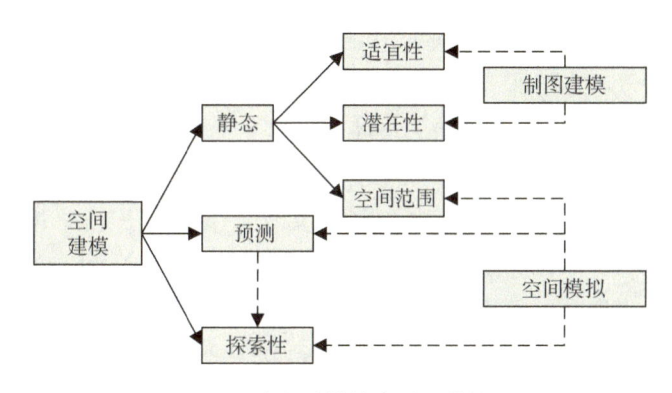

图 6.5 空间建模的类型及其关系

适宜性建模的一个非常重要的例子是选址适宜性,即通过所有变量的逻辑组合来确定符合所有指定要求的候选者。这种适用性建模是为了有效的空间分配而进行的,例如风电场甚至麦当劳餐厅的位置。其他例子包括在何处设立购物中心以吸引最多的购物者;或在何处设立垃圾场或堆填区以尽量减少对环境的影响。这种选址适宜性建模基本上是一个排除过程,其中所有不符合标准或最不受欢迎的选址(地点)都不包括在输出中。除了识别候选者之外,适宜性建模还可以识别现有覆盖范围中的差距。那些目前没有得到充分服务的领域被视为采取进一步行动的候选者。这种场地适宜性建模只是缩小了可以满足特定条件或要求的区域或场地,产生的候选地点或地点可以被视为初步结果,因为它们只是显示了所有的可能性。对特定候选人的最终选择取决于建模者或人类决策者。场地适宜性建模以"AND"形式的布尔(Boolean)逻辑为基础,因为最终结果必须满足所有施加的条件。在叠加分析之前可能需要对一些输入层进行缓冲,然后重新编码。然而,也可以简单地覆盖所有输入层而不进行任何处理。最终的建模输出可以表示为连续的,如图 6.6(a)所示。输出通常通过对建模的适用性进行分组来概括。这种分成几个类别的方法也可以将模拟结果的不确定性最小化。

空间范围建模旨在从现有区域或点[图 6.6(b)]中识别出要被侵占的区域，或者将来要改变的区域。它之所以被称为空间范围建模，是因为它产生的结果表明了一个变量的潜在影响区域，如受管道泄漏造成的地下水污染风险的区域，或将受到预计的海平面上升的影响，或在可预见的未来因气候变暖而融化的冰川的空间范围。建模的结果是简单的二进制，值为 0(不受影响)和 1(受影响)。在空间上，建模的结果可以是连续的，也可以是孤立的。在前一种情况下，受影响区域表示当前范围的持续扩展(例如，森林大火对附近森林的侵蚀)或收缩(例如，冰舌的冰块耗尽)，由多边形表示。空间上的孤立程度表现为城市蔓延，即新城市化的斑块在空间分布上可能与其他区域或现有城市区域相脱节。

通过累积所考虑的所有变量的影响，潜在建模会在每个可能的位置产生连续的价值变化[图 6.6(c)]，该值的估计使用数学模型或由空间参考数据层表示的各种因素的代数组合。模拟结果在空间上的每一个点上都是可用的，如滑坡的潜在危险、地震的破坏和野火的风险。它们在空间上是连续的，但可能包含有限空间范围的孔。潜在建模与适宜性建模的不同之处在于，所有变量都是算术组合而不是逻辑组合的，它们在建模中的重要性可能不同，这反映在赋予它们的权重上。被建模的变量具有连续变化的属性，可以分成几个类别，就像适宜性指数一样。然而，如果在适宜性模型中不记录输入层，差异就会减小。

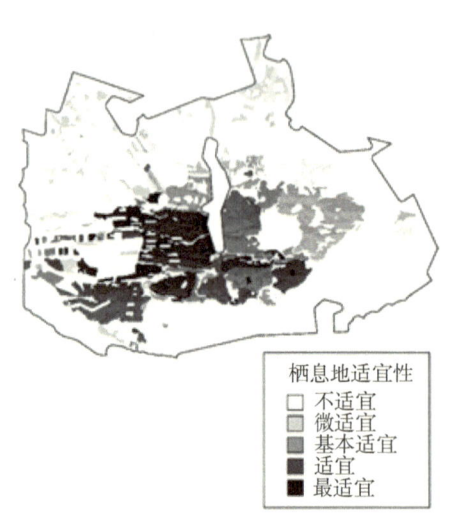

(a) 适宜性模型(Store and Jokimäki, 2003)

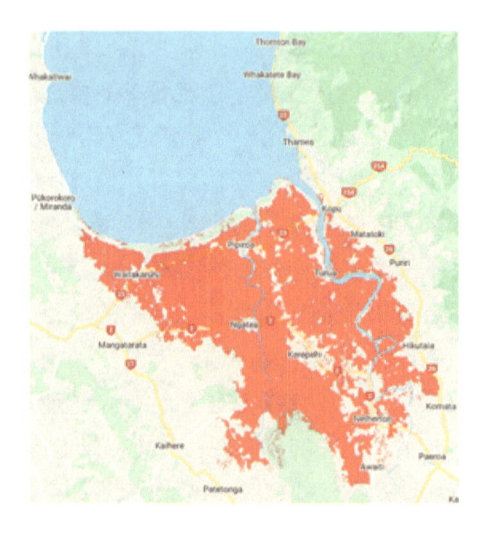

(b) 空间范围模拟：在新西兰北岛的泰晤士河，科罗曼德尔附近，2050 年预计海平面上升 1 m(红色)以下被淹没的区域(来源：https:// coastal . climatecentral . org /map/)

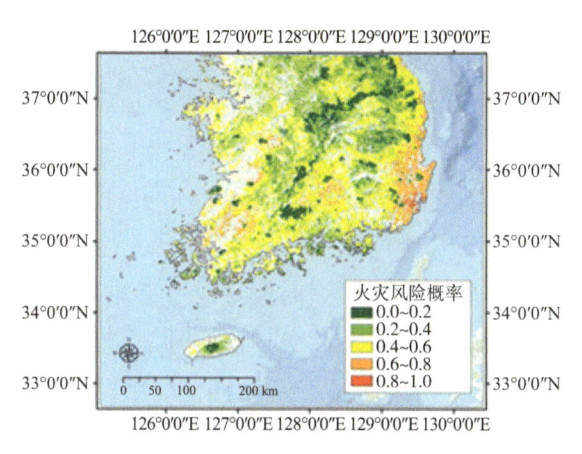

(c) 潜在模型:韩国森林火灾的空间概率(Lim et al.,2019)

图 6.6 三种静态模型的比较

虽然增长模型在本质上是预测性的,但它可以被认为是空间范围模型的一种特殊情况,在这种情况下,被建模的变量由于从其他覆盖类型转换为它而在空间上扩展,如城市扩张模型和火灾蔓延模型。增长模型比空间扩展模型更为复杂,新增长区域在空间上可以是不连续的,如跨越式城市增长。它们可以在空间上碎片化,或者沿着线性特征(如道路)分布。在火灾蔓延模型中,火灾可以从几个着火点蔓延,而被烧毁的区域可能没有足够大的空间来合并成一个更大的斑块。空间不连续增长比空间连续扩展更难建模,因为传播的来源具有随机性(表 6.3),另一个原因是模型化的结果包含时间成分(将在第 7 章中讨论)。

表 6.3 四种空间建模类型的比较及其主要特征

建模类型	主要特点	例子
适宜性建模	缩小选择范围或对区域进行分级;通过逻辑叠加分析排除不符合条件的区域,确定候选地点	手机传输塔的最佳选址;栖息地适宜性建模
潜在建模	综合区域内所有输入变量生成一个连续的定量指标;变量间以加权代数叠加,反映潜在风险或影响水平	滑坡危险性模型;地震损害模型;土壤侵蚀模型
空间范围建模	模拟变量从一个区域向邻近区域扩散的空间范围	沿海地区因海平面上升而被淹没的范围;冰川退缩的面积变化预测
增长建模	由其他覆盖类型转换为目标类型	城市扩张模型;火灾蔓延模型

预测模型旨在投射因变量属性在特定情况下未来的空间行为(表 6.4)。静态模型和预测模型的区别在于处理时间的方式。在静态建模中,时间被视为固定变量,因为建模是指特定的时间或给定的时间片。如果两者随时间变化不大,则认为这种处理是可接受的。在预测建模中,时间总是指未来的时刻。预测建模通常作为空间模拟实现(图 6.5),其中明确指定了时间,并且模拟作为时间增量重新运行。空间模拟比空间建模更动态,因为它合并了时间成分。它擅长模拟地理现象在不同时间间隔的空间变化。与空间分析相比,它在研究结果较少的空间过程方面也有优势。然而,预测建模在验证建模结果方面面临主要限制,因为真相不存在或无法得知。因此,在现实中,必须多次重新运行相同的模拟,以考虑过去的事件,模拟结果可以与这些事件进行比较,以得出模拟准确性的指示。预测建模的示例包括城市增长建模和不同外部影响下的草地退化建模。

预测建模可以适用于探索性建模,它通过保留除一个常数外的所有变量来检验其对因变量的影响,这也被称为情景建模(表 6.4)。建模必须反复重新运行,以便生成多种结果并相互比较。探索性建模与其他两种建模类型的不同之处在于明确的处理时间,建模结果是时间的函数。探索性建模的主要目标是了解空间过程,特别是结果如何受单个变量及其更改的属性值的影响。

表 6.4 三种空间建模的主要特征比较

项目	静态建模	预测(潜在)建模	探索性建模
变量	输入和输出	状态;关系或规则	速率;初始条件;邻近性
训练时间	隐式,快照式	明确,时间固定	时间增量
输出/模型运行	仅服从输入,运行一次	根据输入,运行几次	受时间、前一次运行、初始条件影响,多次运行
变量的性质	时间不变	时间暂时固定	时间增量
假设	没有假设	过去发生的事情将来也会发生	对简化建模至关重要的假设(例如,齐次空间,不变速率)
函数/最佳使用	结果为目标;评估潜在后果	结果为目标;预测将要发生的事情	面向流程;情景分析;敏感性测试
主要特点	生成整体价值	生成一个变量的空间模式	探索一个变量对模拟结果的影响
例子	潜在的滑坡;易受地下水污染的风险	20 年城市化地区分布	未来 50 年放牧强度对退化草地的恢复有何影响

三种类型的空间建模在处理时间和空间的方式上各不相同。在静态建模中，隐式假定因变量是时间不变的（表6.4）。因此，它不适合研究因变量的时间演变过程，而这项任务可以通过预测建模来完成；相比之下，动态模型明确地处理时间，要么以时间切片（如10年和20年的城市扩张），要么以时间增量（如每小时的污染物扩散）。在空间上，静态模型和动态模型在处理邻里效应方面也各不相同。在静态建模中，每个网格单元单独处理，与周围的其他单元隔离，相邻的网格之间没有相互作用。因此，空间层中给定单元的输出不受其位置和邻域的影响，因为邻域是不相关的；相比之下，在动态建模中，输出受所定义的邻域内网格的影响，它们相互作用。动态模型输出不仅受邻域大小的影响，而且还受邻域定义的方式的影响。空间动态建模通常被实现为时空模拟（见第7章）。

6.2.3 制图模拟

适用性和潜在建模都可以统称为制图模拟。制图模拟是涉及相同地理参考图层的时间静态模型，每个图层都代表与因变量相关的空间变化因素。在这种静态建模中，使用一组工具、函数以及权重（如果适用），将多个输入转换为一个空间输出。也有可能在建模过程中引入数学关系，因此它是复杂的。然而，从输入到输出所涉及的复杂性和步骤随所建模的空间现象的性质而变化。从概念上讲，制图模拟本质上可以视为栅格层的地图代数（Tomlin，1990），所有栅格层都以相同的网格单元格大小表示，覆盖相同的范围（即所有层南北和东西方向的单元格数量相同）。

制图模拟是用于创建空间模型和地图分析的各种基本体的结构化集成，其中覆盖某些图层的顺序会不会对结果产生影响，具体取决于建模的性质（图6.7）。如果没有对任何输入层进行先前的空间处理，那么建模的顺序是无关紧要的[图6.7(a)]。但是，如果必须首先在空间上处理某些层，则必须遵循建模的逻辑顺序[图6.7(b)]。由于并非输入中的所有变量对输出都同样重要，因此应该对它们进行加权。加权变量的相关内容将在第6.4.1节中详细讨论。制图模拟中的另一个问题是输入变量之间的相关性。每当两个输入变量相互关联时，它们对因变量的共同影响应通过为它们中的每一个分配较小的权重来降低。虽然制图模拟可用于动态建模，但建模者必须手动跟踪时间相关变量和输入，这是相当烦琐和乏味的。

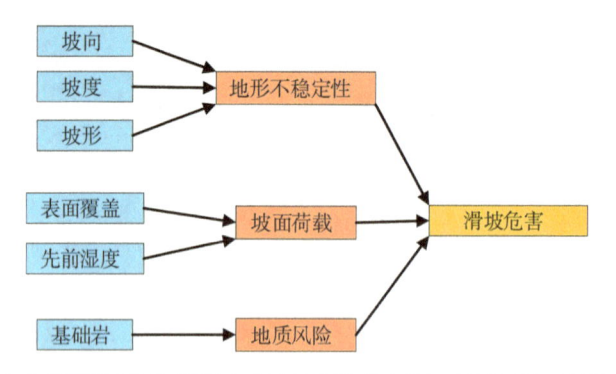

(a) 从其重要贡献者对滑坡危害进行建模,其中叠加分析的顺序无关紧要

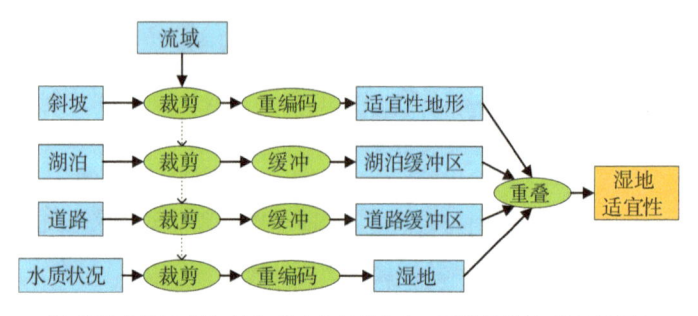

(b) 湿地生境适宜性建模,其中空间操作先于覆盖层分析,分析的顺序对建模结果至关重要,因此不能改变

图 6.7　以两个制图建模的例子显示分析顺序不同的差异

本质上,制图建模是非空间的,因为跨空间的未知空间属性是根据其影响因素估计的。给定位置的值受位于同一位置的所有输入变量的算术操作的影响。给定网格单元的输出独立于其他相邻单元的影响,没有任何先前输入的痕迹。建模者不需要关心目标单元格位于何处,因为相同的操作将不加区别地应用于同一层中的所有网格单元格,并且不考虑它们的位置。因为在不同的位置或在同一邻近的网格之间没有相互作用。由于所有输入层在空间上表示为地图,并且建模的变量是空间变量(例如,它在任何空间位置都有一个值,该值随空间变化),因此该建模被认为是空间的。通过回归分析建立模型变量与自变量之间的数学关系,根据要建模的变量和应用于输入变量的规则,建模的结果可以是空间上连续的或单独的。例如,根据预期的海平面上升,模拟的结果可以是显示易受沿海洪水影响的表面;如在场地适宜性模型中,它还可以显示一些符合作为垃圾场标准的备选。

在一个制图模型中所允许的变量的确切数目和类型取决于因变量的性质及其与自变量的关系。在多个自变量的情况下,它们可以相加或阶乘组合,也可以两者结合。在前一种组合中,如果需要,对各自变量进行适当的加权后,将其影响进行汇总。当各变量的影响相互独立时,应采用加法组合。例如,除了陡坡自身造成的风险外,下雨时山体滑坡的可能性也会增加。加法组合的一个典型例子是由美国环境保护局开发的包含水的深度、净补给、含水层介质、土壤介质、地形、渗流带的影响和水力传导系数(导水率)等因素的(DRASTIC)模型(Aller et al.,1985)。DRASTIC 指数(DI)的计算方法是将所有加权变量相加:

$$DI = D_r D_w + R_r R_w + A_r A_w + S_r S_w + T_r T_w + I_r I_w + C_r C_w \quad (6.2)$$

式中,D 代表地下水深度;R 代表净补给量;A 代表含水层介质;S 代表土壤介质;T 代表地形;I 代表渗流带;C 代表导水率;下标 r 表示评分;下标 w 表示权重。R 由月降水量和年降水量数据导出,K 由土壤图估算。DRASTIC 模型需要以数字高程模型(DEM)形式的地形数据,L 和 S 可以从 DEM 中导出,C 可以从遥感影像数据中绘制。

该线性经验模型适用于评价含水层受水文地质因素污染的脆弱性。权重可以使用德尔菲法确定(参见第 6.4.1 节)。取值范围为 1~5,其中 5 最重要,1 最不重要。有时漏洞被分组到类中(图 6.8)。当输入层具有较高的不确定性时,这种分组很重要。如果没有分级,在某些情况下,由于输入层的高度不确定性在加法组合过程中被放大,建模结果可能导致误导性的解释。

在阶乘组合中,所有变量的影响是相乘的,使得变量加权是冗余的。当其中一个因素可以覆盖或放大其他因素的影响时,就使用这种组合。例如,在地震中,无论地面摇晃得多么剧烈,平地上都不会发生滑坡。在这种情况下,不能孤立地从单一变量来判断是否会发生滑坡,答案取决于多个变量之间复杂的相互作用。修正的通用土壤流失方程(RUSLE)(Kouli et al.,2008)是阶乘模型的例子:

$$A = R \cdot K \cdot L \cdot S \cdot C \cdot P \quad (6.3)$$

式中,R 代表降雨径流侵蚀力;K 代表土壤可蚀性;L 代表坡长;S 代表坡陡度;C 代表覆盖和管理因子;P 代表侵蚀支持措施或土地管理因子;A 为年平均水土流失量,以 $t \cdot ha^{-1} \cdot year^{-1}$ 为单位。

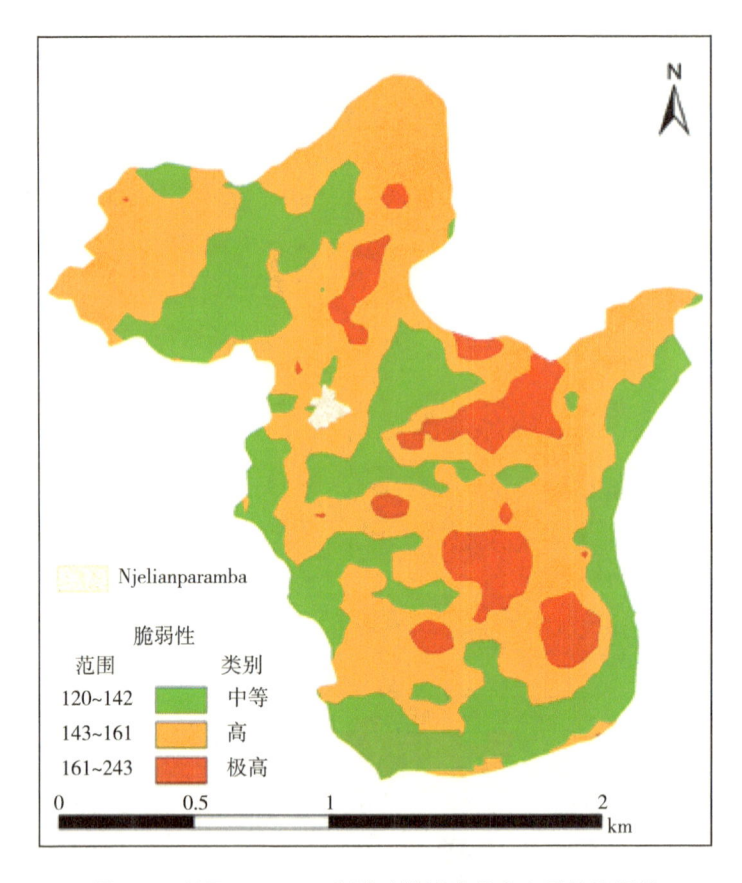

图 6.8　利用 DRASTIC 指数法模拟冲积含水层的脆弱性
(Jaseela et al.,2016)

在 ArcGIS 的地图代数工具箱中,通过合并所有加权层,可轻松实现加法模型和阶乘模型。

6.2.4　空间动态模拟

空间动态建模或空间模拟是一种特殊类型的预测建模,在建模过程中明确地涉及时间,建模结果是具有时间依赖性的,其中至少有一个自变量必须随时间变化。如果在空间中运动的速度是固定的,时间严格地与观测值或模型值之间的距离成比例。在空间动态建模中,隐含了时间序列的假设。在栅格空间中,远离源网格受影响的时间比靠近源网格晚,这可以用控制单元状态应该如何改变的转换规则在数学上表示。空间动态模型的常见例子包括斜坡上的地表径流模型和表面上的运输成本(摩擦)。在这两种情况下,因变量随运动距离在空间上变化。雨水在斜坡上向下流动时，会在空间上累积。水流越往下坡，表面积聚的雨水就越多，直到到达沟渠。在特定位置的模型值受许多变量的影响，包括正在建模的变量。因此，模型值是与邻近地区相关的。在空间动态建模中，输出是具有时间依赖性的，时间2的结果取决于时间1的结果，以及邻域的影响。

在建模中，相同的转换规则递归地或迭代地运行，从一个网格到邻近的下一个网格(Tomlin, 1991)。然而，必须指定一组初始条件来运行模型，如扩散发生的种子网格，或森林大火传播建模中的点火网格。在某些建模中，这些种子网格只是随机选择的，并且多次运行建模，结果被平均以消除随机性效应。因此，从相同的转换规则多次生成一系列预测。从上一次运行到下一次运行，转换规则保持不变，只有相邻单元格的状态会改变，才会导致当前单元格状态或属性值变化。每当在新的会话中重新运行模型时，必须将其初始化为原始条件，以便对所有建模的结果进行基准测试并相互比较。这种建模可以在任何时间或任何数量的模型运行后终止。可以把建模的结果看作是持续时间的函数。然而，时间在建模过程中并不明显。通常，它在每次迭代后自动加1。然而，一个增量可能意味着第二个、一天、一个月或一年，这取决于建模人员如何定义它。特定的时间增量速度的选择取决于被建模的现象变化的速度。因此，建模的结果是与时间相关的，输出必须是时间片的，这使得空间动态建模实际上等同于时间建模。

6.3 模型开发与精度

无论一个空间模型多么复杂，在概念上都可以简单地表示为

$$Dependent\ variable = f(var_1, var_2, \cdots, var_n) \tag{6.4}$$

式中，f 为考察变量或自变量 var_i ($i=1,2,3,\cdots,n$) 影响因变量的函数。它可以是线性或阶乘方程的形式，也可以是一些更复杂的数学方程。模型中变量的数量(n)没有限制，更多的变量将使模型更复杂，结果可能更准确，但将需要更多关于它们的数据。如果有大量的自变量可供纳入模型，那么可以通过设定一个阈值来选择纳入模型的最佳变量，也可以通过机器学习来自动选择。理想情况下，模型中应该包含哪些变量，可以通过多准则决策分析来解决。所包含的变量可以是空间变量，它们的空间数据通常以栅格或矢量格式的GIS层的形式存在，最好在适当的空间尺度上；它们也可以是航空照片或卫星图像，或由此产生的结果，如地形图，或其他来源的空间数据。理想情况下，建模中使用的所有数

据层都应该具有类似的现时级别,或者至少所描述的数据变量自收集以来不应该发生太大变化。

　　无论一个模型包含多少个变量,它们都必须对因变量产生影响,尽管影响的确切方式可能因变量而异,而且这种影响可能受到其他因素的影响。例如,地表雨水流量受坡度和地表覆盖度的双重影响。很有可能这些变量影响因变量的确切方式是未知的,必须由经验来确定。f 的开发包括很多步骤,最重要的是特征选择、多重共线性检验、模型验证和准确性评估以及模型运行(图 6.9)。

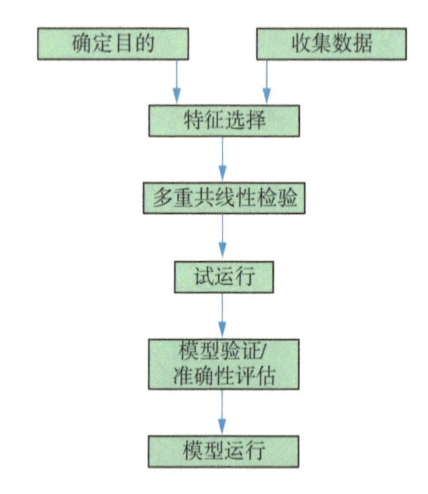

图 6.9　构建和验证经验空间模型的主要步骤

6.3.1　特征选择

　　模型开发中非常关键的考虑因素是应包含在模型中的自变量的类型和数量(n)。它们是根据有关该主题的专业知识和已发表的文献来选择的。最初,应考虑尽可能多的变量,即使并非所有变量都可能平等地影响因变量。如何从大量潜在变量中选择最有用的自变量被称为特征选择。它旨在通过减少输入变量的数量来建立一个强大的预测模型(例如,最大的模型精度)。特征选择有两个明确的目标:(1)保持模型尽可能简单;(2)减少所需的计算量。特征选择可以基于无监督或监督学习(Brownlee,2020)。前者通过包装和过滤,根据冗余变量与因变量的相关性去除冗余变量。包装器搜索良好表现的子集的变量,而过滤器基于他们的关系与因变量使用 Pearson 相关系数、方差分析(ANOVA)和 χ^2 检验选择子集的变量,内在选择是自动执行的。

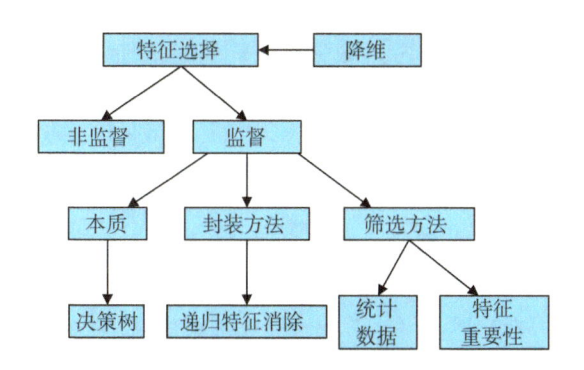

图 6.10　通常用于选择模型变量的方法(修改自 Brownlee, 2019)

特征选择可以基于特征重要性以统计方式实现,也可以在训练期间自动实现,使用机器学习作为学习模型的一部分(更多有关详细信息,请参见第 7.1.4 节),例如决策树和递归特征消除(图 6.10)。机器学习可以确定被考虑的变量对被建模的因变量的重要性。许多基于各种评估标准的变量选择算法可用于此目的(Asner and Heidebrecht, 2002)。其中之一是新西兰怀卡托大学的怀卡托知识分析环境(WEKA)包中的 CfsSubsetEval 算法。WEKA 是一个免费的基于机器学习的数据挖掘和预测建模软件包。它可以从可用变量池中搜索特征子集。选择的特征可以很好地协同工作,但彼此之间几乎没有相关性,尽管它们都与目标变量高度相关。除了量化所选特征的预测能力外,WEKA 还可以产生有关它们之间冗余程度的信息(Hall, 1998)。在各种机器学习算法中,随机森林被认为是最好的算法之一,应该用来最小化建模的不准确性(Pourghasemi et al., 2020)。但是,仍然需要考虑所有所选变量之间的联合或重叠影响。当一个模型中包含多个自变量时,它们可能是相互关联的。模型中暂时保留的变量的协方差应通过多重共线性检验进行分析,以避免重复计算。

6.3.2　多重共线性检验

模型中多个自变量之间是否相互依赖,需要检验它们之间的共线性,这个问题通常通过多重共线性检验来解决。如果它们之间的相关性太过密切,那么它们将削弱回归模型的预测能力(例如 p 变得不那么可信),并影响对模型结果的正确解释,因为变量的系数或它们的权重对微小的变化高度敏感。高的多重共线性也会降低系数的精度。

多重共线性通常通过方差膨胀因子(VIF)来测试。它确定了自变量之间的相关强度,并且$VIF \geqslant 1$。VIF 为 1 表示测试变量之间不存在相关性,介于 1 和 5 之间表示中等相关性,其严重程度不足以保证采取纠正措施。值超过 5 表示多重共线性的临界水平,表明系数估计不佳以及 p 值有问题。在这种情况下,应该从模型中删除一个相关变量。

在模型中确定并保留所有重要变量之后,下一步是为每个变量分配权重(如果适用)。如何给一个变量赋予适当的权重以反映其对因变量的重要性,这是一个非常复杂的话题,将在第 6.4.1 节单独讨论。在构建了一个模型之后,需要对它进行测试。一种好的测试方法是故意往输入变量添加干扰,以检查模型如何处理这种情况。然而,严格的测试必须基于适当的验证。

6.3.3 模型验证

在对模型进行适当的参数化之后,需要对其进行验证。模型验证是很难实现的,尤其是在预测建模中。解决这个问题首先要保证模型的正确性以及模型中所有变量背后的逻辑。接下来,要对过去事件的输入进行紧密估计,然后将其插入模型中,以查看输出与已知结果的匹配程度。模型和观测结果之间的一致程度表明模型的准确性和模型结果的可靠性。这种验证方法通常被称为追溯,它的基础是一个隐含的假设,即假设过去发生的事情在未来会完全相同地发生。每当这个假设被违背,模型的结果就会变得不准确。如果验证精度不可接受,则必须修改模型参数或转换规则,直到两组结果收敛到令人满意的程度。例如,模型中的某些参数和/或它们的权重可以重新参数化或微调,以使它们之间的匹配更紧密。一旦该模型得到满意的校准,就可以使用相同的参数设置来预测未来。

模型只是对现实的近似。这个近似有多好?这就引出了模型精度的问题。准确性是指建模结果的正确性。如果它们与现实接近,那么它们就被认为是高度准确的。在预测建模中,困难来源于未来的现实是未知的。在这种情况下,仍然可以使用自举(bootstrapping)来验证或校准模型。在自举法中,每次测试都替换随机样本,其中一个观察值被排除在外。它有许多类别,包括 Holdout Validation(HV)、K-fold Cross-Validation(KCV)和 Leave-One-Out Cross-Validation(LOOCV)。每种类别都有不同的要求,满足不同的需求。HV 要求将所有可用样本按 70%∶30% 的比例分成两组。第二部分或较低的部分,被称为测试数据集,用于验证使用剩下 70% 的样本开发的模型,后者被称为训练数据集(Kim, 2009);KCV 要求将所有可用样本分成 K 个大小相等的组。每次都只选择其中一个作为测试数据集,而剩下的 $K-1$ 组保留用于模型开发。每个组只轮流使用一次以进行验证(Kohavi，1995)；LOOCV 几乎与 KCV 相同，不同的是数据集中的每个样本将依次用于测试所开发的模型，使用剩余的样本减去每次用于测试的样本。因此，它通过将观测值与预测值进行比较，对所建立的模型进行了 n 次验证(n=样本数量)(Hoek et al.，2008)，然后通过计算所有评估的平均值来计算最终的验证结果。LOOCV 克服了小型训练数据集不能被合理地分成两部分的缺点，一部分用于模型构建，另一部分用于模型验证，而不是所有的样本都必须用于模型构建。LOOCV 是最常用的，尽管它的计算量很大，而且容易过拟合，这是因为除了一个数据外，所有的训练数据都被输入到模型中。所有这些验证方法都适用于属性值可以定量表示的模型因变量，如空气污染物浓度。

6.3.4 模型精度的度量

模型结果的准确性可以通过多种方法来表示，每种方法都适用于一种独特的空间模型类型。通过回归系数(R^2)、均方根误差($RMSE$)或平均绝对误差(Mean Absolute Error)来判断预测值与观测值的拟合是否良好，这些都能很好地反映一般模型的准确性，如滑坡易发性(表 6.5)。这些措施适用于模型本身，而不是模型结果，其准确性可以通过接收器工作特性的曲线下面积(AUC)指标来衡量。该措施最初用于军事目的，现已应用于评估滑坡分区精度(Corominas et al.，2013)。它能够揭示观测到的滑坡潜力和模拟的滑坡潜力之间的一致性，并表示为一个类别属性。两个数据集的比较结果用一对参数表示：真阳性率和假阳性率。前者表示预测点落在正确区域的比例，后者表示评估点落在错误区域的比例。结合这两个参数，可以推导出成功率和预测率。成功率表示训练数据集与预测结果的一致程度，在假设模型正确的情况下，定量地表示两个数据集之间的拟合程度。预测率用来衡量测试数据和预测结果之间的一致性(Vakhshoori and Zare，2018)。这种方法适用于评估已被划分为几个类别的建模属性，例如滑坡潜力从低到极高。

表 6.5　空间模拟精度常用指标的比较

指标	适应性	主要特点	来源
R^2 和 $RMSE$	评估模型拟合度，适用于模型本身，非空间模型	高的 R^2(达到 1.00)和低的 $RMSE$ 表明模型是准确的	Ma et al.，2019
AUC	评估分类模型的准确度	准确度由两个参数表示：真阳性和假阳性	Corominas et al.，2013

续表

指标	适应性	主要特点	来源
Cohen's kappa 系数	二元分类模型的一致性评估；衡量分类结果与随机一致性相比的改进程度	值范围在 0（无一致性）到 1（完全一致）之间；$k<0$ 表示一致性比随机一致性更差	McHugh,2012
Cohen's kappa 仿真系数	类似 kappa 系数，但采用预定的调整比例	kappa 系数相同；无法有效评估模糊土地覆被转换的准确性	van Vliet et al.,2011

Cohen's kappa 系数（k）和仿真的 kappa 系数是模型结果可靠性的两种常用指标（McHugh，2012）。kappa 系数统计衡量两个分类变量之间的一致性，如土地覆盖，计算如下：

$$k = \frac{p_0 - p_e}{1 - p_e} = 1 - \frac{1 - p_0}{1 - p_e} \tag{6.5}$$

式中，p_0 表示模拟数据与观测数据的观测一致性（%），俗称百分比精度；p_e 表示随机选取评价像元时模拟数据与观测数据的概率一致性。如果有 N 个观察值被分成 k 组，则计算为

$$p_e = \sum_k \hat{p}_{k12} = \sum_k \hat{p}_{k1}\hat{p}_{k2} = \frac{1}{N^2}\sum_k n_{k1}n_{k2} \tag{6.6}$$

$$p_e = \sum_k \tag{6.7}$$

式中，$\hat{p}_{k12}$ 表示在两次模拟中以 k 为模型的土地覆盖的估计概率；n_{ki}（$i=1$ 和 2）表示模型覆盖 i 在第 k 类中被预测的次数。k 的取值范围为 0～1，0 表示没有有效协议，除非是偶然造成的；值为 1 表示完全协议。k 有可能处于负值区域，这表明模拟结果与现实之间的一致性比偶然性一致性更差。kappa 系数特别适合用于评估本质上是二元的建模结果，例如预测城市化，其中只有三种可能的预测类型：命中、未命中和误报。第一种是预测结果与实际相符，预测正确；第二种意味着该模型未能成功预测城市化网格；而最后一种则表明预测的城市化没有实现。最后两种类型预测都是不正确的。

kappa 系数比简单的百分比一致性指标更稳健，因为它考虑了验证数据集和模拟结果之间的机会一致性。然而，它仍然是有缺陷的，因为在仿真中并非所有的土地覆盖都有相同的发生机会。因此，它逐渐被 kappa 仿真系数所取代，kappa 仿真系数通过调整某一输入数据集中土地覆盖变化的面积而不是其数量来表明模拟结果与现实的一致（van Vliet et al.，2011）。因此，虽然 kappa 仿真

系数更真实地反映了模拟的土地覆盖变化的可靠性,然而,作为一种逐单元验证的方法,不能适应模糊的土地覆盖转换。

6.4 空间模拟的注意事项

6.4.1 设置权重

无论一个空间模型包含多少个变量(式 6.4),量化它们的重要性是至关重要的,这样不仅可以获得准确的建模结果,而且可以识别出对精度影响最大的变量。确定模型中单个因素的重要性是模型构建的关键步骤,是进行空间建模的重要前提。如何对模型中的变量进行加权是加法制图建模中最棘手和最关键的问题,因为权重直接影响建模结果的有效性和准确性。到目前为止,人们已经设计了许多方法来完成这项任务,它们的范围从专家的简单比较到复杂的回归分析。其他的方法可能是统计的,如判别分析,以及机器学习算法。每一种方法都有自己的优点和缺点,以及最佳用途(表 6.6)。无论使用哪种方法,分配给每个输入变量的权重应该准确地反映其对被建模的因变量的重要性。

6.4.1.1 层次分析法

层次分析法(AHP)是 Thomas Saaty(1977)提出的一种用于多因素决策的结构化方法。在基于特征值的决策过程中,通过对因素的比较,将一个复杂问题缩小为一个层次问题,表示为一个单一的组合优先向量的方案或权重。通过简化问题,层次分析法使问题更容易被理解。最后的决定取决于各种因素和备选方案的权重。在比较中,根据预先设计的系统,用等级来定义它们之间的相对重要性。在比较中,所有考虑的变量都必须配对,每个变量都预先确定了一个重要级别,通常为 1、3、5、7 和 9(表 6.7)。自 20 世纪 70 年代问世以来,AHP 得到了广泛的改进,能够准确、定量地衡量决策标准,根据专家的意见来估计变量的相对重要性。通常,一份问卷会被发送给一个专家小组,征求他们的判断和看法。他们会对正在考虑的每个变量的相对重要性打分,并说明理由(表 6.7)。每对变量都独立于其他变量对进行比较和排名。在考虑的两个变量中,其中一个总是排名为 1,另一个因素的排名与其重要性相称。这种方式比较简单地假设这个变量相对于另一个变量重要多少倍。例如,当一个居民决定在城市里住在哪里时,学校的重要性是交通的 3 倍。对所有的配对进行排序和分级后,构造二维矩阵计算权重(表 6.8)。

两两比较的结果用方阵表示(表6.8),方阵的维数等于所考虑的标准的数量。所有单元格的取值范围为1/9～9。如果一个变量比另一个变量重要5倍,那么它的重要性值是相反的(例如,1/5)。为了计算权重,所有值必须转换为与列总和的比率,以十进制数字表示,然后将所有比率按行相加。权重为行总和除以准则总数 $n(n=5)$(表6.8)。如表6.8所示,所有权重之和为1。由于分配给一个变量的权重完全取决于专家在研究领域的知识,分配的权重不可避免地会因专家而异。这可能是模拟结果中人类偏见的一个重要来源。

表6.6　制图模拟中常用的四种输入变量加权方法的优缺点

方法	优点	缺点	最佳用途
AHP	结构化,非常简单	主观性强;依赖经验;离散化处理;如果考虑很多标准,就会很复杂	当没有关于变量的数据可用时,或需要考虑多个变量时使用
回归分析	客观可靠	复杂;无法解释联合效应	当有大量数据可用且有多个变量可供选择时
证据权重	基于过去事件的概率及证据权重	并非所有的证据层都是相互独立的	当被建模变量的历史数据可用于推导证据层时
德尔菲法	由专家小组进行的简单排名	不精确;只表示级别;不是实际权重	当不可能定量地给一个变量赋予权重时

表6.7　城市新来居民选择居住地的标准(因素)的比较

因素1	重要性	因素2	重要性	理由
收入	3	学校	1	富裕的郊区更安全,设施也更好
收入	3	交通	1	生活在一个安全的环境比长时间的通勤更重要
收入	1	地价	5	土地价格影响房地产价格和住房负担能力,这比经济地位重要得多
收入	5	种族	1	收入水平比种族更重要;大多数人都很健康,有安全意识
学校	3	交通	1	孩子上好学校比多花一点时间在通勤上更重要
学校	1	地价	7	住房负担能力比学校好不好重要得多
学校	1	种族	1	素质教育对孩子很重要;他们可以和任何种族的人相处得很好
交通	3	种族	1	方便快捷的出行比谁住在附近更重要
交通	1	地价	7	住房负担能力比通勤时间重要得多
地价	9	种族	1	一个人住得起哪里比邻居是谁重要得多

1=同等重要(这两个因素在决策中起到相同的作用);3=中度重要(根据判断和经验,一个因素比另一个因素中度重要);5=非常重要(一个因素比另一个因素更受欢迎);7=极其重要(一个因素的重要性超过另一个因素);9=绝对重要(一个因素比另一个因素的重要性在所有情况下都可能存在)。

表6.8　表6.7所示信息的比较结果矩阵

标准	收入	学校	交通	地价	种族	权重
收入	1(0.146)	3(0.257)	3(0.209)	1/5(0.125)	5(0.238)	0.195
学校	1/3(0.049)	1(0.086)	3(0.209)	1/7(0.089)	3(0.143)	0.115
交通	1/3(0.049)	1/3(0.029)	1(0.070)	1/7(0.089)	3(0.143)	0.076
地价	5(0.728)	7(0.600)	7(0.488)	1(0.626)	9(0.429)	0.574
种族	1/5(0.029)	1/3(0.029)	1/3(0.023)	1/9(0.070)	1(0.048)	0.040
总和	6.867	11.667	14.333	1.597	21.000	1.000

注：括号内的数字表示单元格内数占该列总和的比率，例如，1/6.867=0.146；权重的计算方法是将该行括号内数字的和除以标准的数量 $n(n=5)$。

在层次分析法中确定的权重的可变性是通过一致性比来衡量的。它反映了不同的专家对同一对因素（标准）的排名不同的事实。当有大量替代方案时，这种不一致性问题可能会恶化。将比较矩阵与权向量相乘，得到表6.8所示矩阵的一致性：

$$\boldsymbol{C} = \boldsymbol{A} \cdot \boldsymbol{w} = \begin{bmatrix} 1 & 3 & 3 & 1/5 & 5 \\ 1/3 & 1 & 3 & 1/7 & 3 \\ 1/3 & 1/3 & 1 & 1/7 & 3 \\ 5 & 7 & 7 & 1 & 9 \\ 1/5 & 1/3 & 1/3 & 1/9 & 1 \end{bmatrix} \cdot \begin{bmatrix} 0.195 \\ 0.115 \\ 0.076 \\ 0.574 \\ 0.040 \end{bmatrix}$$

$$= \begin{bmatrix} 1.081 \\ 0.609 \\ 0.380 \\ 3.244 \\ 0.206 \end{bmatrix}$$

$$Consistency\ index = \frac{\lambda_{\max} - n}{n - 1} \tag{6.8}$$

式中，n 为考虑的准则个数；$\lambda_{\max}$ 为权向量的最大特征值，或：

$$\lambda_{\max} = \frac{1}{n}\sum_{i=1}^{n}\frac{c_i}{w_i} = \frac{1}{5}\left(\frac{1.081}{0.195} + \frac{0.609}{0.115} + \frac{0.380}{0.076} + \frac{3.244}{0.574} + \frac{0.206}{0.040}\right) = 5.328$$

$$Consistency\ index = \frac{\lambda_{\max} - n}{n - 1} = \frac{5.328 - 5}{5 - 1} = 0.082 \tag{6.9}$$

将一致性指数(式 6.8)除以文献中已发表的理论随机一致性指数(RI)(表 6.9),得到一致性比。计算公式为

$$Consistency\ ratio = \frac{Consistency\ index}{RI} = \frac{0.082}{1.12} = 0.073 \quad (6.10)$$

表 6.9　八项标准一致性值的理论随机指数(Siddayao et al., 2014)

N	1	2	3	4	5	6	7	8
RI	0.00	0.00	0.58	0.90	1.12	1.24	1.32	1.41

如果权重分配合理,一致性比应该小于 0.1(例如本例中为 0.073)。否则,分配的权重是不合理的,必须修改。这种确定性多准则决策方法依赖于专家建议,权重可以是主观的,也可以是经验的。这种加权方法只有在考虑有限数量的变量并且每个变量没有任何子属性值(例如,运输中的不同旅行方式)时才适用。

6.4.1.2　回归分析

与层次分析法不同,回归分析是通过统计分析自变量与因变量的相关性强弱来确定自变量重要性的一种非常客观的方法。回归分析可以对所有考虑的变量产生高度可靠和精确的系数(表 6.10)。如果它们被标准化,它们的系数越大,它们就越重要。尽管如此简单,由于重叠的影响,所有变量的系数之和通常不为 1。回归分析也不能解决模型中所有变量的协方差问题,这可能会导致对同一变量的重复计算。同样未知的是模型中应包含的变量数量,这个问题可以通过对变量 p 施加阈值来决定,任何高于阈值的变量都会被自动排除。

表 6.10　在一个多变量线性回归模型中选择的变量(Ma et al., 2019)

LUR 模型中的变量	系数	标准误差	p	VIF 值
截距	19.815 1	1.845 6	<0.001	—
主要道路 $length_{50}$	$4.095\ 8 \times 10^{-2}$	0.005 1	<0.001	1.007 8
比率 $BH_{BN,1\ 000}$	0.297 3	0.086 9	<0.001	1.577 0
流量负载_1 000	$1.069\ 1 \times 10^{-8}$	<0.001	<0.001	1.199 9
汽车站 $nums_{100}$	0.793 2	0.260 3	0.003 0	1.240 4
$Natural_{200}$	$-1.504\ 4 \times 10^{-4}$	<0.001	<0.001	1.069 3
海拔	$-8.241\ 7 \times 10^{-2}$	0.030 7	0.008 6	1.316 5

注:BH 代表建筑物高度;BN 代表建筑编号;1 000 代表缓冲分析的宽度。

如表 6.10 所示,软件根据指定的选择准则自动选择土地利用回归

(LUR)模型中的变量个数及其系数,由于采用的单位不同,系数取值范围较大。这些系数代表了各变量对因变量(NO_2 浓度)的影响,因此不需要分别给它们分配权重。更重要的是,这种加权方法可以表明它们之间的相关性和它们对因变量的贡献。它很简单,但计算起来很复杂。它也不能解释所选变量的联合影响,如主要道路长度和交通负荷的共同影响。

6.4.1.3 证据权重模型

证据权重是一种双变量统计分析方法,可以根据过去的事件为每个自变量赋予权重。它基于使用先验和后验概率的对数线性形式的贝叶斯规则,先验概率(无条件概率)是由过去同一事件产生的事件的概率,事件的空间概率来源于给定时间内过去发生的事件;后验概率或条件概率是由于重新评估先验概率的附加信息而导致的概率变化(Samodra et al.,2017;van Westen,2002)。例如,额外使用岩性作为独立的预测变量可能会根据地形梯度改变滑坡发生的概率。然而,空间建模中的证据权重有一个先决条件,即证据层近似于有条件地独立于目标层,这在实践中可能很难实现(Zhang and Agterberg,2018)。

所研究的因变量与其决定因素或由历史数据确定的自变量之间的空间关联用权重 W^+[式(6.11)]和 W^-[式(6.12)]来表示。它们可以从证据图中计算出来,这些证据图必须转换成预测器存在/缺失的二进制图:

$$W^+ = \ln\frac{P\{F \mid L\}}{P\{F \mid \overline{L}\}} \tag{6.11}$$

$$W^- = \ln\frac{P\{\overline{F} \mid L\}}{P\{\overline{F} \mid \overline{L}\}} \tag{6.12}$$

其中,P 表示概率;F 表示预测变量存在;$\overline{F}$ 表示预测变量不存在;L 表示待预测变量存在;$\overline{L}$ 表示该变量不存在。正权值(W^+)表示存在空间关联,负权值(W^-)表示不存在空间关联。W 的值表示空间关联的强度,权重的一些独特排列具有特殊含义。例如,如果 W^+ 是正的,W^- 是负的,那么这个变量倾向于因变量的出现。相反,如果 W^+ 是负的,W^- 是正的,那么证据表明,这个因素强烈阻碍因变量的结果。如果 W^+ 和 W^- 均为 0,则预测因子与因变量不相关。

W^+ 和 W^- 之间的差异称为权重对比。正的对比表明因变量和独立预测变量之间的空间关联(例如,在域内发生的事件比偶然引起的事件更多),反之亦然。所有对比值的总和形成证据图的权重。

6.4.1.4 德尔菲法

德尔菲法是一种广泛应用于商业预测的结构化方法。在空间建模中,它被用于确定变量的相对重要性,其方式类似于层次分析法(Babiker et al.,2005)。德尔菲法不是两两比较,而是让专家们在几轮评估中对所有考虑的变量进行排名。在每一轮结束时,所有匿名结果会呈现给所有专家看,并鼓励他们根据其他专家提供的答案修改之前的答案。预计经过几轮之后,所有专家的答案最终会趋于一致(例如,每个专家将提供相同的"正确"答案)。一旦达到预先确定的标准,例如轮数或分歧阈值的水平,问卷调查结束。最终结果是所有变量的重要性排序,如何将这一等级转化为用于空间建模的数字权重,将由分析人员决定。

6.4.2 空间模拟与数据结构

空间建模的可行性和易用性取决于数据格式。在这两种类型的面数据中,栅格格式比它的矢量对应物在空间建模中更常用。虽然栅格是一种低效的特征表示形式,并且包含了高度的数据冗余,但栅格在基于网格的空间模拟中是非常流行的。虽然建模的目标可能是空间范围,可以用矢量格式准确表示,但建模仍然采用栅格格式,如对积雪覆盖的建模(Cline,1992)。另一个例子是沿海地区将被上升的海平面淹没的模型。在这两种情况下,采用栅格格式只是因为所需的数据(例如 DEM)以这种格式记录和可用。如果建模所需的其他数据以这种格式收集和存储,栅格几乎是默认的选择。事实上,栅格是环境建模的规范,例如潜在建模和易受地震污染和破坏的建模,原因有三:

(1)由于所有输入层都由相同大小和形状的规则网格单元组成,因此它允许以最少的处理来进行有效的空间操作。不需要进行任何空间插值,因为观测值在所需的空间间隔上是可用的。

(2)大多数地理空间数据都适合这种表示,无论是图像、地形,还是属性(例如温度和污染物浓度)。这种环境和地表覆盖数据的广泛可用性使各种建模都可以在 GIS 中轻松实现。

(3)相同的操作可以在不修改数据本身的情况下重复多次,因为输入层中的所有单元都是以一个单元为单位进行操作。

诚然,在这样的建模中可能会产生大量的中间和庞大的栅格结果,但这可以通过特定的脚本来减少。

当建模的目标沿直线变化时,例如交通量和河道径流建模,使用直线等矢量数据。矢量数据格式是一种有效的结构,但是数据可能无法在期望的位置使用。因此,需要频繁的空间插值来产生数据,这大大减慢了建模过程。与栅格数据相比,矢量数据在空间建模中并不常用,只有少数例外,如涉及河道网络的水文模型、冰川范围模型和火灾蔓延模型。网格地表次表层水文分析(GSSHA)利用河流的矢量数据来显示河道的流动方向；类似地，矢量格式用于模拟冰川范围(Gao，2004)，因为冰碛末端可以通过数学公式准确表示。冰舌被限制在一个狭窄的山谷中，两侧是深深切割的悬崖峭壁，因此不适合用栅格格式建模，因为它不允许建模变量被限制在一个空间范围内，除非涉及额外的层；事实上，在火灾蔓延建模中也采用了基于矢量格式的类似方法，将火灾前缘视为由若干以顶点表示的线段组成(见第 7.5.1.2 节)。矢量数据的使用可以产生关于建模现象的详细信息，如精确的形状和长度的火线和它的传播速度，与栅格网格单元的大小无关。

6.4.3 空间模拟的平台

空间建模既可以直接使用专门为此目的设计的现有平台，也可以通过专门设计的软件包(表 6.11)来实现。后一种方法在无法使用通用公共领域或商业平台进行建模的新领域中特别常见。诸如 ArcGIS Pro 和 IDRISI TerrSet 等市售软件包具有用于轻松执行空间建模和空间分析的内置功能，每个软件包都有自己的优势和特殊的适用领域。如果商业和公共领域包都不可用，那么空间建模就必须使用用户编写的脚本来实现。

表 6.11　实现空间建模的主要平台或方法的比较

平台或方法	优点	缺点
ArcGIS Pro ModelBuilder/ERDAS Spatial Modeler	易于构建和执行；非常适合制图(潜在)建模	简单，仅静态模型；无法合并外部模型或逻辑表达式
ArcGIS 栅格计算器	能够考虑逻辑和布尔条件；灵活的	仅限静态和简单模型
IDRISI TerrSet	自动化程度高；适合预测建模	适用范围有限(例如只模拟土地用途变化)
脚本语言	高度灵活和通用性；全自动高效；适合空间动态建模；存在大量脚本	编程技巧至关重要；写脚本时耗时；难以检测脚本中的逻辑错误

6.4.3.1　ArcGIS Pro ModelBuilder

ArcGIS Pro ModelBuilder 是使用线性和阶乘组合实现地图模型的优秀平台。该模型可通过逐步空间运算实现，虽然操作简单易懂，但是过程可能是冗长而缓慢的，并且会产生大量毫无意义的中间结果。通过使用现有工具集(如 ArcGIS Pro 中的 ModelBuilder)创建模型，可以加快建模过程(图 6.11)。此外，可以使用 ArcToolbox 在 ArcMap 或 Arc Catalog 中构建(以及已经构建成)模型。一旦构建完成,模型就可以保存在 Python 脚本中,以便进行进一步的定制。

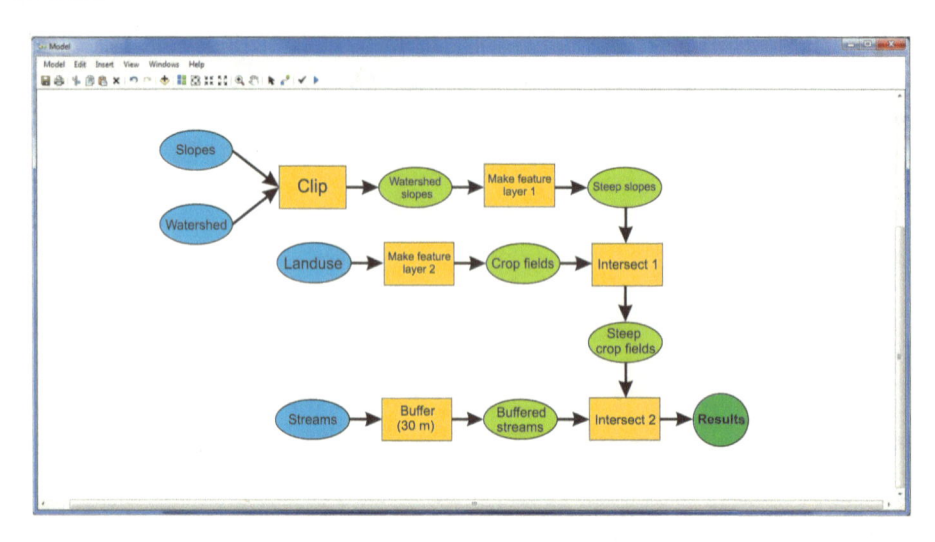

图 6.11　使用 ModelBuilder 中的工具集识别靠近溪流的陡坡农田

　　ModelBuilder 是一个可视化编程环境,它允许用户通过挑选和混合函数、指定输入和显示输出,使用一系列空间操作来创建新模型和修改现有模型。在创建的流程中,前面一个空间操作的输出作为立即后续操作的输入。内置的 ModelBuilder 工具旨在创建可重用和可共享的地理处理流程,以自动记录空间分析和建模。它也是自动化制图模拟的一种极好的方式,并能提高建模效率(图 6.11)。所有这些构建的模型都包含三个元素:变量、工具和连接器。模型中包含的必要变量可以是 GIS 图层,然后是它们的操作方式,并且可以使用连接器将多个空间操作连接在一起。所构建的模型可以非常简单,涉及几个操作步骤,或者相当复杂,涉及很长的操作序列。通过单击并选择相关的文件或图标/连接器,可以很容易地创建图形模型。一旦构建,模型就可以反复运行,而不需要改变模型本身的任何东西(除了输入和输出文件名),因此它是高度可重复的。此外,这样的模型可以与他人共享,通过一些修改就可以轻松地创建新的模型。

　　ModelBuilder 可以直接利用 ArcGIS Pro 的所有功能,所有这些功能都可以嵌入到模型中。然而,目前还不能进行循环,但是可以在工作空间中迭代处理每个特性类、栅格、文件或表。此环境仅用于构建静态模型,它没有容纳外部模型的空间。在 ArcGIS 中构建的模型与其他系统的集成需要脚本才能实现。

6.4.3.2 栅格计算器

ModelBuilder 可能易于使用且用途广泛,但不可能在建模过程中嵌入逻辑表达式,因为所有输入层都被普遍处理而没有对它们施加任何条件。因此,如果在进一步建模之前必须满足某些条件,它就无法发挥作用。例如,在 RUSLE 模型[式(6.3)]中,表面可能被一个没有土壤被侵蚀或流失的湖泊所覆盖。在这种情况下,必须有一个条件语句来检查表面是否被水覆盖。如果是这样,输出应该默认为 0。这种包含条件语句的空间操作,理想情况下可由 ArcGIS Raster Calculator 实现。该工具允许在建模过程中设置灵活的条件。在它的对话屏幕上有三种类型的选项:地图代数表达式、计算器和操作符面板以及工具(包括数学函数)。第一种方法允许选择可操作的层和变量,并创建和执行映射代数表达式。正是这些操作符将 Raster Calculator 与 ModelBuilder 区别开来,因为关系和布尔逻辑表达式可以嵌入到静态模型中。它提供了一种快速而简单的方法来实现简单的静态建模。但是,栅格计算器无法处理涉及多个场景的复杂空间建模。

6.4.3.3 IDRISI TerrSet

这是由克拉克大学克拉克实验室开发的桌面栅格地理信息和图像处理系统。最新版本 IDRISI TerrSet 包含一个土地变化建模器,用于分析、建模和土地覆盖数据的可视化。它可以分析两幅不同时间的土地覆盖地图之间的土地变化,并在此基础上通过模拟预测未来的土地覆盖。除了快速分析土地覆盖变化,该模型还可以识别变化的驱动因素,并构建土地覆盖变化与解释变量之间的经验关系。未来土地变化的模拟是基于不同情景下土地变化趋势的识别,其中马尔可夫链模拟用于估计预期变化量。土地覆盖转变潜力表示为使用多种机器学习算法确定的可能性,包括神经网络、逻辑回归和随机森林,并提供关于每个自变量的解释能力的完整信息。该建模平台支持两种预测场景:基于多目标竞争性土地分配模型的硬预测,以及将脆弱性表示为连续属性值的软预测。这个强大的土地覆盖模拟平台利用了 IDRISI 的遥感和 GIS 功能套件和分析工具,可作为 ArcGIS 的扩展。它只能在不考虑时间的情况下运行预测模型。除了土地变化模型,IDRISI TerrSet 还包括栖息地和生物多样性模型,这是一个基于观测位置和生物气候变量来模拟物种分布的工具集。顾名思义,建模应用程序受到 IDRISI TerrSet 的高度限制。

6.4.3.4 编写脚本

当需要将特殊模型合并到 GIS 中以利用其数据集成和分析能力时,必须编写脚本,或通过其他人编写的脚本实现它们。在运行多尺度模型时,脚本尤其重要，因为在这种模型中，只需要将模型参数从一种形式修改为另一种形式。有一些用于运行空间建模的脚本语言，最常用的是 Python，这是一种面向对象的高级编程语言，具有动态语法的内置数据结构。它对空间分析和建模的吸引力在于它能够连接现有组件。使用 Python 学习脚本非常容易，因为它的语法非常易读。更重要的是，数以千计的第三方 Python 模块已经公之于众，因此创建一个功能完整的 Python 模型的任务很容易，因为其中一些模块可以直接导入到脚本中。例如，PyLUR 是一个基于 Python 的脚本工具，可以用来运行 LUR 建模（参见 6.6.2 节）。与 ModelBuilder 类似，Python 脚本也是简化建模工作流程和提高效率的一种手段。这种强大的脚本语言在处理高级数据结构时特别有效。

6.5 利用 GIS 包进行空间模拟

6.5.1 空间模拟与 GIS 包

空间建模与地理信息系统技术有着密切的关系。空间建模依赖于使用空间引用数据、空间分析函数和空间数据操作运算符的使用，所有这些都可以在 GIS 中找到。GIS 可以提供对空间建模至关重要的全面的有空间坐标的数据（图 6.12）。由于其强大的分析和数据处理功能，GIS 可轻松进行空间建模，以准备

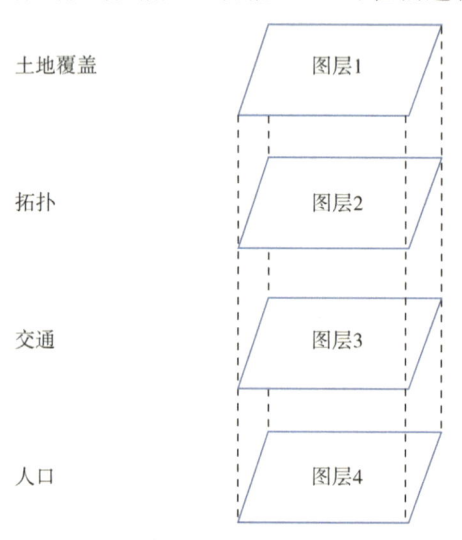

图 6.12 静态 GIS 建模的概念化

空间建模的输入(例如,坐标系转换和栅格网格单元尺寸的标准化)。例如,GIS 邻近性分析(缓冲和交叉)可以在叠加分析之前确定潜在的影响范围,而 GIS 重新编码可以通过排除无关区域(如排除城市化地区作为潜在栖息地)来对适宜性进行分类。某些类型的空间建模可以在 GIS 中按照涉及表示为 GIS 层的变量的分析时间顺序有效地进行。特别值得一提的是,GIS 建模能够量化、统一和制定功能,并将地方、区域、国家到国际的多个层次的不同机构收集的数据集成到一个单一的系统中(Maidment and Morehouse,2002)。GIS 方法特别擅长结合分析功能进行制图模拟。此外,GIS 软件提供了强大的图形功能,可以在几乎瞬间可视化建模结果。虽然相对容易实现,但 GIS 建模具有有限的专门功能和适用性,这将在第 6.5.2 节中介绍。

在空间建模中,需要仔细考虑空间范围、空间分辨率和相关的时间分辨率。空间范围由研究区域决定,模型中使用的所有输入层都需要覆盖完全相同的空间范围,这可以通过研究区域的大小和形状创建的公共边界层上裁剪它们来实现。空间分辨率只适用于栅格数据,确定最合适的空间分辨率是一个棘手的问题,需要深思熟虑地规划。虽然精确的分辨率可以使建模结果更加详细,但它也增加了计算强度和数据量,这些数据量会随着分辨率呈指数级增长。在精确的分辨率下,数据量在数据分析和建模过程中会很快变得难以管理,特别是当建模涉及大量变量时。在很大程度上,最佳空间分辨率的采用取决于数据的可用性,特别是公开的图像和 DEM 数据。如果可能的话,建议采用尽可能粗的分辨率,这样仍然能够满足建模的需要。时间分辨率或增量是根据因变量变化的速度确定的。它的范围从火灾蔓延模型的几秒钟到城市蔓延模型的几十年。

6.5.2　GIS 模拟的优缺点

由于空间建模不可避免地涉及空间数据,这些数据在理想情况下被表示为 GIS 图层,因此默认情况下,GIS 是广泛进行空间建模的理想平台,原因有四个:

(1) GIS 数据库中储存的丰富地理空间数据在同一平台中具有相同的格式,所有这些数据都可由 GIS 读取和操作,不需要更改数据格式或将它们从一个系统移植到另一个系统,或在不同的分析和建模平台之间传输数据。当空间建模涉及多来源数据,其中一些是点格式,而另一些是区域或线性数据时,所有这些数据都可以很容易地集成并保存在同一个文件夹中,以进行空间建模。GIS 拥有集成不同来源、不同格式、不同结构或不同空间分辨率的空间数据的能力,是空间分布模型的有力辅助。与分散在不同系统中的数据交换中心相比,集中式数据交换中心更容易升级。

（2）一些 GIS 软件包具有强大的功能和专门设计的模块，可以轻松地实现空间显式和分布式模型。某些 GIS 软件可能具有空间统计分析功能，可以使用特殊函数来执行一系列标准的空间操作，例如识别多边形的质心，随机选择样本点来创建子集等等。一些 GIS 功能可以简化环境建模，并支持替代数据模型，特别是连续空间变化模型，以及使用有效的空间插值方法在它们之间进行转换。

（3）建模结果可以实时可视化，并与其他来源的数据集成，以便进一步分析。例如，在对一个城市的空气污染物的空间分布进行建模后，可以将其与人口普查数据进行整合或叠加，以确定特别容易受到这些污染物影响的老年居民的比例。

（4）GIS 软件具有比其他系统更友好的界面。这套系统采用系统化的建模方法，使建模过程可重复和有效地进行。

基于 GIS 的建模简化了建模的任务，因为建模者只需要知道如何使用 GIS，不需要开发人员的专业知识。这种建模可以很容易地在许多平台上实现，尤其是 ArcGIS Pro 和 ERDAS IMAGINE。GIS 软件包对于维护和查询静态数据库的静态现象非常有效。因此，如果所有模型操作都是 GIS 功能的一部分，它们就擅长实现相对简单的静态建模。事实上，如果不涉及外部模型，所有的空间建模都可以完全在 GIS 中实现。如果必须使用这些模型，则需要在数学上或概念上简化。或者，它们必须作为扩展模块与 GIS 软件集成（参见 6.5.3.3 节）。

GIS 软件包在运行空间建模时的主要限制是缺乏构建动态仿真模型的能力，因为它们只能以离散时间结构存储静态信息。因此，它们处理空间动态模型和处理建模中变量的时间维度的能力有限。此外，空间建模某些专门领域所需的小众或特制模型可能没有或不可能嵌入到仅为一般性建模而设计的现有商业 GIS 软件包中。例如，目前主流商业 GIS 软件包在模拟过程中缺乏特殊的生态和水文模型。随着空间建模领域的演变和发展，更多的专业静态模型可以从 GIS 包中以单独的工具栏或扩展的形式运行。目前，GIS 软件包在进行复杂的统计分析方面能力有限，而这些统计分析是某些建模的组成部分，例如在筛选纳入模型的变量时进行共线性检验，但这些缺陷可以通过将 GIS 软件包与空间模型耦合来克服。

6.5.3　空间模型与 GIS 软件的耦合

有时，空间建模需要在某些应用中使用复杂和空间明确的模型，例如水文和空气污染建模。这些模型是动态的，包括随时间变化的参数和变量。它们在 GIS 包中运行很麻烦，因为当前的包没有明确允许存储和分析动态现象。一些空间建模需要超出当前 GIS 软件所提供的统计分析能力。这些统计系统有自己的高级功能来执行数据分析任务。

目前，GIS 软件包在将某些领域的独立模型纳入空间建模方面还不够充分，尽管近年来随着可用软件包的增多，它们的能力有所提高。以 ArcGIS Pro 为例，它是一个成熟而强大的系统，拥有自己的数据模型、操作机制和用户界面，但缺乏集成复杂外部模型的能力。如果所需的数据分析超出了简单的回归范围，则需要更复杂的外部统计软件包（例如 S-Plus 和 SAS）来执行各种随机建模任务。为了将空间模型用于空间建模，它必须与 GIS 包集成。这种耦合可以利用 GIS 软件处理各种空间变量的强大功能。

解决 GIS 软件缺乏动态功能的可行方案是利用外部计算机软件包在 GIS 环境之外实现动态或复杂的空间建模，然后将输出链接到 GIS 环境。例如，在流域水文模拟中，地表径流和降雨强度之间的关系可能要在 GIS 包之外构建，然后通过特殊脚本手工将建立的关系纳入 GIS 软件中。虽然这两种系统之间的类比可能是正确的，但它们之间有一个重要的区别。统计包只支持一个基本数据模型，即表，以及一类记录；而 GIS 包支持各种模型，这些模型包含许多类对象和关系。GIS 包与独立包之间频繁的文件传输，既费时又费力，效率低下。此外，数据在格式上可能不完全兼容。除非所需的数据和模型可以集成到一个内聚系统中，否则当前的时空模型在 GIS 包中运行是烦琐或不切实际的。另一方面，将 GIS 软件与外部模型集成是非常重要和必要的。这是因为 GIS 软件包提供了一个灵活的模拟环境，其标准化的空间运算符阵列基于描述空间分布实体的运动、分散、变换或其他有意义的属性的数学原理。

专家建模系统与地理信息系统软件的集成将使两个系统的整体大于其总和，可大大简化空间建模并将其适用范围扩大到更多的领域。集成 GIS 软件包和空间建模的策略可以从三个角度来看：技术或程序员的角度、功能或用户的角度和概念的角度。从功能的角度评估，这些系统显示只支持一种受限的人机交互形式。集成可以在三个层次上进行：松散耦合或支持但独立的，紧密耦合或连接的，以及完全集成（图 6.13）。表 6.12 比较了它们的属性，包括典型的集成示例。

(a) 低层次
　　松散耦合
　（文件交换）

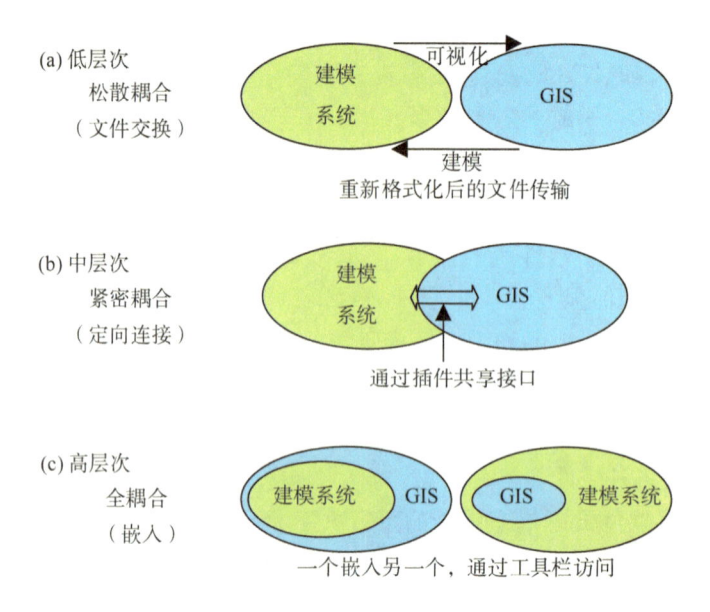

建模系统　可视化　GIS
建模
重新格式化后的文件传输

(b) 中层次
　　紧密耦合
　（定向连接）

建模系统　GIS
通过插件共享接口

(c) 高层次
　　全耦合
　（嵌入）

建模系统 GIS　　GIS 建模系统
一个嵌入另一个，通过工具栏访问

图 6.13　使用各种策略在三个层次上耦合 GIS 和空间建模系统（修改自 Alcaraz et al., 2017）

6.5.3.1　松散的耦合

在集成的第一级，专有的 GIS 软件与另一个包（如统计软件）松散耦合，这些包要么是专有的，要么是专门构建的。在这种原始的耦合中，建模和 GIS 软件包是分开的，但相互支持。如果空间模型的输入格式与 GIS 不兼容或不被 GIS 识别（Maantay et al., 2009），且所需的输入本质上是空间输入，或当模型不在 GIS 中时，松散耦合是必要的。这种集成通常通过将 GIS 的输入/输出例程耦合到模型中来实现，从而允许模型以其原始格式读写 GIS。在集成过程中，GIS 可以提供支持，使数据在成为可接受的模型输入之前得到正确的形状和格式。例如，输入数据可以重新投影到另一个坐标系，重新采样到另一个单元格大小，或者通过裁剪标准化到相同的理想空间范围。然后，特殊的建模系统被激活后运行模型，建模的结果被传输回 GIS 进行可视化，并与其他层叠加，例如与道路网络的空气污染物分布，以可视化它们的关联。

与 GIS 软件松散耦合的一个很好的候选是外部元胞自动机模型（Clarke and Gaydos, 1998）。由于数据结构相同，这两个系统可以与相同的数据库交互。由于没有中间转换步骤，因此允许快速应用程序和开发交互式应用程序。GIS 软件和建模过程之间有一个共同的接口，可以在两个系统之间传输文件。建模者可以选择在任意一个系统中运行分析和/或建模。

表 6.12　三个层次空间模型与 GIS 耦合的主要特征及其优缺点

耦合程度	低(松散)	中(紧密)	高(完全)
主要特点	相互支持的独立系统;单独的用户界面;两个系统之间频繁的文件交换,数据格式变换至关重要	每个系统都执行它最擅长的特定任务;统一的用户界面;通过两个独立系统之间的连接可访问的共享数据和模型库	集成仿真模型修改、查询和控制;嵌入到另一个系统中;可操纵的模拟
耦合方式	数据在传输前重新格式化(例如,输入到 GIS 并在 GIS 中显示)	链接;基于插件工具栏	脚本的模型;嵌在另一个里面;扩展
优点	开发所需的时间少于完全集成;使用经过验证的模型为空间建模提供了可靠的组成部分;不同的工具和库有助于独立的系统开发;不需要很好地了解两个系统	两个系统之间的自动数据交换;避免数据不一致和丢失;更快的造型;没有数据冗余;简单的数据维护	完全自动化的;很容易改变参数;无须数据转换;没有数据冗余;新模型快速发展;型号维护方便
缺点	由于 GIS 软件的新版本,数据格式经常改变;重复模型运行效率低;缓慢而费力;容易出错且灵活	需要开放式 GIS 结构;模型形成的低级方法	不是一般可用;昂贵的开发;缺乏对模型的专业知识可能导致不准确的结果;由于嵌入,很难更改源代码
例子	AERMOD (Maantay et al., 2009); DRASTIC (Jaseela et al., 2016)	PyLUR (Ma et al., 2020); Minitab (Xie et al., 2005); PIHMgis (Bhatt et al., 2014)	AVTOP (Huang and Jiang, 2002); FRAGSTATS (McGarigal et al., 2012); Arc Hydro (Maidment and Morehouse, 2002), HEC-GeoHMS (美国陆军工程兵团水文工程中心)

　　松散耦合的好处在于空间建模人员不需要了解关于 GIS 或其数据结构和组织的任何信息[图 6.13(a)]。由于所需的编程最少,松散耦合非常实用。它在处理任何结构的数据时都提供了相当高的灵活性。由于不受 GIS 的限制,这种建模方法可被适用于任何其他系统,以便进行进一步的分析和集成(例如统计包)(表 6.12)。松散耦合的缺点是效率低下,因为建模不能通过单击几个按钮来执行,而且每次建模工作都需要对两个系统进行重复的操作,因此它是不可复制的,而且效率不高,尤其是在建模必须重复运行的情况下。如果现有主流空间分析软件包无法提供某一特定空间模型(如火灾蔓延模型),则只能通过紧密耦合或整体耦合的方式将其纳入建模过程。

6.5.3.2　紧密耦合

　　紧密耦合也被称为紧耦合或无缝集成,在这种情况下,空间建模和 GIS 软件包仍然是独立和不同的,各自执行特定的任务[图 6.13(b)]。常见的耦合候选与用于空间逻辑回归分析和识别空间预测驱动因素的统计软件包有关,而GIS 软件包用于对建模结果进行空间分析。通过插件工具栏在两个系统之间建立某种接口,可以通过特殊的脚本创建 GIS 和其他包之间的合理无缝链接。这种链接避免了直接修改,但使用了两个系统中已经存在的操作。它是将复杂的空间数据库与统计模型相结合的一种较好的解决方案。它还解决了数据兼容性和用户界面问题,使文件可以很容易地在不同的系统之间共享(例如,所有图形文件可以保存为 GeoTIFF 格式)。但是,这种链接不允许访问完全集成的功能。这种中等级别的耦合结合了独立的 GIS 功能模块和环境模拟模块的功能。它对于预处理数据或显示结果是有效的,但可能需要投入大量资源在两个系统之间建立必要的联系(Steyaert and Goodchild, 1994)。

以 HEC-GeoHMS 为例的紧密耦合要求两个系统之间的数据具有可移植性,因为两个系统中的数据结构、操作模式和用户界面类型通常非常不同,不适合进行全面集成。从这两个系统导出和导入数据的方式对建模者是透明的,某些处理在一个系统中完成,而其他处理则在另一个系统中完成。例如,S-Plus 利用 GIS 数据库中的空间数据建立基于树的模型,并通过 GIS 中无缝通信的 Arc Macro Language (AML)程序将建模结果返回给 GIS (Bao et al., 2000)。紧密耦合的另一个例子是集成了 GIS 的 PIHMgis。PIHMgis 的用户界面可以从基于插件的工具栏的下拉菜单中访问(Bhatt et al., 2014)。在这种集成中,PIHMgis 支持组织、开发以及将时空数据同化到水文模型中,而 GIS 提供了显示、导航和编辑建模所需的地理空间数据层的平台。这两个系统都有一个共享的用户界面、数据结构和方法。在很大程度上,水文模型实际上是地理信息系统的一套分析工具。它不被认为是完全集成,因为仍然不可能在 GIS 中修改建模参数,且这只能在 PIHMgis 中进行。

GIS 和统计软件的紧密耦合需要使用支持 GIS 内建模的编程语言进行适度的脚本编写,例如 AML, ArcView 中的 Avenue,以及 Python。这种耦合是系统依赖的,可以加快建模的过程,特别是如果它必须反复运行。

6.5.3.3 整体耦合

整体耦合也被称为完全耦合或高级集成,完全或整体集成是通过将空间模型或统计分析系统嵌入到 GIS 中实现的,反之亦然[图 6.13(c)]。前者是首选,因为在建模中可以利用其他 GIS 功能。将空间模型嵌入到 GIS 的一种方法是为其构建功能或扩展,可以通过工具栏访问。这种特殊的扩展可以作为 GIS 本身的一部分运行。这两个系统被当作一个系统来使用,建模者没有注意到它们的区别,因为它们都被当作一个整体来对待。

这种集成具有最高的复杂性，因为嵌入式耦合允许直接在 GIS 中运行模型。目前，这种嵌入到 GIS 中的嵌入式耦合对于有限差分模型是实用的，可以利用栅格 GIS 的功能进行基于单元的建模，而且与矢量 GIS 软件包相比，栅格 GIS(如 IDRISI) 集成了更多的空间分析功能。常见的例子包括 VTOP、FRAGSTATS、ArcHydro 以及水文和边坡稳定性联合模型(CHASM)(表 6.12)。VTOP 代表了使用 ArcView 的宏语言 Avenue(Huang and Jiang,2002)的基于地形的水文模型(TOPMODEL)的 GIS 实现。TOPMODEL 最初由 Beven 和 Kirby(1979)提出，是一种基于物理的流域模型，基于可变源区的概念来模拟水流，利用 DEM 数据和一系列降雨和潜在蒸散发数据来预测河流流量。分布式水文响应的预测在计算上是有效的，需要一个以 DEM 数据为中心的相对简单的框架(Beven,1997)。这种水文模型在 GIS 环境中的完全耦合利用了 GIS 可视化和空间分析功能，从而大大促进了从初始参数化和数据转换到中间和最终结果可视化的整个模型开发过程中的动态水文模型。这种完全集成使建模者能够在单一平台上直观地与模型交互并方便地调整其参数。调整对结果的影响可以即时显示在屏幕上，这大大方便了探索性数据分析和决策，这对水文模拟的成功至关重要。

FRAGSTATS 是一个插件软件包，可作为 ArcGIS 扩展访问。它包含了广泛的空间分析例程。然而，分析师必须非常熟悉 GIS 和 FRAGSTATS。FRAGSTATS 曾经可以从 GIS 包中单独访问，也可以在 GIS 包之外访问，现在可以通过为地理空间数据的描述性分析而定制的类似 GIS 的模块运行。FRAGSTATS 的输入是 GIS 分析的输出(例如，分类土地覆盖图)。ArcHydro 工具箱(工具栏)是水资源应用的地理数据库模型的扩展，其工具套件支持地理数据库设计和基本水资源分析，如地形分析、流域圈定和特征描述，以及通过渠道网络追踪和积累。CHASM 是另一个用于模拟边坡水文/边坡稳定性的完整集成程序包。这种二维滑坡模型可以在 GIS 中实现，GIS 可以提供所需的输入数据，如地质图、钻探、地球物理调查和水文监测数据，这些数据都以点或区域格式表示为 GIS 层(Thibes et al.,2013)。该基于 web 的 GIS 允许用户选择多种输入数据和模型参数，快速进行边坡稳定性的极限平衡分析。模拟结果可自动保存，并可在 GIS 中可视化解释。

完全集成成功的关键是通过目的设计程序将数学模型明确地嵌入到 GIS 中。可以使用各种脚本语言进行编程。早期使用的是 AML，后来被 ArcView Avenue 取代。如今，最流行的语言是 Python，它在实现空间模型和自动化空间建模方面得到了广泛的应用。随着越来越多的模型被开发并作为扩展纳入

ArcGIS，GIS 与空间建模的完全集成将越来越容易地获得更广泛的应用，并将在某些应用（如专业数值建模）中发挥至关重要的作用。这种高度的集成可以带来许多好处，包括但不限于加速处理和提高建模效率。在处理多个甚至可能不兼容的系统时，可以节省宝贵的时间。它为用户和维护人员提供一个通用的单一平台的集中访问。这种耦合允许在建模中使用系统的和标准化的方法和数据集，创造了高度的可重复性。它提供了更多样化的用户界面，可以简化建模。除了通用的图形用户界面之外，与系统的交互还可以扩展为包括基于地图的界面，这样就可以在早期可视化地检测到任何不合理的结果，从而节省时间。其他通用优势包括：

- 灵活的地理可视化原始数据和派生数据的能力；
- 提供灵活的空间功能，对原始数据和派生数据进行编辑、转换、聚合和选择；
- 容易访问实体之间的空间关系。

6.6 特殊类型的模拟

6.6.1 （空间）逻辑回归

逻辑回归是一种描述数据和解释因变量及其解释变量之间关系的统计方法，其表达尺度可以是名义、区间或比率。名义数据可能是关于土地覆盖（例如，城市、森林、草地、荒地等）；分类数据可能与交通方式（例如，步行、自行车、公共汽车、私家车）有关，二进制数据可以描述状态（例如，洪水或完好无损），所有这些属性必须是互斥的。例如，如果一个地区被森林覆盖，它就不能被归为城市。城市森林是允许的，但不能在城市或森林的同一位置。逻辑回归模型是最好的建模变量，具有线性二项分布。因此，它们非常适合模拟只有两种可能的土地覆盖变化：变化和不变化。在其最简单的形式，如果因变量是二元，逻辑回归模型可以表示为一个 logit 函数。因此，它也被称为 logit 回归或自回归模型。逻辑回归模型是高度灵活的，因为任何数量的自变量都可以包含在构建的模型中，只要它们能够驱动因变量的变化或约束它（例如，在高度限制或不允许变化的领域）。

在 logistic 回归中，logit 函数可以表示为

$$\text{logit}(p_i) = \log\left(\frac{p_i}{1-p_i}\right) = \text{logit}\left(\frac{e^y}{1+e^y}\right) \qquad (6.13)$$

式中，p_i 表示位置 i 变化的期望概率；y 是自变量的函数，表示为

$$y = b_0 + b_1 x_1 + b_2 x_2 + \cdots + b_n x_n \tag{6.14}$$

式中，x_i 表示第 i 个自变量；n 表示考虑的自变量个数；b_i 表示从假设相互独立的观测数据中估计的自变量回归系数。逻辑回归不需要假设数据符合正态分布。

在空间模拟中，通常使用逻辑回归来建立因变量（如积雪的空间覆盖程度）与其解释变量（如单向盛行风方向）之间的预测模型（Cline，1992）。开发的逻辑回归模型是非空间的，但如果自变量 x_i 在本质上是空间的，例如以 GIS 层表示的土地覆盖，它们就成为空间逻辑回归模型。空间逻辑回归常用来模拟城乡土地转换，其结果具有二项分布（Xie et al.，2005）。为了使模型发挥良好的作用，必须将从历史土地覆盖图中检测到的土地覆盖变化量作为自变量之一纳入模型。逻辑回归特别适合于模拟土地利用变化，因为土地利用如何确切地受到其驱动因素的影响仍然是未知的，或者在数学上无法描述。研究这种影响的最佳方法是通过统计方法建立的驱动-变化关系，这可以通过将空间统计包与 GIS 包集成来实现，如第 6.5 节所述。逻辑回归模型中通常考虑的自变量（驱动因素）包括地形（坡度）、土壤、地质、道路、当前土地覆盖、单位土地价格、人口和生态保护敏感地区和地球危险地区的土地使用政策。在这种建模中，需要考虑这些变量的空间依赖性。考虑驱动因素之间的空间依赖性可以通过两种方法来解决：在模型中加入自回归结构（这不可避免地增加了模型的复杂性），或者使用空间采样（Xie et al.，2005）。后者可以消除空间自相关，得到更可靠的参数估计。但是空间采样会导致样本容量下降和某些信息的丢失，这违背了通常用于建立逻辑回归模型的最大似然算法所支持的大样本可取性。通过合理设计空间采样方案，可以将小样本量的负面影响降到最低。关于不同空间采样方法的资料见第 3.2 节。

6.6.2 土地利用回归模拟

与逻辑回归模型相似，土地利用回归（Land Use Regression，LUR）模型也是一种估计二维空间中给定变量属性的统计方法，其方式让人联想到空间插值，只是指定位置的未知值是由预先建立的包含最具影响力自变量的回归模型产生的。严格地说，LUR 是一种非空间建模方法，其基础是因变量和大量自变量之间的回归关系，所有这些变量在本质上都是空间的。然而，回归生成的 LUR 模型一旦建立，就可以在任何指定位置或规则间隔的格点估计因变量的值。由于

回归分析中所有的自变量都与地表特征有关,如土地覆盖、道路网络和地形,因此被称为 LUR 建模。由于这些变量通常表示为 GIS 层,并存储在 GIS 数据库中,因此 LUR 建模在 GIS 中或在与其紧密耦合的系统中,以利用其分析功能,如邻近分析。

在 LUR 建模中,因变量 y 与若干探索性变量 x_i 之间的关系线性表示为式(6.14)。该经验模型的构建基于数十个站点因变量的观测值。为了做出合理的预测,这些地点应该在研究区域内广泛分布。这些站点的观测值也应代表属性值的整个范围,否则所构建的 LUR 模型的预测能力会因高估最小值和低估最大值而受到影响。

式(6.14)中的经验模型通常使用监督学习方法构建,分为五个步骤:

(1) 通过单变量回归,将因变量对每一个考虑的解释变量进行回归,共建立 k 个回归方程,得到 k 个回归模型。其中,R^2 值最大的模型被认为是潜在的"种子模型"。如果模型中包含的解释变量与其预定义的标准具有相同的效果,则该状态得到确认。

(2) 每次从变量池中添加一个变量,依次添加到"种子模型",并记录新构建模型 R^2。这个过程将不断迭代,直到预备库中除了已经包含在其中的变量的所有变量都添加到新构建的模型中。

(3) 比较所有更新模型的 R^2 值,如果满足两个标准,则 R^2 值增加最多的模型被认为是最终的"新模型":(a) R^2 值的增加超过前一个定义的阈值(例如,>2%);(b) 每个解释变量的影响方向与其预定义的标准一致。否则,正在考虑的解释变量将从新模型中删除。

(4) 步骤(2)和(3)对所有剩下的变量一次迭代一个。也就是说,如果它们的加入导致其 R^2 上升超过预定义的阈值(例如,>1%),它们就会依次插入到当前模型中。如果没有,那么它们将被跳过。

(5) 所有在当前模型中保留的解释变量都被仔细检查其 p 值。任何 p 值超过预定义阈值的变量(如>0.10),从 p 值最高的变量开始,依次从当前模型中移除。这个消除过程会一直持续下去,直到当前模型中保留的所有变量在统计上都显著,新创建的模型被认为是最终的模型。

如果预备库含有大量的变量,可以通过预处理(如相关性计算)直接删除一些,以加快模型的构建。一个基于因变量和每个独立(预测)变量之间的相关系数的简单准则可以用来筛选解释变量。如果相关系数低于某个阈值,则可以安全地将该预测变量排除在外。在潜在的 LUR 模型最终确定后,可能仍然需要对其进行各种检查,以确定保留变量之间没有共线性及其空间自相关性,关于多重共线性测试的主题已在第 6.3.2 节中介绍。任何 VIF 高于定义阈值的预测变量都是不可接受的，应该从模型中删除。空间自相关（通常 $p>0.05$）可以通过 Moran's I 检验（参见 4.5.2 节）。

在最终确定的 LUR 模型被成功验证后，它可以用于预测任何目标点的因变量值。如果在规则格点进行预测，就可以在一个区域内生成因变量的空间分布图（Ma et al., 2020）（图 6.14）。输出的空间分辨率没有限制，只影响数据量和处理速度，特别是对于大的研究区域。只有当研究区域很小（例如，几十平方千米）时，才有可能获得更精确的分辨率输出。在实施 LUR 建模时，须通过接近分析确定一个潜在变量的影响范围（表 6.10）。尽管预测变量的影响逐渐衰减（例如，噪声水平随距离而降低），但这种分析必须在一定数量的具有代表性的离散缓冲区上执行，以保持分析的可管理性（表 6.10 和表 6.13）。

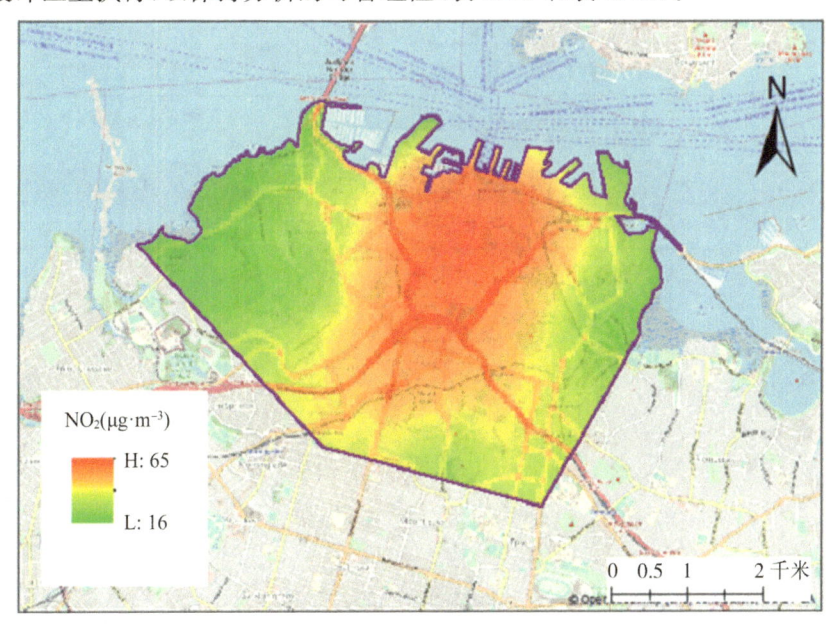

图 6.14　50 m 分辨率下的 LUR 模型预测的新西兰奥克兰中部源自汽车的 NO_2 的空间分布
（Ma et al., 2020）

最初，开发 LUR 模型是为了评估暴露于由车辆引起的空气污染（通常在人口密集的城市地区），但现在已扩展到研究空气污染流行病学（Ryan and LeMasters, 2007）。LUR 模型在地区尺度上评估交通引起的污染物的空间分布特别有用。在 LUR 模型中，所研究的空气污染物的空间分布仅限于地球表面，尽管它在现实中本质上是三维的才接触污染物。在 LUR 建模中通常考虑的变量可分为若干类别，例如土地用途、城市建筑配置、建筑物、交通设施、道路网络和交通量(表6.13)。它们有的与污染物的来源有关，有的影响污染物在二维空间的空间分布和扩散。它们都有不同的单位、方向和影响范围。如果在城市景观以外的更大范围内研究源自植物或接触的空气污染物，表6.13中的某些变量将不相关。在这种情况下，控制污染物在空气中空间扩散的过程必须考虑在内，如主导风向和风速，以及大气湍流。

表6.13　在空气污染物及其属性的LUR建模中通常考虑的预测变量

预测变量	特定属性
土地使用	住宅、工业和城市绿地
城市配置	建筑物(数量、高度、面积和体积)；天空视角系数
交通基础设施	到巴士站、火车站、渡轮码头和海岸的距离；停车场数量
人口*	住宅的高度；家庭和居民数量
道路网	路口数目；至最近的路口或主要道路的距离；所有主要道路的长度；主要道路总(重型)交通负荷
交通负荷和流量*	所有道路的总(重型)交通负荷；所有道路的长度；最近的(主要)道路的重型交通量；到最近(主要)道路的距离；最近(主要)道路上的交通量

＊除了人口、交通负荷和流量外，还需要对各种变量进行缓冲分析，以确定所有其他线性变量的影响范围(例如，到最近的主要道路的距离)。

6.6.3　水文模拟

水文学是研究地表水和地下水的领域，地表水的研究相对容易。地表水水文研究的是雨水在山坡上和集水区的空间分布，以及有多少与降雨事件有关的雨水最终进入渠道。这两项任务本质上都是空间的以及高度复杂的，因为它们涉及大量与水、土地、空气和生物圈有关的因素。因此，进行水文模拟具有很高的挑战性，因为它需要考虑许多可能相互作用的过程。另一方面，水文模拟可以产生对减轻洪水风险至关重要的信息。水文模型意义重大，因为它可以确定哪些地区非常容易受到潜在洪水的影响，从而保护易受洪水影响的地区不受城市发展的影响，并可以更好地设计道路基础设施，使洪水破坏最小化(例如，桥梁必须建在高于最高水位的特定高度)。水文模拟可以预测在某一强度的降雨事件(例如，50年一遇的降雨)发生后，一个汇水区产生的雨水数量。与水文模型不同，水力模型的目的是预测最终进入河道的地表径流量、河道流速、水流深度、被雨水淹没的区域、峰值流量及其到达时间。这些信息对紧急疏散和防灾至关重要。

在水文模型中，解释变量与气候（降雨和蒸发）、土壤、地形和土地覆盖有关。土壤很重要，因为它会影响水的入渗率。前期土壤水分决定了雨水能被地面吸收多少，以及何时其含水量达到饱和。以 DEM 表示，地形决定了地表水流的速度、水流方向和长度，以及地表径流汇聚和排放到哪里（即在集水区内或集水区外）。需要从卫星图像中获得土地覆盖数据来确定植被冠层截获的雨水有多少，以及渗透到地表的雨水的比例。由于此类数据通常存储在 GIS 数据库中，因此 GIS 软件包自然地为水文模拟提供了默认平台，尽管它们为此目的提供的水文模型范围有限但又不断扩大，例如描述降雨和径流之间关系的模型。

最终进入水道的雨水量的模拟本质上是为了计算集水区的水量，包括投入和产出。前者是以雨水为主要形式的降水（偶尔有融雪）。水可以通过渗透、蒸散发、地表和地下流动和外流到外部区域从集水区流失。每个过程都必须经过仔细考虑才能得出可行的预测结果。在模拟中最重要的是依赖基于物理的水文模型，它们以关于能量和水通量的科学知识为基础。在基于物理的水文模型中，水运动的水文过程是通过近似表示质量、动量和能量平衡的偏微分方程或通过经验方程来建模的（Abbott et al., 1986）。例如，通过回归分析，可以统计地建立径流与流域特征之间的关系。

在进行地表水文模拟之前，通常要进行流域分析，这可以得到在多个步骤中运行地表水文模拟所需的重要信息（图 6.15）。流域分析通常在 DEM 上进行，从中识别出特殊的地貌特征，例如坑。地表分析还可以确定坡向、坡度、水流方向和长度、排水面积以及划定集水区边界。流量积累可以从流量长度得到。所有这些分析都可以使用当前可用的 GIS 工具轻松实现。地表分析的另一个主要组成部分是河道网络的检测和排序，这是流量演算不可缺少的。图 6.15 中的最后两项分析（深蓝色框）与水文模拟本身无关。相反，它们被设计成模拟河水携带的物质，如沉积物。

在解决了雨水如何从斜坡流到沟渠的准备工作之后，便可以运行地表水文模型了。它包括几种类型的模型，土壤水分平衡模型、地表水平衡模型和集水区水分积累模型，所有这些都需要使用数学模型来描述。峰值流量可以根据计算的单位过程图从动态地表水路线和物质（如沉积物）的运输来模拟。

到目前为止，已有许多复杂程度千变万化的模型，每个模型都针对水循环的一个或多个组成部分。最早的系统是 van Deursen（1995）的 PCRaster，目前常用的是 ArcHydro（表 6.14）。PCRaster 可以用来模拟气候变化对河流流量（包括沉积物）的影响，但由于文件很粗略，而且该系统缺乏强有力的用户支持，因此很难使用。AQUAVeo 流域建模系统 Watershed Modelling System 是一个建模

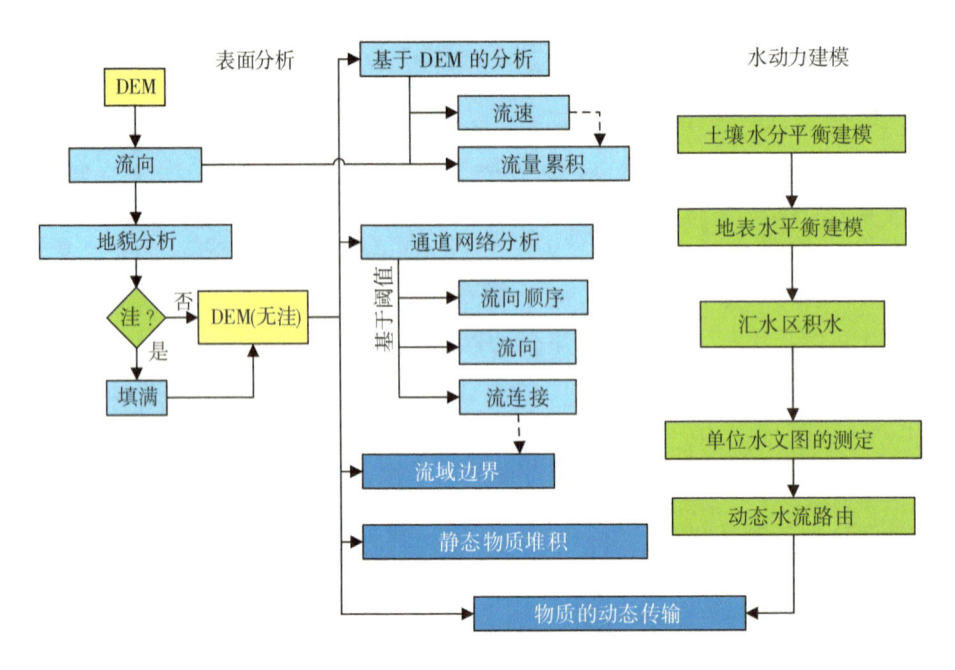

图 6.15 利用 DEM 进行流域面分析（蓝框）和水文模拟（绿框）的主要组成部分和步骤
（修改自 https：//proceedings．esri．com /library /userconf /proc15 /tech-workshop /
tw _382-228．pdf）

环境，旨在实现现有水文模型的各种分析功能，如流域自动圈定、几何参数计算、GIS 叠加计算和地形数据的横截面提取（表 6.14）。它支持水文模型，并使用一套用于流域空间分析的工具促进水文模型的开发。模拟输出需要用于运行其他水文模型，例如使用同一公司生产的软件进行地表水和地下水模型。ArcHydro 包含一套工具，用于模拟径流对降水的响应。它通过时间序列的 HydroFeatures 数据连接空间和时间，并集成地表水和地下水数据（例如，河流和地下水特征，含水层之间的关系）（Maidment and Morehouse，2002）。它的核心是两个模块，一个是美国陆军工程兵团水文工程中心（HEC）水文模拟系统（HMS），用于模拟降水-径流过程，以及 HEC-GeoHMS；后者是 HMS 的 GIS 预处理器，它将从 DEM 导出的排水路径和流域边界转换为水文数据结构，为降水-径流响应模拟做准备。

表 6.14　进行水文模拟的电脑套件/系统及其主要特点

水的类型	名称	主要特点	来源
地表水	PCRaster	能够模拟气候变化对河流径流的影响；支持运输过程建模	van Duersen，1995

续表

水的类型	名称	主要特点	来源
地表水和次表面水	GSSHA	能够模拟地表水和地下水水文、侵蚀和泥沙运输；不同的输入（气象、地表能量平衡、蒸散发的季节性）；矢量格式的通道	Downer et al.,2006
地表水和地下水	Watershed Modelling System	主要用于流域分析；泛滥平原模型、暴雨排水模型和地下水-地表水相互作用模型；洪水预报	www.aquaveo.com
地表水和地下水	ArcHydro	降水-径流响应模型；时空相连；地表水和地下水融为一体	Maidment and Morehouse, 2002

利用网格地表地下水文分析（GSSHA）系统可以实现河道水力学和地下水相互作用的模拟。这个基于网格的二维物理流域水文模型是由美国陆军工程兵工程研究与发展中心开发的（Downer et al.,2006）。它能够模拟地表水和地下水水文、侵蚀和泥沙运输。系统考虑了大量的变量，包括气象因素、地表能量平衡因素，甚至蒸散发的季节性因素。地表水文模型采用栅格格式，但河道流量模型采用矢量格式表示。

6.7 空间模拟的三个案例

6.7.1 地震损失估算

地震是一种破坏性很强的自然灾害，可以对基础设施和财产造成巨大的破坏，并在几分钟内造成大量的生命损失。为了减轻地震的破坏，使损失最小化，对潜在破坏的空间分布进行模拟至关重要，进而可以进行相应的城市发展规划。地震破坏可由液化和地面震动引起。前者是指在快速震动中，由于土体强度突然丧失而导致饱和土体向地表流动（图 6.16）。它通常发生在建立在冲积平原或以前河床上的城市地区。地震发生时，地面的震动和摆动也会使建筑物倒塌，地表破裂，进一步破坏桥梁和道路，使其无法通行，这就阻碍了震后的快速应急反应和疏散。土地和基础设施的撕裂还可能导致地下管道爆裂、电线杆倒塌，进一步引发火灾。

地震对财产破坏的严重程度取决于几个因素，包括距离震中的距离和深度、震动的震级、建筑物的高度和密度、人口分布以及基础设施布局。震中的确切位置和深度通常在地震之前仍然未知，并且很难预测。它通常通过情景分析来处理，事先也不知道地震产生的震动幅度。大地震动的震级是在不同的尺度上测

图 6.16 新西兰基督城基尔莫尔街在 2011 年 5.8 级地震引发的液化状况（Woodford,2011）

量的,其中一个是改良麦卡利(MM)强度尺度。在没有任何数学基础的情况下,它只是一个 12 级的主观等级,根据观察到的震动影响,从 0 级（没有感觉）到 12 级（极端）。一般认为,从 5 级开始就会出现明显的伤害——中等程度的震动（即每个人都能感觉到）。文献中已经建立了震动强度与损伤部分的关系,在 6 级后,该比例（%）随 MM 强度呈指数增长[图 6.17(a)]。然而,破坏曲线随建筑类型而变化（假设所有建筑都同样脆弱）。一般而言,在相同的地压强度下,工业/商业楼盘所遭受的损失比住宅楼宇要大得多[图 6.17(b)]。预期损失和地震强度之间的关系可以用来将损伤比转化为预期损失的百分比值。

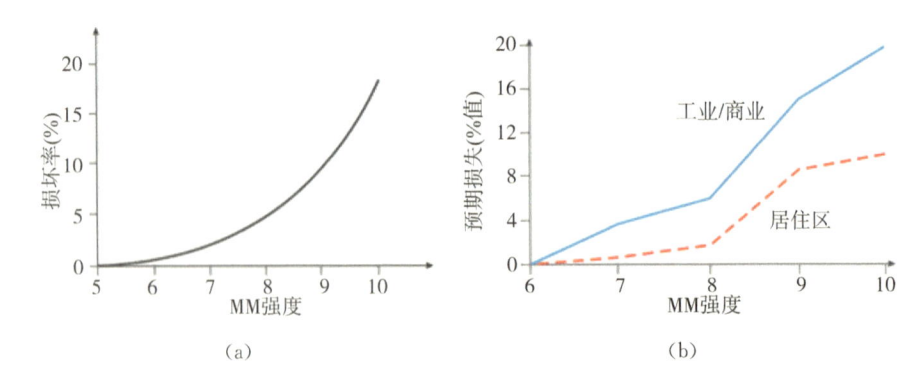

图 6.17 根据预期损失和震动强度之间的关系（修改自 Aggett, 1994）

可靠的地震损害模型需要地质信息，特别是地震可能发生的断层线的位置，还需要一份研究区域（例如易发生液化的区域）的岩土图。由于一个地点的破坏程度取决于建筑高度和密度、人口/基础设施分布以及与震中的距离，因此基于场景的 MM 强度必须根据距离进行调整。然后，根据财产估价和建筑楼层数，将预期损害换算成损失或重置价值的百分比。前者可以从地方市政府获得，因为它必须为地产税收作评估；后者可以从激光雷达数据中获取。如果在栅格环境中模拟，损失的值将聚合到网格单元（图 6.18）。在基于地面震动和液化情景的模拟输出中，由于商业/工业建筑在这些地区的高度集中，新西兰惠灵顿中部

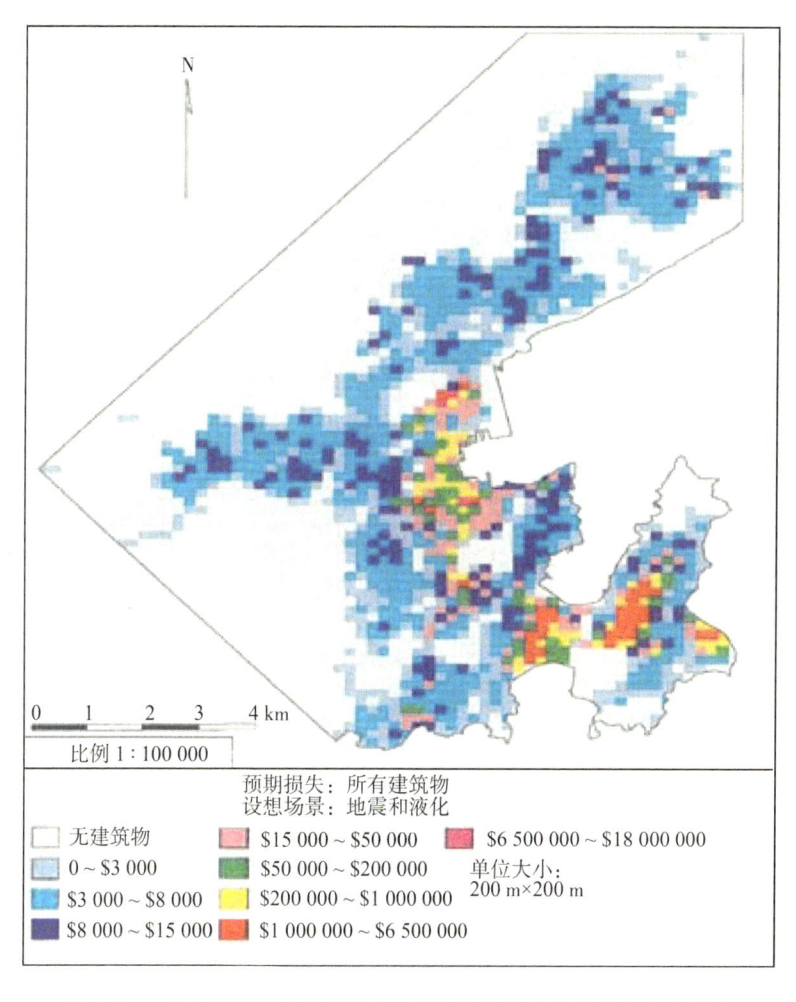

图 6.18 在地震和液化的情况下，所有建筑物的预期损失分布情况
（来源：Aggett，1994）

和北岛下部的下哈特将遭受最大的破坏。损害程度从这些中心区域向远郊逐渐降低。然而，即使真的发生了地震，也没有办法证实或验证所模拟的值。这是因为在情景分析中使用的震中和震级可能与现实不符。由于财产的绝对值随时间而变化，以货币价值计算的模型损失可能在建模几年后就过时了。然而，以百分比表示的预期损失不会改变，而且可以使用最新的估值数据轻松更新建模结果，而无须从头重新运行模拟。

6.7.2 滑坡易发性评估

山体滑坡是一种自然灾害，可以破坏财产和基础设施，并导致死亡。每年，世界各地都有数千人死于山体滑坡，受伤人数更是其数十倍(CRED，2018)。这种破坏可以通过模拟滑坡易发性的空间分布来减轻，这样就可以采取预防措施，在灾害来袭之前避开最脆弱的地区。真实的滑坡易发性模拟需要将典型的滑坡路径划分为三个区域：源带、运输带和堆积带或冲积带(图6.19)。源带是指流动物质的来源区域，在冠部呈半圆形。它的地形通常是陡峭的，在土质被移到下坡后它的表面被剥蚀。该区域可以根据地表形态的不连续性、梯度和土地覆被的突然变化从大型航拍照片中划定，利用DEM进行描述。运输带通常呈长条状，位于源带和堆积带之间。冲积带呈圆形叶状，坡度较陡，其表面仍可被原始

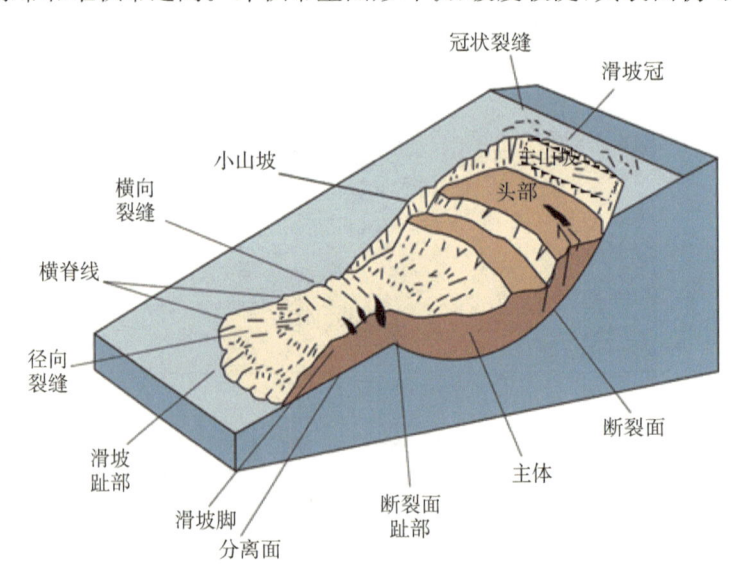

图6.19 一个理想的滑坡-土流示意图
(U.S. Department of the Interior and U.S. Gedogical Survey, 2004)

植被覆盖,特别是当滑坡碎屑侧向位移且旋转运动较小时。然而,并不是所有的滑坡槽都有这三个区域。例如,如果岩屑没有向下坡大量流动,那么运输带就会消失。在滑坡事件发生数年后,当岩屑被侵蚀移走后,堆积带可能变得模糊不清或完全消失。

滑坡通常是由各种气候、地形、水文、土地利用和地质变量之间的复杂相互作用引起的。其中一些因素可以进一步细分为更多的子因素,如地形下的坡度和方向(表6.15)。有时,地表平衡可能会被外部事件(如地震和风暴)打破,这两种事件都可能引发山体滑坡。滑坡易发性的模拟隐含了一个假设,即过去遭受过滑坡事件的地区在未来很容易发生滑坡。这些地区的山体滑坡密度较高,因此未来发生山体滑坡的风险较高。在一定的地理邻近范围内,与这些脆弱地区有着相似的环境背景的其他地区也被列为易发生山体滑坡的地区。虽然滑坡的空间分布可以很容易地从航空照片或使用激光雷达数据绘制出来,但滑坡易发性的模拟并不那么简单。

表 6.15 滑坡易发性与危险性模拟变量类别与意义

类别	变量	意义
地形	坡度	重力作用下剪应力变化,地表径流加速
	方向	前期土壤湿度,暴露于太阳暴晒和蒸散
	曲率	边坡荷载与稳定性
水文	流功率指数	水流的力量和潜在的河岸侵蚀
	地形湿度指数	土壤含水量/边坡荷载
	到河流的距离	横向流侵蚀
地质	岩性	抗剪强度、渗透性和风化敏感性
土壤	土壤类型	岩土性质
土地覆盖	土地覆盖类型	潜在滑坡触发因素的位置
交通	到道路的距离	人工边坡修正的强度,交通引起的失稳风险(例如地面震动)

在模拟滑坡易发性时,源带应与其他两个区域区别对待,因为它直接控制移动土体的体积以及土体材料移动的局部区域的破坏。相比之下,如果被移动的材料以更高的速度进一步向斜坡下移,则可能在运输带和堆积带产生更大的破坏。滑坡土体滑下斜坡的距离取决于其坡度和土体材料本身的动量。由于很难从遥感图像或实地准确地圈定每个区域,因此在对整体滑坡易发性建模之前,通常通过对挪动距离建模来确定突变区域。

挪动距离模拟需要两个输入:滑坡源带和一个DEM。在模拟中,受滑坡影响的区域受移动土体的传播(例如,流动方向和挪动距离的组合)的影响。前者相对容易确定,因为水流总是沿着最陡的方向向下,这可以从 DEM 确定。挪动距离与被置换材料的流动路径有关(Horton et al.,2008)。流动方向和挪动距离可以分别用多流动方向算法 D-infinity(Tarboton,1997)和 TauDEM 中的 D-infinity Avalanche runout 计算。流动泥石流的终止是根据一些假设确定的。例如,当地形表面平整时,如坡度<5°,它就会停止。

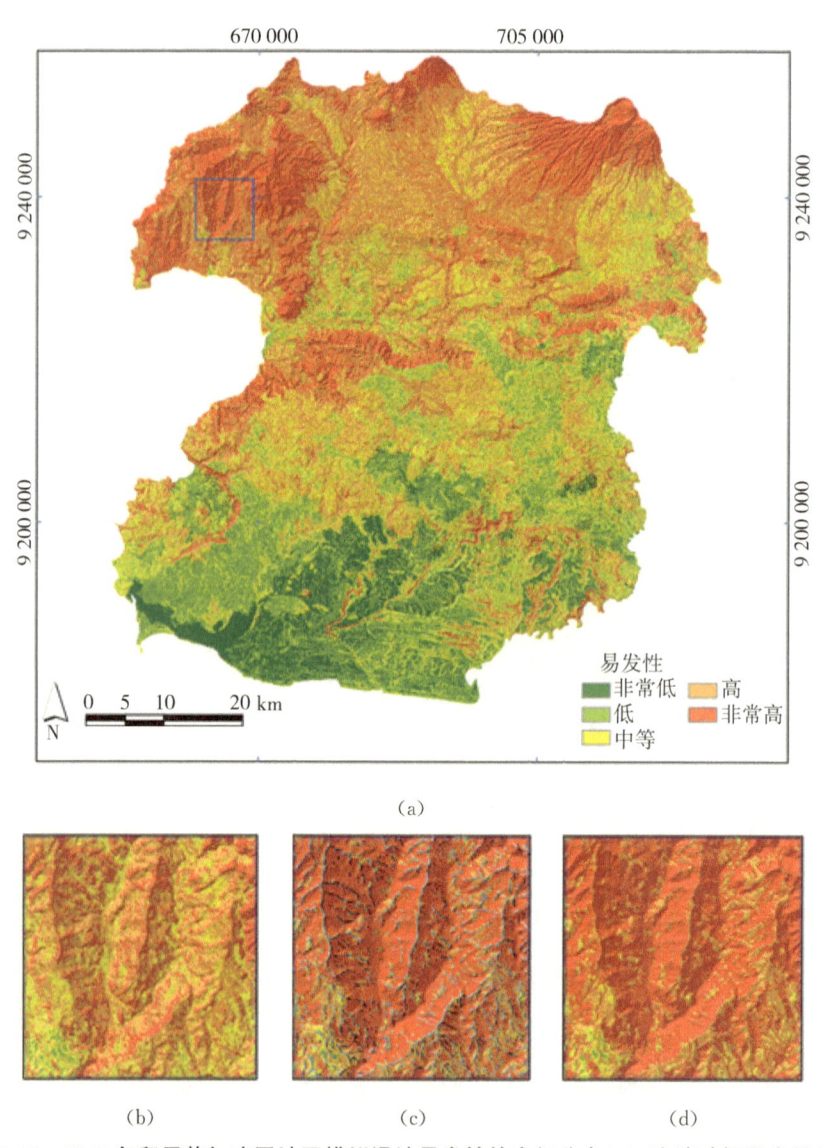

图 6.20　2017 年印尼苏加武眉地区模拟滑坡易发性的空间分布(a)、边坡破坏易发性(b)、失稳区(c)和最终滑坡易发性(d)的比较(Wiguna, 2019)

利用 ArcGIS 中的自然突变,可以根据滑坡源头的综合边坡破坏易发性和模拟的滑坡运行路径(图 6.20),将整体滑坡易发性分为非常低、低、中等、高和非常高五个级别(Corominas et al.,2013)。这样的分组有助于表示易损性的空间格局。这也是一种抑制与输入变量有关的不确定性以及由上述可能不完全有效的假设引起的不确定性的方法。在模型中,如果一个网格单元由于两个贡献因子的重叠而具有一个以上的磁化率值,则赋予该网格单元较高的磁化率值。例如,如果一个网格的斜坡破坏易发性很低,但在中等和低易发性区域,网格位于挪动路径,那么它就被归为中等易发性区域。

如图 6.20(a)所示,总体而言,苏加武眉北部的易发性水平为非常高或高,而南部的易发性水平(非常)低。挪动区对磁化率分区的影响如图 6.20(b)所示。极易发生山体滑坡的地形位于山的上部。相比之下,易发性非常高的脉动区[图 6.20(c)]表明,可能受到山体滑坡破坏的地区并不局限于山顶,滑坡也可能影响易发性较低的下坡地区。当这两张图结合在一起时,最终的易发性区域可能比边坡破坏易损性图[图 6.20(d)]上显示的更大。采用曲线下面积(Area Under the Curve,AUC)接收者操纵特征(ROC)方法评估滑坡易发性模拟的准确性。将训练样本和测试样本数据与模拟的滑坡易发性图进行比较,预测成功率和预测率分别为 0.89 和 0.88。这些准确性水平与 Althuwaynee 和 Pradhan (2016)在之前的研究中报告的结果高度相似。

6.7.3 冰川范围估算

冰川的空间范围,尤其是它的冰舌,对气候变化高度敏感,尽管它可能以一种复杂的方式对气候和大气条件做出反应。为了预测未来冰川的冰层范围将如何因气候变化而变化,必须了解其过去的行为。冰川过去的空间范围,特别是它的终点位置,可以从历史航空照片或大尺度卫星图像中可靠地绘制出来。为避免季节变化,终点站位置应在每年的同一时间进行测量,最好在夏季结束时进行。然而,这一要求可能难以满足,因为如果根据航空照片绘制,终点站位置取决于航空摄影的时间。

一旦从时间序列航空照片绘制出冰川的空间范围,就有可能利用 GIS 探测到冰川舌区每年到下一年的时间变化。由于冰川(冰圈)的源头常年充满了压实的积雪,它的空间范围在短时间内(例如几十年)几乎没有变化。在重力的作用下,堆积的雪在一个封闭的、切割得很深的山谷中缓缓蠕动,山谷的壁几乎不随时间而改变,只有冰舌末端随降雪量的变化而变化。用抛物线拟合冰川末端后,对冰川空间范围的模拟可以简化为对冰川末端位置的模拟。建模可以通过从圆环内任意定义的参考点或冰舌内侧长度确定抛物线的顶点来完成，这是指两点之间的水平马氏距离。如果冰舌由于冰川山谷的弯曲而没有沿着一条直线前进，就需要将整个中轴线分割成若干条直线段来测量，然后将所有单独的线段长度相加，得出总长度，即模拟中的因变量。自然，冰舌面积也可以作为因变量。如式(6.15)所示，两个变量的模型精度相差不大（R^2 相差仅为 0.74%），但是舌长(Length)比舌面积(Area)更容易测量，因此应该使用舌长。

$$\begin{cases} Length = 4\,100.779 - 1.234\,6 \cdot PPT + 91.916\,2 \cdot T - 29.30 \cdot \beta (R^2 = 80.77\%) \\ Area = 308.320\,7 - 0.034\,2 \cdot PPT + 3.310\,0 \cdot T - 0.989\,3 \cdot \beta (R^2 = 81.51\%) \end{cases}$$

(6.15)

影响冰川范围的环境变量包括温度、降水和谷底梯度。温度和降水对冰舌面积在时间上有不同的影响。其中，夏季的温度对冰舌的大小有直接影响。夏季的温度（南半球的 12 月至 2 月）决定了冰从冰舌上融化的速度。高温会加速已经堆积压实的雪的融化，消融雪舌的大小，并加速雪的下坡蠕动。当年夏季气温与冰舌长度之间的确切关系由于下垫地形的坡度而变得复杂。在一个平缓的斜坡上，稍高的温度会导致终点位置的明显后退。相反，如果下垫面的地形相当陡峭而且上面堆积了大量的冰，即使两种情况下融化的雪量相同，那么同样的温度上升可能不会转化为可感知的退缩。这一关系在图 6.21 中得到了证实，图中冰舌的大小与冰川终点下垫地形梯度呈负相关。这种关系中唯一的异常值是最平缓的梯度，其与总趋势的明显偏差可能是由于 DEM 网格尺寸为 30 m 的粗糙导致其推导过程存在巨大的不确定性。坡度可能不会影响冰川的冰量，但这张散点图明确地表明，坡度对冰舌中重新分布的冻结雪的空间范围产生了决定性的影响，平缓的地形有利于形成长冰舌，而陡峭的地形将雪量限制在更小的区域内。

在季节降水方面，冰川范围仅受冬季降水的影响较大，通常以降雪的形式存在。它决定了雪堆中堆积的压实雪的数量，考虑到雪堆有向低洼的冰舌逐渐蠕变的趋势，因此，降水对冰舌的大小有延迟效应。雪从山顶圆丘到达终点所需的时间随谷底坡度的变化而变化，通过对前几个冬季的积雪与当年冰舌面积的相关分析，可以确定大致的运动时间。因此，需要建立往年冬季降水与当年冰舌面积或中轴线长度之间的多元线性回归模型。具有最大 R^2 值的模型可以揭示雪到达终点位置所需的大致时间。

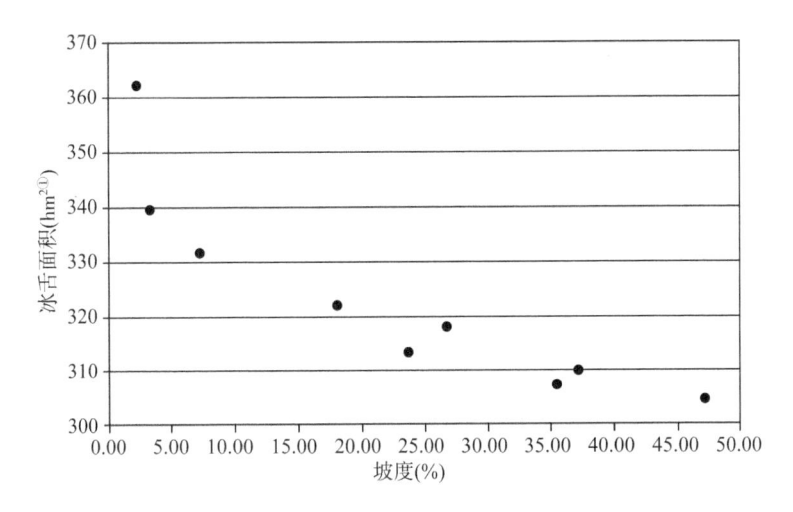

图 6.21 冰川末端冰舌面积随坡度变化的散点图(Gao, 2004)

通过回归分析,可以从两个气候(当年夏季气温和之前 5 年的平均冬季降水量)变量预测冰舌面积/中轴线长度的变化[式(6.15)]。回归方程的性质(例如,线性、非线性或指数)要求将两组变量绘制成散点图,从中可以直观地评估关系。最终的预测模型只保留 R^2 值达到一定水平的变量。新西兰南岛弗朗茨约瑟夫冰川的冰舌面积或中轴线长度可以通过当年夏季温度和前 5 年冬季平均降水量以 R^2 超过 80%[式(6.15)]来可靠地预测,即使不考虑下垫面的地形梯度。如果这些经验关系是建立在跨越一段很长的时间(例如,几十年)的足够数量的观察之上,那么这些经验关系是准确的。

在这个例子中,建模在 ArcMap 中以矢量格式实现。在建模中,终点顶点用一对水平坐标表示,近似为抛物线曲线的冰碛穿末端过该坐标。整个范围是通过在等高线的背景下将预测的终端冰碛与谷壁(舌侧)的不变轮廓覆盖来确定的(图 6.22)。将预测的降雨量和温度代入式(6.15),就可以进行新的预测,预测的冰川范围就会通过 GIS 工具显示在屏幕上。

冰川范围的经验模型[式(6.15)]忽略了下垫面地形梯度的影响。因此,相同的温度或降水变化将导致冰川终点位置移动可变的水平距离,从而导致气候变量的变化与退缩速度之间的可变关系。一个更好的替代方案是利用冰量,它可以通过考虑使用探地雷达确定的浮冰深度来估计。预计冰川中冰块的消耗可以从气候变量中以比式(6.15)所示模型更高的精度进行预测。此外,使用的气

---

① $1 \text{ hm}^2 = 10\ 000 \text{ m}^2$。

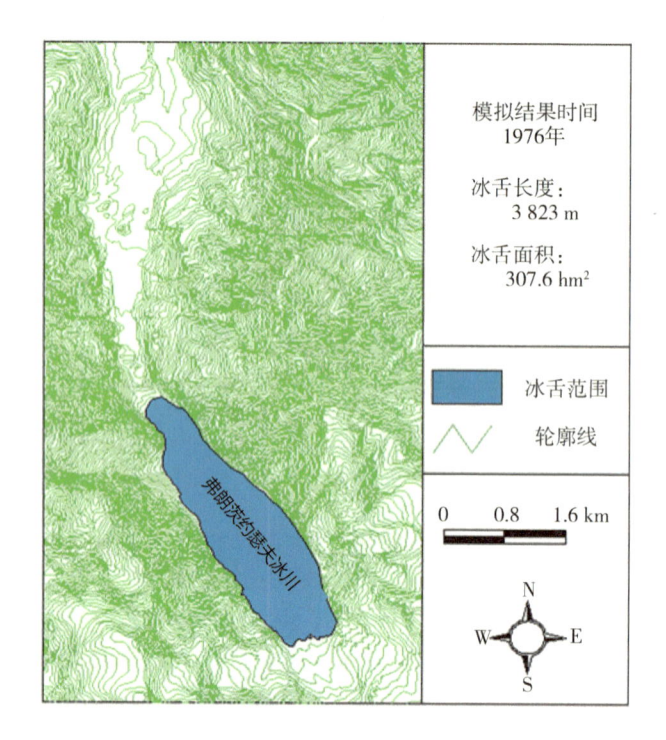

图 6.22　新西兰南岛弗朗茨约瑟夫冰川的空间范围
(Gao, 2004)

候数据应在当地记录。由于这是不可能的，所以使用了最近的气象站记录的温度数据，尽管它们可能与冰舌附近的空气温度不同。此外，温度本身与海拔有关。高处的温度比低洼的冰川终点的温度要低。附近气象站观测到的温度与终点站附近的温度之间的差异可能会降低经验模型的准确性，因此应尽可能避免。

复习题

1. 空间模型的一般分类标准是什么？它们中的哪一个会严重影响空间建模的实施方式？

2. 比较和对比空间显式与空间隐式，时间显式与时间隐式模型。

3. 空间建模与空间分析在哪些方面不同？它们是什么关系？

4. 在空间建模中通常考虑哪些变量？它们如何受到空间建模维度的影响？

5. 可以说，三种类型的静态模型（适宜性、程度和概率）实际上是相同的。您在多大程度上同意或不同意这种说法？解释一下。

6. 比较和对比预测空间模型与诊断空间模型（即识别易受洪水影响的区域）。

7. 什么是制图模拟？用一个例子来说明建模的顺序是重要的，抑或无关紧要的。

8. 比较和对比空间动态模拟与空间静态模拟。

9. 您应该遵循哪些主要步骤来开发一个稳健的模型？如何判断模型的质量？

10. 比较和对比已采用的评价空间模型/模拟准确性的主要标准。

11. 在空间模拟中考虑的变量通常是如何加权的？比较和对比常见的可变权重策略的优势和局限性。

12. 实现空间模拟的常见环境包括 ArcGIS ModelBuilder、Raster Calculator、IDRISI TerrSet。分别用一个例子来说明为什么选择它们中的一个来执行建模任务。

13. 为什么空间建模与 GIS 密切相关？GIS 在一些空间模拟应用中面临哪些限制？

14. 如何将空间模型与地理信息系统相结合以加强空间模拟？松散耦合、紧密耦合和完全耦合的优点和缺点是什么？

15. 对比逻辑回归和土地利用回归建模。

16. 可以说，水文模型是非空间的。您在多大程度上同意或不同意这种说法？

参考文献

Abbott M B, Bathurst J C, Cunge J A, et al., 1986. An introduction to the European Hydrological System—Systeme Hydrologique Europeen 'SHE', 2: Structure of a physically-based, distributed modelling system[J]. Journal of Hydrology, 87: 61-77.

Achinstein P, 1965. Theoretical models[J]. The British Journal for the Philosophy of Science, 16(62): 102-120.

Aggett G, 1994. A GIS-based assessment of seismic risk for Wellington City[D]. Auckland: University of Auckland: 121.

Alcaraz M, Vázquez-Suñé E, Velasco V, et al., 2017. A loosely coupled GIS and hydrogeological modeling framework [J]. Environmental Earth Sciences, 76: 382.

Aller L, Bennett T, Lehr J, et al., 1985. DRASTIC: A Standardized System for Evaluating Groundwater Pollution Potential Using Hydrogeologic Settings [R]. Washington, DC: U. S. Environmental Protection Agency.

Althuwaynee O F, Pradhan B, 2016. Semi-quantitative landslide risk assessment using GIS-based exposure analysis in Kuala Lumpur City [J]. Geomatics, Natural Hazards and

Risk, 8(2):706-732.

Asner G P, Heidebrecht K B, 2002. Spectral unmixing of vegetation, soil and dry carbon cover in arid regions:Comparing multispectral and hyperspectral observations [J]. International Journal of Remote Sensing, 23:3939-3958.

Babiker I S, Mohamed A A, Hiyama T, et al., 2005. GIS-based DRASTIC model for assessing aquifer vulnerability in Kakamigahara Heights, Gifu Prefecture, central Japan [J]. Science of the Total Environment, 345:127-140.

Bao S, Anselin L, Martin D, et al., 2000. Seamless integration of spatial statistics and GIS: The S-Plus for ArcView and the S+ Grassland links [J]. Journal of Geographical Systems, 2:287-306.

Beven K, 1997. TOPMODEL:A critique [J]. Hydrological Processes, 11(9):1069-1086.

Beven K L, Kirby M J, 1979. A physically based variable contributing area model of basin hydrology [J]. Hydrological Science Bulletin, 24:43-69.

Bhatt G, Kumar M, Duffy C J, 2014. A tightly coupled GIS and distributed hydrologic modeling framework [J]. Environmental Modelling & Software, 62:70-84.

Clarke K C, Gaydos L J, 1998. Loose-coupling a cellular automaton model and GIS:Long-term urban growth prediction for San Francisco and Washington/Baltimore [J]. International Journal of Geographical Information Science, 12(7):699-714.

Cline D W, 1992. Modeling the redistribution of snow in alpine areas using geographic information processing techniques [C]. Proceedings of the 49th Eastern Snow Conference, Oswego, New York:13-24.

Centre for Research on Epidemiology of Disasters(CRED). Natural Disasters 2018 [R]. Brussels:CRED, 2018.

Corominas J, van Westen C, Frattini P, et al., 2013. Recommendations for the quantitative analysis of landslide risk [J]. Bulletin of Engineering Geology and the Environment,73(2): 209-263.

Cova T J, Church R L, 1997. Modelling community evacuation vulnerability using GIS [J]. International Journal of Geographical Information Science, 11(8):763-784.

Dorigon L P, de Costa M C, Amorim T, 2019. Spatial modeling of an urban Brazilian heat island in a tropical continental climate [J]. Urban Climate, 28.

Downer C W, Ogden F L, Niedzialek J M, et al., 2010. Gridded surface/subsurface hydrologic analysis (GSSHA) model:A model for simulating diverse streamflow producing processes [M]//Singh V P, Frevert D F. Watershed Models. Boca Raton: CRC Press:131-159.

Gao J, 2004. Modelling the spatial extent of Franz Josef Glacier, New Zealand from environmental variables using remote sensing and GIS [J]. GeoCarto International, 19(1):19-27.

Hall M A, 1998. Correlation-based feature subset selection for machine learning [D]. Hamilton: University of Waikato:178.

Hoek G, Beelen R, De Hoogh K, et al., 2008. A review of land-use regression models to assess spatial variation of outdoor air pollution [J]. Atmospheric Environment, 42(33): 7561-78.

Horton P, Jaboyedoff M, Bardou E, 2008. Debris flow susceptibility mapping at a regional scale [C]. Proceedings of the 4th Canadian Conference on Geohazards: From Causes to Management. Québec: Presses de l'Université Laval:594.

Huang B, Jiang B, 2002. AVTOP: A full integration of TOPMODEL into GIS [J]. Environmental Modelling & Software, 17(3):261-268.

Jaseela C, Prabhakar K, Harikumar P S P, 2016. Application of GIS and DRASTIC modeling for evaluation of groundwater vulnerability near a solid waste disposal site [J]. International Journal of Geosciences, 7:558-571.

Kim J H, 2009. Estimating classification error rate: Repeated cross-validation, repeated hold-out and bootstrap [J]. Computational Statistics & Data Analysis, 53(11):3735-3745.

Kohavi R, 1995. A study of cross-validation and bootstrap for accuracy estimation and model selection [C]. International Joint Conference on Artificial Intelligence, 14(2):1137-1145.

Kouli M, Soupios P, Vallianatos F, 2008. Soil erosion prediction using the Revised Universal Soil Loss Equation (RUSLE) in a GIS framework, Chania, Northwestern Crete, Greece [J]. Environmental Geology, 57:483-497.

Lim C H, Kim Y S, Won M, et al., 2019. Can satellite-based data substitute for surveyed data to predict the spatial probability of forest fire? A geostatistical approach to forest fire in the Republic of Korea [J]. Geomatics, Natural Hazards and Risk, 10(1):719-739.

Ma X, Longley I, Gao J, et al., 2019. A site-optimised multi-scale GIS-based land use regression model for simulating local scale patterns in air pollution [J]. Science of the Total Environment, 685:1344-1349.

Ma X, Longley I, Salmond J, et al., 2020. PyLUR: Efficient software for land use regression modelling the spatial distribution of air pollutants using GDAL/OGR library in Python [J]. Frontiers in Environment Science Engineering,14(3):44.

Maantay J A, Tu J, Maroko A R, 2009. Loose-coupling an air dispersion model and a geographic information system (GIS) for studying air pollution and asthma in the Bronx, New York City [J]. International Journal of Environmental Health Research, 19(1):59-79.

Maidment D R, Morehouse S, 2002. Arc Hydro: GIS for Water Resources [M]. 3red ed. Redlands: ESRI Press:203.

McHugh M L, 2012. Interrater reliability: The kappa statistic [J]. Biochemia Medica, 22(3): 276-282.

Pourghasemi H R, Sadhasivam N, Kariminejad N, et al., 2020. Gully erosion spatial modelling: Role of machine learning algorithms in selection of the best controlling factors and modelling process [J]. Geoscience Frontiers, 11(6):2207-2219.

Ryan P H, LeMasters G K, 2007. A review of land-use regression models for characterizing intraurban air pollution exposure [J]. Inhalation Toxicology, 19(Suppl 1):127-133.

Saaty T L, 1977. A scaling method for priorities in hierarchical structures [J]. Journal of Mathematical Psychology, 15(3):234-281.

Samodra G, Chen G, Sartohadi J, et al., 2017. Comparing data-driven landslide susceptibility models based on participatory landslide inventory mapping in Purwosari area, Yogyakarta, Java [J]. Environmental Earth Sciences, 76(4).

Siddayao G P, Valdez S E, Fernandez P L, 2014. Analytic hierarchy process (AHP) in spatial modeling for floodplain risk assessment [J]. International Journal of Machine Learning and Computing, 4(5):450-457.

Simmonds D, Feldman O, 2011. Alternative approaches to spatial modelling [J]. Research in Transportation Economics, 31(1):2-11.

Smith L, Beckman R, Baggerly K, et al., 1995. TRANSIMS: Transportation analysis and simulation system [R]. Los Alames: Les Alamos National Laboratory.

Steyaert L T, Goodchild M F, 1994. Integrating geographic information systems and environmental simulation models: A status review [M]//Michener W K, Brunt J W, Stafford S G. Environmental Information Management and Analysis—Ecosystem to Global Scales. London:CRC Press:333-355.

Store R, Jokimäki J, 2003. A GIS-based multi-scale approach to habitat suitability modeling [J]. Ecological Modelling, 169(1):1-15.

Tarboton D G, 1997. A new method for the determination of flow directions and upslope areas in grid digital elevation models [J]. Water Resources Research, 33(2):309-319.

Thiebes B, Bell R, Glade T, et al., 2013. A WebGIS decision-support system for slope stability based on limit-equilibrium modelling [J]. Quarterly Journal of Engineering Geology, 158:109-118.

Tomlin D C, 1990. GIS and Cartographic Modeling [M]. New Jersey:Prentice Hall.

Tomlin C D, 1991. Geographic Information Systems and Cartographic Modelling [M]. New Jersey:Prentice Hall:249.

U. S. Department of the Interior, U. S. Geological Survey (USGS). Landslide types and processes [R/OL]. (2004-07)[2004-07]. https://pubs.usgs.gov/fs/2004/3072/pdf/fs2004-3072.pdf.

Vakhshoori V, Zare M, 2018. Is the ROC curve a reliable tool to compare the validity of landslide susceptibility maps? [J]. Geomatics, Natural Hazards and Risk, 9(1):249-266.

van Deursen W P A, 1995. Geographical information systems and dynamic models: Development and application of a prototype spatial modelling language [D]. The Netherlands: University of Utrecht.

van Vliet J, Bregt A K, Hagen-Zanker A, 2011. Revisiting kappa to account for change in the accuracy assessment of land-use change models [J]. Ecological Modelling, 222(8): 1367-1375.

van Westen C, 2002. Use of weights of evidence modeling for landslide susceptibility mapping [R]. Enschede: International Institute for Geoinformation Science and Earth Observation.

Wiguna S, 2019. Modelling of future landslide exposure in Sukabumi, Indonesia in two scenarios of land cover changes [D]. Auckland: University of Auckland: 165.

Woodford K. Understanding the Christchurch earthquake: Building damage [EB/OL]. (2011-02-27)[2021-05-14]. https://keithwoodford.wordpress.com/2011/02/27/understanding-the-christchurch-earthquake-building-damage/.

Xie C, Huang B, Claramunt C, et al., Spatial logistic regression and GIS to model rural-urban land conversion [C]. Presented at PROCESSUS Second International Colloquium on the Behavioural Foundations of Integrated Land-use and Transportation Models: Frameworks, Models and Applications.

Zhang D, Agterberg F, 2018. Modified weights-of-evidence modeling with example of missing geochemical data [J]. Complexity, 2005(2):1-12.

第 7 章
空间仿真

7.1 简介

7.1.1 空间仿真

空间仿真被定义为一种基于计算机的操作,它近似地模仿现实世界中时间过程的功能。这只是一个近似过程,因为实际过程过于复杂,需要简化才能理解它如何与几个关键的独立变量相互作用。空间仿真需要建立模型和压缩数据,用以为特定情境的详细模型提供参数。它旨在根据以下两个假设预测空间和时间模拟范围内的未来状态:

(1) 每个系统在任意时刻任意地方的状态都可以量化。
(2) 系统中的变化可以用数学或逻辑来描述。

在空间仿真中,所研究的属性在特定位置的值是根据数学模型或方程从相邻位置的值推导或估计出来的。这是一种基于窗口的操作,其中所讨论的空间实体的位置以及所定义邻域内的其他观测数据,都会对模拟结果产生影响。空间仿真除了空间上的依赖性,时间上也有差异。一般来说,并非所有操作同时进行,但隐含地假设某些操作必须跟随其他操作,并且所有操作都根据需要进行多次重复。模拟是通过运行相同的函数(数学模型)作为固定持续时间的增量来完成的,每个操作代表一个唯一的时间。相同的模型规则只应用于初始条件,并且从一个迭代到下一个迭代邻居都有所改变。通过结合隐式时间成分,空间仿真能够显示所研究的过程(例如,草地退化)在空间和时间上的演变。

与第 6 章中介绍的静态模拟不同,空间仿真涉及可以移动的智能体。它们在模拟空间中漫游,并表现得像在现实世界中一样。通过这些智能体,可以实现相邻空间实体之间的相互作用。例如,如果一块草地被啃食到贫瘠的程度,牲畜就会转移到邻近的一块健康的草地上吃草。因此,它更具动态性。空间动态仿真模型是模型与仿真的结合。这种基于计算机的数学模型可以真实地模拟空间分布、时间依赖的过程。模拟最重要的优势是能够通过控制其他变量不变来评估给定变量的影响,这是有价值的,因为在现实中,许多变量可能同时发挥作用。因此,很难将一个变量的影响从其他变量中分离出来。空间仿真还可以通过在一定范围内改变变量的值来进行灵敏度分析,以检查将该变量放在模拟中是否合适,或者是否已适当地参数化了。

7.1.2 时空动态模拟

时空动态模拟模型可以是随机模型,无须参数化,被称为"非参数"。为了进行定量预测,这些模型应当进行参数化。它们可以进一步分为空间和时间动态模型以及显式模型,主要用于模拟某一过程,以观察变量如何在空间上随时间变化。空间和时间的动态和显式模型能够处理时间和空间的变化。特定位置的值受到附近位置的条件和其他约束的影响,所有这些都是时间的函数。时间通过迭代隐含在模拟中,时间间隔由建模者设置。一旦设置了一个间隔,它在模拟过程中都不会改变。

时空模拟模型中的自变量分为三类:状态变量、驱动变量和变化率变量。状态变量简单地描述驱动(自变量)的性质或条件,如种群、生物量和地形。它们通常为有限数量的序列。驱动变量或胁迫函数描述了不受动态过程本身影响的外部影响。例如,森林大火在景观中的蔓延速度可能会被顺风方向的强风加速,但不受其位置的影响。这些变量影响因变量如何(快速)展开,是分散还是扩散。变化率变量规定了状态变量变化的速度。变化率在整个模拟过程中可能不是恒定的,并且可以随时间而变化。例如,一只羊每天吃掉的新鲜生物量可能短期内变化不大,然而,随着年龄的增长,它会有很大的变化,即在年幼时摄入的量较低,但在成年后会较高。因此,在牲畜的整个生命周期内,消耗量不是恒定的。消耗的确切值取决于模型定义规则下的状态和驱动变量。模型的性能高度依赖于转换规则和变化率变量的适当参数化,没有这些,就很难得到符合现实的结果。

时空建模提供了以下优势:
• 描述和探索自然和人为因素之间的相互作用(如果两者都在过程中发挥作用)的手段;

- 空间模式评估;
- 探索建模变量与环境变量之间相互作用的含义;
- 空间和时间演变的预测和模拟;
- 敏感性分析的简易性。

时空动态模拟在许多学科中都有应用。常见的例子包括环境科学中的浮游扩散建模、生态学中的火灾蔓延和物种扩散、流行病学中的传染病传播建模、水文学中的水化学污染物在异质介质中的传播、城市人口增长和人口密度模拟、城市蔓延以及地理学中的动态人口建模。通常,时空动态建模能够完成许多基本功能,如:

- 定量描述和评价通过模拟生成的空间格局;
- 预测所模拟的属性在不同时间增量上的时间演变;
- 查明经常变动的热点;
- 结合空间和时间尺度;
- 进行敏感性试验。

这些功能可以在两种环境中完成,元胞自动机(CA)和基于智能体的建模(ABM),或者通过使用先进的机器学习算法将两者结合起来。这些将分别在第7.2节和第7.3节中详细讨论。在这两种环境中的实现都需要空间显式模型。

7.1.3 空间显式仿真模型

空间显式模拟模型关注的是空间依赖过程,由于模拟平台和先进计算技术的出现,可以在精细尺度上以惊人的精度模拟这些过程。从空间隐式建模到空间显式建模的转变,已使我们不再仅仅关注精细尺度细节,而是进一步深化对生态系统机制的理解(DeAngelis and Yurek, 2017)。

在空间显式模拟模型中,模拟的空间均为二维。整个平面空间由相互连接的方形或六边形单元构成的网格来表征。所有网格单元都具有完全一致的大小和朝向,使得模拟区域始终以规则的形状呈现。规则网格表现的空间尺寸可能与具有不规则边界的研究区域的实际尺寸存在差异,由于模拟旨在从理论上探讨某些变量的影响,只要不违反既定规则和前提假设,其结果即可适用于任何地理区域,也就是说,该地理区域的确切边界在此情境下不是主要因素。空间布局被明确地融入模拟中,其中变量的位置(地点)和空间范围规定了从一个迭代到下一个迭代动态变化的范围。模拟中的时间增量可能会有很大的变化,具体取决于模拟器如何设置。空间和时间都是离散的,它们与模拟模型中的其他变量一起,从一个迭代到下一个迭代逐渐变化。

空间显式模型主要有两类:元胞自动机(CA)模型和渗流模型,它们之间的主要区别在于状态变量的性质。在 CA 模型中,空间、时间和状态变量都是离散的。渗流模型源于渗流理论,它用于处理随机介质中的流体流动或类似过程,它也将空间和时间视为离散的,但将状态视为连续的。渗流模型也非常灵活,允许将空间异质性和随机性纳入模拟。在 CA 模型和渗流模型中,模拟空间是相同的,由单元格组成。由于渗流模型很少用于空间建模,因此将不再进一步讨论,而 CA 模型将在第 7.2 节中详细介绍。

计算机容量和速度的不断提高使大型数据集的分析成为可能,并使开发空间显式模拟模型成为现实。它们的发展也有益于遥感和地理信息系统(GIS)工具。前者能够生产和提供空间参考数据,这些数据是成功运行模型的重要输入。后者能够以可直接转换为二维网格的格式提供现成的空间数据。如果没有这些数据或它们的输出,则很难开发空间显式模拟模型。此外,可以根据从遥感图像或已存储在 GIS 数据库中的其他数据集中获得的地面实况来验证模型。

空间显式模拟模型相较于其他模型具有诸多优势。例如,新出现的现象可以直观地表现为一组元胞,而这是其他模型所无法实现的。它们基于规则,排除了不可能的机制。这种网格模型可用于参数测试,并快速识别系统行为在一定参数值范围内的定性变化。空间显式模拟模型易于实施,并能迅速提供反馈,展现了极大的灵活性,以及相对简单的模拟过程。

7.1.4 空间仿真和机器学习

机器学习是一个总称,指计算机在解决问题时自主学习和适应的一组方法和工具。作为人工智能的一个分支,它能够无须人为干预地通过自我调整来构建算法。通过对输入的样本进行训练或学习,可以得到预期的输出结果。最近,机器学习在空间仿真中的应用越来越多,因为它能够捕捉建模现象与其驱动因素或影响因素之间的非线性关系,以提高模拟结果的可靠性。除了为变量分配权重外,它还可以用于变量的选择(Brownlee,2019)。三种常用的学习模式为监督学习、无监督学习和强化学习。无监督学习和强化学习均不需输入,因此它们不适合对空间变化进行建模,而这些变化通常基于过去的情况进行预测。因此,监督学习成为唯一的选择,它需要向机器提供训练数据集,通过训练可以生成一个函数,能够将输入映射到所需的输出,此过程通过一直训练直到模型达到可接受的精度。常见的监督学习算法包括逻辑回归法、决策树、支持向量机和随机森林(Du et al.,2018)。支持向量机算法在图像分类中很受欢迎,但很少被用于空间仿真。

机器学习算法,如人工神经网络(ANN),由于其自适应、自组织和自学习的能力,已被广泛应用于空间仿真。机器学习算法的关键优势之一是它们独立于特定函数,避免了对数据分布做出任何假设的需要。ANN可以更可靠地处理不同类型的数据,而不考虑数据冗余和噪声(Du et al.,2018)。到目前为止,诸如多层感知器、一般回归神经网络和自组织映射等人工神经网络主要用于空间数据分析。应用实例包括遥感图像分类、空间预测/映射、非线性降维和高维多元社会经济数据可视化等。人工神经网络比其他统计方法更适合于时空模拟,因为独立因素与被模拟现象之间的确切关系在很大程度上仍然未知,无论这种关系是线性的还是非线性的。在各种类型的人工神经网络中,前馈误差反向传播多层感知器人工神经网络因其简单、易于训练、高效以及合理的联想记忆和预测能力而被广泛用于模拟空间变化。

在时空建模领域,近年来机器学习主要被用于自动推导决策规则,并建立自变量与因变量之间的非线性关系。此类非空间模型应用于以类似于土地利用回归(LUR)建模的方式绘制因变量的空间行为。在模拟城市扩张时,人工神经网络能够从大量因素中生成城市适宜性指数(USI),这对模拟城市扩张至关重要(Xu et al.,2019)。基于树的集成机器学习为探索因变量及其解释变量之间的因果关系提供了一种新的途径(Knudby et al.,2010)。需要注意的是,在利用ANN制定决策规则时,可能存在过拟合训练数据的风险。这可能是因为在某一特定位置,因变量的属性受到训练数据中未涵盖的相邻单元的影响。过拟合也可能因变量解读错误(例如,土地覆盖实际上与海拔有关)而发生。

表7.1比较了三种机器学习算法在模拟城市扩张中的有效性,三个方法都集成了CA-Markov链(MC)模型。它们使得对新城市化地区进行建模成为可能,这些地区与参考数据极为相似(kappa值>0.91)。在这些算法中,逻辑回归的表现最不佳,其kappa模拟和模糊kappa模拟的得分均为最低。层次分析(AHP)算法的kappa模拟值(0.452)优于逻辑回归算法,但其性能仍明显低于人工神经网络。人工神经网络与CA-Markov链模型相结合,实现了城市扩张的最佳预测。其kappa模拟值(0.547)和模糊kappa模拟值(0.572)比逻辑回归高近50%,比层次分析法高约20%,因此这种方法可以在实际应用中被采用。

表7.1 三种机器学习算法在模拟城市扩张中有效性的比较(Xu et al.,2019)

模型	kappa值	kappa模拟值	模糊kappa模拟值
人工神经网络	0.941	0.547	0.572
层次分析法	0.929	0.452	0.475
逻辑回归	0.918	0.369	0.386

7.2 元胞自动机模拟

作为一种观察二维世界的栅格方法,元胞自动机将空间划分为一系列规则的网格,这些网格通常呈方形,并在一个栅格环境中实现。元胞自动机环境由相互连接的方形、三角形或六边形单元组成的网格构成,这些网格单元可以是一维、二维或更高维度的。每个单元均具有一个预设的状态,依据局部和全局的单元状态配置,按照预定的时间间隔(如每小时、每日、每月或每年),网格状态在时间与空间维度上会从一个状态变化至下一个状态。这种空间布局被明确地纳入空间仿真中,因变量的位置和空间范围体现动态变化。CA 是一种演示复杂系统行为的简单方法。它是一种处理机制,从具有时间变化特征的环境中输入信息。有两类用于空间建模的自动机工具,CA 和 ABM。前者在本节中介绍,后者在 7.3 节中介绍。

7.2.1 自动机

CA 建模和仿真环境利用单元状态、邻域关系和转换规则来创建随时间和空间变化的离散动态系统。决策是根据内部设置、规则和外部输入做出的。规则规定元胞状态对输入的反应。该反应会使元胞状态在下面两种决策之间做出选择:转变(变化)或不转变(不变)。一个元胞的状态是否发生改变,取决于其状态改变所需条件的转换规则,并受制于在所定义的邻域内与其相邻元胞的状态。CA 是一种"自下而上"的基于邻域的模型,邻域大小由邻接准则规定,它可以被描述为"具有自发运动或自我运动能力的元素"。CA 模型将宏观层面的空间过程或变化简化为元胞状态的微观层面变化。CA 模型主要由以下几个部分组成:

- 元胞空间,通常由在各个方向上无限延伸的二维网格单元构成;
- 元胞的邻域;
- 一组可能的元胞状态;
- 一组转换规则。

CA 或 Wolfram 形式化框架的上述关键组件可以表示为
{元胞,状态,初始条件,邻域,规则,时间}。

二维空间中的每个元胞都有一组与之相关的可能状态。元胞状态不是固定的,而是在一组转换规则下从一个迭代到下一个迭代时在所有可能的状态之间转换。转换规则控制着状态如何随时间变化。初始条件是指运行 CA 之前的元

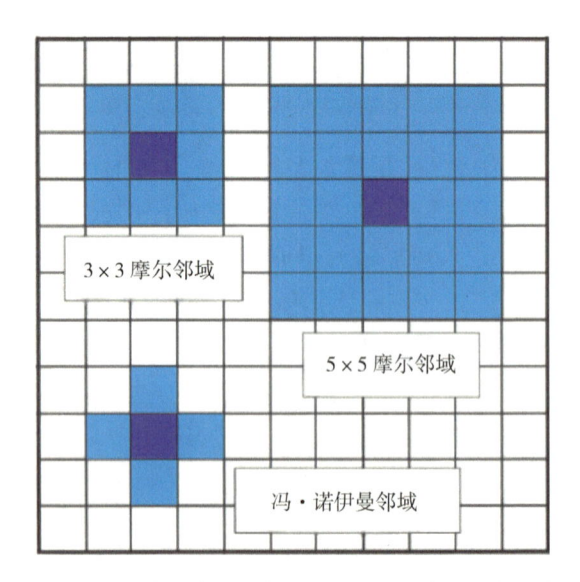

图 7.1　空间动态模拟中常用的两种邻域类型和邻域大小

胞状态。每次运行模型时,当前状态必须初始化或设置为默认状态。有时元胞的初始状态可能是未知的(例如,森林大火被点燃的位置)。在这种情况下,它们必须以随机的方式在空间上进行分配(通过多次重复运行的平均结果来抵消随机性)。

在 CA 模型的四个要素中,邻域是最容易定义和解决的。邻域是指目标元胞邻近的几个元胞所组成的局部区域的空间范围。它有两个含义。第一个含义是指邻域的窗口大小,通常采用的邻域大小范围为 3×3 到 5×5(图 7.1)。窗口大小必须是奇数,中心单元是关注的目标或元胞。在 3×3 的窗口中,邻近的每个单元格都被八个单元格所环绕。在模拟过程中,仅考虑邻近的单元格,这些单元格会影响所关注的单元格并相互作用。第二个含义指的是相邻单元间的连接数量,它有两种连接方式:四邻居和八邻居。前一种连接方式被称为冯·诺伊曼邻域,在该邻域内,仅将直接相邻的单元视为邻域。后一种连接为摩尔邻域,在摩尔邻域中,与自动机接触的所有元胞都被视为邻域,即使它们与中心元胞没有任何共同边界。CA 模型模拟是一种基于窗口的操作,以中心单元为准,同时考虑邻域效应和转换规则。

7.2.2　环境

环境是指元胞之间互动以及在基于智能体模型中与智能体互动的空间或虚拟环境。邻域之外的所有单元(例如,超出窗口大小)对中心单元没有影响。元胞自动机的动态性基于的是"背景",是某种类型的元胞网格,通常是欧几里得空间 R^n 的矩形划分。二维 CA 的网格构成了其状态空间,并呈现网格布局。该状态空间相当于栅格图层的像素。这个环境可以是离散的,也可以是连续的,甚至可以是一个网络,这取决于所建模问题的性质。它可以是建模的地理空间,也可以是这个空间中的一些物理特征。这种环境还可以对智能体的移动施加限制,例如障碍。在空间仿真中,这种环境在空间上总是显式的。例如,模拟的空间范围和单元格大小必须事先说明。有时,在建模过程中会跟踪智能体的位置,以检查其漫游的空间范围、是否获得了资源以及是否遇到了其他智能体(例如,绵羊是否遇到了狼)。

CA 模型的环境具有以下三个独特特征。

(1) 有限状态:状态空间的每个单元仅能取 k 个有限的值。如果 CA 元胞空间有 N 个单元,那么总状态数也是有限的(k^N)。一个单元可以拥有的所有可能的状态数必须预先定义。然而,在任何给定的时刻,每个元胞的状态只能是这些可能状态中的一种。由于被建模的现象是不断变化的,在模拟过程中,其状态可能会随时间或从一个迭代到下一个迭代而变化。一个单元从当前状态转换到另一状态的决定是在综合考虑其当前状态、一些相邻单元的状态、邻域效应和转换规则的基础上做出的。

(2) 同质性:CA 模型环境中的每个元胞与其他元胞完全相同,即所有元胞在任何时刻都可以具有完全相同的 k 个可能状态集,并且相同的转移规则适用于所定义邻域内的所有元胞。时空扩散过程建模的时间范围可能需要 k 个值的"演变"集。

(3) 局部性:状态转换在空间和时间上是局部的(在转换规则可能的"范围"意义上是局部的)。特定单元的下一状态取决于前一迭代中邻近单元的状态。在"传统 CA"中所谓的非局部交互可以通过多种方式处理。例如,邻域可以扩展或收缩,具体取决于模型元素的交互作用。

7.2.3 规则

CA 模型基本上是基于规则的。最简单的 CA 规则仅依赖于邻域状态之和。更复杂的系统可能涉及方向性规则。CA 模拟中规则的性质和数量会根据应用领域而变化。规则可以是简单的逻辑比较,也可以是高度复杂的数学运算,或者两者的组合,不需要考虑其他驱动因素或障碍。规则可以扩展到包括随机函数。更复杂的规则可以通过机器学习的时空方法定量构建。在决策过程中,可以将一组规则合并应用。其中一些可能描述了由元胞状态决定的元胞之间的关系。CA 模型中的规则可以分为三种类型:转换规则、邻域规则以及约束规则(表 7.2)。

表 7.2 CA 仿真中三种规则的比较

规则的性质	目的	主要特点
转换规则	单元格状态从一次迭代到下一次迭代的变化	可以是复杂的;可能有多种规则
邻域规则	定义相邻单元格的影响	简单的;有两种类型(邻域大小和连通性)
约束规则	定义模拟空间;排除模拟区域;实施阻力	需要额外的输入;阻值的简单检查或相乘

在这三种规则中,转换规则是最重要的,因为它们决定了在时间 $t+1$ 内,单元 S_t 的当前状态是否以及如何根据当前输入 I_t 进行更改。从概念上讲,转换规则可以表示为

$$A \sim (S,N,RS,I); R_S:(I_t,S_t) \to S_{t+1} \tag{7.1}$$

式中,A 是一个基本的元胞机;S 代表描述 A 状态的状态变量;S_{t+1} 表示时间 $t+1$ 的单元状态;N 表示单元邻域的影响;RS 是转换规则。单元的迁移规则是其当前状态和相邻单元状态的确定性函数,如式(7.1)所示。转换规则阐明了一个状态如何转换到下一个状态,并规定了每个时间间隔的状态转换。

邻域规则阐明了相邻元胞是如何相互影响的,并定义了每个元胞操作或响应其他元胞状态的"邻域"。这些规则还可以规定移动,分为两种类型:

(1) 直接移动规则:只有在问题中元胞旁边的元胞会产生一些影响;

(2) 邻近移动规则:与上述相似,但邻近面积较大。

所制定的约束规则用于容纳施加在二维空间上的附加条件,以排除某些区域并将模拟限制在指定的边界内。典型的限制条件可能包括物理障碍(河流、地质灾害和保护区)和研究区域的边界。这些约束可以体现为输入中的额外数据层。例如,任何水体都会限制城市的发展。在进行基于 CA 的模拟之前,必须检查所考虑的单元在空间上与湖泊重合的位置,避免在土地覆盖变化模拟中落入一些禁止城市开发的保护区。

CA 模拟的成败主要取决于转换规则的全面性和真实性,这最终影响到模拟结果的准确性甚至有效性。可以毫不夸张地说,转换规则的开发是 CA 仿真的瓶颈。如何定义规则并清晰地表达它们,是 CA 模拟中的关键步骤,这可能需要花费大量的时间和精力。在开发之后,所有规则的有效性都需要在模拟实现之前进行检查。当然,任何不精确的规则都会导致模拟结果不准确或不可靠。

7.2.4 CA 与空间仿真

CA 与栅格数据完全兼容,因为它们的 2D 空间类似于栅格 GIS 软件的镶嵌模型。由于栅格地理信息系统具有开放的结构,所以 CA 模型可以很容易地在栅格 GIS 中实现仿真。CA 正逐渐成为栅格地理信息系统建模的重要途径,因为两者在结构上具有兼容性并都支持时间行为。一组有限的网格数据图层提供了执行邻域操作的结构。在基于 CA 的空间仿真中,模型会考虑到邻域效应对网格空间中的特定单元进行模拟。每个单元的值是独立决定的,并且可能受其相邻单元的值(例如,除非相邻单元着火,否则这个单元不会被烧毁)和转换规则的影响。因此,所有元胞的状态在空间上都有所不同,并根据所模拟现象的行为而变化(例如,火灾在景观中蔓延)。与传统技术相比,使用 CA 模型可以将动态模型的空间分辨率提高几个数量级,这使得模型可以直接解决空间上复杂的问题。CA 可以提供一个关键的理论途径,用于在 GIS 中模拟时间过程,从而构建一个具有透明假设的时空模拟模型。CA 特别擅长模拟某一过程驱动因素与环境之间的互动关系。CA 模拟的结果依赖于所考虑的空间因素与环境之间的内在联系。

作为一种基于网格的空间显式模型,CA 可以在自然过程模拟中利用定性和定量知识,只要这种现象能以规则或数学方程的形式表示。事实上,二维 CA 已经成为模拟许多扩散过程的强大方法,如土地利用变化和城市蔓延的建模,森林火灾的传播建模,所有这些都需要时空扩散,这些扩散由生长模拟中必不可少的某些规则或约束决定。所有这些动态和复杂的空间仿真都具有相同的特征,即空间过程及其驱动因素之间的关系无法精确地表达出来。CA 特别适用于对空间复杂现象的动态建模,如生态建模,其中数据缺乏是常态。更重要的是,这种模型可以很容易与栅格 GIS 相结合,栅格 GIS 为模拟提供了各种必要的辅助数据(例如 DEM)。

7.2.5 CA 模型两个示例

SLEUTH(Slope, Land use, Exclusion, Urban extent over time, Transportation, and Hillshading,简称 SLEUTH)是最常用的 CA 模型之一。阴影背景(Hillshaded backdrop)仅用于可视化建模结果(与 Nodata 单元形成对比),在建模本身中不起作用。SLEUTH 是一个空间显式模型,其名称表明了模拟土地利用变化(特别是城市扩张)所需的各种输入数据。坡度(Slope)图层包含地形信息,崎岖的地形比平坦的土地更不适合城市发展。土地利用(Land Use)层显示了当前的土地使用情况,特别是城市地区,也显示了可以转换为城市用途的潜在区域。土地利用层说明了模拟空间中土地覆盖所有类型的空间分布。这些图层必须至少有四个时间点,从中可以获得有关城市地区过去如何与模型中考虑的其他因素相关联而发生变化的信息。这些图层可以根据历史土地覆盖揭示给定时间间隔内的土地覆盖动态。还有,最近的一个土地利用图层可以用来验证模型的准确性,或者在精度不令人满意的情况下校准模型。排斥(Exdusion)层对城市增长施加了约束。它规定了城市化可以在哪里进行而不可以在哪里进行,例如在受保护的生态敏感和有价值的区域之外,或地质危险地区之外。可以对这一层进行加权,以表明对城市增长的阻力(例如,由于不利的地形或缺乏基础设施或便利设施而导致的增长速度较慢)。在模型中,城市(Urban)层是不可缺少的,因为它显示了模拟的城市范围。

　　SLEUTH 在模型框架内包括两个组件:城市增长模型和土地利用变化动态模型,可用于模拟城市增长和土地利用变化,包括城市土地利用动态变化过程模拟。这两个模型是紧密耦合的(Dietzel and Clarke, 2007;Clarke, 2008)。在第一个模型中,一个单元是否从非城市过渡到城市是基于研究区域的加权地图单独评估的。城市区域向外扩散的增长受到五个关键参数的控制:坡度、与现有城区的距离、与交通路线的接近程度、分区规划以及扩散模式(图7.2)。

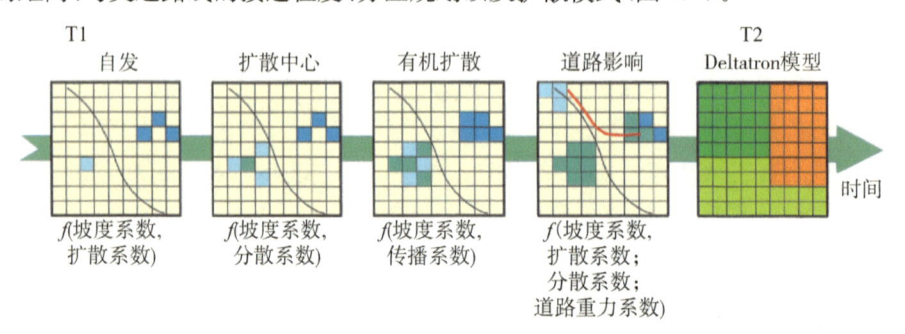

图7.2 使用 SLEUTH CA 进行城市扩张模拟时,网格状态从 T1 到 T2 的转变,根据扩展方式不同,采用不同的扩散系数(修改自 Clarke, https://slideplayer.com/slide/6990931/)

　　实现 SLEUTH 需要输入初始条件和转换规则。前者规定了城市地区的种子元胞,这些元胞一次一个地发生生长和变化。后者规定了元胞是否从非城市转变为城市,它们适用于所有的元胞,但受相邻元胞的空间特性和邻近区域内其他因素的影响。下一组模型输入与扩散有关,即城市地区的总体扩散有多分散。这是由四个系数决定的:

　　(1) 分散系数表明一个新城市化的独立定居点独立生长的机会。

　　(2) 扩散系数表示从已有的城市单元向外辐射的传染扩散程度。

（3）坡度系数表示陡峭地形施加的阻力水平。

（4）道路重力系数表征道路旁新开发项目的吸引力。

这四个系数共同规定了在将模拟的土地覆盖变化与历史数据进行比较后，如何应用增长规则。反过来，这些系数会随着增长率的变化而自我修正。它们可以减少或增加，这取决于增长是快速还是受限。生长规则还规定了初始条件和一套关于土地覆盖在不同因素影响下如何变化的决策。

为了产生可靠的模拟结果，必须仔细校准 SLEUTH 模型。有两种校准方法。一种直接的校准方法是基于历史数据校准，然后将模拟结果与观测结果进行比较。另一种是基于蒙特卡罗模拟校准来产生一系列可能的结果及其发生的概率（见第 6.3.3 节）。拟合优度表示模型校准的有效性。为了成功运行 SLEUTH 模型，建模器必须提供三组 GIF 格式的基本层输入数据以及一个场景文件，该文件包含运行模型所需的大多数变量和设置，特别是系数。这个文件还指导计算机如何执行模型，以及图形化和统计化的输出结果保存位置（图 7.3）。

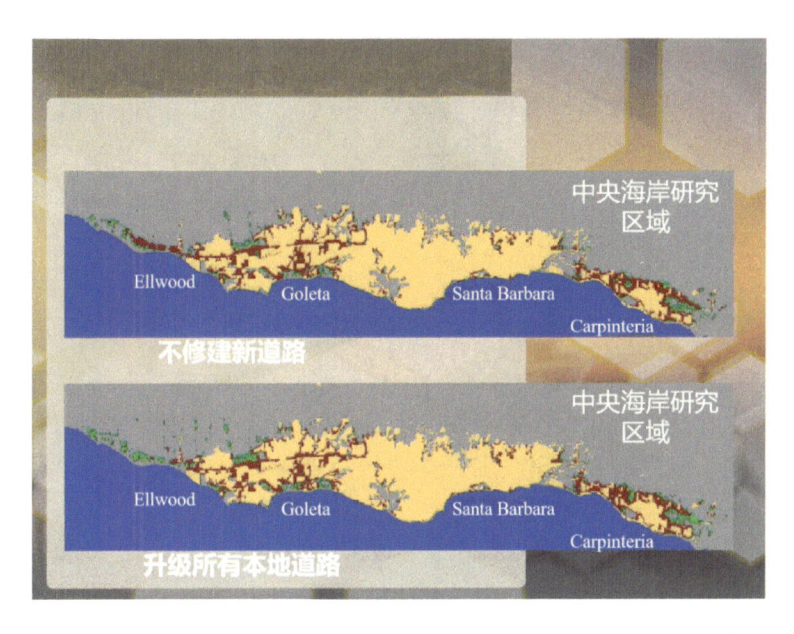

图 7.3　使用 SLEUTH 土地利用变化模型模拟圣巴巴拉到 2040 年的城市增长
（来源：https://slideplayer.com/slide/6990931/）

第二个例子是交通分析仿真系统（Transportation Analysis and Simulation System，简称 TRANSIMS）模型。这个集成的区域交通系统分析软件包的开发目的是利用先进的计算和分析方法，为现实模拟、模型和数据库提供相互支持。它可以产生详细的模拟结果，增强我们对交通规划中复杂问题的理解，如环境污染、能源消耗、交通拥堵、土地使用规划、车辆效率，以及交通基础设施对生活质量、生产力和经济对交通的影响。它由四个模块组成：家庭和商业活动分解、跨模式联运路线规划、旅行微观模拟和环境模型与模拟（Smith et al., 1995）。第一个模块包括两个子模块（合成人口和活动需求和行为），从人口普查和其他来源提取人口数据。旅行微观模拟模块模拟了大都市交通系统中旅行者的移动和互动。它的设计目的是在给定时刻模拟运输网络中每辆车辆的位置。环境模型与模拟通过考虑微观模拟结果，将旅客的行为转化为由此产生的空气质量变化、能源消耗和二氧化碳排放。反过来，它们又会将尾气的信息反馈给微观模拟器，从而得出更可靠的预测结果。旅行微观模拟模块则是利用 CA 模型对交通网络中的交通进行微观模拟。在模拟中，道路网络被划分为有限数量的单元，其大小大致与车辆的长度相匹配。在每个时间增量中，检查各个单元的车辆占用情况。如果一辆车已经占据了某一单元，那么它就会按照预先设定的规则移动到下一个单元格。尽管保真度较低，但这种 CA 微模拟方法是快速模拟大量车辆的可行方法，并且可以通过减小单元大小和考虑具有更复杂规则的车辆属性来提高保真度，但代价是计算速度较慢。该微模拟器可以在任何时刻输出每辆车的位置，从中可以得到额外的信息，如行驶速度和平均行驶时间。由于 TRANSIMS 是一个开源软件平台，任何人都可以自由地对其进行改进，来自众多用户的意见可以改进和完善其功能。

7.2.6　与其他模型集成

CA 模型只考虑邻近效应，而没有定量考虑驱动变量在状态转换中的作用。作为一个微观模型，CA 模型并不具备全局视角，无法确定新转换的元胞应在何处进行空间分配。此外，无论邻近效应或转换规则如何，或时间（固定）如何，CA 模型都无法确定应改变其状态的元胞总数。换句话说，传统 CA 无法衡量预期转换或变化的实际元胞数量。在很大程度上，可以通过将 CA 与其他模型集成来克服这两个限制。在所有可能的集成候选方案中，马尔可夫链模型（Markov Chain, MC）最为合适。这种随机方法是一系列连续事件的模型，这些事件的发生完全取决于前一个事件的状态。后续事件是否产生结果取决于基于概率的转换规则。

CA 与 MC 的耦合（也称为局部交互 MC 或概率 CA）允许根据一些简单的通用规则对单元阵列的状态进行并行或同步更新，因此特别适用于基于 GIS 的模拟。CA 与 MC 的集成通常称为 CA-MC 模型。在这种集成仿真模型中,MC 通常通过分析历史时间序列数据和检测期间任何两种状态之间的变化,来确定不同元胞状态之间可能转换的概率和数量。这种时间序列数据可以很容易地从分类遥感图像和存储在地理信息系统数据库中的数据获取。在检测到变化的基础上,可以计算特定状态的转移概率。将 CA 模型与 MC 模型集成到 GIS 中,可以在研究区域内对预期的城市增长进行优化分配,因此非常适合模拟动态城市扩张。

将 CA 与 MC 相结合可以带来许多好处,例如可以考虑外部变化驱动因素的影响。这种能力在模拟城市扩张时尤为重要,在模拟中,历史土地覆盖层被用来计算非城市向城市转换的可能性,并对新城市化单元进行空间分配。在这种集成模型中,MC 决定从时间 t_1 到时间 t_2 状态转换的元胞数量,CA 则根据元胞当前状态及其邻近所有其他元胞的状态预测元胞在时间 t_2 的状态。

CA 模型的第三个关键限制是模拟过程中的所有元胞都是空间固定的,这不能满足涉及移动智能体的时空动态仿真的要求。例如,如果一块草地已经退化,就不能再放牧,因此牲畜会转移到下一块草地。同样,如果感染了传染性病毒的人四处走动,与其他人接近,会使他们也受到感染。要模拟草原放牧和传染性病毒在社区中的传播,就要求模型有能力应对移动体的影响。为了克服这一限制,CA 必须与基于智能体的模拟(ABM)集成。这种耦合允许智能体漫游到每一个潜在的相邻单元,以确定其状态是否应在迭代中转换到另一个单元。另一个适合与 CA 模型集成的方法是人工神经网络方法,它可为 CA 模型建立模拟人类决策的转换规则(Zhao and Peng,2014)。

7.3 基于智能体的仿真

7.3.1 智能体和地理智能体

对于智能体的精确定义没有普遍的共识,这是一个讨论很多并有争议的主题(Macal and North,2009)。一般可以说智能体是一种独立的计算组件,它模仿生物的行为,在给定的情况下,在特定的应用领域自动产生相关的结果。由于智能体能够从环境中学习,并根据过去的经验动态地改变其行为,因此这些结果可以非常准确。不同的模拟应用中,智能体的性质和类型因要模拟的问题不同而异。在空间仿真中,智能体可以是对被建模变量产生影响的任何变量。它们可以是地理的、环境的,甚至是社会经济的和政治的。基于智能体建模的地理智能体数量众多。它们可以是无生命的或有生命的智能体,如树木和土地覆盖物。它们也可以是居民、家庭、雇主、开发商、规划者和城市扩张模拟的政策制定者(Torrens,2006)。智能体可以具有不同的层次结构。宏观因素可能是决策者,控制着允许在哪里进行新的城市开发(例如,不在洪水易发地区和生态敏感地区)。微观的智能体可以是决定在城市新城区居住的居民。它们可以是移动的,比如牲畜,可以在建模空间随意"漫游"。智能体如何在空间漫游,取决于它如何对环境和其他智能体的行动做出反应。

通常情况下,智能体在空间和时间上都有自己的位置,并存在于网格状的邻域中,能够独立做出自己的决定。仿真模型中的智能体数量及其种类随仿真问题的性质而变化。多个智能体可以共存于同一环境中,并在同一层次结构级别或跨层次结构互动。一个模型可以拥有的智能体数量没有理论限制,尽管一些系统可能会由于计算能力的限制将其限制为固定的数量,或者将高度复杂的建模问题简化到可操控的程度。有些模拟器可能会对单元格在同一时间可以拥有的智能体数量加以限制。在大多数情况下,一次只允许一个智能体占用一个单元格。例如,如果一块地被一只羊吃了草,它就不能同时被另一只羊吃。无论模拟中涉及多少个智能体,都必须定义它们,并根据数据结构和如何操作信息的机制指定智能体所需的信息。它们必须在模型中编码,并且是时间不变的。换句话说,无论迭代(或时间增量)如何,它们对相同情况的反应始终保持不变。

从仿真的实际角度来看,智能体应该具备四个属性或性质。

(1) 自主性:一个智能体可在其邻域内独立运行,并在指定的邻域内可与其他智能体自由交互。因此,很少或根本不对智能体行为进行集中控制。除非另有指示,否则所有智能体都可以自由地做出自己的决定,与其他智能体无关。

(2) 交互性:智能体按照预先确定的协议或行为机制与其他智能体和环境进行交互作用(图 7.4)。交互协议的范围可以从空间竞争、避免碰撞、相互影响到信息共享。

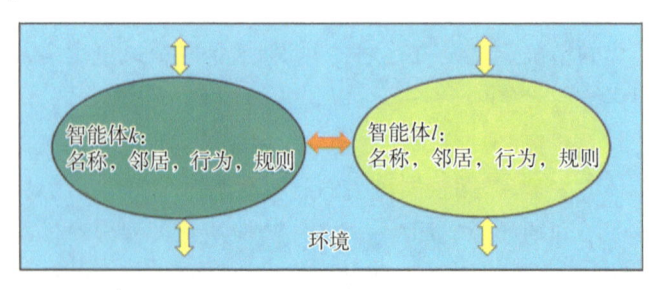

图 7.4 智能体 k 和智能体 l 之间的交互(橙色箭头),以及它们与外部环境之间的交互(黄色箭头)

（3）移动性：智能体可以是移动的，并且能够在环境中漫游，这样它们的地理位置在模拟过程中就不是固定的（图 7.5）。移动的方向和可能的范围由预先确定的规则决定，例如每次迭代一个单元格。尽管智能体可以移动到多个位置，但同一个智能体不能同时出现在多个单元格中。

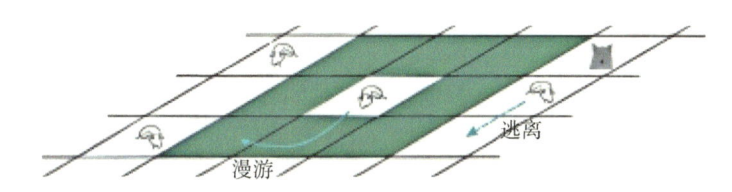

图 7.5 智能体在两种情况下在模拟空间中的移动性

（4）行为：智能体行为分为两种，响应性和适应性。响应性行为是一种简单的反应行为，即给定的条件一旦满足就会触发其中一种预先确定的反应。它可以表达为"如果……，那么……"的条件语句。此外，智能体的行为可以更复杂，可以通过机器学习来确定。例如，一块空置的土地是否会被城市化，需要通过在各种贡献或影响变量下对过去的事件进行分析才能确定。适应性行为是基于过去的行为或经验而改变。例如，成年牦牛可能比幼牦牛消耗更多的饲料，放牧行为随牦牛年龄的变化应体现在决策规则中。

7.3.2 基于智能体的仿真

虽然空间仿真和基于智能体的仿真在一些作者那里可以交替使用（Smith et al., 1995），但如果结果是动态的（具有时间依赖性），可专门使用基于智能体的建模来代替一般的建模。基于智能体的建模是一种计算模型，用于模拟自主的、基于规则的智能体之间的动态互动，并评估它们对环境的影响。它们代表了博弈论、复杂系统和蒙特卡罗随机模拟的结合，而蒙特卡罗随机模拟对于初始化移动智能体在模拟空间中的位置是不可或缺的。所有基于智能体的模型都包含三个基本要素：智能体、智能体的关系和交互方式以及智能体的环境。除了智能体的交互之外，所有这些都已经在本章前面介绍过了。交互可以发生在智能体之间以及智能体与环境之间（图 7.5）。前者以景观生态模拟中两个主体相遇时的捕食者-猎物关系为例。在交互过程中，智能体可以相互传递信息，并根据从中学到的信息采取行动。例如，母羊会在一定年龄生育后代，并在年老时死亡。作为一个智能体，同一只羊可以对环境做出反应。例如，如果一块健康的草地上长满了草，牲畜就会在上面啃食。在草料被完全吃掉后，牲畜会转移到下一个元胞，或者如果没有草可吃，它们就会死亡。

必须注意的是,并非所有的智能体都一直与其他智能体直接交互。例如,如果一只狼在空间上离一只羊很远,或者它不饿,它就不会捕食羊。它们之间只有在预定义的物理距离内才会相互作用。为智能体之间的关系及其交互行为建模和为智能体行为建模同样重要。为智能体行为或交互建模需要考虑许多问题,例如智能体之间可能的连接及其动态交互的机制。一旦将这些问题编入规则,就可以以连续和反复执行智能体行为和互动的方式来实施 ABM,每次运行代表一个时间增量,其方式与 CA 模拟相同。模型运行可以通过外部控制(例如中断)停止,也可以自然结束。在 ABM 中,通过各种智能体之间的自行为和相互作用来模拟空间动态过程。只有在有足够数量的准确数据层和所有模型参数都正确配置的情况下,才有可能获得可靠的模拟结果。

ABM 与制图模拟有 12 个不同之处(表 7.3)。它们之间最显著的区别是它们的关注点。ABM 关注的是智能体彼此之间以及与环境之间交互的动态过程,这些过程随着时间的推移被反复模拟。这种模拟是面向过程的、时间阶梯式的、离散的和动态的。ABM 能够产生多个结果,每个结果对应一个唯一的时间增量。通过敏感性分析,可以解释给定变量或其值范围的影响。相比之下,制图模拟忽略时间(一切都被视为时间不变的),建模结果是静态的,没有任何规则涉及决策。在这种以结果为导向的方法中,涉及的变量数量是有限的,它们在结果中的作用大部分仍未得到解释。ABM 比制图建模更加多样化和稳健,因为模拟结果可以对空间过程产生其他方法无法获得的见解。

表 7.3 传统制图建模与基于智能体仿真的比较

方面	制图建模	基于智能体的模拟
特性	确定性(单一结果)	随机性(多个结局)
哲学	分配(自上而下)	聚合(自下而上)
重点	空间分布	空间过程
解释能力	基于方程,解释过程受限	提供有力的解释
参数数量	很少,类型相似(例如所有空间层)	许多,不同性质(速率、邻域和规则)
空间性	空间隐式	空间显式
时间的处理	时间不变	随时间变化(增量)
单元格状态	静态	动态
相互作用	无	智能体之间以及智能体与环境之间
规则	不相关(权重)	基本的,多样的类型
初始条件	简单或无须设定	必须指定,即使是未知的

7.3.3 规则

基于智能体建模的规则与第 7.2.3 节中介绍的 CA 规则相同，只是需要更多关于智能体及其交互的规则。ABM 中的规则也被称为假设，用于简化模拟问题，它是关于智能体行为的描述，例如可以用规则制定智能体的移动和交互方式。规则可以用来阐明智能体如何在环境中移动、转动，以及如何和其他智能体交互。规则的制定是 ABM 成功应用的关键，也是 ABM 能否成功应用的瓶颈。它们可以是经验性的，基于从已发表的文献中获得的知识。它们还可以得到实地实验结果的检验和支持。在现场，必须注意采集样品的代表性。现场样本的代表性越强，根据现场数据建立的规则适用范围越广，仿真结果越真实。规则可以用逻辑或数学形式表达。逻辑规则是简单的、定性的，并且可以很容易地实现为"如果……，那么……"语句。相比之下，数学规则要复杂得多，可能涉及多个智能体。它们特别适用于有特定条件的适应性行为。模拟所需规则的数量及其性质完全取决于所模拟的空间现象。在模拟可持续草地放牧时，规则可能与牲畜移动的速度、预期寿命、生命周期、牲畜消耗的饲料量以及草地产生新生物量的速度有关。毫无疑问，规则的真实性和可靠性直接影响着 ABM 的结果和质量。

7.3.4 用 CA 模型还是 ABM 模型？

CA 模型和 ABM 模型都是空间仿真常用的方法，两者都是建立在模拟微观行动上的复杂系统。它们擅长研究群体行为，这是其他形式的模拟无法实现的。实际上，两者经常联合使用，例如 TRANSIMS 模型就用到了两种模拟方式。它们有一些共同的特征，但也有各自的优势。与其他类型的分析或模拟相比，CA 模型在空间模拟方面具有很强的优势。如果非线性动态数学系统和地理信息系统相结合，能够更好地对自然过程进行建模和探索。CA 模型的优势之一是基于规则的算法在研究长期"进化"行为时的简单性。如前所述，宏观尺度的空间变化可以通过元胞状态的微观转变来实现。因此，跨越空间和时间的"局部"效应可以在"全球"尺度上进行研究，这对研究复杂系统和过程具有重要意义。CA 模型可以作为理解系统结构的传统分析方法的替代方法，在这种方法中，对系统的层次组织有很好的理解是至关重要的，例如元素之间的关系及其对时空过程结果的影响。作为一种分析工具，CA 模型缓解了这种"需求"，因为在简单的规则库的驱动下，随着仿真在每次迭代中的进展，行为是通过时间和空间揭示的。

CA模型经常与ABM模型相混淆,实际上这两个方法在地理上的空间属性非常不同(Torrens,2006)。CA模型的元胞是静态的(例如,自动机的位置是固定的)和不可移动的,而智能体是可移动的。在空间相互作用方面,CA模型中的信息通过邻域扩散传播(表7.4)。在ABM模型中,智能体可以根据定义的邻域大小,在任意距离上从当前位置移动到新的位置。在CA模型中,每个单元格只有一个属性(一个单元格,一个属性),输入是固定的。相反,智能体是动态的,它们可以有一个生命周期(出生到死亡),并可能在适当的年龄产生后代。它们的初始化通常是随机的。就重点而言,CA模型非常适合研究交互作用中出现的属性(结果导向)。相反,ABM模型在模拟复杂情况时关注的是过程本身,而不是结果。

表7.4 CA模型与ABM模型空间仿真主要特征对比

特征	CA模型	ABM模型
空间	有限、离散、固定数量的单元、状态变化	连续,基数是无限的
邻域	固定	动态变化
规则	简单、灵活	精致、多样
功能/能力	有限、静态	功能强大,适应性强
流程驱动因素	无法考虑	允许多驱动器
智能体	有限数量,固定在单元格中	多个智能体、无限制、能够移动
单元格属性	不动,单态	智能体在网格之间漫游,状态动态变化(例如死亡到出生)
重点	以结果为导向	以流程为导向
主要用途	有限、简化的结果	仿真复杂过程,生成逼真的结果

ABM模型也被称为基于个体的模型,模型不基于网格,也可以基于网格,也就是说ABM模型可用于不涉及空间信息的场景,例如随时间追踪个体。非空间的ABM模型常用于社会科学和经济学。CA模型是智能体模型的特定情况或子集,其中空间必须表示为规则的网格。如果应用于空间领域,ABM的最邻近域随着时间而变化,因为对智能体之间以及与环境的移动和相互作用没有限制(表7.4)。相比之下,CA模型的邻域总是固定的。ABM模型更强大的地方在于,智能体的行为可以通过机器学习(例如,人工智能)建模。CA模型规则简单而灵活,并允许将其他变量轻松地合并到模型中,只需要适当的参数化即可实现这些功能。

7.3.5 ABM 的设计与开发

随着计算技术的不断进步,空间显式模型的开发变得更加容易。当今计算机的能力和速度允许对大型数据集进行分析,并使开发空间显式模拟模型成为现实,这得益于过去几十年内渗流理论、非线性动力学和 CA 理论的快速发展。特别是,遥感和地理信息系统软件包可以直接提供随时可用的转换为二维栅格格式的带有空间位置的数据。然而,设计一个功能合理的 ABM 需要仔细的思考和计划。用 ABM 建模首先要明确要解决的问题,包括智能体的种类和性质、环境和流动性、行为特征(如决策和行动机制),以及数据来源和模型验证等。

开发 ABM 的六个关键考虑因素可以总结如下(DeMers,1997)。

(1) 模型目标:一个模型的开发要考虑其目的或应用领域。为了使模型正常工作,定义其目的并理解其局限性是至关重要的。建模人员需要询问关于它的各种问题。例如,模型要解决的问题是什么? 开发这个模型的目的是什么? 它是用来解释一个复杂的现象,预测关系或结果,还是用来评估资源使用的情况? 模型输出可以回答哪些问题? ABM 方法有什么重要之处,以至于它不能被其他建模方法所取代?

(2) 组件:使用哪个模型? 如何应用现有的工具来适当地开发有意义的模型? 模型中应该包括哪些智能体? 模型中的哪些实体具有行为(例如,漫游范围)? 如果有,它们是如何工作的? 智能体有生命周期吗? 哪些属性必须事先指定? 哪些属性可以通过模型内生计算并在建模过程中进行更新? 他们的行为应该如何量化? 使用实验现场结果,还是基于文献中的发现? 模型是否涉及任何费用? 如果有,应该如何确定?

(3) 连通性规范:邻域大小应该是多少? 影响范围有多大?

(4) 相互作用机制:各作用体之间如何相互影响? 它们如何与环境相互作用? 它们的生命周期是什么?

(5) 实现环境:仿真空间有多大? 合适的网格大小是多少? 环境中智能体的移动范围是什么? 环境是同质的还是异质的? 环境中有什么限制吗?

(6) 数据需求:运行模型需要哪些数据? 它们将从哪里获取? 对于空间性质的数据,如果是栅格数据,空间分辨率是多少?

ABM 的开发可以遵循由许多连续阶段组成的典型程序流程(图 7.6)。除了模型校准外,大部分内容前面都已经介绍了。模型校准是将模型变量重新参数化,使建模结果与现实尽可能相似。在建模的 7 个阶段中,最难的是第 4 阶段:阐明各种智能体的动态以及它们彼此之间和与环境之间可能的相互作用。

下面的流程图将帮助我们设定所有可能的交互类型(图7.7)。当涉及多个智能体并且每个智能体都有不同的变化路径以及与其他智能体和环境的相互作用时,这个图将变得相当复杂和混乱。除非这种相互作用在草图中清晰地可视化,并在模型中编码,否则模拟不会产生真实的结果。

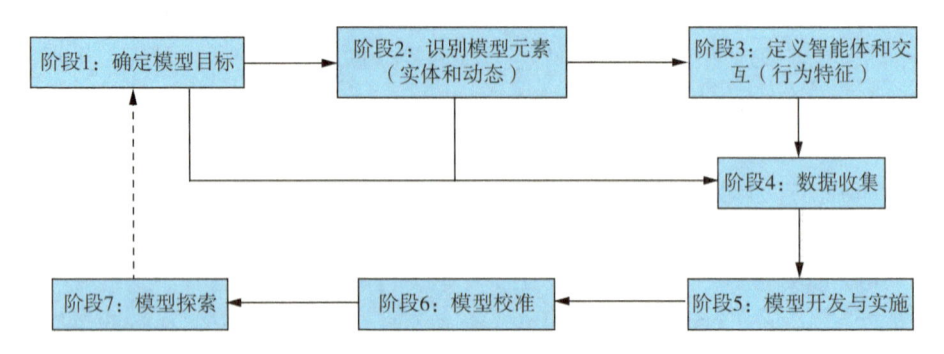

图7.6 开发基于智能体模型的典型程序流程

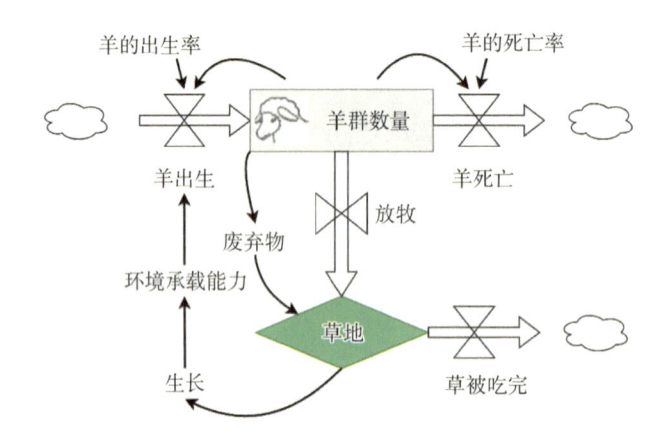

图7.7 表示媒介(羊)与环境(草地)之间相互作用的示意图模型

在这一关键步骤之后,模型实现就变成了对智能体及其相互作用之间的已识别关系以及模型校准的简单编码。编码要求和特性因系统或工具包而异(见7.3.6节)。模型实现中的一个主要问题是如何参数化模型变量,尤其是速率变量及初始条件设置。正确的模型参数化需要大量的精力和时间。模型参数化可以基于文献或现场实验的结果。前者更容易,但为某一个地理区域建立的参数值可能不适用于其他区域。另一种方法是利用实验现场数据,这些数据对于为某些参数设立适当的初始值至关重要。现场实验既昂贵又耗时,而且可能需要很长时间才能得到可靠的结果。短时间的实验可能无法收集到足够可靠的数据,这将直接影响 ABM 模拟的成败。模型输入参数赋值越真实,模型输出就越真实。模型参数化的适当性可以通过实验运行模型来检验,然后将模型结果与文献或现实进行比较,看看它们是否紧密匹配。如果不是,则需要一次修改一个参数,直到达到接近匹配为止。这被称为模型校准阶段,此时可以微调某些参数的值,以查看模拟结果如何响应变化。一旦模型被认为是合理的,那么就可以运行它来探索各种场景。

7.3.6 ABM 工具包

ABM 可以使用一些工具包来实现(表 7.5)。它们在处理不同格式文件的能力和处理空间邻接性方面存在很大差异,每一种都有自己独特的功能和要求。表 7.5 比较了六个工具包处理地理空间数据的能力。在这些工具包中,NetLogo 将在 7.4 节中单独讨论,因此不包括在比较中。下面比较中重点突出的是工具包能够表示邻域并将智能体放置到单元格的能力。

表 7.5 ABM 与地理空间数据工具包主要功能比较

工具包	空间	智能体	邻域		放置	
			智能体	单元	单元→智能体	智能体→单元
Cormas	栅格或矢量	*	网络功能	欧几里得	操作,创建	*
GRSP	向量	向量	*	欧几里得	操作,创建	*
NetLogo	网格	*	*	欧几里得	操作	*
OBEUS	向量	向量	过渡	复杂运算符	操作,创建	操作,创建
Repast	栅格或矢量	矢量数据	网络功能	复杂运算符	操作,创建	*
TerraME	栅格数据	*	*	广义邻近矩阵	*	操作,创建

* 表示不具备该项

Cormas 软件可以接受存储为 MID/MIF 和 ENV 的格式。Repast、OBEUS 和 GRSP 软件都将空间和智能体视为地理空间实体,但它们处理不同格式数据的能力各不相同。Repast 能够识别 shapefile 矢量数据,并与 ArcGIS 高度兼容,但只能识别 ASCII 格式的栅格数据。OBEUS 是一个包含 GIS 功能的建模工具包,其中对象的属性和位置都可以随时间变化。GRSP 限制性最多,因为它使用了 PostgreSQL 数据库。TerraME 是一种 CA 模型软件包,但规则网格的属性存储在 TerraLib 数据库中。更关键的是,它无法用地理空间数据表示智能体(De Andrade,2010)。

除 OBEUS、Repast 和 TerraME 之外,所有工具包中,智能体放置到单元格(显式的智能体 1→单元格 1 表示)和单元格的邻域都是基于欧几里得距离的。使用 OBEUS 和 Repast 可以进行复杂的向量操作,例如点多边形、缓冲和相交等,从而确定单元格之间的邻接性。OBEUS 利用领导者和追随者的方法从其他关系中实现智能体的转移。在 TerraME 中使用了非邻近距离空间的一般概念,它计算了由两个对象创建的复杂社区以及诸如运输网络等附加层的邻接性。然而,TerraME 不能将智能体表示为地理空间实体,因此不能为它们创建邻域。它支持动态空间建模,需要将元胞空间链接到地理空间数据库以进行数据存储和检索。自其发展以来,人们提出了新的方法来增加其功能。现在,TerraME 已经可以定义一般类型,以满足研究人与环境相互作用时空间显式动态建模的需要(De Andrade,2010)。

7.4　用于动态仿真的 NetLogo

7.4.1　通用特性

NetLogo 脚本语言具有易于学习、用户友好的语法和结构。它的优点之一是源代码中的每一行(命令)都是立即执行的,因此可以及时检测其中的任何逻辑错误,而不需要在整个脚本中搜索错误的表达式,这加快了为模型编写语法正确的脚本过程。NetLogo 的另一个优点是它的模块化结构。由不同建模人员编写的所有模块都可以在控制程序中轻松组装,只需简单地调用模块的名称,而无须了解或关注它们的内部结构和局部变量。这种模块化结构提供了高度的自主性和灵活性,可以同时由多个脚本编写人员进行庞大而复杂的模拟项目,而不需要太多的交流。

NetLogo 有一个易于使用的图形用户界面(GUI)。用户可以通过在屏幕上设置按钮来控制脚本模型的执行和更改某些变量的值,从而与脚本模型进行交互。某些变量的属性值可以在屏幕上独立于脚本本身进行更改,这为运行模拟模型和测试某些变量的敏感性提供了极大的便利和灵活性。在图形界面屏幕上,可以用各种按钮和设置滑块来初始化仿真模型。所有参数都被设置为默认值或以空间随机的方式生成,然后只需简单地单击"设置"即可运行模型(图 7.8)。滑动按钮允许用户更改速率变量的值。"go"按钮控制脚本的执行。单击启动执行,双击终止执行。速度滑块可以控制运行速度和参数值,以便建模人员可以准确地看到屏幕上正在发生的事情,因为没有所有中间结果的书面记录,因此这样的功能比较方便用户掌握模拟进展。也可以通过"switch"按钮打开/关闭仿真模型中的变量。这在运行某些变量可能不存在的场景时非常有用。不同模型运行(迭代)期间重要属性的值也可以在屏幕上显示,它们通常显示为随时间变化的折线图,以及空间输出(图 7.8)。

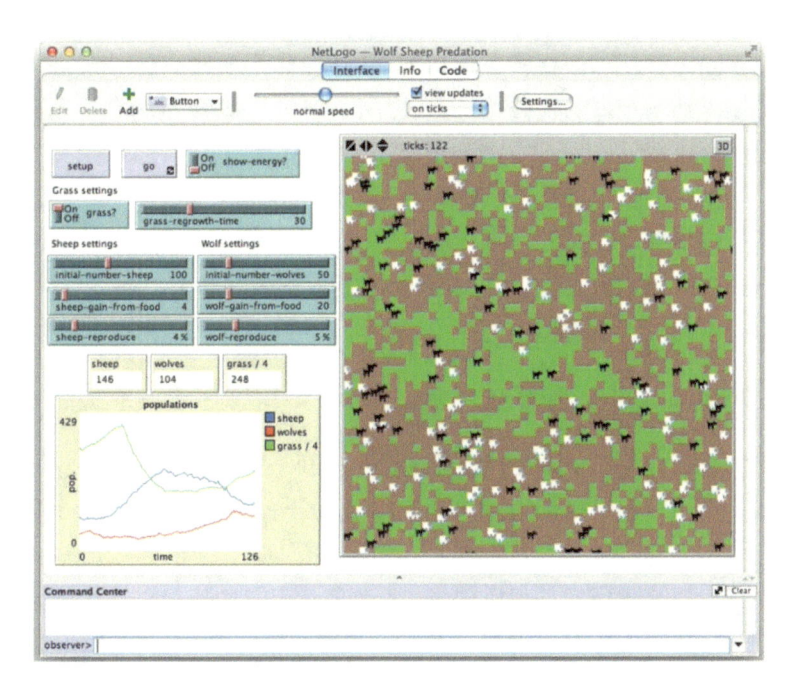

图 7.8 NetLogo GUI 窗口允许在脚本之外在屏幕上更改模型参数的值

为了理解 NetLogo 并使用它来运行仿真模拟,有必要了解它特有的一些术语。NetLogo 中的世界由斑块、海龟、链接和观察者组成,它们都是 NetLogo 的智能体。斑块指的是环境中代表模拟空间的网格——海龟移动的区域。所有斑块都是具有独立状态和行为的自主智能体。海龟是移动智能体,可以作为交互实体在模拟空间中漫游。移动的方向和速度由模型中设置的规则控制。NetLogo 提供一组称为"原语"的内置命令或函数,例如"死亡"原语(杀死一只海龟)、"孵化"原语(在母亲的确切位置产生给定数量的后代)、"向前"原语(移动)、"向左"原语(转弯)和"向右"原语(转弯)。这些原语可以操作海龟。链接是海龟之间的联系。观察者监控模拟进程中的智能体,可以监督正在进行的一切,以及通过屏幕底部的命令中心向所有智能体发出命令。变量可以与一只海龟、一个斑块或一个链接相关联,因此存在海龟变量,如预期寿命、生长、繁殖率和死亡率。变量可以是全局变量,也可以是局部变量,这取决于它们的定义位置(例如,在模块内部或在脚本的开头)。一个全局变量只能有一个值(它不随时间变化),并且在所有模块中都有效。相反,在模块内部定义的局部变量只适用于模块本身。在此模块之外无法识别。NetLogo 也有自己的内置变量,如 *xcor*, *ycor* 等。理解这些术语非常重要,因为某些操作只能由某些类型的智能体发起。对海龟允许的操作可能对斑块无效。在某种程度上,它们代表了脚本中不同类型的特性。

NetLogo 具有自动保存所有脚本的能力,因此不需要在前一个会话中输入所有已经输入到系统中的代码,这大大提高了编程的效率,因为一些预先存在的函数可以很容易地导入到脚本中。更重要的是,其他建模者已经编写了大量的 NetLogo 脚本,并在时空建模社区中自由共享。它们可以通过一些修改来适应特定的模拟应用程序。此外,NetLogo 的模型库包含许多预先编写的模拟脚本,涵盖了各种学科,从交通运输中的交通堵塞建模到生态学中的火灾建模,所有这些脚本都可以修改以适应特定的需要。

7.4.2 NetLogo 模型的解剖

所有 NetLogo 程序都遵循相同的标准结构和一些基本成分。首先,必须定义模型的变量。它们可以是适用于所有函数和子程序的全局变量,也可以是只适用于海龟自己的变量,而对斑块没有影响。接下来,需要对模型进行初始化。在每次运行后初始化模型是很重要的,因为某些变量的值可能在之前的运行中发生了变化。这个设置过程可能涉及一定程度的随机性(例如,初始值随机分配给某些变量),因为真实值是未知的。另一个基本项目是为海龟和斑块定义智能体程序。下面是一个示例脚本:

  Defining the model's variables (global ..., turtles-own ...);

  Model initialization (to setup);

  Agent procedures (to turtle-procedure, to patches procedure);

  Simulation part (to go)

  Plot or output.

NetLogo 脚本的第二部分包含从 to go 开始的实际模拟模块。所有的数学计算或逻辑推理都在本部分实现。NetLogo 程序的最后一个工序是输出模块。它在模型运行过程中立即在屏幕上绘制出模拟结果,无论是空间曲线还是时间曲线。也可以在脚本中插入暂停按钮,暂时停止绘图,以详细检查输出值:

  to go

    move-turtles

    eat-grass

```
        reproduce
        check-death
        regrow-grass
        tick
    end
    to reproduce
        ask turtles [
            if energy > 50 [
                set energy energy －50
                hatch 1 [ set energy 50]
            ]
        ]
    end ;; this is a procedure called reproduce
```

上述代码表示两个过程,一系列操作被集中在过程里。每个过程必须以 to 开始,以 end 结束。紧接在 to 后面的单词表示过程名。每个过程可能包含多个过程(第一个)或一系列命令(第二个)。这些命令应该缩进以最大限度地提高编码的清晰度,以便检测到任何缺失的括号。在上述代码中,if 是一个条件语句。要判断条件是否满足,如果条件为真,则立即执行紧随其后的操作。如果条件不为真,则执行替代操作(如果存在)。表达式 set 和 hatch 是 NetLogo 原语。表达式 set energy energy－50 表示在此操作后从变量 energy 中减去 50,而 set energy 50 只是将变量 energy 初始化为 50。

7.4.3 敏感性分析

敏感性分析的目的是确定一组自变量的变化值在特定条件下对因变量的影响。在分析自变量如何单独影响因变量的"黑盒过程"时尤其有价值,在这种过程中,自变量如何单独影响因变量仍然未知或不能很好地理解,因此无法用数学方法描述。敏感性分析通过评估变量对模型参数值和输入对模型输出的影响,在模型开发和评价中起着至关重要的作用。为了测试给定输入参数的灵敏度并生成有意义的输出,理想情况下,敏感性分析应保持所有变量的属性值不变,只允许一个变量的值发生变化,以量化因变量对变化的响应(Babiker et al.,2005)。因此,敏感性分析可以确定输出对特定输入值的依赖程度。它还有助于检查输入变量的不确定性以及如何通过在小范围内略微改变其值来影响建模输出。通过敏感性分析,可以降低仿真模型参数的不确定性,提高我们对模型输出的总体置信度。它还可以帮助查找模型中的错误。敏感性分析还能够在所有考虑的输入变量中确定最重要和最有影响力的输入变量。这些输入必须是正确的。因此,有可能确定一个变量子集来指示输出可变性。敏感性分析对于预测假设情况下的结果或假设情景分析也很有价值。在涉及广泛因素的生态模拟中进行敏感性分析是特别必要的。最后,敏感性分析能够通过检查输入误差对输出的影响来揭示误差在模型中是如何传播的,主要是通过模拟。输入变量的值被故意改变,而所有其他参数设置保持不变。这样的分析可以揭示决策风险。

进行敏感性分析的最基本方法是一次一个:只允许一个参数值变化。敏感性通常表示为输入变化与输出变化的比率(%)。

7.4.4　NetLogo 与时空模拟

NetLogo 是运行高度复杂的基于智能体的时空模拟的理想平台。它是相对灵活的,因为某些变量或智能体可以在不修改源代码的情况下随意打开或关闭。它还擅长通过简单地修改界面屏幕上给定参数的值来进行灵敏度分析。然而,在解释模拟结果时必须谨慎,因为模型性能依赖于脚本中规则的定义和真实性。建模器可以向数百或数千个"智能体"发出指令,所有智能体都彼此独立运行。在使用 NetLogo 进行仿真时,由于某些变量初始设置的随机性假设,需要重复相同的运行。为了避免随机性假设造成的任何潜在偏差,必须使用完全相同的设置或参数重复运行相同的模型数十次甚至数百次。只有对所有这些结果进行平均,才能得到真实的模拟结果。除敏感性分析外,可能还需要进行校准和统计验证。

尽管使用 NetLogo 进行时空模拟相对容易,但它在模拟某些生态过程中的应用时也有争议。基于 NetLogo 的时空模拟面临着假设、外部影响和尺度这三个常见限制。事实上,模拟空间始终均匀且空间连续的假设并不总是成立的,但这个软件没有考虑空间异质性。由于生态屏障的存在,一些生态过程的空间既不均匀也不连续。空间异质性很容易因为地形的差异而形成。例如,土壤湿度、养分甚至温度都随地形而变化。除非地表是完全平坦的,这在大尺度上是相当罕见的,否则这些环境变量将随着坡度和坡向变化在空间上发生变化。更真实的模拟必须考虑到这种空间异质性,在模拟过程中加入一个额外的栅格层(例如DEM),针对陡峭的元胞或位于阴影中的元胞,可以修改相同的功能。

基于 Netlogo 的生态模拟的第二个局限性是完全不考虑外部变化。在大多数建模应用程序中,注意力只集中在内部变化上。因此,从一次运行到下一次运行重复相同的迭代,就好像无论模拟周期有多长,世界都不会改变一样。这种对时间增量不加区分的处理忽略了外部环境可能发生的变化。它可能不会在短时间内发生太大变化,比如几个月甚至几年。然而,环境变量,特别是气候变量,如温度、降雨量和日照时数,可能在几十年甚至更长的时间尺度上发生相当大的变化。因此,同样的过程可能会受到更多变量的影响,关于同一个变量的相同假设可能不再有效。为了产生可靠的预测,在模拟中不能忽视这种年或年代变化。

最后,在微观尺度上模拟的过程可能不能真正在更大的空间尺度上运行。无论 NetLogo 模拟中采用的网格尺寸有多大,它总是方形的,并划分成统一的单元格大小。为了使模拟保持在可管理的水平,模拟空间被限制为最多几十平方千米。这可能看起来相当大,但无法与一些生态过程所运行的集水区或流域的大小相匹配。此外,智能体行为和交互的局部尺度过程和动态性可能无法在区域尺度或更大范围内完全复制。因此,在将局地尺度模拟结果提升到景观尺度和区域尺度过程时,需要谨慎。

7.5 空间仿真的实例

7.5.1 野火模拟

野火或野外火灾蔓延的模拟是指在景观尺度上对野火在野外传播过程的数值模拟,用于掌握和预测火灾的行为,如蔓延的方向和速度、燃烧的燃料比例和产生的热量。这些信息在灭火、减轻火灾损失、消防员配置和公共安全方面发挥着至关重要的作用。野火模拟在保护生态系统和流域以及改善空气质量方面也发挥着重要作用。野火模拟还可以评估生态和水文影响、火灾造成的树木死亡率以及火灾产生的烟雾量。

野火模拟的核心是火灾传播、燃料分布和燃烧模型。火灾通常以两种模式传播,网络和元胞(从元胞到元胞),因此,火灾传播通常有两种不同的环境:矢量和栅格。燃料模型规定了燃料数据库中的燃料类型。常用的燃料模型包括 Albini(1976)模型和 Anderson(1982)模型,每种模型都有自己的假设和适用范围。野火燃料大致可分为草、枯木和活植物及其高度。靠近地面的干燥小树枝比靠近树冠的大树干燃烧得快得多。然而,在模拟地表火灾时可能不需要燃烧模型。

除了关于火灾本身的模型外,成功且真实的野火传播模拟必须考虑环境因素。这些因素分为两类:地形和天气。通过 DEM 可以很容易获得高程和坡向信息。在所有的天气变量中,野火模拟最重要的两个影响因素是风(速度和方向)和前期湿度,这与降雨、蒸发、温度和湿度有关。风对火势蔓延的方向和速度影响最大,但也是最难以预测的。与湿度相关的是温度,在更高的温度下,同样的燃料燃烧得更快。虽然降雨可以直接抑制甚至扑灭火灾,但在野火模拟中很少考虑它,因为降雨很少与火灾事件同时发生。其他不寻常的事件,如冷锋、雷暴、海风和陆风,以及昼夜坡风,也可以在野火模拟中考虑。

7.5.1.1 野火模型

野火模拟模型分为三类:物理模型、半物理模型和随机模型(表 7.6)。物理模型是基于生物燃料燃烧过程中火灾蔓延过程的物理和化学机制及其与大气的相互作用。这些模型需要理解多个复杂的物理过程,如对流、辐射和湍流。它们利用数学方程来预测火灾蔓延的速度,将其定义为火焰前锋通过燃料层的稳定传播(Koo et al., 2005)。火焰的形状由它的长度和角度决定,决定了传播速度。物理模型需要大量的计算和数据,需要考虑大量的参数和边界条件,所有这些都很难参数化。因此,物理模型在实践中经常被简化,例如简化化学、平均时间和湍流建模,即使进行了这些简化,物理和准物理模型的运行仍然需要耗费很长的时间。这种模型适用于在实验室里研究火灾蔓延过程,实验室的天气条件可以严格控制。在现实中,由于模型参数化很困难,物理模型在异质性的景观尺度中应用很少。这些挑战可以通过半物理模型来规避,半物理模型仍然是基于物理的,但涉及对许多过程和燃料的假设(Drissi, 2015)。半物理模型可以通过将网络模型与燃烧和非燃烧元胞之间相互作用的准物理模型相结合来创建。从物理意义上说,这种模型考虑了火焰区的辐射和对流以及向环境的辐射热损失。复杂物理模型的替代方案是使用经验模型。

半物理模型基于历史野火、实验和观察数据构建。最著名的经验模型之一

表 7.6　三类地表野火模型的典型实例及其主要性质

模型类型	模型名称	主要特点	来源
物理	简单模型	基于能量守恒和传热机理的火焰蔓延速率预测(一维稳态连续蔓延);非空间模型;与时间无关	Koo et al., 2005
半物理	半物理模型	将网络模型与准物理模型相结合,模拟异构景观中的火灾模式;时序结果	Drissi, 2015
半物理	Rothermel模型	考虑风速、坡度、传播通量、燃料特性等火灾环境因素,预测火势蔓延速率	Rothermel, 1972
随机	最短路径模型	风速不可预测;景观表示为网络;蒙特卡罗模拟确定火灾行程时间分布;空间显式	Hajian et al., 2016
随机	元胞自动机模型	可以与现有的火灾蔓延模型耦合;模拟燃烧概率	Freire and DaCamara, 2019; Braun and Woolford, 2013

是 Rothermel 模型(Rothermel，1972)，它是模拟地表火灾蔓延速度和燃烧强度的模型。经验和准经验模型可以分为两个部分，火灾行为模型和火灾蔓延模型(Ghisu et al.，2015)。火灾行为通常由许多变量模拟，包括风速、坡度、燃料湿度、燃料量和密度，所有这些都影响火势蔓延速度和燃烧强度。火势蔓延模型根据当地的燃料、天气和地形环境，阐明火势如何在整个地形中蔓延。除蔓延速度外，半物理模型无法生成有关火灾规模、热通量或燃料温度的信息。虽然半物理模型比物理模型简单得多，但半物理模型的适用性非常有限。在将它应用到与最初开发时不同的区域之前，必须对其进行校准。相比之下，半物理模型至少基于一个物理定律。由于半物理模型考虑到了火灾的物理特征，因此，它们更适应不同规模的火灾模拟。

无论是物理模型还是半物理模型都无法解决与天气有关的不确定性问题，尤其是风。处理这种不确定性的最佳方法是使用具有随机性元素的随机模型，由于模型参数的临时微调(如火灾传播的最短路径)的较多，模拟结果可能更加真实(Hajian et al.，2016)。随机模型通常在 GIS 环境中以矢量或栅格格式实现仿真模型，特别是元胞自动机模型 (Freire and Dacamara，2019)。随机模型可以有效地处理天气的影响，这对火灾行为至关重要，但实际应用中很难获取连续变化的天气数据。

7.5.1.2 栅格或矢量仿真模型

表 7.6 中的所有模拟模型均采用上面介绍的火灾蔓延模型的三种方法之一实现的：形状(预先确定的火灾周长和区域)、网格(火灾从一个单元蔓延到另一个单元)和矢量(扩展火灾多边形)。在数据格式方面，它们可以分为矢量模拟和栅格模拟。基于矢量的模拟将火灾视为一个多边形，火灾周长表示为一个封闭的离散曲线，形状通常为椭圆，由若干顶点定义。随着火势的蔓延，这些顶点会根据实际的情况扩大。如果认为火灾传播是沿着网络进行的，那么这种格式是默认的选择。采用矢量方法对火灾扩散过程模拟，实际上主要是需要确定火灾区域周长。所有单独火灾的外部形状构成了新的边界，随着火灾的扩大，该边界也变成离散的。矢量方法的主要缺点是在每个时间增量上生成火灾蔓延地凸包边界时计算强度较高。若要考虑火灾交叉点和未燃烧区域，计算工作更加繁重(Ghisu et al.，2015)。矢量实现的另一个限制是无法表示燃料和地形的空间异质性，这可以通过使用栅格格式来避免。

基于栅格的火灾模拟与 CA 建模完全兼容。随着火势的扩大，它可能以不同的速度向多个方向蔓延。使用 CA 可以很容易地模拟这种扩散。基于 CA 的火灾蔓延模拟假设每个元胞内的燃料和地形条件都是均匀的，并且火灾在元胞内传播。火焰如何从一个元胞传播到下一个元胞取决于一组转换规则,以及定义的邻域或火灾传播模板(Tymastra et al.,2010)。转换规则可以基于波传播、渗流理论和随机理论。在波的传播中,光波前的每一点都被认为是一个独立的小波源。火被表示为一个多边形,它的正面由一串直线段组成,形成一个封闭的路径。定义线段的顶点随着火焰的膨胀,按照偏微分方程传播。在渗流理论中,火焰的蔓延过程被模拟为一个扩散过程,转变规则基于火灾从燃烧元胞到未燃烧元胞传播的概率。这允许对概率过程建模,但不能产生火灾周长的真实信息。

在火灾模拟中,蔓延模式受火焰方向和形状的影响。除了已经提到的 8 单元摩尔邻域模式(图 7.1),16 单元和 32 单元邻域也被用于火灾建模[图 7.9(a)和(b)]。与这些邻域模式相比,8 单元蔓延模式的缺点主要是它产生的火焰形状不是很令人满意,而 32 单元和 64 单元邻域蔓延模式则不存在这个问题(O'Regan et al.,1976)。图 7.9 中的前两个邻接模板是对称的,这可能会导致在模拟从着火点开始的风力火势蔓延时出现较大误差。对称邻接模板适用于在均质条件下(如恒定的燃料、天气和地形)产生规则形状(如椭圆、双斜面和椭圆形)的野火。使用对称模板容易在异质情况下产生较大误差,而使用非对称模板则可以减少误差[图 7.9(c)]。可以将椭圆邻域向主导风向延伸,而不是拉成一个正方形邻域。另一种纠正误差的方法是用最大传播速率、椭圆偏心、火灾蔓延速率与有效风向角度的依赖关系或后传播速度使用修正(Ghisu et al.,2015)。根据燃烧爆发阶段大火的风速,甚至可以将火灾蔓延规则修改为非相邻

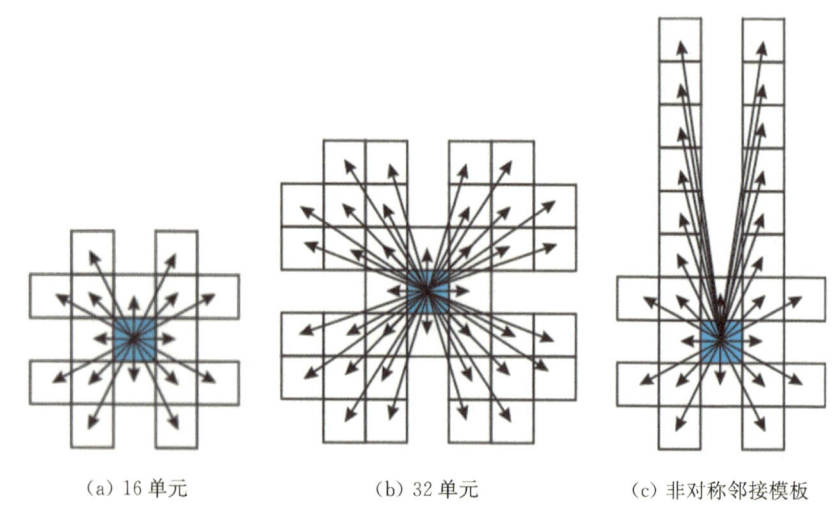

(a) 16 单元　　　　(b) 32 单元　　　　(c) 非对称邻接模板

图 7.9 基于 CA 的火灾蔓延模拟中常用的三种邻接模板(修改自 Tymastra et al.,2010)

单元(Freire and DaCamara，2019)。在模拟中，每个网格单元都有三种可能状态中的一种——未燃烧、正在燃烧和完全燃烧，其中正在燃烧单元是点火点。

这些状态之间的转换是单向的，总是从未燃烧的燃料到燃烧的燃料，最终燃烧殆尽。

基于栅格的火灾模拟是一种时空建模，可以在用户指定的时间间隔内生成空间输出。基于栅格的野火传播 CA 模拟计算效率高，但由于风的不恒定导致火灾形状失真。基于 CA 的火灾模拟的另一个主要缺点是将燃料和地形视为单元内的常数。此外，火势的蔓延也仅限于八个可能的方向。这些缺陷可以通过修改矢量模拟中常用的方程来重新定义传播速度而克服(Ghisu et al.，2015)。由于矢量和栅格模拟都不是完美的，最好的解决方案是将它们结合起来：以矢量格式模拟火灾蔓延边界，以栅格格式表示燃料和地形，以考虑它们的空间异质性。

7.5.1.3 常用野火模拟模型

到目前为止，基于不同的火灾行为模型和不同的当地环境，不同的国家开发了几种野火模拟模型，以实现不同的任务(表 7.7)。其中，FARSITE 模型最为成熟，应用最为广泛。它的设计目的是通过结合一些现有的模型来模拟在真实的斜坡和风力条件下的火灾蔓延，这些模型包括地表火灾、冠状火灾、点源火灾加速度、点状火灾和燃料湿度(Finney，2004)。它能够在指定的时间间隔内，以矢量格式生成 2D 火灾蔓延边界。所需的输入包括海拔、坡度、坡向、冠层覆盖度(%)、冠高、冠底高、冠层容重、天气和风力以及燃料湿度。它能够模拟多个火灾之间的相互作用。这个软件包最初是为美国开发的，如果想要应用到其他地方，则需要校准当地的燃料设置。此外，通过对主要自然植被类型复合体进行采样，可以使用特定地点的燃料模型来取代标准燃料模型(Jahdi et al.，2015)。

另一个非常成功的模型是普罗米修斯(Prometheus)模型，是加拿大荒野火灾生长模拟模型(Tymstra et al.，2010)。它以用户指定的时间间隔生成火灾前沿边界(图 7.10)。这种基于矢量的确定性模型以波传播原理为基础。它所需的输入包括地形(坡度、坡向和海拔)、燃料类型和天气。这个模型很灵活，能够产生多种输出，包括火灾蔓延速度，火灾前沿边界和强度的详细信息，以及燃烧的燃料。它的主要缺点是只能运行基于场景的模拟。这个模型也相当复杂，无法考虑多个火源情况下的相互作用。

ForeFire 是为法国开发的一个简化的物理模型，涉及火焰形状、火焰前方热对流、火焰速度和倾斜角度、表面燃料分布、生物量损失率、辐射切平面、辐射因子等十个假设(Balbi et al.，2009)。它可以被视为基于完整三维物理模型的简化二维物理模型，因此具有广泛的适用性。该模型假定地表火势蔓延速度是风、燃料和地形的函数。它能够生成真实和详细的火焰几何形状（高度、深度和倾斜角度）和热力学量（温度、辐射通量和火锋强度）。该模型的计算速度比实时计算快，因此对灭火和控制火势相当有价值。不过，这十项假设并非在所有情况下都有效。该系统易于使用，因为只需配置三个参数：风、地形和植被。

表 7.7　主要火灾模拟模型主要特征、优点、缺点的比较

型号/国家	主要特征	优点	缺点	来源
FARSITE/美国	空间和时间上明确；半经验；所需输入：地形、地面燃料模型、冠层特征和燃料床、燃料湿度和气候数据	能够模拟蔓延速率和火焰长度；火的空间和时间增长都可能；结果逼真	风对冠火的影响不准确；火的形状被简化为椭圆形；需要考虑更多的火灾蔓延模型	Finney, 2004; Jahdi et al., 2015
Prometheus/加拿大	基于波传播原理的矢量模型；所需输入：地形（坡度、坡向和高程）、燃料类型和天气	灵活、多样的输出（蔓延率、火灾周边和强度的详细数据、燃烧的燃料）	场景化模拟；复杂	Tymstra et al., 2010
ForeFire/法国	通过假设基于完整物理3D模型的简化物理模型；地表火灾蔓延速率被视为风、地形和植被的函数	真实而详细地模拟火焰几何形状和热力学量；比实时更快；易于使用；广泛的适用性	十个假设可能并不完全有效	Balbi et al., 2009
SiroFire/澳大利亚	矢量火灾蔓延预测系统，包含火灾蔓延的火灾行为模型（用于地形和燃料条件的栅格）	简单；实时；五种点差模式可供选择，性能合理	仅草和森林燃料；仅限火势蔓延速率；没有完整的火力范围；未考虑所有关键因素	Coleman and Sullivan, 1996
Burn-P3/加拿大	基于大尺度概率火灾点火、蔓延和天气的混合局部尺度确定性模型的景观级蒙特卡罗模拟	扩散速率、火力强度和冠状燃烧分数输出多样；燃烧概率	数据要求高；计算密集型；经验点火模式和燃烧条件	Parisien et al., 2005

为澳大利亚开发的 SiroFire 模型包含五个火灾蔓延模型，以适应不同需求的用户。该模型只考虑了澳大利亚常见的两种主要燃料类型（草和森林）。火灾在景观中的潜在蔓延是根据 GIS 衍生地图和 DEM 计算的（Coleman and Sullivan, 1996）。它同时使用矢量和栅格数据。火灾蔓延以矢量格式模拟，燃料和地形条件以栅格格式表示，以考虑其空间异质性。然而，该模型在澳大利亚以外的地区几乎没有得到应用。

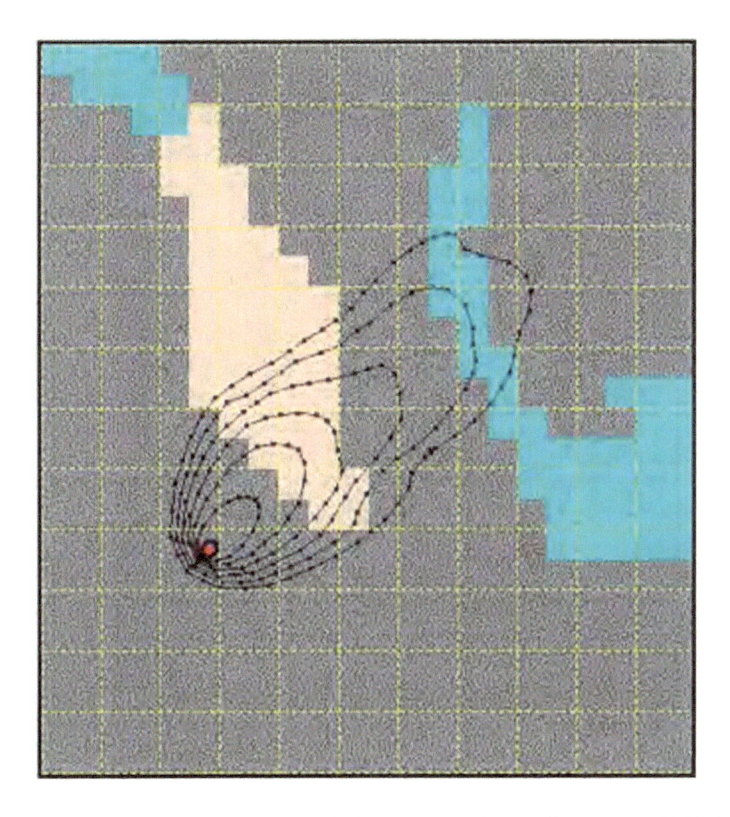

图 7.10　使用普罗米修斯模型模拟了野火在前 35 min 内从燃点(红圈)开始的传播[黑点代表沿着火灾周长的各个顶点。单元尺寸为 25 m；时间间隔为 5 min，颜色表示燃料类型(蓝色为 C－1，灰色为 C－2，米色为 O－1a)](Tymstra et al., 2010)

上述所有模型都适用于模拟火灾传播，可提供世界特定地区的火灾蔓延速度、火焰几何形状和热动态量等信息。但是，它们无法模拟燃烧概率，而燃烧概率可通过 Burn－P3(概率、预测、规划)模拟器(Parisien et al., 2005)来实现。它能够根据蒙特卡罗模拟的情景，以年为间隔模拟景观级的燃烧概率，在这种模拟中，局部尺度的确定性建模与大尺度的概率性着火、历史火灾蔓延事件和天气条件相结合。除燃烧概率外，它还能输出各种模拟结果，包括蔓延速度、火灾强度和被烧毁的树冠部分。然而，它需要大量的数据和计算。此外，着火模式和燃烧条件都是基于经验的，这可能限制其在某些领域的适用性。除了 Burn－P3 模拟器外，还可通过反复运行随机网格扩散模型并计算单个网格单元被烧毁所需的时间来生成烧毁概率(Braun and Woolford, 2013)。这种随机火灾蔓延模拟优于 Burn－P3 模拟器，因为它避免了火灾行为固有的不确定性。随机模拟还有另一个优点，即保持除一个变量外的所有变量不变。这样，就可以精确地确定一个变量，如尺度的影响。

前面提到的一些火灾模型可以在 BehavePlus 中实现。这个基于 Windows 的系统总共包含 9 个模块，用于模拟地面和顶部火灾。它的用户界面页面布局很直观，允许用户输入必要的参数。不熟悉该系统的用户可以通过工作表输入适当的参数。使用默认设置可以快速生成结果（Heinsch and Andrews，2010）。输出页面以表格和图形格式显示结果，包括表面和树冠火灾蔓延速度和强度、着火概率、火灾大小、斑点距离和树木死亡率。这些输出可满足一系列火灾管理的需要，例如预测正在发生的火灾行为，规划最佳灭火方案，以及评估火灾危险。

7.5.2 城市扩张仿真

目前，全球约有一半人口居住在城市地区，预计到 2030 年这一比例将超过 60%（Hertel，2017）。因此，世界城市总面积预计将迅速增长，预计到 2030 年达到 125 万 km^2（Angel et al.，2011）。如果没有适当的规划，城市的快速发展将导致严重的问题，如交通拥堵、空气污染、环境退化和市容恶化等。为了避免这些问题，有必要通过模拟来了解城市增长的时空行为，并确定不同的社会经济、文化、物理和环境因素在城市化过程中的重要性。城市扩张模拟还能为规划合适的、可持续的城市发展提供重要信息。具体来说，城市增长仿真可以帮助我们实现以下目标：

（1）在出现城市混乱发展之前，确定高潜力增长区域，并为预期增长制定准备计划；

（2）通过更好的规划，尽量减少预期城市增长带来的负面影响；

（3）探索城市设计的替代方案，使城市发展可持续，对居民和环境友好。

所有对城市增长的仿真和预测都隐含地基于这样一个假设：历史城区将通过不同土地利用类型之间的相互作用来影响未来的扩张模式（Clarke et al.，1997）。只要违背了这个假设，就会产生不准确的仿真。在城市扩张仿真中，历史土地覆盖必须是可用的，通常，至少要使用三个时段映射，从中可以了解某些土地覆盖过去的行为，特别是目标土地覆盖的变化。对前两个时间图的分析可以在栅格建模环境中产生转换和未转换元胞的训练样本。后两个时间图生成的第二个变化图可用于验证仿真模型并表明其准确性。最后，城市扩张的可靠仿真需要理解城市区域是如何在空间上扩张的，即应理解城市扩张的模式。

7.5.2.1 城市扩张模式

到目前为止，已经确定了一些城市扩张模式，如内嵌式扩张、边缘扩张、道路式扩张（线性扩张）、跨越式扩张（外围扩张或自发扩张）或蔓延扩张（图 7.11）。

在现有的城市范围内进行填充扩张,在此范围内,非城市地区被转换为城市地区。它影响整个城市面积,但不影响城市外围边界。边缘扩张(Edge Expansion)或同心圆增长(同心增长)指的是现有城市边界的物理扩展,即在现有城市的旁边出现新城区。这种扩张与交通几乎没有关系。与此相反,线性扩张或扇形扩张则是沿主干道或从市中心向阻力最小的方向进行的扩张,这种模式也被称为带状或条状增长。蔓延扩张或跨越式扩张是指新城市化地区在物理上与现有城区分离,现有城区与新开发地区之间的距离有所不同。这些增长可能形成多核功能区或大都市的卫星城。在某种程度上,道路式扩张是跨越式增长的一种特殊情况,即新城区沿道路扩张。

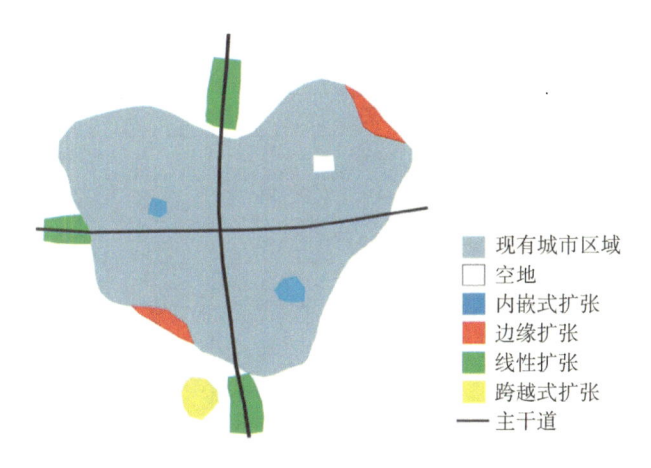

图 7.11 各种城市扩张模式比较

大城市有可能以几种不同程度的混合扩张模式进行扩张。城市扩张的精确模拟必须考虑到所有可能的扩张模式。在所有这些模式中,有机增长(如内嵌式和边缘扩张)是最容易实现的。在 CA 环境中,必须有相邻单元为城市单元,否则无法将单元转换为城市单元。线性扩张模式也可以相对轻松地处理,通过缓冲检查单元是否位于靠近的主要道路的指定阈值范围内。最难处理的模式是跃进式扩张,可通过在现有城市边界周围的带状区域内随机分配合适的小区来确定。

7.5.2.2 城市扩张中的参与者

城市扩张是大量人口、社会经济、文化、环境和物理变量等错综复杂地相互影响的结果(表 7.8)。每个变量都可能包含更多的子变量,但这些变量都是城市扩张仿真中普遍考虑的通用变量。对于特定城市,可能需要考虑其他更具体的变量,例如建筑密度和其与交通设施的接近程度。这些因素对城市扩张起到抑制或推动作用(图7.12)。抑制因素试图通过分区来遏制城市扩张或将其限制在城市的某些区域内。

表7.8 在城市扩张中起作用的变量及其影响范围

类别	变量	影响范围
人口	人口增长	整体(驱动)
	净移民	整体(驱动)
	年龄	局部
	教育程度	局部(选择性)
社会经济地位	收入	局部(选择性)
	家庭规模	局部(驱动)
	亲属	局部(吸引力)
自然环境	陡峭地形	局部(抑制性)
	自然灾害	局部(专属)
	土地利用	局部
市容	靠近商业中心	局部(吸引力)
	靠近娱乐设施	局部(吸引力)
	靠近教育设施	局部(吸引力)
可达性	与运输的距离	局部(吸引力)
	与现有市区的距离	局部(吸引力)
	与主要道路/高速公路的距离	局部(吸引力)
社区意识	安全(犯罪率)	局部(威胁)
	种族多样性	局部
	宗教信仰	局部
机构	城市与农村分区	整体(抑制性)
	生态敏感区	局部(专属)
	具有重要文化意义的景点	局部(专属)

例如,在易发生山体滑坡或地质灾害的地区,不允许进行任何开发。这些因素主要是直观的,由地方当局制定,以防止潜在的损害和昂贵的补救措施。从影响范围来看,所有驱动变量都可分为两类:整体和局部。整体驱动因素导致整体城市范围扩大。它们代表了城市扩张的要求。相比之下,局部驱动因素只导致某些地方的城市面积扩大,而对整体城市化面积没有多大影响。城市扩张最关键的全球驱动力是人口增长,这是出生率提高和人口向内迁移的结果。如果人口密度在空间上保持一致,家庭越多,城市面积就越大。环境因素,如便利设施

和地形,在影响城市新移民选择定居地点方面起着次要作用,但会影响新扩展城市区域的空间分布。例如,地形影响城市的扩张,陡峭的地形由于建设成本较高,不太适合城市发展。城市增长仿真工作需要解决的主要问题就是这种局部变异性,因为相同的局部因素不会对所有居民的偏好产生相同的影响,例如在哪里建立一个新小区。再如,高收入居民强烈希望住在靠近当地设施便利的地方,而低收入居民可能更喜欢住在靠近交通设施的地方。相比之下,全球驱动因素对所有居民的影响是平等的,无论他们的社会经济地位和偏好如何。区分这些变量的作用是必要的,因为在提出单元状态的转换规则时,它们必须被区别对待。

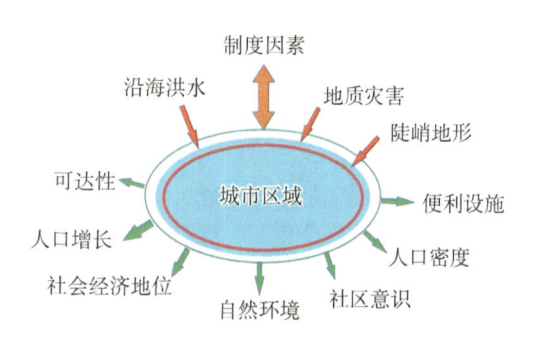

图 7.12 仿真城市扩张时通常考虑的变量及其在城市扩张仿真中的不同和作用对比

7.5.2.3 城市扩张仿真模型

到目前为止,已有几个模型在仿真城市扩张中得到了应用。在早期,只有个别模型被单独使用,如逻辑回归、CA 和 ABM(表 7.9)。这些方法都有其不足之处,因为它们只考虑了城市化复杂过程中的具体因素。可以理解为其仿真精度未达到理想效果。克服这一缺陷的一种尝试是将这些传统模型与新的机器学习算法(如支持向量机、随机森林和人工神经网络等)结合,这些算法非常适合建立城市扩张与其影响因素之间的真实关系,而这些因素影响城市扩张的机理仍然不明确。它们在推导更贴合现实的元胞状态转换规则方面尤其强大。然而,有多少元胞应该更改它们的状态仍然不明确,这个问题通常通过 CA 与马尔可夫链集成来解决。

当一个仿真中涉及多个模型时,仿真过程变得越来越复杂,集合方法也越来越复杂。图 7.13 给出了一种人工神经网络与 CA、MC 集成的方法。在集成过程中,CA、MC 和 ANN 在仿真过程中实现了特定的目标(表 7.9)。MC 预测在时间 $t+1$(1=一次迭代,例如 5 年或 10 年)内转换到城市使用的预期元胞数量。

表 7.9 模拟城市扩张常用方法比较

类别	型号	优点	缺点
单系统	逻辑回归	城市关系考虑增长和驱动因素	无法在空间上定位新的增长区域
	CA	同时考虑空间和时间；通过微观元胞状态变化模拟膨胀	应通过其状态的单元格数未知；转换规则不明确
	ABM	能够考虑元胞之间的相互作用；考虑城市发展中的参与者	智能体规则和行为难以表达；邻里效应被忽视
双系统	ANN+CA，SRVFM+CA，SVM+CA，ANN+ABM	利用驱动因素与城市扩张之间的非线性关系	变化地点不确定
集合系统	MC+CA	由已知的总变化量进行推算	元胞状态的传输方法未知
	CA+ABM	在空间背景下考虑的主体感知	用户与过渡规则的关系不明确
	MC+CA+ANN	ANN 用于转移规则；CA 用于空间分配	复杂，仅支持二进制（更改或不更改）

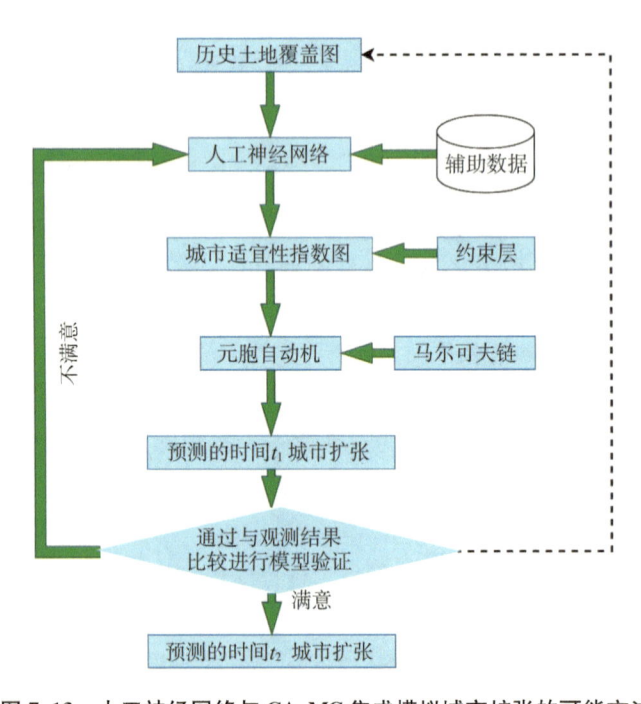

图 7.13 人工神经网络与 CA、MC 集成模拟城市扩张的可能方法

人工神经网络接收从历史土地覆盖地图中选择的训练样本,并根据研究区域过去的城市化程度产生转换规则。在模拟中,必须通过重复交叉验证来优化相关校准参数,从而实现正确配置的人工神经网络。经过验证的人工神经网络最重要和最主要的输出之一是显示城市适宜性指数(USI)的空间分布图,计算方法如下:

$$USI = f_{ANN}(V_1, V_2, \cdots, V_i) \prod C \qquad (7.2)$$

式中,f_{ANN} 表示 ANN 函数;V_i 是预测 USI 的第 i 个变量;C 表示二进制值为 0(禁止城市化)或 1(无限制)的约束。USI 通常以从 0(完全不合适)到 1(完全合适)的连续刻度表示。检查所有元胞的实际 USI 值并进行排序,USI 值最大的元胞将获得最高的状态转换优先权。这个过程按降序重复进行,直到找到所有预期转换状态的元胞为止。可以将连续的 USI 值转换为几个类别,以揭示合适的候选元胞的空间模式,但这与模拟本身无关。

在推导出所有候选元胞的适用性并确定要转换的单元总数之后,空间仿真问题演变为如何在空间上分配这些新的城市单元,这项任务最好通过 CA 模拟来完成。具体的分配取决于城市的扩张模式。城市扩张模式要运行多次,所有模式运行都要取平均值,以消除随机性影响。如果考虑多种扩张模式,特别是跨越式(蔓延)增长,这种仿真将变得相当混乱,甚至无法管理。一种可能的解决方案是,在运行仿真时,每次只考虑一种模式。然后,根据不同模式下的扩张比例对所有仿真扩张进行加权,最终结果就是多种模式下扩张的加权平均值。

不考虑扩张模式,给定单元格从一种状态到下一种状态的转换可以表示为

$$S_{ij}^{t+1} = fca(S_{ij}^t, A^{t+1}, USI^t, N) \qquad (7.3)$$

式中,S_{ij}^t 为 t 时刻元胞 (i,j) 的状态;S^{t+1} 和 A^{t+1} 表示 MC 预测的 $t+1$ 时刻的元胞状态和期望向城市使用转换的元胞数量;USI^t 和 N 表示 CA 转换规则,考虑了来自 ANN 的城市扩张适宜性和元胞 (i,j) 的邻近效应。

7.5.2.4 案例分析

图 7.14 所示的集成 ANN-MC-CA 方法被用于仿真南奥克兰到 2026 年的城市增长,其中表 7.8 中的大多数相关因素都被考虑在内,栅格尺寸为 30 m× 30 m。这一尺寸与其他地理空间数据完全兼容,例如从 Landsat 卫星图像获得的 DEM 和历史土地覆盖图。如图 7.14 所示,从主要元胞(约 90%)的低 USI 值(<0.2)来看,南奥克兰大部分地区不适合城市发展。USI>0.6 的元胞比例相对较低,仅为 5.5%,均位于当前城区附近。相比之下,USI 值较高的元胞分

布较广,尤其集中在研究区域的中部和西北部,未来10年,这些地方将最有可能成为城市扩张的热点。

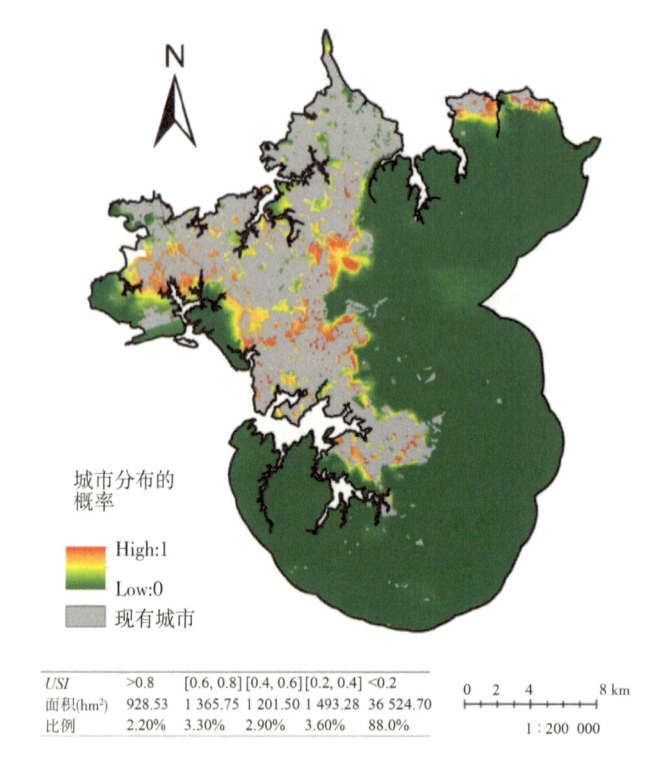

USI	>0.8	[0.6, 0.8]	[0.4, 0.6]	[0.2, 0.4]	<0.2
面积(hm²)	928.53	1 365.75	1 201.50	1 493.28	36 524.70
比例	2.20%	3.30%	2.90%	3.60%	88.0%

图 7.14　人工神经网络生成的南奥克兰市城市适宜性指数及其统计数据的空间分布(Xu et al., 2019)

图 7.15 展示了根据 1996 年至 2006 年的历史土地覆盖变化,采用 ANN-MC-CA 综合模型预测的 2026 年城市扩张情况。预测城市面积扩大了 1 510.38 hm²,达到 14 893.38 hm²,而实际面积为 14 787.41 hm²,最大模拟精度为 93%(更多精度详情见表 7.1)。仿真的城市面积与观测到的城市面积之间存在差异,一个可能的解释是住宅区的集约化和垂直发展,导致新城市化的面积比预测的要小。将建筑物的总楼面面积而不是城市化总面积纳入预测模型可以缓解这种过度预测。这些信息可以很容易地从 LiDAR 数据中获得。人口增长低于预期的另一个潜在原因是,子女与父母生活在一起的时间比过去长,导致家庭规模扩大,家庭数量减少。

经验证的 ANN-MC-CA 模型预测,到 2026 年,南奥克兰的城市面积将扩大到 1 340.55 hm²。大部分扩张以边缘扩张模式的方式在靠近现有市区边缘的快速发展的新郊区进行(图 7.15)。此外,一些小规模的城市发展将以填充扩张的方式出现在现有城区的空地和非城市用地上。将预测的城市扩张地图与奥克兰市议会 2025 年总体规划进行叠加后发现,近 70% 的预测扩张区域与规划的"新增长区"和"住宅区"相吻合,只有少数区域恰好位于商业区(包括工业区)。此外,预测部分城市化将发生在与当前城区相邻的"乡村生活"区。模拟的城市增长与规划的城市增长如此接近,表明 ANN-MC-CA 集成模型对未来城市发展潜力的预测是合理的,可应用于城市的其他部分。

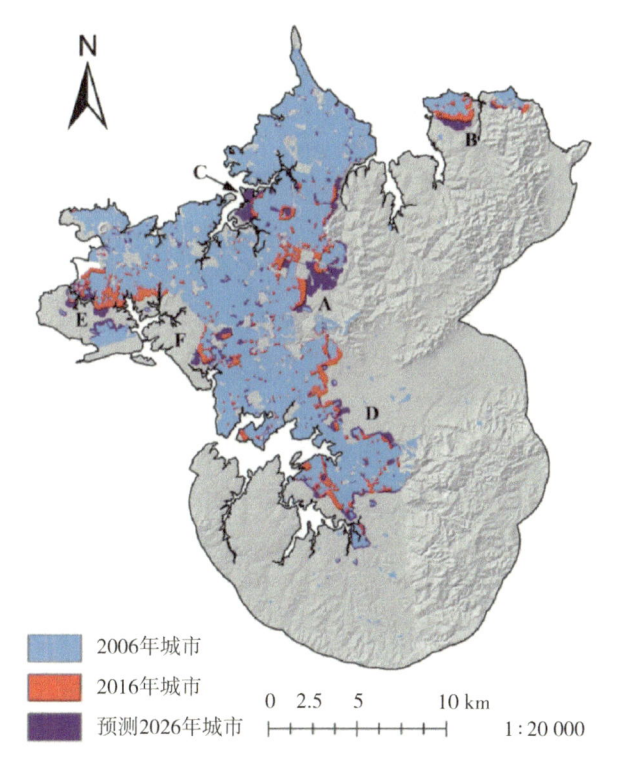

图 7.15 使用集成 ANN-MC-CA 模型预测的南奥克兰到 2026 年的城市扩张
(Xu et al., 2019)

7.5.3 草地退化仿真

中国西部的青藏高原拥有约 1.4 亿公顷的高寒草原。这种珍贵的放牧资源维系着约 200 万牧民的生计。近几十年来,由于气候变化和过度放牧,草原出现了退化。

2010 年,黄河、长江、澜沧江三江源地区过度放牧均高于可持续水平的

67.88%，即每平方千米 27.43 只羊(Zhang et al.，2014)。如何在气候变化和外部干扰的共同影响下实现可持续放牧,需要了解放牧强度对草原退化的影响。草原退化是指由于过度的外部干扰和/或不利的自然条件,牧场质量逐渐下降,对其放牧价值产生不利影响的过程(Li,1997),这一过程可能需要数年甚至数十年才能形成,这取决于外部干扰的强度和自然条件的恶劣程度。在短期内,它表现为生物量生产力降低,植被覆盖破碎,出现难吃甚至有毒的草种,土壤肥力降低,土壤紧实度增加。到了退化严重的后期,草地表面会完全剥蚀,这种现象在当地被称为"黑土滩",裸露的土地是严重水土流失的温床。

除了过度放牧外,由于生态平衡发生倾斜,高山鼠兔等小型哺乳动物的数量激增也会引发和加剧草地退化。从长远来看,过度放牧创造了一个有利于鼠兔入侵的环境,从而加速了退化的过程。此外,严酷、寒冷的高山气候使得青藏高原顶部的草地天生容易退化(Wang et al.，2001),尽管不可能将气候影响与人为影响分开。一般认为,后者是草地退化的主要驱动因素。退化的寒高草甸占草地总量的比例从 20 世纪 80 年代的 24.5% 上升到 90 年代的 34.5% (Li et al.，2011)。据估计,仅在黄河源头地区 70.3 万 hm^2 的高寒草甸中,就有 16% 严重退化形成黑土滩。草地退化对牧民的生计构成了严重威胁,并间接影响了下游流域的河流环境。

模拟由多种植物功能类型(PFT)构成的高山草地退化过程至关重要。洞察和了解这些植物如何动态地相互竞争和相互作用,是改善高山草甸保护和可持续管理的先决条件,而这是无法从实地研究中获得的。通过仿真,可以测算出黑土滩形成的时间范围以及将其恢复为生产性用途所需的时间。这种模拟可以回答对草原资源的可持续利用至关重要的一系列问题。例如,过度放牧会改变草地的植物组成吗？退化的草地在不受干扰的情况下,是否有可能通过种子萌发自然恢复？在一定放牧强度下,严重退化的草地(如裸地)需要多长时间才能恢复？

这些问题的答案可以通过基于智能体的时空仿真来获得。这种仿真极具挑战性,因为它涉及由不同 PFT 组成的生态系统(图 7.16)。这些区域的种群和栖息地是动态的,它们相互竞争生存空间、光照、水分和养分。它们会生长出新的植物,并会在一定年龄后死亡。考虑到裸露斑块出现时草地退化的情况,模拟变得更加复杂,地表覆盖类型(如元胞状态)将从四种 PFT(草本植物、禾本科植物、莎草和杂草)增加到六种(多出的两种与地面覆盖有关,如未被占用和退化)。闲置土地是指最近健康植物死亡造成的空地。它有可能迅速被其他更具竞争力和容忍度的 PFT(如杂草)重新占领。相比之下,退化的裸地由于受到侵蚀而失去了土壤和养分。任何植物都很难迅速在这块土地上生根发芽,除非它们极具竞争力,对栖息地不挑剔。除了植物本身,草地生态系统也非常复杂,因为这里经常有牲畜啃食,在啃食期间,小型哺乳动物,尤其是高山鼠兔的数量会偶尔增加。考虑到这些外部干扰会进一步增加仿真的挑战性和复杂性,因为根据干扰强度的不同,它们在草地退化过程中的影响可能是有益的,也可能是破坏性的。

在本例中,基于智能体的仿真在 $100 \text{ m} \times 100 \text{ m}$ 的空间场景运行。考虑到野外观测到的高寒草地条件的空间范围,该仿真空间被认为足以代表草地多样性和条件。

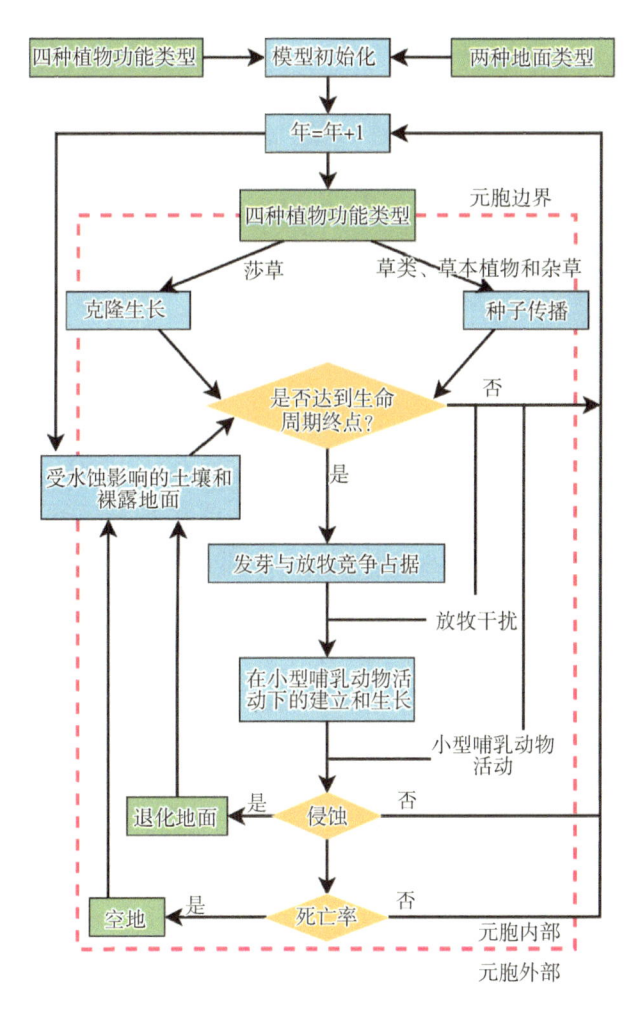

图 7.16 放牧和小型哺乳动物干扰下草地退化与恢复潜力空间显式 PFT 仿真模型流程图 (修改自 Li,2012)

空间被划分成100个×100个单元格。1 m×1 m的元胞大小被认为是合适的,因为它可以充分捕捉克隆扩增和鼠兔活动的空间范围。在模拟中,空置(未占用)元胞的定植可以通过两种方式完成:除莎草以外,所有PFT通过种子传播,而莎草通过克隆生长(图7.16)。一旦一个元胞被一个PFT占据,其他PFT就不可能再占据它,直到当前PFT死亡。为了得到合理的仿真结果,在运行和验证时空模拟模型时对大量输入参数进行了参数化,包括草的寿命、牲畜对饲料的消耗率、饲料繁殖率和退化元胞的恢复率等(表7.10)。

表7.10 仿真小型哺乳动物干扰下草地退化和恢复所需的模型输入参数

变量	斑块/智能体	要参数化的变量
斑块	肺功能检查	寿命、不同生命阶段的繁殖率(包括生长速率、萌发率、幼苗成活率、播种分蘖率、死亡率以及从单蘖到复合分蘖和繁殖分蘖的转换率)、鼠兔洞穴数量、放牧状态
	退化	侵蚀的概率和速率、侵蚀扩散速率、恢复时间、鼠兔洞穴数量、过渡到植物覆盖的概率
智能体	空置	传播率、恢复时间、鼠兔洞穴数量、放牧状态
	小型哺乳动物	与放牧强度相关的暴发可能性
	牲畜	践踏对PFT的影响及放牧对PFT的影响

根据这些参数,制定了种子萌发和籽苗建立、人类活动影响(如放牧强度和放牧率)以及小型哺乳动物干扰的规则。模拟使用四个NetLogo模块完成,分别是植物类型竞争与演替、放牧干扰和小哺乳动物干扰与死亡率,并使用两个辅助模块(联合计数统计和结果绘图)进行增强。

表7.10中的所有比率和模型输入值都是基于实地收集的证据和参考文献精心设置的参数。与所有仿真模型一样,初始条件(如空地和退化土地的数量)是在实地确定其数量后,通过在仿真空间[图7.17(a)]中随机分配来设定的。这种随机分布表明景观高度破碎,与实际情况几乎没有相似之处。然而,在中等放牧水平下,仿真出的同一地貌在100年后以莎草(绿色)和禾本科植物(蓝色)为主,几乎没有退化斑块[图7.17(b)]。然而,如果放牧上升到密集水平,草元胞的比例就会急剧下降。取而代之的是,剥蚀元胞将占据景观的显著部分[图7.17(c)]。

与城市扩张仿真不同,草地退化模拟产生的结果无法验证,因为初始输入(条件)是随机的,因此仿真结果无法与现实进行比较。考虑影响植物种子萌发的环境变异性,可以使仿真结果更加真实。由于缺乏现场数据(例如,裸地恢复植被所需的时间),不可能检查某些参数化的合理性。在100 m×100 m的小范围内,假定地形和气候均值是合理的。

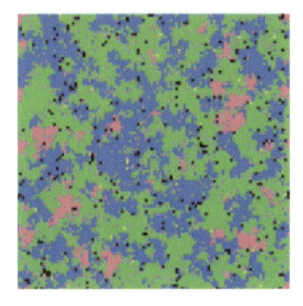

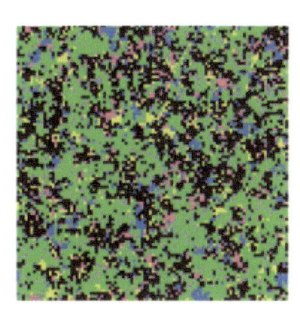

(a) 退化和空地的初始状态　　(b) 适度放牧的结果　　(c) 集约放牧的结果

图 7.17 使用 NetLogo 仿真的 100×100 单元(单元大小＝1 m)景观中,放牧强度对草地退化的影响比较(黑色代表降级;灰色代表空白;黄色代表杂草;绿色代表莎草;蓝色代表草;粉红色代表灌木)(Li,2012)

地形异质性是景观尺度的常态,因此其对植物健康和生长速度的影响不容忽视。在未来的仿真中,可以通过 DEM 将大空间尺度的地形异质性考虑在内。然而,100 年后气候将如何变化仍是未知数,因此模拟中无法考虑其对草原生态系统的影响。

复习题

1. 简述将时空动态模拟与空间建模进行比较,特别关注前者优于后者的原因。

2. CA 在空间仿真中的主要特性是什么? 它们如何影响基于 CA 模拟的实现?

3. 在反距离加权和元胞自动机模拟中使用的邻域之间的主要区别是什么?

4. CA 在空间仿真中的优缺点是什么? 如何将不利因素降到最低?

5. ABM 仿真在哪些方面优于 CA 仿真?

6. 在您看来,ABM 仿真的瓶颈是什么?

7. 可以说,ABM 仿真的性能与从现场收集的数据一样好。您在多大程度上同意或不同意这种说法?

8. 对 ABM 仿真和 CA 仿真进行比较和对比,注意两种仿真对外部环境的处理。

9. 在哪些意义上我们可以认为 NetLogo 是运行空间动态仿真的理想平台?

10. NetLogo 在执行空间动态仿真方面是相当有限的。您在多大程度上同意或不同意这种说法？

11. 将野火蔓延仿真与基于边缘扩张模式的城市扩张仿真进行对比。为什么精确仿真城市扩张比野火蔓延更具挑战性？

12. 讨论仿真牲畜造成的草地退化在多大程度上属于 CA 仿真以及 ABM 仿真。

13. 尽管时间从未直接出现在 CA 仿真或 ABM 仿真中，为什么它们仍然被称为时空仿真？

14. 什么是敏感性分析？是否可以用制图仿真进行敏感性分析？解释一下。

参考文献

Anderson H E, 1982. Aids to Determining Fuel Models for Estimating Fire Behavior [M]. Ogden: USDA Forest Service, 1-28.

Albini F, 1976. Estimating Wildfire Behavior and Effects [M]. Ogden: USDA Forest Service: 1-68.

Angel S, Parent J, Civco D, et al., 2011. The dimensions of global urban expansion: Estimates and projections for all countries, 2000—2050 [J]. Progress in Planning, 75: 53-107.

Babiker I S, Mohamed A A, Hiyama T, et al., 2005. A GIS-based DRASTIC model for assessing aquifer vulnerability in Kakamigahara Heights, Gifu Prefecture, central Japan [J]. Science of the Total Environment, 345: 127-140.

Balbi J H, Morandini F, Silvani X, et al., 2009. Physical model for wildland fires [J]. Combustion and Flame, 156: 2217-2230.

Braun W J, Woolford D G, 2013. Assessing a stochastic fire spread simulator [J]. Journal of Environmental Informatics, 22(1): 1-12.

Brownlee J, 2019. Master Machine Learning Algorithms: Discover How They Work and Implement Them from Scratch [M]. Self-Published: 1-163.

Clarke K C, Hoppen S, Gaydos L, 1997. A self-modifying cellular automaton model of historical urbanization in the San Francisco Bay area [J]. Environment and Planning B: Planning and Design, 24(2): 247-261.

Clarke K C, 2008. Mapping and modelling land use change: An application of the SLEUTH model [M]//Pettit C, Cartwright W, Bishop I, et al. Landscape Analysis and Visualisation. Berlin: Springer: 353-336.

Coleman J, Sullivan A, 1996. A real-time computer application for the prediction of fire spread across the Australian landscape [J]. Simulation, 67(4): 230-240.

De Andrade P R, 2010. Game theory and agent-based modelling for the simulation of spatial phenomena [D]. São José dos Campos: INPE:1-99.

DeAngelis D L, Yurek S, 2017. Spatially explicit modelling in ecology: A review [J]. Ecosystems, 20(2):284-300.

DeMers M, 1997. Fundamentals of Geographic Information Systems [M]. New York: John Wiley & Sons:1-486.

Dietzel C, Clarke K C, 2007. Toward optimal calibration of the SLEUTH land use change model [J]. Transactions in GIS, 11(1):29-45.

Drissi M, 2015. Modeling the spreading of large-scale wildland fires [C]//Keane R E, Jolly M, Parsons R, et al. Proceedings of the Large Wildland Fires Conference. Fort Coll: U. S. Department of Agriculture, Forest Service, Rocky Mountain Research Station:278-285.

Du G, Shin K J, Yuan L, et al., 2018. A comparative approach to modelling multiple urban land use changes using tree-based methods and cellular automata: The case of Greater Tokyo Area [J]. International Journal of Geographical Information Science, 32(4):757-782.

Finney M A, 2004. FARSITE: Fire Area Simulator—Model Development and Evaluation [M]. Ogden: U. S. Department of Agriculture Forest Service:1-47.

Freire J G, DaCamara C C, 2019. Using cellular automata to simulate wildfire propagation and to assist in fire management [J]. Natural Hazards and Earth System Sciences, 19(1):169-179.

Ghisu T, Arca B, Pellizzaro G, et al., 2015. An optimal Cellular Automata algorithm for simulating wildfire spread [J]. Environmental Modelling and Software, 71:1-14.

Hajian M, Melachrinoudis E, Kubat P, 2016. Modeling wildfire propagation with the stochastic shortest path: A fast simulation approach [J]. Environmental Modelling and Software, 82:73-88.

Heinsch F A, Andrews P L, 2010. BehavePlus Fire Modeling System (Version 5.0): Design and Features [M]. Fort Collins: U. S. Department of Agriculture, Forest Service, Rocky Mountain Research Station:1-111.

Hertel T W, 2017. Land use in the 21st century: Contributing to the global public good [J]. Review of Development Economics, 21(2):213-236.

Jahdi R, Salis M, Darvishsefat A A, et al., 2015. Calibration of FARSITE simulator in northern Iranian forests [J]. Natural Hazards and Earth System Sciences, 15(3):443-459.

Knudby A, Brenning A, LeDrew E, 2010. New approaches to modelling fish-habitat relationships [J]. Ecological Modelling, 221(3):503-511.

Koo E, Pagni P, Stephens S, Huff J, Woycheese J, Weise D, 2005. A simple physical model for forest fire spread rate [J]. Fire Safety Science, 8:851-862.

Li B, 1997. The rangeland degradation in North China and its preventive strategy [J]. Scientia

Agricultura Sinica, 30(6):1-9.

Li X, 2012. The spatio-temporal dynamics of four plant-functional types (PFTs) in alpine meadow as affected by human disturbance, Sanjiangyuan region, China [D]. Auckland: University of Auckland:1-211.

Li X L, Gao J, Brierley G, Qiao Y M, Zhang J, Yang Y W, 2011. Rangeland degradation on the Qinghai-Tibet Plateau: Implications for rehabilitation [J]. Land Degradation and Development, 24(1):72-80.

Macal C M, North M J,2009. Agent-based modeling and simulation [C]//Rossetti M D, Hill R R, Johansson B, et al. Proceedings of the 2009 Winter Simulation Conference, December 13-16, 2009, Austin, Texas, U. S. A. :86-98.

O'Regan W G, Kourtz P, Nozaki S, 1976. Bias in the contagion analog to fire spread [J]. Forest Science, 22(1):61-68.

Parisien M A, Kafka V G, Hirsch K G, et al., 2005. Mapping Wildfire Susceptibility with the Burn-P3 Simulation Model [R]. Edmonton: Natural Resources Canada, Canadian Forest Service, Northern Forest Centre:1-36.

Rothermel R C, 1972. A Mathematical Model for Predicting Fire Spread in Wildland Fuels [R]. Ogden: Intermountain Forest and Range Experiment Station, U. S. Forest Service, Research Paper INT-115:1-40.

Smith L, Beckman R, Baggerly K, et al., 1995. TRANSIMS: TRansportation ANalysis and SIMulation System [R]. Washington, DC:U. S. Department of Transportation:1-10.

Torrens P M, 2006. Geosimulation and its application to urban growth modelling [C]//Portugali J. Complex Artificial Environments. London:Springer-Verlag:119-134.

Tymstra C, Bryce R W, Wotton B M, Armitage O B, 2010. Development and structure of Prometheus: The Canadian Wildland Fire Growth Simulation Model [R]. Edmonton: Natural Resources Canada, Canada Forest Service, Northern Forest Centre.

Wang G W, Qian J Q, Cheng G C, Lai Y L, 2001. Eco-environmental degradation and causal analysis in the source region of the Yellow River [J]. Environmental Geology, 40(7):884-890.

Xu T, Gao J, Coco G, 2019. Simulation of urban expansion via integrating artificial neural network with Markov chain cellular automata [J]. International Journal of Geographical Information Science, 33(10):1960-1983.

Zhao L, Peng Z R, 2014. LandSysII: Agent-based land use-forecast model with artificial neural networks and multi-agent model [J]. Journal of Urban Planning and Development, 141(4).

Zhang J, Zhang L, Liu W, Qi Y, Wo X, 2014. Livestock-carrying capacity and overgrazing status of alpine grassland in the Three-River Headwaters region, China [J]. Journal of Geographical Sciences, 24(3):303-312.

第 8 章
时间显式空间分析与模拟

数据不仅仅是数字，它们是带有上下文环境的数字。在数据分析中，上下文环境提供了意义(Cobb and Moore，1997)。

8.1 时间

8.1.1 地理中的时间性质

时间是连续的、永恒的。它从未停止或不复存在。时间线性地、单向地从过去流逝到现在和未来。时间是不可逆转的。时间有两种表达方式。第一种是线性时间，它考虑到了线性时间的粒度[图 8.1(a)]，总是向右递增，起始时间因情况而异。时间增长可以有不同的粒度，从秒(如渗流率)、日(如蒸发)、月(如温度)到年(如国内生产总值年增长率)。第二种方法将时间视为循环或周期性的，并有一个限度。当时间超过这个极限时，时间就会回到起点[图 8.1(b)]。例如，在通常表示的每日时间中，有两个周期，每个周期为 12 小时。12 小时后，时间恢复为 0，因此 0 和 12 是相同的。同样，周时间和年时间都是循环的：在周时间中，天从周一到周日每 7 天重复一次，然后回到周一；在年时间中，月从一月到十二月每 12 个月重复一次，然后回到一月。

由于一天中的时间有两个周期，如果没有额外的形容词来区分白天和晚上，要知道确切的时间是很麻烦的。采用 24 小时制可以避免这种混乱，这样就不需要指定上午或下午。类似地，一年中的某一天的确切日期与月份长度有关，而月份的天数是可变的。一个更好的选择是使用儒略日。这是指从儒略历开始的累计天数，忽略循环时间。儒略历使得计算两个日期之间的天数非常方便，它们通常用于天文学和计算机科学。

在空间分析和模拟中应该采用哪种尺度的时间单位在很大程度上取决于所研究的现象。研究的最佳时间尺度取决于变化的时间框架和感兴趣的空间实体变化的速度。如果它在短时间内变化很大，那么时间单元需要足够小才能捕捉对象的变化。相反，如果所研究的主体变化缓慢，那么持续时间可以相应增加。

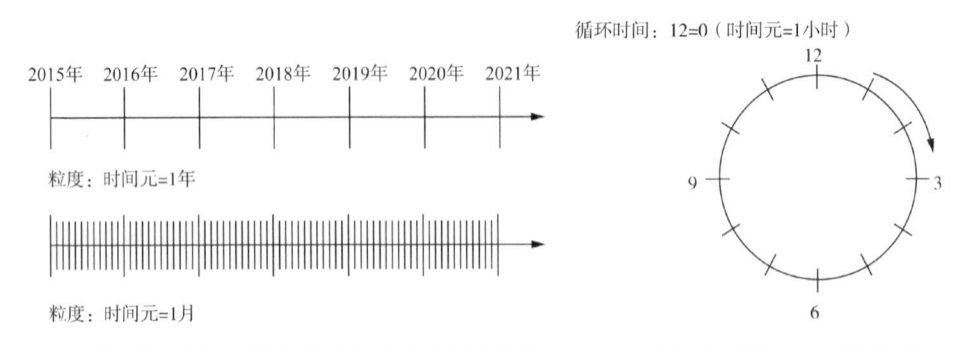

(a) 线性时间的粒度可以以年作单位，也可以以月作单位　　(b) 12 小时后循环时间可回到原点

图 8.1　线性时间与周期时间的对比

采用的时间长度变化很大，从几秒钟到几千年不等。山体滑坡和龙卷风等自然灾害在几秒钟内就会造成破坏。丛林大火可以在几分钟内改变蔓延方向。另一方面，其他物理过程，如河道改道形成牛轭湖和环礁岛的形成，可能需要百年甚至千年的时间才能发生。许多其他现象，如农作物的生长和冰层的融化，则是按季节发生的，时间尺度介于这两个极端之间。因此，时空模拟所采用的时间间隔在研究潮汐引起的海岸洪水时可以短至以日为单位，在研究植物物候时可以长至以季节为单位，在研究鸟类迁徙时以年为单位，在模拟城市扩张时，时间尺度可以扩展到十年，在研究景观演变时可以扩展到百年。

8.1.2　空间、时间和属性

如果结合 3D 定位，所有空间实体都有五个维度：所有空间实体共有的三个空间维度，加上时间和属性（表 8.1）。这三个空间位置信息维度分别是经度、纬度和高程[式(2.3)]。

表 8.1　空间实体的五个维度

维度	值		类型
一维	x 坐标	经度	空间（对距离和面积很重要）
二维	y 坐标	纬度	

续表

维度	值		类型
三维	z 坐标	高程	空间（体积信息）
四维	z 值	属性	容量或质量
五维	t 值	时间	时间

通常，高程是指参考大地基准面与观测表面之间的距离，通常用 DEM 表示。但是，它也可以用来表示二维空间中的属性，例如空气污染物的空间分布和特定深度土壤的 pH。在这两种情况下，高程代表沿纵轴（z）方向的变化。如果现象本质上是三维的，例如空气污染物浓度或土壤 pH，那么该属性就成为第四个维度。无论所研究的空间是二维还是三维，所有空间实体都必须具有时空模拟的时间维度。正如本书前几章所展示的内容，大多数空间分析和模拟只集中在前四个维度上。相比之下，对时间成分的研究最少。

在传统的笛卡尔坐标系中，五个维度的表示可以如图 8.2 所示。其中，属性可以用颜色编码，时间可以通过多次重复相同的对象来表示。

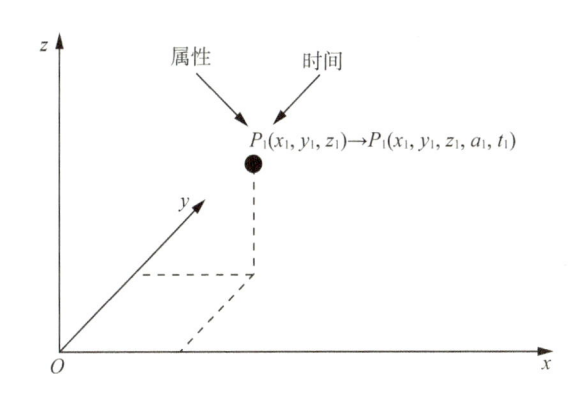

图 8.2　三维笛卡尔空间中点空间实体的五维

所有空间实体的空间、属性和时间成分之间都有内在的联系。一个属性只存在于给定的一组空间和时间环境中。在这五个分量中，空间分量和时间分量是不可分割的，是时空建模的目标。自然，空间和属性都会随着时间而变化。属性也可以在给定位置随时间变化。例如，一个海滩可以在涨潮时被淹没，但在退潮时却暴露为滩涂（图 8.3）。这种交换以 12 小时为周期进行。同样，在一个特定的地理区域，相同的土地覆盖可以根据季节的不同，从草地变成雪地。夏天是草原，但冬天会被雪覆盖。通过植树，空地可以变成森林。所有的树木都被砍伐后，一片成熟的森林就会变成荒地。在空间分析中，空间或位置本身不随时间变化。相反，属性的空间变化是空间分析的重点，它与时间变化进一步复合。

在空间分析中，空间、属性和时间可以转换为地点、内容和时间（图 8.4），其中任何两者之间都存在相互作用。属性和时间之间的关系已经用森林的例子来说明。这里，重点是其他两个维度之间的关系。如果将空间移到附近的位置，其属性可以从森林变为草地。草原在火灾后会被烧成光秃秃的地面，但经过一段时间后会自然恢复为草地。正是这种空间、属性和时间之间的交换，在外界干扰的影响下，形成了时空分析和模拟的主干。

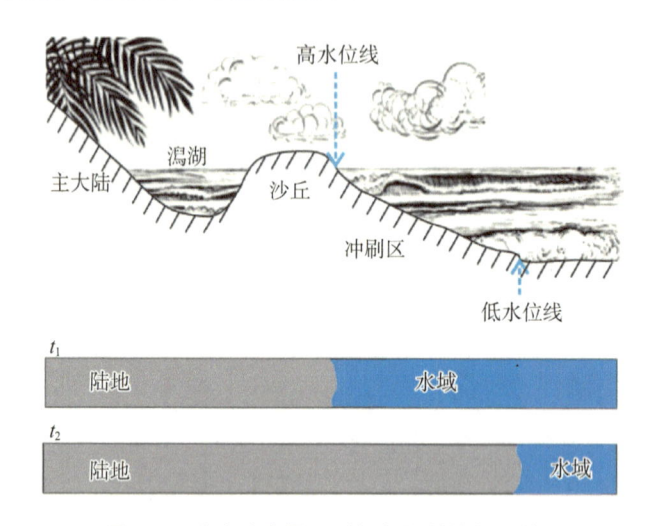

图 8.3 滩涂陆海界面时间与属性的相互关系

图 8.4 地理实体的空间、属性和时间组成部分之间的相互关系

8.1.3 时间聚合与离散化

由于时间是连续的，因此观测变量的属性也会随时间不断变化。除了可视化外，时间连续的属性数据在处理上非常棘手，因为涉及的数据量巨大。在实践中，可以在某些关键时刻或特定时段内，对时间连续数据进行研究（见第 8.5 节）。例如，由于不可能连续记录数据并且从这一秒到下一秒的变化可能不够大，无法保证在较短的时间间隔内捕获数据，飓风期间某一剖面（线性空间实

体)的海滩侵蚀可以每5秒测量一次。在现实中,将时间现象视为连续现象既麻烦又不切实际,观测数据也很少连续记录。例如,在研究海滩形态时,如果表面形态在非风暴季节随时间变化不大,时间间隔可以从5秒延长到1分钟。同样,每天的气温是连续的,但要以一定的时间间隔(如每分钟)进行记录。在所有这些情况下,将时间离散化是明智之举,因为从一个时刻到下一个时刻的变化量非常小,连续记录所有值不会给收集的数据增加实际价值。

随着电子设备的使用越来越广,人们可以连续记录温度等随时间变化的数据。然而,对于区域数据(初记录在点上但通常在一个区域内列举的数据,如降雨量)来说,这样做并不合理。要研究降雨量空间模式随时间的变化,需要将一段时间内记录的所有降雨量读数相加,这实质上是时间聚合。雨量计所记录的雨量,是指某一特定时间内(例如24小时)的累计雨量。除降雨量外,其他常见的时间聚合例子还包括高峰时段的交通流量、每日新感染病例、每年的人口迁移和每年的河道排水量。从这些例子中可以看出,时间聚合的单位差别很大,它可以短到几秒钟,也可以长到几年。例如,洋流的速度可以表示为米每秒,但海滩侵蚀率的时间尺度必须是年(例如,每年5厘米)。相比之下,在研究高峰时段交通时,道路上行驶的车辆数量可以聚合到小时数。聚合的合理时间间隔取决于移动或变化的速度。如果数据最初是连续记录的,那么聚合数据时可采用的时间单位没有限制。可以在多个时间跨度内对数据进行汇总。例如,可以每年和每月汇总移民数据,以研究旅游业的季节性变化。然而,如果数据是定期收集的,例如每5年一次的人口普查数据,那么在任何时间聚合之前,时间单位必须放宽到超过数据收集的时间间隔。

8.2 时空表示模型

既要清晰地表示时空特征,又要促进高效的数据检索和分析,这是一项相当具有挑战性的工作。时空过程的表示则更为困难。为此,人们研发了不同的表示方法。常见的表示模型包括时间-位置路径、地名词典、快照、时空复合、时空对象、基于事件和向量误差修正(表8.2)。这些方法各有所长,对某些类型的数据特别适用。

8.2.1 时间-位置路径模型

时间-位置路径模型是在有限空间范围内以矢量形式表示点特征运动的最佳模型。某一特征的点数据可以在空间上移动,其连续两次的位置与直线段相

表 8.2 时空数据主要表示方式的比较

模型	主要特点	优点	缺点	来源
时间-位置路径	属性常量,位置随时间变化,可以是平面或三维的(z 轴为时间预留)	良好的点数据,可以是连续移动的	不适合多边形数据或显示过程	Peuquet,1994
地名词典	空间特征的名称和位置	能够使用可能已更改的名称搜索数据	无法显示空间变化	Hill,2000
快照	定时快照	栅格和矢量数据都可使用	难以感知变化,效率低下	Armstrong,1988
时空复合	将空间划分为相同的单位,并且在不同的时间列出属性	善于显示时间变化,无数据冗余,简洁明了	无法显示空间的变化,过渡的历史未知	Segev and Shoshani,1993
时空对象	类似于时空与地球原子的复合	变化程度的位置清晰可见	不适用于时间序列栅格数据	Goodchild et al.,2007
基于事件	与时间有关的位置索引	善于发现变化	仅适用于栅格数据	Peuquet and Duan,1995
向量误差修正	存储不同时间的边界	能随时间变化	仅适用于矢量数据	Langran,1992

连。同一点事件可以在不同的时间发生或捕获。为了保持表示法的可读性,时间框架通常以一天为时间框架进行限制(图 8.5)。通过将数据分割为更小的时间片段,可以获得更长的时间段。时间和位置都可以在空间上连续,但是属性不会改变。它可以是一只在森林里漫游的动物,也可以是一个在他或她的日常生活中四处走动的学生。具体的位置可以在特定的时间显示。这些点数据可以通过启用 GPS 的设备(例如智能手机)轻松收集。被跟踪实体(如车辆或动物)的确切位置在任何给定时刻都是可被提供的。在流行病学中,这种时空跟踪对于识别密切接触者以及由感染传染性病毒的人造成的潜在传播至关重要。

该模型只显示点特征随时间变化的位置,因此时间隐含在表示中。通常,准确的时间是在关键和有代表性的时刻被标注的[图 8.5(a)]。注释的时间必须有一个粗略的分辨率,以保持表示法的可读性。为了保持高度的易读性,必须限制所指示的位置(次数)的数量。通过为时间组件分配更具启发性的注释方案,可以在更精细的时间尺度上实现更精确的表示。例如,连接两个指定时间点的线段可以编码为颜色或阴影的连续体,尽管它相当不精确。这甚至可以用 3D 时空路径图来实现,其中位置以 2D 空间表示(透视),时间以三维显示[图 8.5(b)]。这个时间-空间路径可以指示一个粗略时间的大致位置,以及在特定位置的持续时间(例如牙医诊所)。随着时间的延长,表示将逐渐变得混乱。

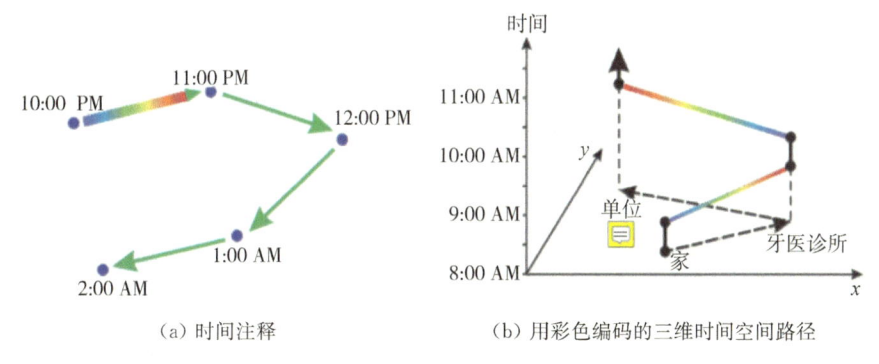

(a) 时间注释　　　　　　(b) 用彩色编码的三维时间空间路径

图 8.5　表示时间位置特征的两种方法

利用时空数据,可以推导出许多变量来描述运动。任何两个时间点之间的变化都可以很容易地从它们的开始和结束坐标计算出来。诸如距离或移动范围(对研究动物行为有用)、方向和移动速度等结果可以从两次观察之间的持续时间得出。除了空间范围之外,该表示法还可以显示运动的速度,尽管不是直接的。也可以在时间上对运动进行排序,这可以用统计的方法来描述。

该时空模型适用于表示离散时间的物体,如移动的车辆。该模型的常见应用包括动物跟踪和车队管理,其中属性是不变的,但位置随时间变化。跟踪的目标通常应限制在几个点上,跟踪的时间也应限制在几个点上,否则跟踪的运动将变得难以辨认,而且当同时跟踪的目标过多时,时空图的可读性也会迅速下降。这种表示方法不适合表示一个地理区域内不断变化的场景或现象。在这种情况下,地名词典和快照法更为合适。

8.2.2　地名词典表示法

地名词典方法可以定义为地理索引。在表示时空特征时,地名词典可以看作是地名的地理空间词典。每个实体都与其不同的名称、空间范围和属性组成部分相关联(图 8.6)。空间实体的名称与其属性之间的所有可能关联,以及它们的空间表示,都在事先明确地说明(Hill,2000)。这种表示模式要求定义空间对象,并将其名称与空间和属性组件关联起来,所有地理空间实体的名称都是相同的。只有地理对象(如点、线和面)的名称允许更改。这些名称通常用普通语

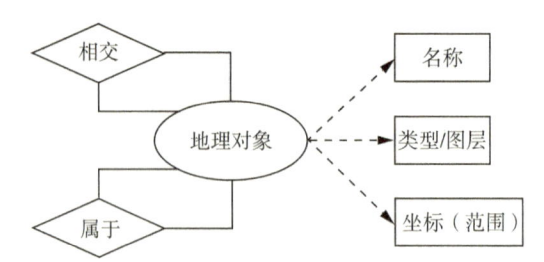

图 8.6　通过将可能随时间变化的地名与其位置联系起来表示时空特征的地名词典模型
（修改自 Bandholtz, 2003）

言表达。时间体现在地名的表示上，因为地名可能会随着时间的推移而改变，所以必须同时存储原始地名和变化后地名，但不包括随时发生变化的信息。作为一种间接表示时空数据的方法，地名词典可实现以下两项功能。

（1）间接地理参考：一个实体的位置和空间范围（对于多边形）可以通过其与地理坐标的链接指定其名称来自动确定。这种链接还允许使用它们的名称轻松检索数据。

（2）垂直数据整合：地名中位置与属性组成部分之间的联系，使得同一位置的属性数据易于垂直整合。地名词典有利于时间序列属性在同一位置的整合，以及在线信息的检索和集成。

地名词典表示模式特别适合表示普查数据，因为一些普查跟踪点或单位的名称可能随时间而改变，其计数界限也可能随之改变。在这种应用程序中，可以存储大量的名称，并且可以有效地检索所有存储的数据。地名词典表示法最适合用它们自己的名称来表示点和多边形实体。它在通过点和多边形特征的名称进行在线搜索时很受欢迎，例如搜索一家可能已经更改了名称的餐厅。当然，这些实体必须进行地理编码。因此，该模型不适合表示线性数据（例如，高速公路），因为它不擅长显示所表示实体的空间范围的变化，只能显示其名称的变化。

8.2.3　快照模型

在快照模型中，世界由一堆带有时间戳的层（栅格或矢量）表示，它们都注册到相同的坐标系统，每个层都捕捉到特定静态时刻的世界（快照）（图 8.7）。所有层必须包含相同的地理范围，但也可以是相同网格大小的单元格组成的栅格层。如果快照之间的时间间隔足够短，快照模型就能够描述所覆盖场景的连续变化。在栅格格式中，可以纵向检查给定单元格上的变化。然而，它不可能确定在给定时间点之间发生的空间变化，因为它们不是确定的，这个模型也不能直接和定量地显示变化。快照之间的时间间隔不一定是固定的。对于季节性变化的现象,如草原,所有的快照都必须在一年中相似的时间拍摄,以避免季节变化带来的影响。在这种表示中,每个事件都有一个二进制代码 0 或 1,表示事件的发生或结束。因此,它在说明城市在一段时间内的城市扩张时特别有用,其中每个时间点的土地覆盖都表示为一个单层,并且可以从所有层的不断更新中直观地识别出城市区域随时间的变化(0=无变化,1=变化)。

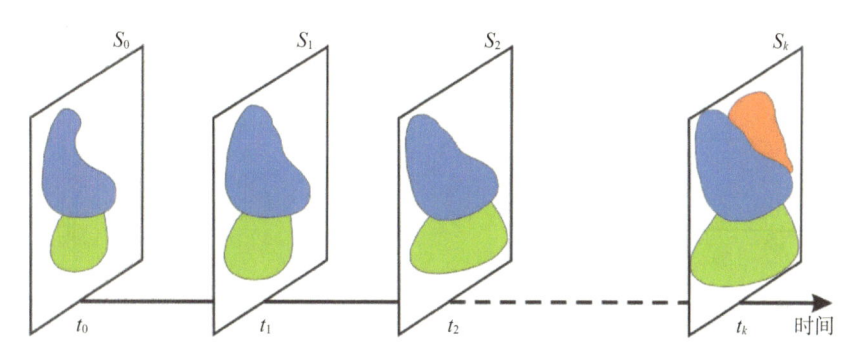

图 8.7　表示 t_0 时刻到 t_k 时刻植被时空变化的快照方法

这种表示法的一个小变种叫作"过去现在快照",其中数据集被分为多个层,每个层都有自己的时间。只有通过比较多个层,才能显示数据集中实体的出生和死亡。这种比较对于确定某些实体的年龄至关重要。

这种面向层的表示模型简单明了,易于理解,但也有局限性,因为时间戳和时间间隔等时间信息不明显或不显式地表示,而是被记录在单独的元数据或文件中。还缺乏规范时间信息编码的协议。此外,快照之间的间隔并不总是一致的,这可能会对更改的速度产生误导作用。另一个局限性是其表现效率较低,尤其是当所描述的现象没有发生太大变化时,因为所有快照都重复出现相同的空间实体。最后,必须保持很大的时间间隔,否则庞大的数据量(尤其是栅格格式)很快就会变得难以管理。

8.2.4　时空复合模型

在时空复合模型中,一个物体的时间信息与其空间特征复合,被视为一个附加属性(Segev and Shoshani, 1993)。在该模型中,空间被划分为最大数量的同质单元或多边形(图 8.8),然后创建一个表格,列出所有单元及其在每个指定时间的属性。因此,它不会受到空间数据和时间分辨率的影响。只需向表中添加额外的列,就可以添加新的时间序列层。然而,每次只记录最终状态,而过渡的历史仍然未知。因此,发生变化的确切时间是不确定的。可以从快照层的时间覆盖层中检测到变化的周期。该模型善于表示对象空间范围随时间的变化(Nadi and Delavar,2003),但不能表示属性在空间上的变化(例如,在空间上的移动)。此外,当所表示的同质单元之间的几何或拓扑关系随时间变化时,整个空间数据库及属性表必须重新组织。

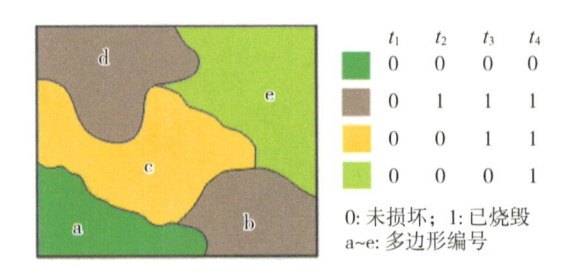

图 8.8　表示时空数据的时空复合模型(修改自 Yuan,1996)

8.2.5　时空对象模型

在时空对象模型中,通过添加垂直于二维平面空间的时间维度,将空间实体视为由时空原子组成的离散对象集合(Nadi and Delavar,2003),与图 8.5(b)相同,只是位置被对象替换。矢量和栅格数据都可以用时空原子模型表示。每个时空原子都是最大的同质单位,其空间和时间属性以及时间和空间维度的突然变化都被存储起来,类似于快照和时空复合。然而,由于时空原子具有离散结构,因此无法使用这种表示方法来模拟空间或时间的渐变,也就是说,这种模型无法显示过渡、空间过程或移动。

图 8.9 所示的时空对象模型可以有效地克服这一限制。该模型与时空复合模型非常相似,将时间信息作为第三维添加到二维空间中,并将对象标记为时空原子(Goodchild et al.,2007)。时间尺度可细可粗。只有通过与相关地块或单元相对应的多个时空原子叠加,才能检索到变化历史。该模型适合表现具有时空维度的对象,但不适合表现时间序列栅格数据。

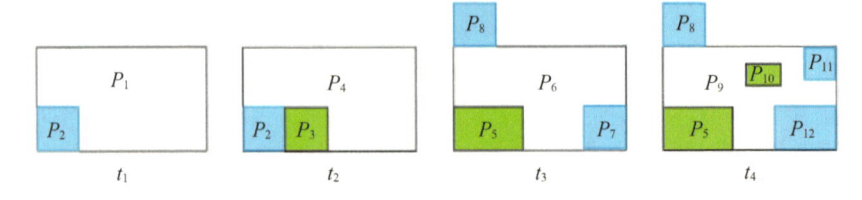

复合体	t_1	t_2	t_3	t_4
P_5	B_2W	B_2G	G	G
P_8	N/A	N/A	B	B
P_9	W	W	W	W
P_{10}	W	W	W	G
P_{11}	W	W	W	B
P_{12}	W	W	B_2W	B

时空原子	时间和土地类型(精确)	时间和土地类型(粗略)	时空对象
P_1	$[t_1,t_2)$W	$[t_1,t_2)$W	W
P_2	$[t_1,t_3)$B	$[t_1,t_3)$B	B
P_3	$[t_2,t_3)$G	(t_1,t_3)G	G
P_4	$[t_2,t_3)$W	(t_1,t_3)W	W
P_5	$[t_3,)$G	$(t_2,)$G	G
P_6	$[t_3,t_4)$W	(t_2,t_4)W	W
P_7	$[t_3,t_4)$B	(t_2,t_4)B	B
P_8	$[t_3,)$W	$(t_2,)$B	B
P_9	$[t_4,)$W	$(t_3,)$W	W
P_{10}	$[t_4,)$G	$(t_3,)$G	G
P_{11}	$[t_4,)$B	$(t_3,)$B	B
P_{12}	$[t_3,)$B	$[t_3,)$B	B

图 8.9　三种地表覆盖类型(蓝、绿、白)时空复合模型(左表)与时空对象模型(右表)在 $t_1 \sim t_4$ 的比较(修改自 An and Brown, 2008)

这种表示法能清楚地说明变化的位置和空间范围,但如果变化被多次显示,地图就很难阅读。这一困难可以通过初始时空模型的两种变体来克服:修正矢量和最小公共几何体。修正矢量方法适用于以矢量格式表示的数据,在不同时间的变化以不同图例显示[图 8.10a]。它通过多次显示相同的地理特征(例如多边形),扩展了经典的矢量表示方法(Langran,1992)。这种以特征为导向的表示方法的核心是修正空间范围随时间发生变化(如多边形边界移动)的特征。它能够保持湖泊和城市区域等空间实体的完整性。与快照概念类似,在特定时间捕捉到的边界与原始位置一起被表示出来,从而避免了困扰原始表示模式的数据冗余问题。虽然这种变体表示法能够以图形方式说明空间实体在不同时期的空间扩展[图 8.10(b)],但如果空间实体的变化趋势不一致(例如,在一段时间内膨胀,但在下一段时间内收缩),则很难感知这种变化。此外,时间在表示法中并不明显,因为它体现为对属性的修正。与快照模式类似,时间间隔也不能保证一致。由于只显示一个特征的变化,这种变体表示形式具有很高的可读性,因此可以感知变化的速度和位置。不过,这种表示模式只适用于矢量数据。对于栅格数据,不可能使用同一网格层在不同时间显示多个属性。

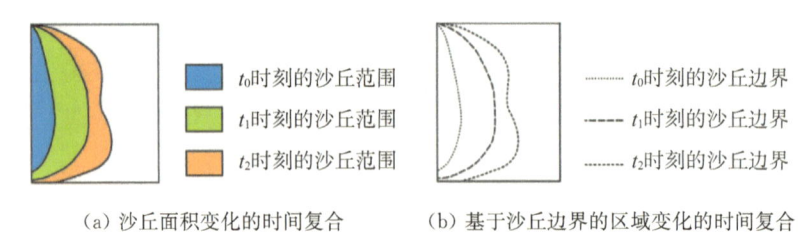

(a) 沙丘面积变化的时间复合　　(b) 基于沙丘边界的区域变化的时间复合

图 8.10　用矢量格式表示沿海沙丘时空变化的修正方法

最小公共几何体克服了现有表示方法的局限性，因为它能够连续覆盖正在发生的变化。这种几何体在空间和时间上都是可靠的，因为它不仅包括时间片，还包括持续的变化记录。由于模型是面向对象的，它可以为每个给定的时间步长生成边界。因此，点、线和面都可以表示。

8.2.6　基于事件的时空模型

基于事件的时空数据模型（Event-based Spatial Temporal Data Model）由 Peuquet 和 Duan(1995)提出。这种基于栅格的模型通过使用时间戳图层集合，克服了快照模型表示效率低下的问题。只存储初始时间 t_0 时的空间部分（基础地图），然后通过空间图层中的行和列坐标对每个单元格进行时间索引（图 8.11）。在这种基于时间的表示中，只需为时间轴或时间向量添加一列即可处理新的时间片段。该时间轴按时间顺序列出了所有事件的变化位置，因此可以根据需要实现更精细的时间分辨率。更重要的是，该模型可以通过比较表格中不同时间的属性，轻松检测变化。它可以执行三个基于时间的检索任务：

（1）检索在给定时间跨度内变化为给定值的位置；
（2）检索在给定时间跨度内变化到给定属性值的地点；
（3）计算在给定时间跨度内变化为给定值的总面积。

必须指出的是，该模型仅适用于表示栅格数据，如何用它来表示矢量地图仍然是一个有待解决的问题。

这种表示方法的一个缺点是，(x,y,v) 三元组（v 表示时间 t 上每个位置的新值）的重复与 t_i 和 t_{i+1} 之间变化的空间范围有关。当空间范围较大时，三元组会增加。克服这种重复的一种可行方法是对单元格进行分组。如图 8.11 所示，这种针对特定值的分组可以存储为称为"组件"的单一子结构。通过这种分组，每个事件只需存储一次变化值，而不用在不同位置重复存储多次。每个组件都有两个元素，一个组件描述符和一个名为"令牌"的位置数组。一个标记包括具有相同值 v 的同一行连续单元格的 x（行号）、y_1（第一列）和 y_2（最后一列）三

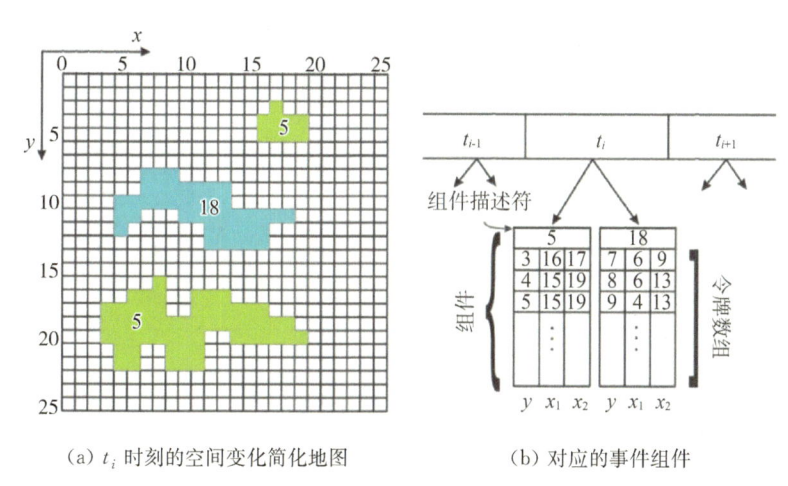

个条目(Peuquet and Duan,1995),其方式与游程长度编码极为相似。

(a) t_i 时刻的空间变化简化地图　　　(b) 对应的事件组件

图 8.11　基于事件的时空模型(修改自 Peuquet and Duan, 1995)

上述用于表示时空数据的模型都不适用于公路/街道网络运输的表示,因为公路/街道网络运输必须包含从出发地到目的地的旅行行为。Frihida 等人(2002)提出的模型可以克服这一困难。在这个模型中,主要实体以高度结构化的类来表示。时间在该模型中的体现是通过对有时间限制的链接和状态的封装记录来实现的。虽然该模型的原型能够通过嵌套的对象层次结构进行导航,并生成关于个人在空间和时间上的旅行行为的描述性信息,但它无法明确显示对象的历史,如对象的时空路径。简而言之,它无法进行时间推理。

8.2.7　时空数据的组织和存储

为了便于进行高效的时空分析和模拟,空间数据(尤其是栅格数据)必须战略性地组织到 GIS 数据库中。时间序列栅格数据可以以数据库形式或文件形式存储。ESRI 用于栅格空间数据存储的文件地理数据库就是前者的例证。后者可以以多个单波段栅格文件或包含多个波段的单个栅格文件的形式实现(表 8.3)(Song et al.,2016 年)。单波段栅格文件将不同时间戳的所有空间数据简单地存储为一组独立文件,所有文件都遵循统一的命名规则,便于数据查找。所有独立文件合并为一个文件,每个时间戳文件作为一个波段。该文件包含"TimeCoverage"和"TimeSchema"两个元素。前者定义了开始日期(t_1)和结束日期(t_2),后者规定了相邻波段之间的时间间隔(i)。

这种平铺、非堆叠组织方法与时空复合模型相同,只是存储的空间图层必须是栅格格式。在平铺非堆叠组织方法中,所有栅格层都被划分为尺寸一致且不重叠的区片,每个区片都作为一条记录存储,而不是整个场景。所有区片都可以编制索引,以便快速搜索。还可以对它们进行时间索引。

无论使用哪种存储格式,都必须便于在地理信息系统中进行时空分析。目前,还没有一种格式能做到这一点。

表 8.3 GIS 数据库中时空数据组织的主要方法

方法	主要特点
文件系统	多波段栅格文件 单波段栅格文件
数据库	未平铺的、未堆叠的栅格文件 平铺的、未堆叠的栅格文件 平铺的、堆叠的栅格文件

8.3 时空数据分析

8.3.1 时间显式与时间隐式分析

与时空数据快照模型类似,显式时空分析也是一种处理时空数据时间维度的快照方法。空间和时间是分开对待的,主要聚焦于时间维度。它通常以时间序列分析的形式实现,在给定的时间增量(例如每年)重复进行分析。对在特定时间收集的数据进行相同的空间分析。这样的时间序列结果说明了所研究的现象在研究期间是如何演变的。

在时间序列空间分析中,时间有两种处理方式。第一种方法是将时间切成固定的间隔(如两年),在这种方法中,时间被视为离散的(图 8.12)。第二种方式是通过动画离散结果帧或视频的方式将时间视为连续的,这种处理方法通常用于研究和说明时间演变过程,例如海滩的连续侵蚀。可以使用摄像机每五分钟拍摄一次海滩剖面。如果结果来自航拍照片,时间间隔可以是十年,在时间相邻影像之间的间隔非常不规则。

在时间隐式空间分析中,与动态时空模拟一样,时间被视为具有固定增量的连续时间。同样的现象被多次模拟,中间时间的结果并不是主要的关注点,但可以根据前面和后面的时间序列结果进行推测,重点是研究变量随时间的变化。

结果可以在特定的快照直观地表现出来。时间隐式分析是一种常用的时空过程研究方法。相同的转换规则适用于所有迭代,但相邻变量及其条件可能会在不同迭代中发生变化(见第 7.1.2 节)。

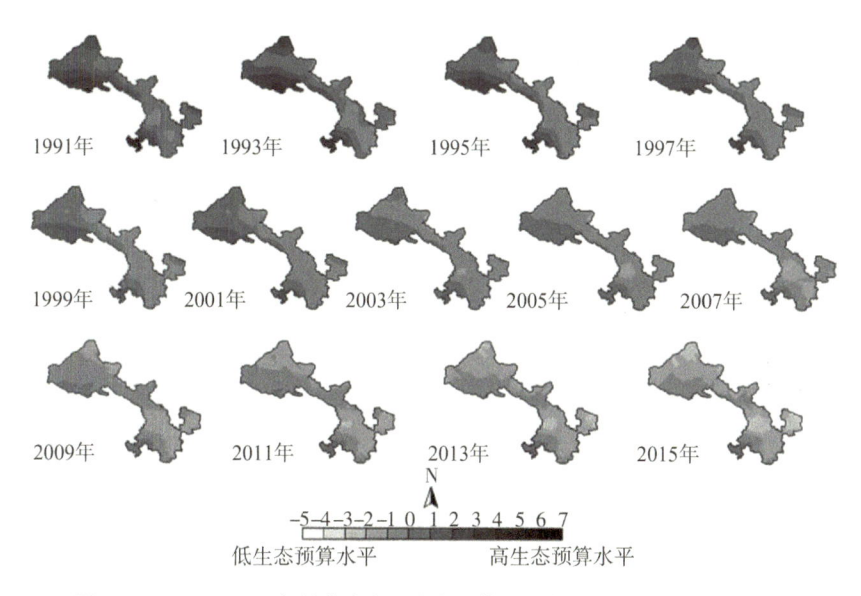

1991年　　　　　1993年　　　　　1995年　　　　　1997年

1999年　　　　　2001年　　　　　2003年　　　　　2005年　　　　　2007年

2009年　　　　　2011年　　　　　2013年　　　　　2015年

−5−4−3−2−1 0 1 2 3 4 5 6 7

低生态预算水平　　　　　　　高生态预算水平

图 8.12　1991—2015 年甘肃省人均生态预算时空变化特征(Yue et al., 2006)

8.3.2　时空关联

为了理解时空自相关，必须首先研究时间关联。这是指同一变量在不同时间的相关性，例如早高峰(X_T)和晚高峰(Y_T)之间道路上的车辆交通量。时间趋势接近性可以通过两个时间序列数据的时间相关系数来研究，通常用于研究人类的流动性(Gao et al., 2019)。它可以用一阶时间相关系数来表达，根据公式(2.14)，该系数计算公式修改为

$$CORT(X_T, Y_T) = \frac{\sum_{t}^{T-1}(X_{t+1} - X_t)(Y_{t+1} - Y_t)}{\sqrt{\sum_{t}^{T-1}(X_{t+1} - X_t)^2} \cdot \sqrt{\sum_{t}^{T-1}(Y_{t+1} - Y_t)^2}} \quad (8.1)$$

式中，X_T 和 Y_T 表示两个时间序列变量；T 表示观测值数量；X_T 和 X_{T+1} 分别表示时间 T 和 $T+1$ 的观测值。与普通相关系数一样，$CORT(X_T, Y_T)$ 的范围为[−1,1]，当 $CORT(X_T, Y_T) = -1$ 时，表示 X_T 和 Y_T 具有相同的变化率，但方向相反。而当 $CORT(T_T, Y_T) = 0$ 时，意味着它们彼此是随机和线性无关的，因为它们在时间上的属性完全不同。

上述的时间关联可以进一步扩展到时空领域。时空自相关是双变量空间自相关在时间域的扩展。它指的是一个变量与自身在空间和时间上的相关性。可

以用普通的单变量和双变量莫兰指数方程进行一些修改来估计。设 $\{X_i^T\}$ ($i=1,2,\cdots,N$) 为 N 个位置的时空序列数据集，X_i^T 为位置 i 时间序列数据集，并且 $X_i^T=\{X_{it}^T\}$ ($t=1,2\cdots,T$)，全部的 X_i^T 的持续时间 T 相同，相关系数计算公式为

$$I^T = \frac{N}{\sum_i^N \sum_j^N W_{ij}} \cdot \frac{\sum_i^N \sum_{ij}^N W_{ij} Z_i^T Z_j^T}{\sum_i^N Z_i^{T^2}} \quad (8.2)$$

式中，W_{ij} 表示基于相邻观测数据空间距离的权重矩阵，它可能需要标准化，常用的确定方法包括反距离法和反距离平方法，该类方法的原理与反距离加权插值中使用的距离衰减加权函数原理相同；Z_i^T 表示时间序列在位置 i 处与均值序列 $\overline{X}^T$ 之间的偏差。计算方法为

$$Z_i^T = \phi[CORT(X_i^T, \overline{X}^T)] \cdot (V_i - \overline{V}) \quad (8.3)$$

式中，ϕ 为 $\phi(x) = \frac{2}{1+e^{2x}}$ 形式的指数自适应调谐函数；V_i 为 X_i^T 的累积；$\overline{V}$ 为 $\overline{X}^T$ 的累积，即 $\{X_i^T\}$ 的平均值，它显示了每个时刻的一系列平均值，即 $\overline{X}^T = \{\frac{1}{N}\sum_i^N X_{it}^T\}$。

该测量方法将时间方差与某个位置的值偏差集成在一起，以揭示空间格局。它能显示全局和局部的时空格局。在交通方面，它可以揭示不同道路之间的空间自相关性，但无法显示不同时间的相关性。此外，全局莫兰指数结果受到时间序列数据的空间聚类的影响很大，例如在交通事故的情况下（例如，某些地点比其他地方更容易发生事故）。它可能擅长研究人类的流动性，但不擅长识别热点。

通过强调自相关性的时间方面，可以克服上述局限性。该系数可通过修改莫兰指数[式(3.7)]来计算。双变量莫兰指数很好地揭示了被空间滞后分隔的同一变量之间的空间自相关性，可将其调整为 t 和 t' 之间的时滞分隔。设 z_t 和 $z_{t'}$ 分别是时刻 t 和 t' 观察到的相同变量。全局莫兰指数时空自相关统计量 ($I_{t,t'}$) 定义为

$$I_{t,t'} = \frac{z_{t'} \cdot w \cdot z_t}{n} \quad (8.4)$$

式中，z 必须通过均值和标准偏差进行标准化，即 $z_t = |xt - \overline{X}_t|/\sigma_t$。

该统计量测量了空间变量 z 在时间 t' 和位置 $i(z_{t'})$ 的变化对其相邻时间 t

的影响(Matkan et al.，2013)。这种全局测量方法可能无法识别局部点的空间自相关性。另一种方法是使用双变量 LISA：

$$I_{t,t'}^{i} = z_t^i \sum_j w_{ij} z_{t'}^j \tag{8.5}$$

式中，i 和 j 表示位置。和前面一样，z_t 和 $z_{t'}$ 必须在计算 $I_{t,t'}^i$ 之前标准化。

时空自相关的主要应用是检测碰撞的时空依赖性(Matkan et al.，2013)，以及研究人类集体流动性(Yang et al.，2019)。

8.3.3 时间切片叠加分析

时间切片是利用时间参考系表示特定时间范围内特征的一种方法。在交通领域，时间切片路线是表示道路形状发生变化(如路线重新调整)和道路封闭的有效方法。时间切片叠加分析涉及至少两个输入数据层。这两个图层必须覆盖相同的地面区域，但拍摄时间不同。如果是栅格格式，它们的网格单元必须大小相同。与普通叠加分析一样，时间切片叠加分析也是一种识别期间发生变化的方法。通过对不同时间的国土面积单位进行叠加，可以确定变化情况。必须指出的是，时间切片叠加分析不仅仅是一种检测变化的普通方法。它侧重于空间范围发生变化的同一现象的时空变化(如城市无计划扩展)。

8.4 时间显式时空模拟

第 7 章中介绍的所有时空模拟模型，无论是元胞自动机还是基于智能体的，都没有明确的处理时间。时间序列是指某些变量随时间的变化而变化，它是通过固定间隔的时间递增来实现的。本节主要讨论时间显示式模型。时间成分可以通过在不同时间集中研究区域或感兴趣的现象来研究(图 8.13)。有四种时间显式空间模型：扩展半变异函数模型、扩散模型、状态和转换模型以及改进的 SIR(易感、感染、移除)模型。

8.4.1 扩展半变异函数模型

要定量建模的空间(s)和时间(t)中的变量 y 或 $y(s,t)$，可以表示为 $u(s,t)$ 和 $v(s,t)$ 两个分量的和，即

$$y(s,t) = u(s,t) + v(s,t) \tag{8.6}$$

式中，$u(s,t)$ 表示结构化平均场；$v(s,t)$ 本质上是随机时空残差场。平均场

(a) 时间维度

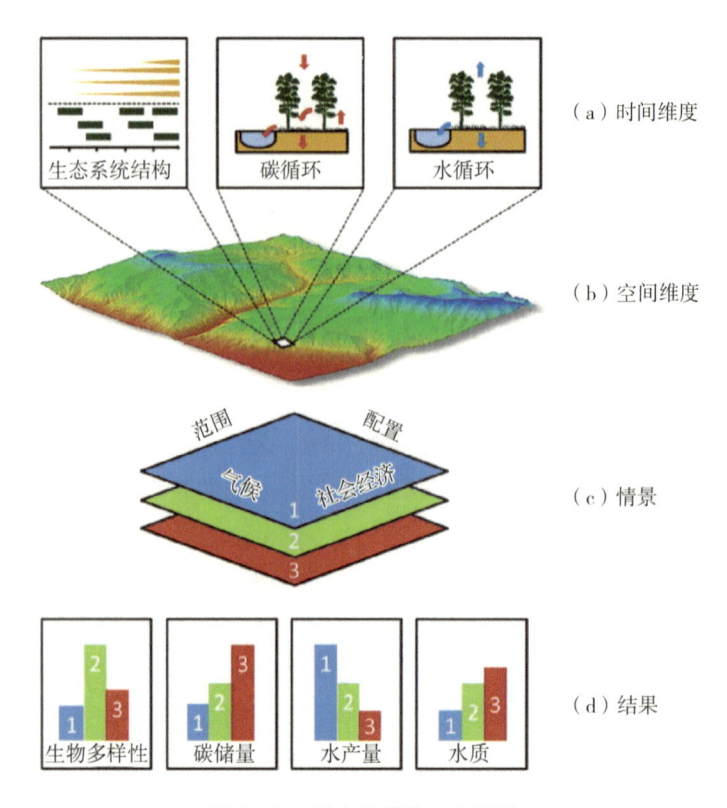

(b) 空间维度

(c) 情景

(d) 结果

图 8.13 时空建模的一个例子
(Cunningham et al., 2015)

$u(s,t)$ 可以用下式表示：

$$u(s,t) = \sum_{l=1}^{L} \gamma_l M_l(s,t) + \sum_{i=1}^{m} \beta_i(s) f_i(t) \tag{8.7}$$

式中，$M_l(s,t)$ 为时空协变量；γ_l 为协变量全局系数；L 为样本数目；$\beta_i(s)$ 为时间函数的空间变化系数；$f_i(t)$ 为时间函数。式(8.6)实际上与式(5.1)中表达的传统半变异函数相同，除了系数 $\beta_i(s)$ 外，所有项都是时间相关的函数。它们是不变的，并采用泛克里格法处理，允许时间结构随位置变化：

$$\beta_i(s) \in N\left[X_i \alpha_i, \sum_{\beta_i}(\theta_i)\right], i=1,2,3,\cdots,m \tag{8.8}$$

式中，X_i 是 $n \times p_i$ 的回归系数矩阵（$n=$ 观测数），通常包含地理协变量；$\sum_{\beta_i}(\theta_i)$ 是 $n \times n$ 的协方差矩阵；α_i 为回归系数的均值参数。$\beta_i(s)$ 场可以有不同

的协变量和协方差结构,所有这些都假设是相互独立的先验假设。

8.4.2 扩散模型

某些空间现象,如火灾和疾病传播,是位置(x,y)和时间(t)的函数。它们可以表示为$z(x,y,t)$。研究这类空间过程最好使用扩散模型。这些数学公式描述了一种现象在时间和空间上的变化。扩散模型通常用于研究空间特征或现象从单一来源逐渐扩散和散布的情况,例如传染病从已知病例开始扩散,野火从着火点开始扩散。它们能够揭示空间拓展、空间扩散和空间变化。一些扩散过程,如空气污染物的扩散,本质上是三维的,三维扩散是复杂的,因此在这里不作介绍。下面主要介绍二维扩散,二维扩散的一般方程可以表示为

$$\frac{\partial Z}{\partial t} = D\left(\frac{\partial^2 Z}{\partial x^2} + \frac{\partial^2 Z}{\partial y^2}\right) \tag{8.9}$$

式中,Z为时间t和空间(x,y)上某种量的分布(如浓度、密度等);D为扩散系数,它表示Z随时间变化的速度。上述模型基于两个假设:

(1) 所有个体在空间均匀的区域内同时向各个方向分散,没有方向偏好;
(2) 所有个体的扩散能力完全相同,种群没有变化(例如,死亡率和繁殖被忽略)。

这些假设可以极大地简化二维时空建模,但也使得式(8.9)中的模型不适用于植物在景观中的分布模拟。这一过程更为复杂和动态,因为它涉及异质性环境(如崎岖地形)中的死亡率和增长率。在时空建模中,可以通过 DEM 提供的摩擦层来考虑空间异质性,但不能考虑种群动态。

如果整个种群在$t=0$时集中在一个点上,则其在二维空间中的空间分布为正态分布,即

$$Z(x,y,t) = \frac{Z(0,0,0)}{4\pi Dt} \cdot \exp\left(-\frac{x^2+y^2}{4Dt}\right) \tag{8.10}$$

该模型的作用是预测Z种群前沿的渐进扩散率。扩散率的定义是连续两次种群密度相等的地点之间的距离。D通常是在独立实验中估算的,例如标记-重捕实验。如果将有标记的动物自由放置在统一网格的诱捕器中,则D的估计值为

$$D = \frac{2\overline{M(t)}^2}{\pi t} \tag{8.11}$$

式中,$M(t)$为释放t次后重新捕获的动物的平均位移(Skellam,1973)。

8.4.3 状态和转换模型

状态和转换模型是一个模拟生态系统动态演替的框架。为了使用该模型进行研究,生态系统必须存在于一系列离散状态中,这些状态之间可以发生转换。所有状态都是可以转换和互换的,具体转换取决于一种状态如何转变为另一种状态的规则(Plant,2019)。然而,两种状态之间的转换并不总是对等的,而可能是单向的。如图 8.14 所示,土地覆盖有四种状态,它们之间存在七种可能的转换。荒地和草地之间以及灌木地和林地之间的转换都是相互的,但荒地和林地之间的转换不是直接的。林地可以在砍伐后立即变成荒地;荒地不能通过自然恢复变成林地,它必须先变成草地,然后变成灌木地,最后才能达到林地状态。

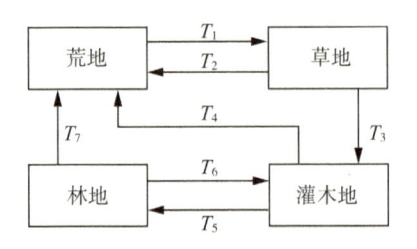

图 8.14 状态和转换模型的示意图

状态和转换模型适合研究在离散时间内有限状态之间的变化。在转换过程中,时间并没有明确设定。例如,从荒地转换到草地,或从草地转换到灌木地所需的时间仍然未知。这种模型在应用上有很大的局限性。它完全不适用于空间范围和变化与时间密切相关的动态时空模型,如火灾和疾病传播。因此,流行病学建模通常依靠改进的 SIR 模型。

8.4.4 改进的 SIR 模型

对传染病在社区中从传染性个体逐渐传播的地方性流行病建模有一定复杂性,因此上述时间显式模型无法完成这一任务。这种建模是高度动态的,因为感染者可以从人群中移除(例如,康复或死亡)。就像在状态和转换模型中一样,个体可以有三种可能的状态:易感(S)、感染(I)和移除(R),因此称为 SIR 模型。它能够计算出一个封闭人群在一段时间内感染某种传染病的理论人数。但是,没有关于该亚人群空间分布的信息。严格来说,这只是一种时间维度模型。SIR 的最简单版本是 Kermack-McKendrick 模型,因为它将人口视为封闭和静态的(即没有自然或疾病本身造成的出生和死亡)。该模型的其他假设包括：

(1) 传染源的瞬时潜伏期；

(2) 传染期与病程长短相同；

(3) 完全同质的人群，没有任何年龄、社会地位或空间上的差异。

最简单的 SIR 模型由三个耦合非线性常微分方程组成：

$$\frac{dS}{dt} = -\beta SI \tag{8.12}$$

$$\frac{dI}{dt} = \beta SI - \gamma I \tag{8.13}$$

$$\frac{dR}{dt} = \gamma I \tag{8.14}$$

式中，S 表示 t 时易受感染的人数；I 表示受感染的人数；R 表示移除(已康复并有免疫力)的人数；β 和 γ 分别指感染率和康复率。βS 与 γ 之比称为流行病学阈值，或单一主要传染源的感染人数。该模型已在 R 语言的监测程序中实现(Meyer et al.，2015)。除了这个简单的 SIR 模型外，出于同样的目的还开发了更复杂的模型。

这四种时空模型可以实现不同的目标，每种模型都适用于一个独特而具体的领域(表 8.4)，因此决定使用哪种模型相对容易。但在选择合适的模型时仍需谨慎。一般来说，如果对所模拟的空间现象的假设较少，模型就会变得更加复杂。在这四种模型中，状态和转换模型是最简单的，但它所提供的变化信息也最少。相比之下，改进后的 SIR 模型是最复杂的。如果对总体做较少的假设，其复杂性将比式(8.12)~(8.14)中所示的要高得多。这是唯一没有空间组件的模型，因此一个可能的改进领域是和空间组件的集成。在模拟结果中增加这一维度的方法是使用人口普查轨迹。从受感染个体到群体的相同传播过程，可以根据每个普查区的人口结构体现出空间上的差异。

表 8.4　四种显式时空模型的比较及其最佳应用

模型	主要特点	最佳应用
扩展半变异函数模型	所研究的变量在时间和空间上是不同的	描述空间现象的空间和时间行为
扩散模型	现象的传播是均匀空间中时间和传播速度的函数	研究相同属性如何随时间在空间上发生变化(如疾病和火灾蔓延)

续表

模型	主要特点	最佳应用
状态和转换模型	多个状态之间允许的转换由规则控制,时间隐式,变化持续时间未知	生态系统演替动态的模拟
改进的 SIR 模型	传染病病例在封闭人群中随时间的传播是根据感染率和恢复率建模的,但没有关于其空间性的信息	地方性流行病模型

8.4.5 用于时空分析和建模的软件包

目前,市场上还没有专门用于进行一般时空分析和模拟的计算机软件系统。不过,研究人员已经开发出了执行其中某些任务的小型软件包,并免费向公众提供。在这些软件包中,有两个值得简要介绍。首先是 R 语言开发的 surveillance 包。该开源系统非常适合对流行病事件进行时空建模和监测。这种基于回归的建模框架提供三类时空分析功能(表 8.5):twinstim、twinSIR 和 hhh4。twinstim 是一个双变量、地方性和流行性叠加的时空强度模型。该点过程模型旨在分析地理参照和时间戳案例的时空模式,这种分析有助于持续监测感染事件(Meyer et al.,2015)。由未观察到的感染源(即地方性成分)引起的散发事件通过空间和时间变化的分段常数对数线性预测器进行建模。流行病部分是由观测驱动的,并通过与过去事件点模式相关的对数线性预测来模拟感染情况,其中传染力随着与感染事件的时空距离的增加而衰减。

表 8.5 R 语言 surveillance 包中的时空流行模型和相应数据类(修改自 Meyer et al.,2015)

软件包名称	twinstim	twinSIR	hhh4
数据类	epidataCS	epidata	sts
解决问题	连续时空中的单个事件	封闭种群的单个 SIR 事件历史	地理上和时间上聚合的事件计数
示例	失事模式	感染病例	城市每日感染情况
模型	时空点处理	多元时间点过程	多元时间序列(泊松或负二项分布)

twinSIR 的第二类功能是利用空间化 SIR 模型追踪一组选定单元的事件历史,该模型被表示为一个多变量时间点过程。这两类分析都侧重于个案。最后一类分析集中在使用多元负二项时间序列模型 hhh4 拟合的空间聚合时间序列数据上。其格式与土地利用回归模型(LUR)(第 6.6.2 节)几乎完全相同,不同

之处在于自变量（预测因子）具有时间成分，并且是对数线性的。与 twinstim 和 twinSIR 的点过程模型类似，其平均值可以加法分解为地方性病和流行性病两个部分。

第二个是 spatio-temporal R 软件包，这是一个 R 语言系统，用于分析在同一地点记录的 NO_x 数据，这些数据可以是国家网络沿线的数据，也可以是固定地点的数据（Bergen and Lindström，2019）。它用于处理在分析前可能需要转换的时间聚合数据（如每月或每周数据），可以通过一组空间和/或时空协变量对缺失测量数据的时间和地点进行预测。它们可以是地理变量（例如与道路和海岸的距离或与人口中心的缓冲宽度）（Yang et al.，2020）。它具有数据导入、分析、显示和绘图以及模型验证的许多功能。该 spatio-temporal R 软件包的核心是 createSTmodel()模块，它允许用户为每个 β 字段和 v 字段指定时空协变量（如果有的话）和空间协方差模型类型，并定义每个 β 字段使用的协变量。这意味着它能够在小尺度上对环境空气污染物进行准确的时空预测（Lindströ et al.，2014）。

8.5 时空数据和过程的可视化

可视化是一种与读者或利益相关者交流时空数据和过程以及交换知识的图形手段。通过可视化，我们可以更好地了解空间实体及其关系。时空可视化是指以图形的方式显示空间实体在空间和时间上的行为变化。它能够揭示总体趋势和移动模式，并提供一个全局进展视角，从中可以发现演变趋势和变化模式。有效的可视化依赖于动态制图，动态制图在洞察空间现象和模型之间的复杂时空关系以及理解空间过程方面发挥着越来越重要的作用（Mitas et al.，1997）。如果设计得当，可视化可以增强探索的交互性，可视化分析可以使隐藏的模式更加明晰。因此，可视化已被广泛用于说明时空分析结果和过程。在这两者中，时空过程的可视化更具挑战性，因为它们的可视化必须是 3D 的（2D 空间加上变化的属性）。如果时空过程也涉及移动，难度就会大大增加。可视化可以通过地图格式、分析建模后的动画以及建模过程中的模拟等多种方法实现（表 8.6）。在这三种方法中，地图最为常见，也最容易制作，因此将首先介绍。

表 8.6　三种时空过程可视化方法的比较及其主要特点

方法	格式	主要特点	最佳应用
地图（静态地图显示）	单一地图，时空立方体	静态地图捕捉瞬间；巧妙地使用地图元素来显示移动	当只有几个时间框架可用时；擅长随时间表现简单动作
动画	时间序列地图，视频片段	连续显示时间序列地图，说明空间变化；只是一般印象；无法定量分析	当有大量帧可用时；擅长表现单一变量的空间变化（如城市蔓延）
模拟	NetLogo 图形可视化	在屏幕上显示整个模拟空间的模拟动态过程；提供变化数量资料；无法显示移动	当需要查看多个时刻/位置变化的空间格局，或涉及大量因素的单元状态变化时

8.5.1　静态地图显示

可以使用模拟或数字格式的静态地图进行简单的展示。在静态地图上，可以通过创新和创造性地使用各种制图符号将移动可视化。例如，在可视化移动时，可以使用箭头来表示移动的方向，箭头的宽度可以与移动的数量成正比，箭头可以用颜色编码来表示移动的时间，水平和垂直位置可以表示移动的起点，而地点的环境（如温度）可以用图表沿着时间轴显示出来。不用说，这些符号必须符合现有的制图习惯，并且是直观的。必须强调的是，静态地图只能显示简单的移动（例如，相同实体在特定方向上的移动）。如果由多个实体在空间中随意移动，那么可视化的效果就会大打折扣，而使用数字地图可以减少这个问题。

在数字媒体中，可以在地图符号中引入更多的地图元素，例如使用出现持续时间或闪烁间隔来表示动态现象（Slocum et al.，2013）。除了箭头和线条，还可以将图表插入到地图中以表示状态变化。然而，这仍然是一种基线方法。使用不同的箭头大小（例如，矢量场中的速度）来表示时间和动态过程，无法表示变量在给定时间点的绝对状态。因此，基线不适合表示离散事件之间的关系。

静态地图显示的第二种方式是通过时空立方体进行可视化，其中第三个维度用于表示时间（图 8.15）。该立方体能够在一帧中显示整个场景，但一次只能显示一个场景，在给定时间，只有顶部场景可见。时空立方体能很好地展示空间过程（如状态转换），还可以在场景或单个事件上叠加更多信息，可以交互式地查询三维环境。如果在线提供，交互程度可以更高，但基于互联网的交互式可视化需要将地理参考数据转换为虚拟现实建模语言格式。与模拟地图相比，数字地图具有更多的优势，例如支持时空数据的探索和展示（Mitas et al.，1997），以及提高可视化的灵活性。例如，可以改变观察视角、时间焦点以及地图与相应符号的动态连接。然而，对于那些没有接受过透视地图阅读训练的人来说，时空立方体是相当难以理解的。更关键的是，这种显示无法说明从一个时间到下一个时间的移动，因为一次只能看到一个场景。此外，它也不能提供关于时间变化或移动的定量信息。

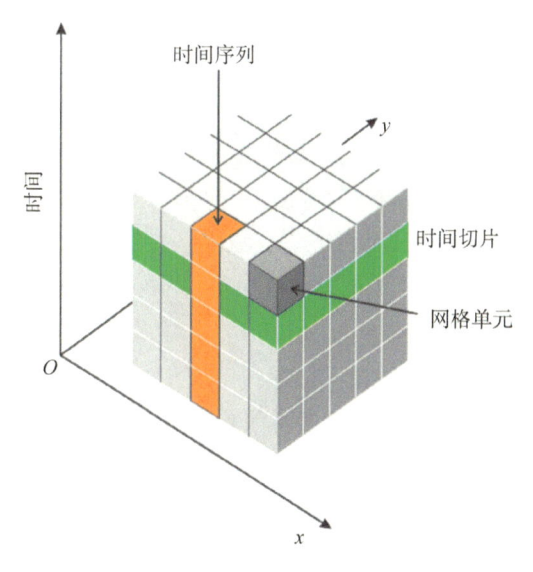

图 8.15　一个时空立方体

GeoTime 是一个很好的时空立方体可视化替代方案，它是一个成熟的商业软件包，可以比静态地图显示更有效地提高对时空背景下实体移动、事件、关系和交互的感知和理解。它利用了图 8.5(b)中所示的时间-位置模型，并通过滑块按时间对事件进行动画处理。所有以 3D 格式呈现的可视化事件及其联系都易于阅读和理解。GeoTime 适合用于可视化相同空间实体的移动性，例如被跟踪的动物和犯罪嫌疑人。

8.5.2　动画

在地图学中，动画指的是通过连续、有序地显示时间序列地图（通常是在计算机屏幕上），将不断变化的现象可视化。与简单显示相比，动画涉及更多帧的地图，因此能够生动地显示时空动态过程或进展，而这是通过以固定速度连续显示静态地图来实现的。动画中的所有地图在特定时刻显示相同的实体。一系列地图依次显示的过程被称为时间序列动画，其中每一帧都捕捉了时间中的一个瞬间。当光标沿着时间轴移动时，地图也会随之改变。时间序列动画可以通过交互式操作得到增强，如放大、缩小、平移或聚焦于选定的事件类型（Zhong et al.,2012）。如果动画涉及几十帧以上，那么它可以变成一个视频，可以方便地在屏幕上观看。

一个过程有两种动画策略：基线动画和实时动画。基线动画是指动画从一个共同的时间开始，所有后续帧都根据第一帧的内容显示变化。实时动画是指动画与模拟本身同时进行（见第8.5.3节）。

时序动画可有效展示空间实体简单而渐进的扩张或收缩过程，如城市扩张和山体滑坡。如果根据时间序列卫星图像制作，时序动画还能有效地展示不断变化现象的空间动态过程，如有害藻类水华的时空变化。这样，观众的注意力就会完全集中在变化的部分上，而不是整个画面。时序动画可以是2D动画，也可以是3D动画。3D动画近年来大受欢迎。通过将帧拖拽到由DEM表示的表面上，可以进一步扩展到4D。

动画已被广泛应用于移动和运输模拟输出的可视化，例如描述一段时间内的活动和运动趋势。动画的质量受多种因素影响，如使用的数据帧数、最佳显示速度、在已知帧之间创建的中间帧数以及创建动画的媒体（Acevedo and Masuoka,1997）。这些因素都需要仔细考虑，才能制作出高质量的动画。如果在线传送，图像大小、文件大小和动画中使用的颜色将比本地动画受到更多限制。可视化时空过程的空间和时间精度取决于原始地图帧的数量。中间帧的数量会影响动画的视觉感受和流畅性。

最后，必须承认的是，动画只能说明空间变化的一般模式，而不能直观地说明变化的数量，也不能定量地说明变化的空间范围，除非在动画中添加额外的制图显示。如果动画展示的空间过程是简单和单向的，如城市扩张，这些限制就会减少。由于空间过程（城市增长）的性质已经知道，因此从动画中直观地了解空间扩展的速度要比其他方式容易得多。

8.5.3 模拟

由于没有地图，一些动态空间过程，如过度放牧和强烈外部干扰下草地质量的时空退化，最好在模拟的同时进行可视化。基于模拟的可视化能很好地用图形说明时空变化，并显示在同一迭代过程中许多单元的状态发生变化的动态过程。它擅长展示特定单元的状态如何随时间变化，还能根据所模拟的现象说明事件（如火灾）的移动或空间扩散情况。空间变化以图形方式显示在本地计算机屏幕上（图7.8）。屏幕显示以模拟器预设的时间间隔更新。如果显示速度过快，或需要永久保留关键帧，可使用NetLogo中的"step"按钮将其捕捉为快照。

除了空间变化的总体趋势外,基于模拟的可视化还可以通过额外的图形输出(如折线图)在计算机屏幕上显示变化量。可以在模拟代码的界面上插入边框,使可视化在时间上停止,也可以通过手动操作屏幕上的滑块来改变显示的更新速度。在这两种情况下,可视化的只是随时间发生的定量变化,而不会显示可视化现象的空间分布或模式的定量信息。事实上,模拟过程中很少生成此类信息。

复习题

1. 有些地理现象变化太快,在模拟时必须考虑时间因素。相比之下,另一些地理实体即使在几年内可能也不会有太大变化。在现实生活中找出这两者的几个例子,特别注意后者,其属性在时空模拟的精细时间尺度上可以被视为是时间不变的。

2. 在空间分析中,分析尺度会对结果产生重大影响。如果将其扩展到另一个研究尺度,根据空间尺度得出的结论可能会出现错误。时间尺度是否也是如此?请举出两个例子,说明汇总的时间粒度对结果的影响很小,但对时间分析的结果可能有巨大影响。

3. 比较时空表示的优势和局限性,如果要表示的数据是栅格格式,它们的局限性会发生什么变化?

4. 在时空分析中,空间元素和时间元素哪个更突出?为什么?

5. 在您看来,交通事故引发的交通的时空自相关性在事故发生时和事故发生后 5 小时的空间上是如何变化的?

6. 时间无关半变异函数与时间扩展半变异函数之间的关系是什么?

7. 式(8.9)中描述的扩散模型适用于齐次二维空间。如果它被应用于模拟在非均匀环境中因交通事故泄漏到土壤中的化学物质的扩散,应该如何修改它?

8. 在图 8.14 所示的状态和转换模型中,在任何模拟中都必须阐明的特定条件下,所有状态都是相互过渡的。荒地在什么条件下可以转化为草地?草地在什么条件下可以转化为荒地?时间尺度在过渡中扮演了什么角色?

9. 可以说,改进的 SIR 模型只是一个时间维度模型。如何对其进行改进,使其成为一个时空维度模型?

10. 比较静态地图显示与动画在可视化时空数据/过程方面的优势和局限性。无论采用何种形式,动画必须传达的最重要信息是什么?

参考文献

Acevedo W, Masuoka P, 1997. Time-series animation techniques for visualizing urban growth [J]. Computers & Geosciences, 23(4):423-435.

An L, Brown D, 2008. Survival analysis in land change science: Integrating with GIScience to address temporal complexities[J]. Annals of the Association of American Geographers, 98:323-344.

Armstrong M P, 1988. Temporality in spatial databases[C]//Proceedings of GIS/LIS'88, Vol. 2. Bethesda MD: American Congress of Surveying and Mapping: 880-889.

Bandholtz T, 2013. Sharing ontology by web services: Implementation of a semantic network service (SNS) in the context of the German Environmental Information Network (gein®)[C]//Proceedings of the First International Conference on Semantic Web and Databases, September: 177-189.

Bergen S, Lindström J, 2019. Comprehensive Tutorial for the Spatio-Temporal R-package[Z].

Cobb G, Moore D, 1997. Mathematics, statistics, and teaching[J]. The American Mathematical Monthly, 104(9):801-823.

Cunningham S, Marc N, Baker P, et al., 2015. Balancing the environmental benefits of reforestation in agricultural regions[J]. Perspectives in Plant Ecology Evolution and Systematics, 17(4):301-317.

Frihida A, Marceau D J, Thériault M, 2002. Spatio-temporal object-oriented data model for disaggregate travel behavior[J]. Transactions in GIS, 6(3):277-294.

Gao Y, Cheng J, Meng H, et al., 2019. Measuring spatio-temporal autocorrelation in time series data of collective human mobility[J]. Geo-spatial Information Science, 22(3):166-173.

Goodchild M F, Yuan M, Cova T J, 2007. Towards a general theory of geographic representation in GIS[J]. International Journal of Geographical Information Science, 21:239-260.

Hill L L, 2000. Core elements of digital gazetteers: Place names, categories, and footprints [C]//Borbinha J, Baker T. Research and Advanced Technology for Digital Libraries. Berlin: Springer: 280-290.

Langran G, 1992. Time in Geographic Information Systems [M]. London: Taylor & Francis:180.

Lindström J, Szpiro A, Sampson P D, et al., 2014. A flexible spatio-temporal model for air pollution with spatial and spatio-temporal covariates[J]. Environmental and Ecological Statistics, 21(3):411-433.

Matkan A A, Mohaymany A S, Shahri M, et al., 2013. Detecting the spatial-temporal autocorrelation among crash frequencies in urban areas[J]. Canadian Journal of Civil Engineering, 40(3):195-203.

Meyer S, Held L, Höhle M, 2015. Spatio-temporal analysis of epidemic phenomena using the R package surveillance[J]. Journal of Statistical Software, 77(11):1-55.

Mitas L, Brown W, Mitasova H, 1997. Role of dynamic cartography in simulations of landscape processes based on multivariate fields[J]. Computers and Geosciences, 23(4):437-446.

Nadi S, Delavar M R, 2003. Spatio-temporal modeling of dynamic phenomena in GIS[J]. ScanGIS:215-225.

Plant R E, 2019. Spatial Data Analysis in Ecology and Agriculture Using R [M]. 2nd ed. Boca Raton:CRC Press:684.

Peuquet D J, 1994. It's about time:A conceptual framework for the representation of temporal dynamics in geographic information systems[J]. Annals of the Association of American Geographers, 84(3):441-461.

Peuquet D J, Duan N, 1995. An event-based spatiotemporal data model (ESTDM) for temporal analysis of geographical data[J]. International Journal of Geographical Information Systems, 9(1):7-24.

Segev A, Shoshani A, 1993. A temporal data model based on time sequences[M]//Tansel A U, Clifford J, Gadia S K, et al. Temporal Databases:Theory, Design, and Implementation. Redwood City:Benjamin-Cummings:248-270.

Skellam J G, 1973. The formulation and interpretation of mathematical and diffusionary models in population biology[M]// Bartlett M S, Hiorns R W. The Mathematical Theory of the Dynamics of Biological Populations. New York:Academic Press:63-85.

Slocum T A, McMaster R B, Kessler F C, et al., 2013. Thematic Cartography and Geovisualization:Pearson New International Edition[M]. 3rd ed. London: Pearson:624.

Song M, Li W, Zhou B, et al., 2016. Spatiotemporal data representation and its effect on the performance of spatial analysis in a cyberinfrastructure environment—A case study with raster zonal analysis[J]. Computers & Geosciences, 87:11-21.

Yang C, Chan Y, Liu J, et al., 2020. An implementation of cloud-based platform with R packages for spatiotemporal analysis of air pollution[J]. The Journal of Supercomputing, 76: 1416-1437.

Yang J, Sun Y, Shang B, et al., 2019. Understanding collective human mobility spatiotemporal patterns on weekdays from taxi origin-destination point data[J]. Sensors Basel, 19 (12):2812.

Yue D, Xu X, Li Z, et al., 2006. Spatiotemporal analysis of ecological footprint and biological capacity of Gansu China 1991-2015[J]. Ecological Economics, 58(2):393-406.

Yuan M, 1996. Temporal GIS and Spatio-Temporal Modeling[J]. GIS and Ewironment Modeling:1-12.

Zhong C, Wang T, Zeng W, et al., 2012. Spatiotemporal visualisation: A survey and outlook [M]//Arisona S M, Aschwanden G, Halatsch J, et al. Digital Urban Modelling and Simulation. Berlin: Springer-Verlag: 299-317.